惯性仪器测试与数据分析

严恭敏　李四海　秦永元　编著

U0375481

国防工业出版社

·北京·

内容简介

本书比较系统和全面地介绍了陀螺仪、加速度计和惯导系统的测试原理以及典型的数据分析方法。全书内容可大致分为三个部分：①惯性器件测试部分，介绍了几种常见惯性器件的工作原理和误差建模、惯性器件测试的基本原理和方法以及实验室中常用的惯性仪器测试设备；②数据分析部分，包括回归分析、时间序列分析、频谱分析、阿仑方差分析和随机系统的Kalman滤波等方法；③惯导系统的标定技术部分，结合作者的部分科研成果，详细介绍了捷联惯导系统的标定模型、分立标定方法以及系统级标定方法。书后附有Matlab仿真程序可供参考，还有练习题可供读者拓展学习或学生练习使用。

本书可作为导航制导与控制、仪器仪表及相关专业的本科生、研究生的教学用书和参考书，也可供从事相关专业的科研和工程技术人员阅读参考。

图书在版编目(CIP)数据

惯性仪器测试与数据分析／严恭敏，李四海，秦永元编著．—北京：国防工业出版社，2012.11(2023.9重印)
ISBN 978-7-118-08379-8

Ⅰ.①惯… Ⅱ.①严…②李…③秦… Ⅲ.①惯性元件-测试技术②惯性元件-数据-分析 Ⅳ.①TN965

中国版本图书馆CIP数据核字(2012)第233983号

※

国防工業出版社出版发行
(北京市海淀区紫竹院南路23号　邮政编码100048)
北京虎彩文化传播有限公司印刷
新华书店经售

*

开本 787×1092　1/16　**印张** 17¼　**字数** 393千字
2023年9月第1版第4次印刷　**印数** 4051—5050册　**定价** 48.00元

国防书店：(010)88540777　　发行邮购：(010)88540776
发行传真：(010)88540755　　发行业务：(010)88540717

前　言

惯性技术是以力学、机械学、光电子学、控制学和计算机学等为基础的多学科综合技术,具有自主、隐蔽、抗干扰、实时、连续测量等众多优点。惯性技术在航空、航天、航海、陆地导航、各种战略战术武器导航和民用领域都得到了广泛的应用。世界各国都非常重视惯性技术的发展和应用,它是武器装备信息化的主要支撑技术之一,也是衡量一个国家科学技术水平和国防实力的重要标志之一。惯性技术的研究内容十分丰富,涵盖惯性仪表(陀螺仪和加速度计)技术、惯性系统集成技术、惯性测试技术和惯性系统应用技术等,其中惯性测试技术是本书阐述的重点。

本书共10章,比较系统和全面地介绍与惯性测试技术密切相关的内容,主要包括陀螺仪、加速度计和惯导系统的建模和基本测试原理、常用的惯性仪器测试设备以及典型的数据处理和分析方法。其中第1章介绍惯性仪器测试精度相关的基本概念;第2章介绍传统机械转子陀螺仪、石英挠性摆式加速度计、激光陀螺和光纤陀螺的建模方法、误差模型;第3章介绍传统机械转子陀螺仪静态漂移误差的力矩翻滚测试和伺服转台测试,以及加速度计的重力场翻滚测试等基本测试方法;第4章介绍常用的惯性仪器测试设备和测试环境;第5、6、7章分别介绍回归分析、时间序列分析和频谱分析等传统的数据分析方法;第8章从功率谱频域角度介绍阿仑方差的概念,并进一步介绍陀螺随机漂移误差的阿仑方差分析方法及应用;第9章针对随机系统的仿真和滤波估计问题,介绍连续时间随机系统的离散化等效方法,以及Kalman滤波、自适应Kalman滤波、非线性系统的EKF滤波和UKF滤波等现代滤波估计算法;第10章介绍捷联惯性测量组合的标定模型、实验室内的分立标定方法以及不依赖于高精度转台的系统级标定方法,还介绍平台惯导系统的自标定方法。本书后面附有Matlab仿真程序可供参考,还有练习题可供读者拓展学习或学生练习使用。

本书以易于理解和工程实用的原则来组织各章节的内容,介绍理论知识时尽量避免复杂深奥的数学公式推导,将专业理论与应用背景或作者的工程实践经验有机结合,为读者系统掌握和快速应用好惯性测试技术奠定基础。

本书从2009年起开始编写,作为西北工业大学测控技术与仪器、自动化专业本科生的专业课讲义,先后在四届学生中使用并得到了不断的完善。但由于作者水平有限,书中不足和错误之处在所难免,敬请同行专家和广大读者批评指正。

作　者

2012年8月

前言

目　录

第1章 概 述

惯性导航借助惯性技术引导运载体从起始位置行驶至目标位置,两位置之间的关系是一矢量,它既包含方向又有距离长短,不论行驶的路径是直线还是曲线,只有在合适的方向和路径长短下才能到达目标位置。惯性技术的核心传感器是陀螺仪和加速度计,可统称为惯性器件、惯性仪表或惯性仪器,它们测量的信息都是以惯性空间为参考基准的。简单地说,导航时使用陀螺仪实现方向测量,而使用加速度计实现距离测量,必须通过两者相互紧密配合才能完成惯性导航任务。

惯性器件根据一切质量物体(甚至光波)相对惯性空间具有的基本属性进行测量,因而建立在惯性传感器和数学积分算法基础上的惯性导航系统具有自主性好、隐蔽性强和导航信息全面等优点,即除了先验导航环境(如所在星体引力场和自旋角速度信息)外,系统不再需要其他外界信息,也不会向外界辐射任何信息,仅靠自身就能够自主和隐蔽地向运载体提供高频率甚至连续的实时导航信息,包括角速度、加速度、姿态、速度和位置等。但是,由于惯性导航系统中的积分运算特点,即便是微小的惯性器件测量误差,随着时间增长都会引起惯性导航姿态、速度和位置计算误差的不断积累。因此,研制新型高性能惯性器件、提升惯性器件设计和制造精度以及通过测试和误差补偿手段提高现有惯性器件的实际使用精度都具有非常重要的意义。

1.1 惯性器件简介

惯性器件是精密的传感器。传统的惯性器件以经典力学为理论基础,早在1687年,牛顿就提出了力学三定律,奠定了惯性技术的理论基础;1786年,欧拉创立了转子陀螺仪的力学基本原理;1852年,傅科(L. Foucault)制造了用于验证地球自转运动的测量装置,并将其称为Gyroscope(陀螺),由于精度低,只能观察到地球自转而未能精确测出地球自转角速度的大小;1908年,安修茨(H. Anschutz - Kaempfe)制造了世界上第一台摆式陀螺罗经;1910年,休拉(M. Schuler)提出了著名的休拉调谐原理,为惯性导航系统的设计奠定了基础。第二次世界大战期间,德国人制造的V-2火箭采用了陀螺仪和加速度计组成的制导系统,开创了惯导系统的应用先河,但其设计相对粗糙,制导精度很低;20世纪50年代,美国麻省理工学院德雷伯(Draper)实验室采用液浮支承,研制成功了单自由度液浮陀螺,有效降低了支承引起的摩擦力矩,使陀螺精度达到了惯性导航级的要求。从惯性导航基本理论的提出到惯性级导航系统的实现,经历了将近300年时间,其间缺乏的不是理论,而是巧妙的设计思想和精密的制造工艺。由此亦可以看出,基础工业水平对惯性技术的发展起着非常重要的作用。

1.1.1 陀螺仪

20 世纪 60 年代,液浮陀螺技术日臻完善,其漂移误差降低到了 1×10^{-4}(°)/h。三浮陀螺是液浮陀螺的发展改进型,它同时采用了液浮、动压气浮和磁悬浮技术,精度和稳定性更高,最高精度达到了 1×10^{-7}(°)/h。高精度的液浮陀螺主要应用于飞机、舰船、潜艇、战略武器和载人航天等领域。

同一时期,英国皇家航空研究院提出了挠性支承的概念,挠性陀螺(动力调谐陀螺,DTG)开始出现,目前挠性陀螺精度已达到了 0.01(°)/h,最高可达 0.001(°)/h 以上。挠性陀螺的主要优点是成本低,但测试和误差补偿都比较复杂。近年来,挠性陀螺的应用领域正在逐渐被新型光学陀螺取代。

1954 年,伊利诺伊大学诺尔德西克(A. T. Nordseik)教授提出了静电陀螺的基本概念。20 世纪 70 年代,美国首先研制成了静电陀螺。静电陀螺的精度一般优于 1×10^{-4}(°)/h,更高可达到 1×10^{-6}(°)/h ~ 1×10^{-7}(°)/h,在人造卫星的失重和真空等理想环境下,甚至达到了 1×10^{-9}(°)/h ~ 1×10^{-11}(°)/h。为了验证爱因斯坦广义相对论所预言的测地线效应和参考系拖拽效应,2004 年美国国家航空航天局(NASA)发射了一颗科学探测卫星,即引力探测器 B(Gravity Probe B,GP-B),卫星上携带了四个高精度的静电陀螺,精度达到了 2(″)/年 $\approx6\times10^{-8}$(°)/h。在已经进入实用领域的各类陀螺中,静电陀螺是目前公认的精度等级最高的陀螺。

随着科学技术的不断发展,人们已经发现了许多物理现象(据说有 100 种以上)可以用来测量相对于惯性空间的旋转,但从本质工作机理上看,陀螺仪主要划分为两大类:一类是以经典力学为基础的陀螺仪,通常称为机械转子陀螺仪,如前所述包括液浮陀螺、挠性陀螺和静电陀螺等;另一类是以近代量子力学和相对论为理论基础的陀螺仪,如下面将要介绍的激光陀螺和光纤陀螺。

20 世纪初就有人提出了利用光的干涉原理测量角运动的设想。1913 年,法国物理学家萨格奈克(M. Sagnac)研制了一种光学干涉仪,1925 年,迈克尔逊(A. A. Michelson)结合干涉仪研制出了一种光学陀螺测量装置,用于测量地球的自转角速度,但采用的光源是普通光,相干性非常差,测量精度很低。1917 年,爱因斯坦提出了光的受激发射理论,1960 年,物理学家发明了激光,1962 年,第一台氦氖激光器问世,提供了一种相干性极好的光源。1963 年,美国率先公布了激光陀螺的概念,但直到 1981 年,激光陀螺才首次被用于当时新生产的波音 747 飞机惯导系统中,接着于 1983 年开始批量生产,其间经过了长达十余年的研制历程。激光陀螺长期不能进入实用的主要原因在于材料和加工工艺上的困难。目前,激光陀螺已经进入大批量生产和拓展应用阶段,最高精度优于 10^{-4}(°)/h。

光纤陀螺是比激光陀螺出现稍晚的另一类光学陀螺。1976 年,美国学者 V. Vali 和 R. W. Shorthill 首次提出用多圈光纤环形成大等效面积的闭合光路,利用萨格奈克效应实现角运动的测量。此后,光纤陀螺仪的研究、研制和应用得到了迅猛的发展。与激光陀螺相比,光纤陀螺的体积更小,功耗更低,并且价格低廉,便于批量生产。尽管目前光纤陀螺的精度还赶不上激光陀螺,大多数只能满足战术武器的中低精度要求,但随着光纤制造技术和集成光学器件性能的不断完善,其潜在的优势将逐渐显露出来。

特别值得一提的是,还有一种与传统机械转子陀螺仪的特征有着显著区别的陀螺仪,称为微机械陀螺。随着硅半导体工艺的成熟和完善，20 世纪 80 年代开始出现了微型机械、微型传感器和微型执行器的微机械制造技术，这种采用微型机械机构和控制电路工艺制造微机电系统的技术常称为微机电系统（Micro-Electro-Mechanical Systems，MEMS）技术。微型机械不是传统机械的简单和直接微型化，它远超出了传统机械的概念和范畴。当一个系统的特征尺寸达到微米级甚至纳米级时，会产生许多新的问题。例如随着尺寸的减少，表面积与体积之比增加，表面力学、表面物理效应将起主导作用，传统的机械设计和分析方法将不再适用。微摩擦学、微热力学等问题在微系统中至关重要。目前，MEMS 陀螺仪产品精度达到了 10(°)/h，据说实验室精度已超过 0.1(°)/h。MEMS 惯性器件不仅具有体积小、重量轻、易于安装、高可靠和耐冲击等独特优点，而且还可以实现超大批量的生产，成本上具有绝对的优势，因此在战术武器领域及民用领域具有非常广阔的应用前景。

1.1.2 加速度计

惯性技术的发展史主要是一部陀螺仪的发展史，因为陀螺仪精度对惯性导航精度起着决定性的作用。但是，并不是说加速度计在惯性技术中不重要，而是对于常规惯性导航系统而言，与对应精度陀螺仪相匹配的加速度计更容易实现。因此，惯性导航系统的精度瓶颈往往在于陀螺仪，成本也主要取决于陀螺仪，随着陀螺仪精度的提高或新型陀螺仪的问世，惯性导航技术都会获得阶跃性的提升。

现有的加速度计都是利用牛顿运动定律和通过检测敏感质量进行加速度测量的，不像光学陀螺仪，到目前为止，使用光学等其他原理测量加速度的方法还没有出现。

常用的加速度计有摆式陀螺积分加速度计、液浮摆式加速度计、石英挠性加速度计和硅微加速度计等。其中，陀螺加速度计的精度最高，最高精度水平可达 $10^{-8}g$，主要应用于洲际战略导弹；石英挠性加速度计在各种精度等级的惯导系统中有着非常广泛的应用。关于加速度计的更多内容，有兴趣的读者可参考其他惯导书籍。

1.2 惯性器件测试基本概念

1.2.1 惯性器件精度的含义

在说明惯性器件精度之前必须先简要介绍一下海里的概念。

海里原是航海上的长度单位，它指地球子午线上地理纬度 1′对应的地球表面的弧线长度。由于地球略呈椭球体状，不同纬度处的子午圈主曲率半径并不完全相同，1′弧长稍有差异：在赤道附近 1 海里约等于 1843.0m；纬度 45°处约等于 1852.2m；两极则约等于 1861.6m。地球平均半径为 6371300m，据此计算其 1′对应的地表平均弧长为 $2\pi \times 6371300/(360 \times 60) = 1853.3\text{m}$。

海里的英文写法为 nautical mile，常简写为 nm（也作 NM、nmi 或 n mile，阅读时注意通过上下文与长度单位纳米区分开），国际上采用 1852 m 作为标准海里长度，即有

$$1\text{nm} = 1852\text{m}$$

在航空惯性导航行业，将运行 1h 过程中在水平面上定位误差等于 1nm（简记成 1nm/h）的惯性导航系统称为惯性级导航系统。应当注意的是，定位误差实际上是一个统计结果，

计算方法比较复杂,但可以从该数值 1 nm/h 上对导航精度有个简单直观的认识。

众所周知,地球自转角速率约 15(°)/h,更精确的数值是 15.04107(°)/h 或 7.292115×10^{-5} rad/s,其千分之一为 0.015(°)/h,又称为毫地转率(milli earth rate unit,meru)。习惯上,将精度达到 0.015(°)/h 的陀螺称为惯性级陀螺,往往也以 1meru 的量级即 0.01(°)/h 表示惯性级陀螺的精度。

在运载体上安装加速度计,用来敏感和测量运载体沿指定方向上的比力,然后经过有害加速度补偿、一次积分和二次积分运算求得运载体的速度和位置。在惯导系统中,如果暂且忽略其他误差源,仅考虑加速度计精度 $\nabla = 1 \times 10^{-4} g$($g$ 为重力加速度大小,粗略分析时常取 $1g \approx 9.8 \mathrm{m/s^2}$),则在短时间导航时,如 $t = 10\mathrm{min}$,定位误差为 $0.5 \times \nabla \times t^2 \approx 0.1\mathrm{nm}$。当然,由于惯导休拉调谐的影响,长时间导航时误差并不会严格按时间平方的规律增长,更深入的分析表明,上述精度的加速度计造成导航系统 1h 统计定位误差约 0.3nm,这一数值足以说明加速度计的精度对惯导定位精度也有较大的影响。加速度计按精度可以粗略划分为高、中和低精度三个档次,对应数值范围大致为 $< 10^{-4} g$、$10^{-4} g \sim 1\mathrm{m}g$ 和 $> 1\mathrm{m}g$。

对于惯性级导航系统,它对陀螺精度的最低要求为 0.01(°)/h,而对加速度计的精度要求为 $1 \times 10^{-4} g$。

除用“精度”概念描述惯性器件的性能优劣外,有时也将它表述成“误差”,实际上在许多场合这两种说法是相通和混用的。

1.2.2 惯性器件的误差模型

引起惯性器件误差的原因是多方面的,包括:①惯性器件本身结构的不完善或工艺误差,如机械转子陀螺的支撑摩擦、质量不平衡和结构弹性变形等;②器件内部物理因素变化,如元件发热造成的温度梯度、器件内部杂散磁场等;③使用环境的影响,如外界温度变化、外界磁场干扰、运载体剧烈振动等,外因的不利影响一般总是通过内因的不完善或缺陷起作用。

惯性器件误差的数学模型通常可以划分为以下三类。

(1) 静态误差模型:它指在线运动条件下惯性器件误差的数学表达式,确定了惯性器件误差与比力之间的函数关系。之所以这么称谓,是因为在地球表面上惯性器件总是受到重力加速度的影响,因而将在重力和线运动加速度下建立的误差模型统称为静态误差模型。当然,当惯性器件相对地球静止时也存在地球自转角运动的影响,但是其数量级很小,在静态误差模型测试时可以予以忽略。

(2) 动态误差模型:它指在角运动条件下惯性器件误差的数学表达式,确定了惯性器件误差与角速度甚至角加速度之间的函数关系。

(3) 随机误差模型:引起惯性器件误差的因素众多,许多是随机的,有些机理尚不明确,应使用数理统计和模型辨识理论建立随机误差的数学表达式,此即为随机误差模型。

上述(1)和(2)属于确定性误差,通过建模和测试是可以补偿或大部分补偿的,惯性器件性能中的重复性和稳定性对补偿效果起着决定性作用。经过确定性误差补偿后,可以将未能补偿的剩余确定性误差与(3)共同划入随机误差。实际上,由于建模偏差和实验室测试不够全面充分,特别是实际使用环境中运载体线运动和角运动、温度、磁场、压力等的任意组合,将激励出更多的误差,也可将它们划入随机误差。从以上分析可以看出,实际应用中的随机误差应当包括静态条件下测试的随机误差、确定性误差中未能补偿的剩余误差、使用环境激励出的误差,现实中对后二者是很难测试和评估的。传统的随机误差建模往往是在静态条件下测试完成的,其动态环境的适应性验证是一大难题。

惯性技术行业中所指的惯性器件精度习惯上为静态条件下的随机误差,这是惯性器件性能的最重要指标之一,它代表了器件在最理想的条件下达到的最高精度。陀螺仪的随机漂移稳定性和加速度计的逐次启动零偏重复性,是本行业人员之间交流时概括器件精度性能最常用和最简练的共同语言。

1.2.3 惯性器件的测试内容

惯性器件测试,一般是指在实验室条件下,使用专门的测试设备获取仪表的输出数据,通过数据处理确定仪表的性能参数或从数据中分离出仪表的模型参数。在地球表面上进行测试,当地重力加速度和地球自转角速率的影响是必然存在的,有时可以把它们当作高精度的参考基准使用,有时需当作干扰量予以消除。除此之外,测试时一般对实验室的温度、湿度、气压、振动和磁场等环境也有较高的要求。

在惯性器件研制、生产和使用过程中,必须进行不同的测试试验,测试的目的和侧重点有所不同,按阶段可大致进行如下分类。

(1) 研究性测试:根据仪表工作机理,推导各有关参数之间的关系,或称物理模型,通过测试可能发现其中存在的不足和缺陷,有助于改进设计方案或改善加工工艺。

(2) 鉴定性测试:用于确定仪表的性能参数是否满足设计书的要求。对于大多数类型成熟的仪表,其鉴定测试方法都已经制定了相应的国家军用标准,如《GJB 1232—91 速率积分陀螺仪测试方法》、《GJB 2504—95 石英挠性加速度计通用规范》和《GJB 2427—95 激光陀螺仪测试方法》等,鉴定时有些条款必须强制执行,有些可供参考。当然,相关国军标也是学习测试课程不可多得的好资料,值得仔细研读。

(3) 应用性测试:对仪表进行严格测试,了解其误差规律,建立描述误差特性的数学模型,通过误差补偿提高仪表的使用精度。高精度惯性器件是一种非常精密的仪表,通过巨大的努力,其性能已经几乎达到了极限,若想再提高 10% 的制造精度,可能要付出 10 倍的努力。因此,通过测试和误差补偿提高仪表的实际使用精度有着重要的意义。

惯性导航系统可分为平台惯导系统(Platform Inertial Navigation System,PINS)和捷联惯导系统(Strapdown Inertial Navigation System,SINS)两大类,对于这两类系统,其器件的测试侧重点也不完全相同。

在平台惯导系统中,将惯性器件安装在由框架构成的稳定平台上,稳定平台跟踪和模拟指定的导航坐标系,空间指向基本不变或变化缓慢。运载体作角运动时,由于稳定平台的角运动隔离作用,惯性器件只会感测到微小的角速度,陀螺仪主要起控制平台方向稳定的作用,而加速度计测量指定方向上的比力,直接积分获得速度和位置参数。而在捷联惯导系统中,惯性器件直接与运载体固联,同时承受运载体的角运动和线运动,通过陀螺仪测量和软件解算建立虚拟稳定平台——“数学平台”,利用数学平台将运载体坐标系下的加速度计测量转换到导航坐标系,然后进行速度和位置积分解算。

从以上描述可以看出,平台惯导系统的惯性器件主要受线运动加速度的影响,而角运动的影响很小,从而在进行惯性器件误差建模和测试时,着重点在于静态误差方面,多数情况下可以忽略动态误差的影响。显然，由于惯性器件动态误差对平台惯导的影响较小，使得平台惯导系统的精度相对比较高。捷联惯导系统的惯性器件直接承受运载体的线运动和角运动，因而惯性器件的静态误差和动态误差的建模和测试都非常重要。特别在大角速率条件下，如战斗机最高达400(°)/s，它与惯性级陀螺的精度标志1meru之间的数量级相差多达10^8，除惯性器件外，在如此宽范围内均要求进行高精度测量的仪器是非常罕见的。传统机械转子陀螺的动态误差大，影响因素众多，建模和测试都比较复杂；而新型陀螺，如激光陀螺，线加速度和角速度引起的静态误差和动态误差都很小，是构建捷联惯导系统的理想器件。

1.3 课程主要内容与意义

惯性测试是一门专业性和综合性都非常强的工程技术。基于独特物理现象设计和制造的惯性器件种类繁多，精度和特性各不相同，均有其特殊的应用场合，因而相应的测试设备和测试方法也不尽相同，但也存在一些共性的研究内容。

本课程的主要内容包括：

(1) 惯性器件(单自由度机械转子陀螺仪、石英挠性摆式加速度计和新型光学陀螺仪)的基本工作原理、误差分析和建模。

(2) 惯性器件常规试验项目的测试方法。

(3) 常用惯性测试设备(水平仪、平板、分度头、速率和位置转台、离心机、线振动台和高低温温箱等)的基本功能和使用方法。

(4) 典型的数据分析和数据处理技术(回归分析、时间序列分析、频谱分析和阿仑方差分析)。

(5) 随机系统的仿真与卡尔曼滤波技术。

(6) 捷联惯导系统和平台惯导系统的标定技术。

围绕惯性级惯性器件和导航系统，本课程的重点在于应用性测试和分析，以期提高惯性仪器的使用性能，但课程涉及的内容和方法对次惯性级或超惯性级器件或系统的测试和数据分析也有较高的参考价值。

惯性技术具有非常鲜明的军事应用背景，在国家高尖技术领域，特别是国防领域，有着异常重要的应用。所有技术发达国家均将惯性器件、惯性测试设备和先进测试方法等予以高度保护，严格限制出口，因而自主研制和开发显得格外重要。惯性测试是一门高精密的技术，有许多繁琐和细致的工作需要做，需要有足够的耐心和细心，需要有善于发现问题的敏锐眼光和解决问题的新颖思路，它对培养严谨的科学研究精神、良好的工程实践能力和踏实的工作作风都具有重要的意义。

第 2 章　陀螺仪和加速度计建模

本章在回顾相关的数学和物理基本概念基础上，推导单自由度转子陀螺仪的物理误差模型和数学误差模型，还推导石英挠性摆式加速度计的输入输出物理模型和数学模型，最后简要介绍光学陀螺仪的基本原理和主要误差，这些知识是本门课程后续章节学习器件测试和数据处理的基础。

2.1　预备知识

2.1.1　标量、向量和变换矩阵的表示法

（1）标量：常常表示坐标分量，比如 v_x^n，主体字母斜体，右下标表示某坐标轴分量，右上标表示所投影的坐标系。

（2）向量：比如 $\boldsymbol{\omega}_{ie}^n$，主体字母粗斜体（手写体为$\vec{\omega}_{ie}^n$），右下标表示坐标系之间的相对关系（后者 e 系相对前者 i 系），右上标表示投影坐标系，其坐标轴投影分量可表示为 $\omega_{ie,x}^n$、$\omega_{ie,y}^n$ 或 $\omega_{ie,z}^n$。向量有投影表示法 $\boldsymbol{\omega}_{ie}^n = \omega_{ie,x}^n \boldsymbol{i} + \omega_{ie,y}^n \boldsymbol{j} + \omega_{ie,z}^n \boldsymbol{k}$ 和分量表示法 $\boldsymbol{\omega}_{ie}^n = [\omega_{ie,x}^n \quad \omega_{ie,y}^n \quad \omega_{ie,z}^n]^{\mathrm{T}}$，未特别说明均指列向量。

（3）变换矩阵：比如 $\boldsymbol{C}_b^n$，主体字母粗斜体（手写体为$\vec{C}_b^n$），表示从右下标坐标系（b 系）到右上标坐标系（n 系）的线性变换矩阵。

值得引起注意的是，上下标主要起着指示说明性的作用，便于阅读理解，当在上下文说明清楚且不易引起混淆的情况下可以省略，但建议明确标出。上下标表示法还有其他多种方式和一些固定的习惯上的含义，应多阅读文献，揣摩其中含义，写作时尽量与习惯用法保持一致，便于交流，如果应用不合乎习惯将会增加他人阅读困难，甚至引起误解。

2.1.2　向量反对称矩阵的概念与应用

设有两个三维向量：

$$\boldsymbol{\omega} = \omega_x \boldsymbol{i} + \omega_y \boldsymbol{j} + \omega_z \boldsymbol{k} = [\omega_x \quad \omega_y \quad \omega_z]^{\mathrm{T}}$$

$$\boldsymbol{r} = r_x \boldsymbol{i} + r_y \boldsymbol{j} + r_z \boldsymbol{k} = [r_x \quad r_y \quad r_z]^{\mathrm{T}}$$

对它们实施叉乘运算（即外积），结果记为

$$\boldsymbol{v} = v_x \boldsymbol{i} + v_y \boldsymbol{j} + v_z \boldsymbol{k} = [v_x \quad v_y \quad v_z]^{\mathrm{T}}$$

利用行列式表示法计算叉乘，有

$$\boldsymbol{v} = \boldsymbol{\omega} \times \boldsymbol{r} = \begin{vmatrix} \boldsymbol{i} & \boldsymbol{j} & \boldsymbol{k} \\ \omega_x & \omega_y & \omega_z \\ r_x & r_y & r_z \end{vmatrix}$$

$$= (\omega_y r_z - \omega_z r_y)\boldsymbol{i} - (\omega_x r_z - \omega_z r_x)\boldsymbol{j} + (\omega_x r_y - \omega_y r_x)\boldsymbol{k} \tag{2.1-1}$$

另一方面,若计算由向量 $\boldsymbol{\omega}$ 中各元素构造的某种特殊矩阵与向量 $\boldsymbol{r}$ 的乘法,得

$$\begin{bmatrix} 0 & -\omega_z & \omega_y \\ \omega_z & 0 & -\omega_x \\ -\omega_y & \omega_x & 0 \end{bmatrix}\begin{bmatrix} r_x \\ r_y \\ r_z \end{bmatrix} = \begin{bmatrix} \omega_y r_z - \omega_z r_y \\ -(\omega_x r_z - \omega_z r_x) \\ \omega_x r_y - \omega_y r_x \end{bmatrix} \tag{2.1-2}$$

比较向量表示法(式(2.1-1))与分量表示法(式(2.1-2)),发现它们之间含义完全相同。因此,若记该特殊矩阵如下:

$$(\boldsymbol{\omega}\times) = \begin{bmatrix} 0 & -\omega_z & \omega_y \\ \omega_z & 0 & -\omega_x \\ -\omega_y & \omega_x & 0 \end{bmatrix} \tag{2.1-3}$$

则可将两向量叉乘等价为前一向量的特殊矩阵与后一向量之间的乘法运算,即

$$\boldsymbol{\omega}\times\boldsymbol{r} = (\boldsymbol{\omega}\times)\boldsymbol{r}$$

所以常将特殊矩阵$(\boldsymbol{\omega}\times)$称为由向量 $\boldsymbol{\omega}$ 构成的反对称矩阵,有时也直接简写成 $\boldsymbol{\omega}\times$。向量反对称矩阵的特点是对角线上元素全部为零,非对角线上元素对称但正负符号恰好相反,此即为反对称。

利用反对称矩阵可以将向量叉乘运算看成矩阵与向量的乘法运算,这在有些矩阵合并的书写过程中可能会带来一些方便,例如刚体定轴转动时其上某点受力公式为

$$\boldsymbol{f} = \dot{\boldsymbol{\omega}}\times\boldsymbol{r} + \boldsymbol{\omega}\times(\boldsymbol{\omega}\times\boldsymbol{r}) = [\dot{\boldsymbol{\omega}}\times + (\boldsymbol{\omega}\times)^2]\boldsymbol{r}$$

但是,必须特别注意 $\boldsymbol{C}_{3\times3}\boldsymbol{\omega}_{3\times1}\times\boldsymbol{r}_{3\times1}$的含义,它可能有几种不同解释:

$$\boldsymbol{C}_{3\times3}(\boldsymbol{\omega}_{3\times1}\times\boldsymbol{r}_{3\times1}) = \boldsymbol{C}_{3\times3}(\boldsymbol{\omega}_{3\times1}\times)\boldsymbol{r}_{3\times1} \neq (\boldsymbol{C}_{3\times3}\boldsymbol{\omega}_{3\times1})\times\boldsymbol{r}_{3\times1}$$

所以,在容易混淆的情况下最好使用括号明确标明运算顺序。

2.1.3 两直角坐标系之间的旋转变换矩阵

两直角坐标系之间的无压缩和无拉伸变形的旋转关系可以用变换矩阵来描述,且该矩阵必定是单位正交矩阵,任何复杂的旋转关系都可由三种基本的旋转方式复合构成。

1. 绕 x 轴旋转

设坐标系 $o_0x_0y_0z_0$(旧坐标系)绕 x 轴旋转 α 角得坐标系 $o_1x_1y_1z_1$(新坐标系),则可以写出变换矩阵:①旧坐标系 x 轴的坐标 r_x^0(视作单位长度 1)在新坐标系投影依旧为$[1\quad 0\quad 0]^{\mathrm{T}}$;②据图 2.1-1,旧坐标 r_z^0(视作 1)在新坐标系投影为$[0\quad \sin\alpha\quad \cos\alpha]^{\mathrm{T}}$;③按变换矩阵的单位正交性质可写出 r_y^0(视作 1)在新坐标系的投影为$[0\quad \cos\alpha\quad -\sin\alpha]^{\mathrm{T}}$(或还可能是$[0\quad -\cos\alpha\quad \sin\alpha]^{\mathrm{T}}$)。

上述三个新坐标系投影向量按照对应坐标轴顺序排列组成矩阵,即得从旧坐标系至新坐标系的变换矩阵 $\boldsymbol{C}_0^1$,结果如图 2.1-1 所示。显然,当 $\alpha=0$ 时变换矩阵必须是单位阵,因而上述第③步中的投影$[0\quad -\cos\alpha\quad \sin\alpha]^{\mathrm{T}}$ 不满足要求,予以排除。

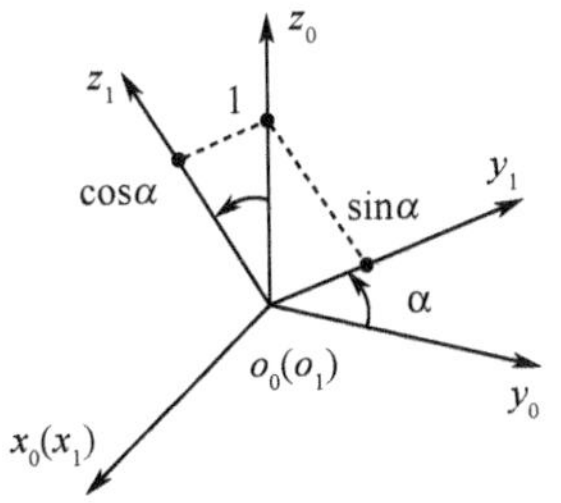

① ③ ②

$$\begin{bmatrix} r_x^1 \\ r_y^1 \\ r_z^1 \end{bmatrix} = \underbrace{\begin{bmatrix} 1 & 0 & 0 \\ 0 & \cos\alpha & \sin\alpha \\ 0 & -\sin\alpha & \cos\alpha \end{bmatrix}}_{\boldsymbol{C}_0^1} \begin{bmatrix} r_x^0 \\ r_y^0 \\ r_z^0 \end{bmatrix}$$

图 2.1 – 1　绕 x 轴旋转 α 角

2. 绕 y 轴旋转

设坐标系 $o_1x_1y_1z_1$（旧坐标系）绕 y 轴旋转 β 角得坐标系 $o_2x_2y_2z_2$（新坐标系），则可以写出变换矩阵：①旧坐标 r_y^1（视作 1）在新坐标系投影依旧为 $[0\quad 1\quad 0]^{\mathrm{T}}$；②据图 2.1 – 2，旧坐标 r_x^1（视作 1）在新坐标系投影为 $[\cos\beta\quad 0\quad \sin\beta]^{\mathrm{T}}$；③按变换矩阵的单位正交性质可写出 r_z^1（视作 1）在新坐标系的投影为 $[-\sin\beta\quad 0\quad \cos\beta]^{\mathrm{T}}$。同样按一定的顺序排列，求得从旧坐标系至新坐标系的变换矩阵 $\boldsymbol{C}_1^2$，结果如图 2.1 – 2 所示。

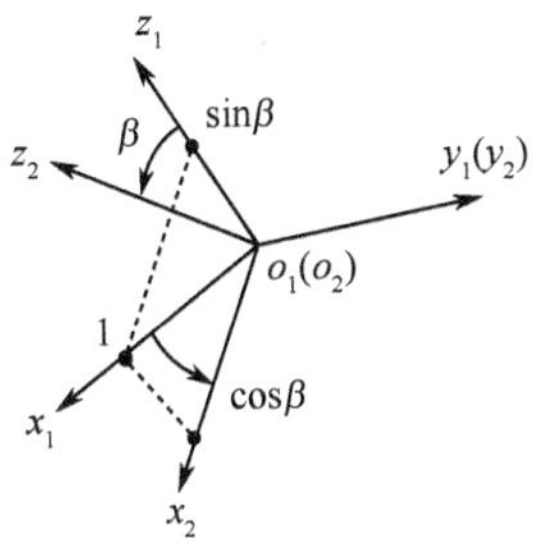

② ① ③

$$\begin{bmatrix} r_x^2 \\ r_y^2 \\ r_z^2 \end{bmatrix} = \underbrace{\begin{bmatrix} \cos\beta & 0 & -\sin\beta \\ 0 & 1 & 0 \\ \sin\beta & 0 & \cos\beta \end{bmatrix}}_{\boldsymbol{C}_1^2} \begin{bmatrix} r_x^1 \\ r_y^1 \\ r_z^1 \end{bmatrix}$$

图 2.1 – 2　绕 y 轴旋转 β 角

3. 绕 z 轴旋转

设坐标系 $o_2x_2y_2z_2$（旧坐标系）绕 z 轴旋转 γ 角得坐标系 $o_3x_3y_3z_3$（新坐标系），则可以写出变换矩阵：①旧坐标 r_z^2（视作 1）在新坐标系投影依旧为 $[0\quad 0\quad 1]^{\mathrm{T}}$；②据图 2.1 – 3，旧坐标 r_y^2（视作 1）在新坐标系投影为 $[\sin\gamma\quad \cos\gamma\quad 0]^{\mathrm{T}}$；③按变换矩阵的单位正交性质可写出 r_x^2（视作 1）在新坐标系的投影为 $[\cos\gamma\quad -\sin\gamma\quad 0]^{\mathrm{T}}$。同样按一定的顺序排列，求得从旧坐标系至新坐标系的变换矩阵 $\boldsymbol{C}_2^3$，结果如图 2.1 – 3 所示。

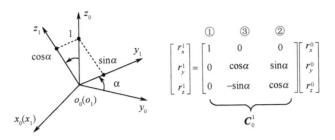

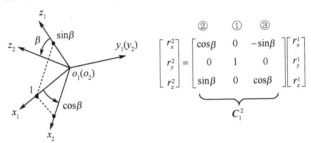

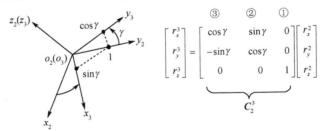

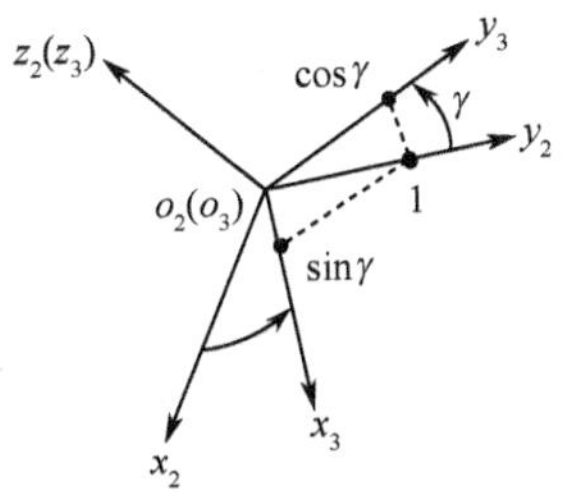

③ ② ①

$$\begin{bmatrix} r_x^3 \\ r_y^3 \\ r_z^3 \end{bmatrix} = \underbrace{\begin{bmatrix} \cos\gamma & \sin\gamma & 0 \\ -\sin\gamma & \cos\gamma & 0 \\ 0 & 0 & 1 \end{bmatrix}}_{\boldsymbol{C}_2^3} \begin{bmatrix} r_x^2 \\ r_y^2 \\ r_z^2 \end{bmatrix}$$

图 2.1 – 3　绕 z 轴旋转 γ 角

以下对基本坐标旋转变换矩阵做一个小结。若记 $\boldsymbol{C}_k^{k+1} = (C_{ij})$ $(k = 0,1,2; i,j = x,y,z)$，除了单位正交性质外，基本变换矩阵还具以下特点。

(1) 绕 i 轴旋转，有 $C_{ii}=1$，且除 $C_{ii}=1$ 外第 i 行上和第 i 列上的其余元素全为0。

(2) 绕 i 轴旋转，除(1)外，对角线元素均为余弦函数，非对角线上元素均为正弦函数。

(3) 绕 i 轴旋转，则前一列(即 $i-1$ 列，但第1列的前一列定义为第3列)元素都取正号。

(4) 基本变换矩阵的非对角线上的元素恰好反对称。

(5) 非对角线上的元素正负符号与向量 $\boldsymbol{\Phi}=\begin{bmatrix}\alpha\\ \beta\\ \gamma\end{bmatrix}$ 的反对称阵 $\begin{bmatrix}0 & -\gamma & \beta\\ \gamma & 0 & -\alpha\\ -\beta & \alpha & 0\end{bmatrix}$ 相应位置上元素的正负号恰好相反。

4. 复合旋转

空间两直角坐标系之间任何复杂的旋转关系总可以由前述三种基本旋转按照一定的先后次序复合而成，对应的三个转角称为一组欧拉角。假设旧坐标系 $o_0x_0y_0z_0$ 先后依次经过三次基本旋转变换 $\boldsymbol{C}_0^1,\boldsymbol{C}_1^2,\boldsymbol{C}_2^3$ 至新坐标系 $o_3x_3y_3z_3$，某一向量 $\boldsymbol{r}$ 在四个坐标系 $o_kx_ky_kz_k$ $(k=0,1,2,3)$ 下的坐标分别为

$$\boldsymbol{r}^0=\begin{bmatrix}r_x^0\\ r_y^0\\ r_z^0\end{bmatrix},\boldsymbol{r}^1=\begin{bmatrix}r_x^1\\ r_y^1\\ r_z^1\end{bmatrix},\boldsymbol{r}^2=\begin{bmatrix}r_x^2\\ r_y^2\\ r_z^2\end{bmatrix},\boldsymbol{r}^3=\begin{bmatrix}r_x^3\\ r_y^3\\ r_z^3\end{bmatrix}$$

则有坐标变换关系

$$\boldsymbol{r}^3=\boldsymbol{C}_2^3\boldsymbol{r}^2=\boldsymbol{C}_2^3\boldsymbol{C}_1^2\boldsymbol{r}^1=\boldsymbol{C}_2^3\boldsymbol{C}_1^2\boldsymbol{C}_0^1\boldsymbol{r}^0\triangleq\boldsymbol{C}_0^3\boldsymbol{r}^0$$

式中：$\boldsymbol{C}_0^3$ 为复合变换矩阵且 $\boldsymbol{C}_0^3=\boldsymbol{C}_2^3\boldsymbol{C}_1^2\boldsymbol{C}_0^1$，该乘法常称为矩阵链乘关系。变换矩阵链乘的基本规律是：最先旋转变换的矩阵写在最右边，前一矩阵的下标必须与后一矩阵的上标一致(相容)，最终结果矩阵的上下标分别取为链乘最左矩阵的上标与最右矩阵的下标。

事实上，若设 α,β,γ 均为小角度，近似有 $\cos\phi_i\approx1,\sin\phi_i\approx\phi_i(\phi_i=\alpha,\beta,\gamma)$，则

$$\boldsymbol{C}_2^3\approx\begin{bmatrix}1 & \gamma & 0\\ -\gamma & 1 & 0\\ 0 & 0 & 1\end{bmatrix},\boldsymbol{C}_1^2\approx\begin{bmatrix}1 & 0 & -\beta\\ 0 & 1 & 0\\ \beta & 0 & 1\end{bmatrix},\boldsymbol{C}_0^1\approx\begin{bmatrix}1 & 0 & 0\\ 0 & 1 & \alpha\\ 0 & -\alpha & 1\end{bmatrix}$$

从而有

$$\boldsymbol{C}_0^3=\boldsymbol{C}_2^3\boldsymbol{C}_1^2\boldsymbol{C}_0^1\approx\begin{bmatrix}1 & \gamma & -\beta\\ -\gamma & 1 & \alpha\\ \beta & -\alpha & 1\end{bmatrix}=\boldsymbol{I}-\begin{bmatrix}0 & -\gamma & \beta\\ \gamma & 0 & -\alpha\\ -\beta & \alpha & 0\end{bmatrix}=\boldsymbol{I}-(\boldsymbol{\Phi}\times) \tag{2.1-4}$$

式中：$\boldsymbol{\Phi}=[\alpha\quad\beta\quad\gamma]^{\mathrm{T}}$，式(2.1-4)建立起了小角度旋转坐标变换矩阵与向量反对称矩阵之间的联系，也验证了前述变换矩阵的特点(5)，这在后续章节的一些公式近似推导过程中非常有用。

2.1.4 比力与单位质量惯性力的概念

如图 2.1－4 所示，在引力场 $\boldsymbol{G}$ 中，作用在质量为 m 小球上的外力包括弹簧力 $\boldsymbol{F}$ 和万有引力 $m\boldsymbol{G}$，假设 m 相对于惯性空间的绝对加速度为 $\boldsymbol{a}$，根据牛顿第二运动定律（加速度定律），得

$$m\boldsymbol{a}=\boldsymbol{F}+m\boldsymbol{G} \tag{2.1-5}$$

将式(2.1－5)移项整理，并且记

$$\boldsymbol{f}=\frac{\boldsymbol{F}}{m}=\boldsymbol{a}-\boldsymbol{G} \tag{2.1-6}$$

称 $\boldsymbol{f}$ 为比力，它表示作用在单位质量物体上的支撑力，而当质量为 m 时支撑力 $\boldsymbol{F}=m\boldsymbol{f}$。

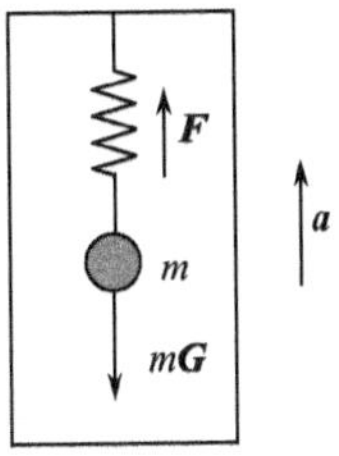

图 2.1－4　比力与单位质量惯性力分析示意图

弹簧作用于单位质量的作用力为 $\boldsymbol{f}$，根据牛顿第三运动定律（作用力与反作用力定律），单位质量物体对弹簧支撑具有反作用力 $-\boldsymbol{f}$，定义

$$\boldsymbol{f}_{IG}=-\boldsymbol{f}=\boldsymbol{G}-\boldsymbol{a} \tag{2.1-7}$$

为单位质量惯性力，它是加速度场中质量物体抵抗支撑力的表现。注意，惯性力将引力视作它的一部分，同样也起着抵抗支撑力的作用，如果处在引力场中并且没有任何几何加速度，则 $\boldsymbol{f}_{IG}$ 与单位质量引力完全相等；如果引力场为 0，$\boldsymbol{f}_{IG}$ 就是普通意义下的纯粹由几何加速度引起的单位质量惯性力。

为了方便对比和理解，在大家所熟知的惯导比力方程中，将其简化也可得出比力的表达式，即

$$\dot{\boldsymbol{v}}^n=\boldsymbol{f}_{sf}^n-(\boldsymbol{\omega}_{in}^n+\boldsymbol{\omega}_{ie}^n)\times\boldsymbol{v}^n+\boldsymbol{g}^n \tag{2.1-8}$$

若在式(2.1－8)中使用惯性坐标系（i 系）代替导航坐标系（n 系），并且令地球自转角速度 $\boldsymbol{\omega}_{ie}^n=0$，相应地，$\dot{\boldsymbol{v}}^n$ 变为绝对加速度 $\boldsymbol{a}$，重力加速度 $\boldsymbol{g}^n$ 变为万有引力加速度 $\boldsymbol{G}$，再记 $\boldsymbol{f}_{sf}^n$ 为 $\boldsymbol{f}$，则有

$$\boldsymbol{a}=\boldsymbol{f}+\boldsymbol{G} \tag{2.1-9}$$

由式(2.1－9)移项后同样可获得比力表达式(2.1－6)。

2.1.5 与刚体转动有关的理论力学基本概念

为了更好地理解陀螺运动，现将理论力学中与刚体角运动有关的若干基本概念与质点的线运动作类比，统一列于表 2.1－1 中。

表 2.1－1　基本概念对比

质点线运动		刚体角运动	
质量	m	惯性张量	$[I]$
速度	$\boldsymbol{v}$	角速度	$\boldsymbol{\omega}$
力	$\boldsymbol{F}$	力矩	$\boldsymbol{M}=\boldsymbol{r}\times\boldsymbol{F}$

（续）

质点线运动		刚体角运动	
动量	$m\boldsymbol{v}$	动量矩（角动量）	$\boldsymbol{H}=\boldsymbol{r}\times m\boldsymbol{v}=[I]\boldsymbol{\omega}$
动量定理	$\frac{\mathrm{d}(m\boldsymbol{v})}{\mathrm{d}t}=\boldsymbol{F}$（或 $m\boldsymbol{a}=\boldsymbol{F}$）	动量矩定理	$\frac{\mathrm{d}\boldsymbol{H}}{\mathrm{d}t}=\boldsymbol{M}$
—	—	欧拉动力学方程（动量矩哥氏定理）	$\left.\frac{\mathrm{d}\boldsymbol{H}}{\mathrm{d}t}\right\vert_r+\boldsymbol{\omega}_{ir}\times\boldsymbol{H}=\boldsymbol{M}$

针对表 2.1-1 中的有些概念稍作介绍如下。

1. 动量矩与惯性张量

如图 2.1-5 所示，以速度 $\boldsymbol{v}$ 运动的质量微元 $\mathrm{d}m$（质点），它与空间某参考点 o 之间的矢径为 $\boldsymbol{r}$，则该质量微元的动量 $\boldsymbol{v}\mathrm{d}m$ 相对点 o 具有动量矩

$$\mathrm{d}\boldsymbol{H}=\boldsymbol{r}\times\boldsymbol{v}\mathrm{d}m=\boldsymbol{r}\times(\boldsymbol{\omega}\times\boldsymbol{r})\mathrm{d}m=-(\boldsymbol{r}\times)^2\boldsymbol{\omega}\mathrm{d}m \tag{2.1-10}$$

式中：$\boldsymbol{\omega}$ 为 $\mathrm{d}m$ 相对于 o 点的旋转角速度。

对于作定点转动的刚体 V（图中虚线）而言，刚体中各质量微元的旋转角速度完全相同，所以整个刚体的动量矩为

$$\begin{aligned}\boldsymbol{H}&=\iiint_V-(\boldsymbol{r}\times)^2\boldsymbol{\omega}\mathrm{d}m\\&=\left[-\iiint_V(\boldsymbol{r}\times)^2\mathrm{d}m\right]\boldsymbol{\omega}=[I]\boldsymbol{\omega}\end{aligned} \tag{2.1-11}$$

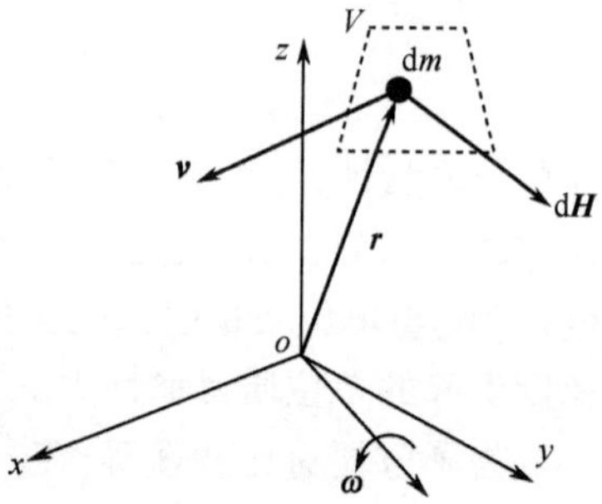

图 2.1-5　质点的动量矩

式中：$[I]=-\iiint_V(\boldsymbol{r}\times)^2\mathrm{d}m$ 称为刚体 V 对点 o 的惯性张量，它与刚体的质量分布以及转动参考点的位置选择有关。

若将式（2.1-11）中各矢量在某参考坐标系 $b(ox_by_bz_b)$ 下投影，并设

$$\boldsymbol{H}^b=\begin{bmatrix}H_x\\H_y\\H_z\end{bmatrix},\boldsymbol{r}^b=\begin{bmatrix}x\\y\\z\end{bmatrix},\boldsymbol{\omega}^b=\begin{bmatrix}\omega_x\\\omega_y\\\omega_z\end{bmatrix}$$

则有

$$\begin{bmatrix}H_x\\H_y\\H_z\end{bmatrix}=\iiint_V\begin{bmatrix}y^2+z^2&-xy&-xz\\-xy&x^2+z^2&-yz\\-xz&-yz&x^2+y^2\end{bmatrix}\mathrm{d}m\cdot\begin{bmatrix}\omega_x\\\omega_y\\\omega_z\end{bmatrix}$$

现定义刚体 V 相对于坐标系 b 的惯性张量为

$$[I]=\begin{bmatrix}I_x&-I_{xy}&-I_{xz}\\-I_{xy}&I_y&-I_{yz}\\-I_{xz}&-I_{yz}&I_z\end{bmatrix}=\iiint_V\begin{bmatrix}y^2+z^2&-xy&-xz\\-xy&x^2+z^2&-yz\\-xz&-yz&x^2+y^2\end{bmatrix}\mathrm{d}m \tag{2.1-12}$$

式中:分别称

$$I_x = \iiint_V (y^2 + z^2)\,dm,\quad I_y = \iiint_V (x^2 + z^2)\,dm,\quad I_z = \iiint_V (x^2 + y^2)\,dm$$

为刚体相对于 x 轴、y 轴和 z 轴的转动惯量;而称

$$I_{xy} = \iiint_V xy\,dm,\quad I_{xz} = \iiint_V xz\,dm,\quad I_{yz} = \iiint_V yz\,dm$$

为刚体的惯性积(或惯量积)。如果选择适当坐标系 $ox_b y_b z_b$ 后能使所有三个惯性积均为零,即[I]变成对角矩阵,则该坐标系的各轴称为刚体的惯性主轴。可以证明,任何形状的刚体都存在惯性主轴,并且惯性主轴有时还不唯一。

针对传统的机械转子陀螺仪,为了对转动惯量和动量矩大小有个定量的认识,举例说明如下。

假设某陀螺转子如图 2.1-6 所示,绕主轴 ox 轴转动,转子半径 $r=1\text{cm}$,质量 $m=100\text{g}$,转动角速率 $\Omega=600\text{r/s}$,不妨假设转子质量都集中在边缘上,则转动惯量大小为

$$I_x = r^2 m = (1\text{cm})^2 \times 100\text{g} = 1\times10^{-5}\text{kg}\cdot\text{m}^2$$

动量矩大小为

$$H = I_x\Omega = 1\times10^{-5}\text{kg}\cdot\text{m}^2 \times 600\times2\pi\cdot\text{rad/s}$$

$$\approx 0.038\text{kg}\cdot\text{m}^2/\text{s}$$

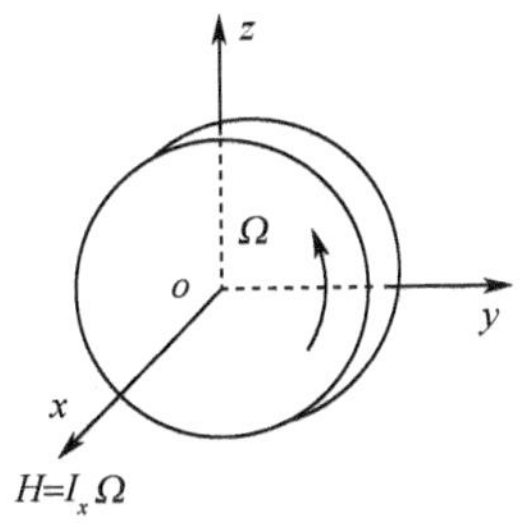

图 2.1-6　陀螺转子转动惯量

由此可见,陀螺转子的转动惯量和动量矩在数值上都是比较小的。

2. 关于动量矩定理的理解

动量矩定理用公式表示为

$$\frac{d\boldsymbol{H}}{dt} = \frac{d([I]\omega)}{dt} = \boldsymbol{M}$$

根据外力矩 $\boldsymbol{M}$ 与角动量 $\boldsymbol{H}$ 之间的相对方位关系,分为以下两种情况进行讨论。

(1) 当刚体定轴转动(如绕 ox)且转动惯量大小为常值时,假设外力矩与角动量平行,则有

$$\frac{dH_x}{dt} = \frac{d(I_x\omega_x)}{dt} = I_x\dot{\omega}_x = M_x \tag{2.1-13}$$

这便是刚体定轴转动中的牛顿运动第二定律(角加速度定律),即外力矩 M_x 将引起刚体角加速度 $\dot{\omega}_x$,可将其类比于质点线加速度运动:$ma=F$。

(2) 如果外力矩与角动量垂直,下面将匀速圆周运动与陀螺进动作对比。

1) 匀速圆周运动

如图 2.1-7 所示,当质点在作匀速圆周运动时,它的运动参数如下:

向心加速度(标量):

$$a = \omega^2 r = \omega\cdot v$$

向心力(标量):

$$F = ma = \omega\cdot mv$$

而用矢量表示的向心力为：

$$\boldsymbol{F}=\boldsymbol{\omega}\times m\boldsymbol{v} \tag{2.1-14}$$

大家都知道，向心力 $\boldsymbol{F}$ 的特点是：$\boldsymbol{F}$ 与角速度 $\boldsymbol{\omega}$ 同时存在或消亡，$\boldsymbol{\omega}\times m\boldsymbol{v}$ 起抵抗向心力 $\boldsymbol{F}$ 的作用。

2）陀螺进动

如图 2.1-8 所示，当陀螺转子高速转动（俗称陀螺运动）时，如果受外界干扰力矩 $\boldsymbol{M}$ 的作用，转子将产生进动且进动角速度为 $\boldsymbol{\omega}$，即有

$$\boldsymbol{M}=\boldsymbol{\omega}\times\boldsymbol{H} \tag{2.1-15}$$

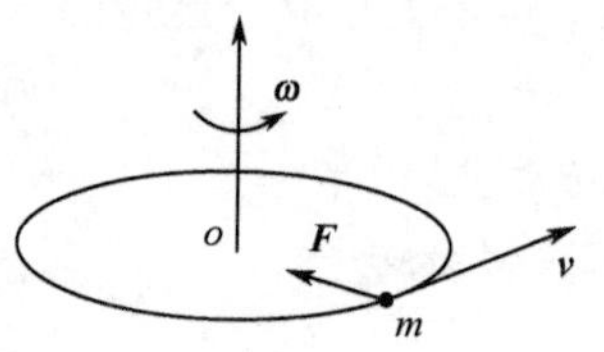

图 2.1-7　匀速圆周运动与向心力

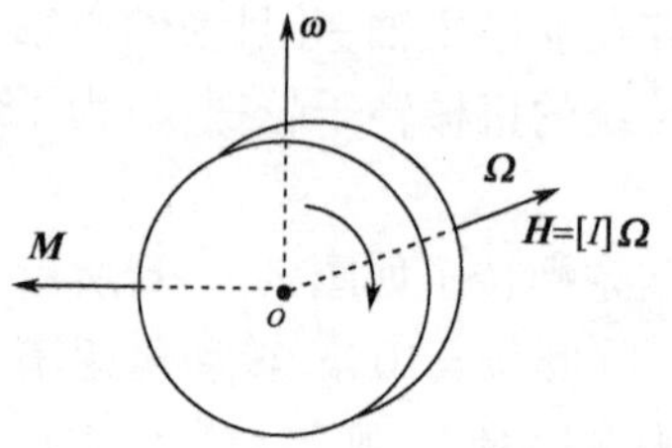

图 2.1-8　陀螺进动与干扰力矩

力矩 $\boldsymbol{M}$ 的特点是：$\boldsymbol{M}$ 与进动角速度 $\boldsymbol{\omega}$ 同时存在或消亡，$\boldsymbol{\omega}\times\boldsymbol{H}$ 起抵抗力矩 $\boldsymbol{M}$ 的作用，一般称 $\boldsymbol{H}\times\boldsymbol{\omega}=-\boldsymbol{\omega}\times\boldsymbol{H}$ 为陀螺力矩或回转力矩。

比较式(2.1-15)和式(2.1-14)可知，在陀螺运动中外干扰力矩起着类似于圆周运动中向心力的作用，前者改变陀螺动量矩的方向，而后者改变质点动量的方向。

2.1.6　弹性定律与弹性变形张量

众所周知，在弹性变形限度范围内，线状轻质弹簧沿伸缩方向受力 F 后，若引起长度变化量为 δL，则有

$$F=k\cdot\delta L \tag{2.1-16}$$

即形变与外力成正比，这就是胡克定律（Hooke's Law），其中 k 为弹簧的刚性系数（或称劲度系数/倔强系数）。

如果将式(2.1-16)改写为

$$\delta L=\frac{1}{k}\cdot F=m\cdot\frac{1}{k}\cdot f \tag{2.1-17}$$

则可称 $1/k$ 为柔性系数。假设弹簧的一端悬挂质量为 m 的小球，则 f 为单位质量惯性力。

对于三维可变形的物体，当受空间作用力时，也存在着与弹簧胡克定律相似的规律，称为弹性变形定律或广义胡克定律。下面仅给出三维物体弹性变形的示意性解释以方便直观理解，更精确的定义可参考材料力学等有关书籍。

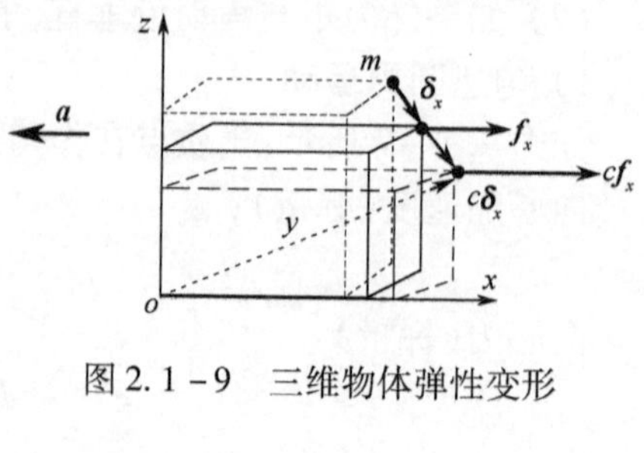

图 2.1-9　三维物体弹性变形

如图 2.1-9 所示，与坐标系 $oxyz$ 固联的质量为 m 的正方体质量块，当存在沿 $-x$ 轴方向的加速度 $\boldsymbol{a}$ 时，质量块与轻质弹簧有区别，前者既是变形体又可产生惯性力，记质量块的单位质量惯性

力为f_x。在惯性力下质量块弹性变形成长方体，弹性变形力包括拉伸力、压缩力、剪切力等。图示沿 x 轴方向拉伸，若质量块总体积保持不变，则沿 y 轴和 z 轴方向必然被压缩。假设受力点相对位移为$\boldsymbol{\delta}_x=[\delta_{xx}\quad \delta_{yx}\quad \delta_{zx}]^{\mathrm{T}}$并且质量块变形是均匀的，若惯性力提高 c 倍变形也将扩大 c 倍，因此受力 $c\boldsymbol{f}_x$ 与变形量 $c\boldsymbol{\delta}_x$ 之间呈线性关系，将该比例关系记为弹性变形系数或柔性系数 $C_{ix}(i=x,y,z)$，则有

$$\begin{cases} C_{xx}=\delta_{xx}/(mf_x) \\ C_{yx}=\delta_{yx}/(mf_x) \\ C_{zx}=\delta_{zx}/(mf_x) \end{cases}$$

以上三式经过整理，可以等效写为

$$\boldsymbol{\delta}_x=\begin{bmatrix}\delta_{xx}\\ \delta_{yx}\\ \delta_{zx}\end{bmatrix}=m\begin{bmatrix}C_{xx} & 0 & 0\\ C_{yx} & 0 & 0\\ C_{zx} & 0 & 0\end{bmatrix}\begin{bmatrix}f_x\\ 0\\ 0\end{bmatrix}$$

可见，弹性变形系数 C_{ix}表示沿 x 方向受力引起的单位质量块沿 i 方向的变形位移。

同理，若沿 y 轴受力f_y 或沿 z 轴受力f_z，且设受力点相对位移分别为$\boldsymbol{\delta}_y$，$\boldsymbol{\delta}_z$，则应当有下述关系式成立：

$$\boldsymbol{\delta}_y=\begin{bmatrix}\delta_{xy}\\ \delta_{yy}\\ \delta_{zy}\end{bmatrix}=m\begin{bmatrix}0 & C_{xy} & 0\\ 0 & C_{yy} & 0\\ 0 & C_{zy} & 0\end{bmatrix}\begin{bmatrix}0\\ f_y\\ 0\end{bmatrix}$$

$$\boldsymbol{\delta}_z=\begin{bmatrix}\delta_{xz}\\ \delta_{yz}\\ \delta_{zz}\end{bmatrix}=m\begin{bmatrix}0 & 0 & C_{xz}\\ 0 & 0 & C_{yz}\\ 0 & 0 & C_{zz}\end{bmatrix}\begin{bmatrix}0\\ 0\\ f_z\end{bmatrix}$$

综合考虑，当沿任意方向受力$\boldsymbol{f}=[f_x\quad f_y\quad f_z]^{\mathrm{T}}$时，恰好可以将上述三个矩阵等式合并在一起，得

$$\boldsymbol{\delta}=\boldsymbol{\delta}_x+\boldsymbol{\delta}_y+\boldsymbol{\delta}_z=m\boldsymbol{Cf} \tag{2.1-18}$$

式中：$\boldsymbol{C}=(C_{ij})(i,j=x,y,z)$为弹性变形张量，矩阵 $\boldsymbol{C}$ 中任一元素弹性变形系数 C_{ij}代表沿 j 方向受力引起的单位质量块沿 i 方向的变形位移。若仅取 $\boldsymbol{C}$ 中对角线上的某个分量，则有 $\delta_{ii}=mC_{ii}f_i$，这与弹簧胡克定律式(2.1-17)的含义完全相同。因此，广义胡克定律式(2.1-18)可以看作是式(2.1-17)从一维线形到三维空间的推广。

2.2 单自由度转子陀螺仪的静态漂移误差模型

目前，中高精度的陀螺仪主要是传统的机械转子陀螺和新型光学陀螺（激光陀螺和光纤陀螺），MEMS 陀螺的精度还相对较低。本节及 2.3 节着重关注转子陀螺仪的动静态误差，建模推导过程简明扼要，旨在对误差的来龙去脉有个基本的了解，将作为后续章节

学习陀螺测试的基础。

图2.2-1为单自由度转子陀螺仪的模型简图,可以把它看作是液浮陀螺仪的抽象。

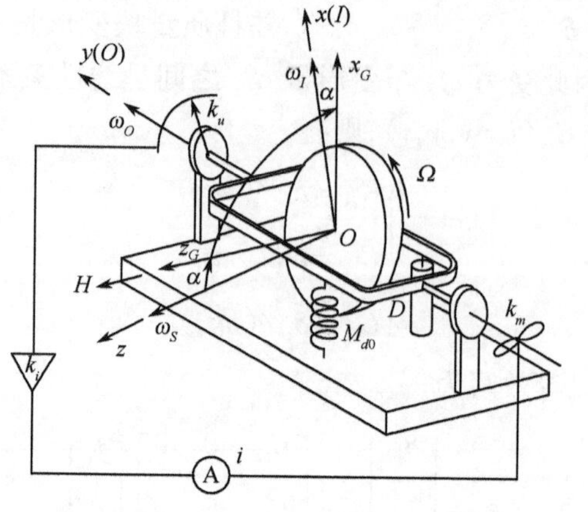

图2.2-1 单自由度转子陀螺仪的模型简图

在图2.2-1中,取$oxyz$(或$oIOS$)为测量坐标系,或称基座坐标系,简记作B系,它与基座固联;$ox_Gy_Gz_G$为陀螺组件坐标系,简记作G系,它与陀螺旋转轴支撑框架固联。图中ox轴对应于陀螺的输入轴I,oy轴对应于陀螺的输出轴O,oz_G轴对应于转子的自转轴S。设转子相对于框架的角速率为Ω,绕自转轴转动的角动量为$\boldsymbol{H}=[0\quad 0\quad H]^{\mathrm{T}}$,陀螺组件(框架+转子)绕输出轴的转动惯量为$I_o$。

当在基座输入轴I有角速率ω_I时,由于陀螺组件与基座之间存在约束关系,且为了保持两者之间轴向对准(不倾倒),基座将带动陀螺组件绕输入轴I以同样的角速率ω_I进动。根据陀螺运动方程$\boldsymbol{\omega}\times\boldsymbol{H}=\boldsymbol{M}$知,必须在输出轴$O$给陀螺转子提供恰当的力矩才能维持该进动,使用力学动静法列出沿输出轴O的所有力矩并令其平衡,可得单自由度转子陀螺仪沿输出轴的动力学方程为

$$I_o\ddot{\alpha}=H\omega_I-D\dot{\alpha}+M_{cmd}+M_d \tag{2.2-1}$$

式中:$I_o\ddot{\alpha}$为惯性力矩;$H\omega_I$为陀螺力矩;$D\dot{\alpha}$为阻尼力矩,大小与转动角速率成正比但方向相反,D是阻尼系数;M_{cmd}为反馈控制力矩,它从框架绕输出轴的转动角度α采集信号k_u开始,经过功率放大k_i,形成电流i,再输入力矩器k_m,产生反馈控制力矩,一般将角度α控制在小范围内,因此有$M_{cmd}=-k_uk_ik_m\alpha$,简记增益$k=k_uk_ik_m$,通常将该反馈回路称为再平衡回路;M_d为干扰力矩,实际系统中它是不期望出现而又无法避免的干扰力矩。

式(2.2-1)在稳态时有$0=H\omega_I-ki+M_d$,理想无干扰情况下有$i=H/k\cdot\omega_I$,所以通过测量再平衡回路的电流i可获得陀螺仪输入角速率ω_I,但是在实际系统中干扰力矩M_d会引起陀螺测量误差。将干扰力矩M_d引起的陀螺测量误差定义为单自由度转子陀螺的漂移误差,其等效角速率大小为

$$\omega_d=\frac{M_d}{H} \tag{2.2-2}$$

由物理机理分析表明,干扰力矩M_d通常可细分为以下三部分:

$$M_d = M_{d0} + M_{d1} + M_{d2} \tag{2.2-3}$$

式中：M_{d0}为与比力无关（或者说对比力不敏感）的干扰力矩，由基座与转子电机之间连接的供电软导线弹性约束、电磁干扰等因素引起；M_{d1} 和 M_{d2} 分别为对比力一次方敏感和对比力二次方敏感的干扰力矩，具体分析如下。

如图 2.2-2 所示，设 O_r 为陀螺组件的几何回转中心，陀螺组件的质量为 m（亦表示其质心），由于加工工艺误差等原因，质心 m 与几何回转中心 O_r 不完全重合，两者之间的位移矢径记为 $\boldsymbol{l} = [l_I \quad l_O \quad l_S]^{\mathrm{T}}$，当在线运动环境下存在比力 $\boldsymbol{f} = [f_I \quad f_O \quad f_S]^{\mathrm{T}}$ 时，陀螺组件的弹性变形将引起附加的质量偏心 $\boldsymbol{\delta} = [\delta_I \quad \delta_O \quad \delta_S]^{\mathrm{T}}$，且有

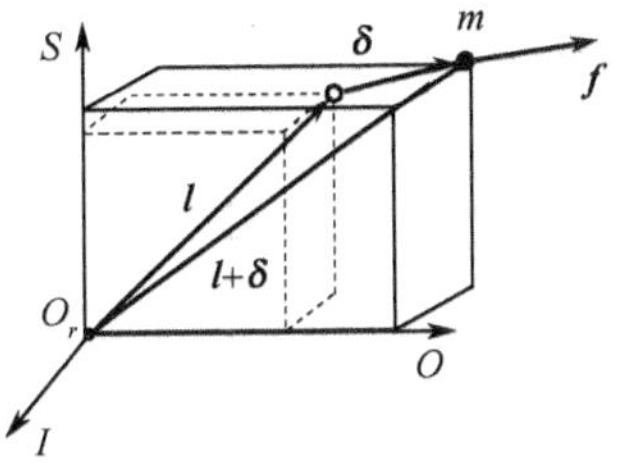

图 2.2-2　陀螺组件质心偏心示意图

$$\delta = m\boldsymbol{Cf} \tag{2.2-4}$$

式中：$\boldsymbol{C} = (C_{ij})\ (i,j = I,O,S)$ 为陀螺组件的弹性变形张量。

因此，陀螺组件的质量总偏心将引起绕点 O_r 的干扰力矩为

$$\boldsymbol{M}_f = (\boldsymbol{l} + \delta) \times (m\boldsymbol{f}) = m\boldsymbol{l} \times \boldsymbol{f} + m^2(\boldsymbol{Cf}) \times \boldsymbol{f} \tag{2.2-5}$$

将式(2.2-5)展开（此处从略），仅取第二分量（即沿输出轴 O 上的分量），分离出 M_{d1} 和 M_{d2}，再把式(2.2-3)代入式(2.2-2)进一步整理，得

$$\omega_d = \frac{M_d}{H} = \frac{M_{d0}}{H} + \frac{ml_S}{H}f_I - \frac{ml_I}{H}f_S +$$

$$\frac{m^2 C_{SO}}{H}f_I f_O - \frac{m^2 C_{IO}}{H}f_O f_S + \frac{m^2(C_{SS} - C_{II})}{H}f_S f_I + \frac{m^2 C_{SI}}{H}f_I^2 - \frac{m^2 C_{IS}}{H}f_S^2 \tag{2.2-6}$$

式(2.2-6)称为单自由度转子陀螺仪的静态漂移误差物理模型，模型中每一项都有非常明确的物理含义，比如$\dfrac{m^2(C_{SS} - C_{II})}{H}f_S f_I$ 反映了陀螺组件不等弹性的影响。

如果能够精确测量出陀螺工艺中的各有关物理参数，即可直接根据式(2.2-6)列写出静态误差物理模型并进行漂移误差补偿，但遗憾的是，实际工作中对大多数物理参数的直接测定都是非常困难的，甚至是不可能的。

现针对式(2.2-6)中的第二项误差举例说明。取陀螺转子质量 $m = 100\mathrm{g}$，转动惯量 $I = 1 \times 10^{-5}\mathrm{kg \cdot m^2}$，角速率 $\Omega = 600\mathrm{r/s}$，角动量 $H = I \times \Omega \approx 0.038\mathrm{kg \cdot m^2/s}$，再设比力 $f_I = 1g \approx 10\mathrm{m/s^2}$，若第二项误差引起陀螺漂移误差 $\omega_d = 0.1(°)/\mathrm{h}$，则要求陀螺组件的质量偏心工艺误差不超过

$$l_S = \frac{\omega_d H}{mf} = \frac{0.1(°)/\mathrm{h} \times 0.038\mathrm{kg \cdot m^2/s}}{100\mathrm{g} \times 10\mathrm{m/s^2}} \approx 20\mathrm{nm}$$

如此微小的质量偏心是使用一般方法和仪器无法直接检测出来的（原子直径仅为 0.1nm 量级），由此可见一斑，高精度的陀螺仪是一种非常精密的仪器。

如果简记静态误差式(2.2-6)中的各项系数如下：

$$D_F = \frac{M_{d0}}{H}$$

$$D_I = \frac{ml_S}{H}, D_S = -\frac{ml_I}{H}$$

$$D_{IO} = \frac{m^2 C_{SO}}{H}, D_{OS} = -\frac{m^2 C_{IO}}{H}, D_{SI} = \frac{m^2 (C_{SS} - C_{II})}{H}$$

$$D_{II} = \frac{m^2 C_{SI}}{H}, D_{SS} = -\frac{m^2 C_{IS}}{H}$$

则式(2.2-6)可简写为

$$\omega_d = D_F + D_I f_I + D_S f_S + D_{IO} f_I f_O + D_{OS} f_O f_S + D_{SI} f_S f_I + D_{II} f_I^2 + D_{SS} f_S^2 \tag{2.2-7}$$

式(2.2-7)称为单自由度转子陀螺仪的静态漂移误差数学模型。数学模型意义的着重点在于陀螺测试,它指明了若给陀螺施加各种不同方向的比力,能够激励出相应的漂移误差系数,通过数学模型和一定的数据处理方法,可以辨识出各项模型系数 D_*(右下标 * 表示 I、O、S 的某些组合)。当然,经过测试计算出静态漂移误差系数后,很容易反推估计出相关物理参数的大小,为改进陀螺设计和工艺提供了有价值的参考。

式(2.2-7)是根据理论分析获得的,在推导单自由度转子陀螺仪动力学方程(2.2-1)时作了 α 是小角度、陀螺组件线性弹性变形和再平衡回路理想化(无零位、线性化)等假设或近似。就目前的认识水平,也许还有某些未知的误差机理未考虑到,此外试验研究也表明,若在式(2.2-7)的基础上再增加一些误差项后,有时会与试验结果吻合得更好些,添加后的完整数学模型为

$$\omega_d = D_F + D_I f_I + D_O f_O + D_S f_S + D_{IO} f_I f_O + D_{OS} f_O f_S + D_{SI} f_S f_I + D_{II} f_I^2 + D_{OO} f_O^2 + D_{SS} f_S^2 \tag{2.2-8}$$

经验数学模型(2.2-8)在形式上具有很好的对称性,容易记忆,对比物理模型的推导结果可以看出,尚不清楚 D_O 和 D_{OO} 产生的机理,这两个系数对提高陀螺测试精度也许有益,但却无法应用于改善陀螺设计和工艺。

由上述经验数学模型的建立思路可见,在惯性仪器技术中,除理论推导分析外,实践经验有时也发挥着非常重要的作用。

2.3 单自由度转子陀螺仪的动态漂移误差模型

同样参见2.2节中单自由度转子陀螺仪的模型简图2.2-1。假设基座 B 系相对惯性空间 i 系的转动角速度为 $\boldsymbol{\omega}_{iB}^B = [\omega_I \quad \omega_O \quad \omega_S]^{\mathrm{T}}$;显然 B 系绕输出轴 O 转动 α 角即可得 G 系,这两个坐标系之间的相对角速度为 $\boldsymbol{\omega}_{BG}^G = [0 \quad \dot{\alpha} \quad 0]^{\mathrm{T}}$。若记 B 系至 G 系的坐标变换矩阵为 $\boldsymbol{C}_B^G$,则可得陀螺组件坐标系 G 系的绝对角速度为

$$\boldsymbol{\omega}_{iG}^G = \boldsymbol{C}_B^G \boldsymbol{\omega}_{iB}^B + \boldsymbol{\omega}_{BG}^G \tag{2.3-1}$$

再假设陀螺组件在 G 系下的惯性张量为$[I]$,陀螺转子相对于框架绕 oz_G 以角速率 Ω

转动，转动惯量为 I_Ω，可得陀螺组件的总角动量为

$$\boldsymbol{H}_\Sigma^G = [I]\boldsymbol{\omega}_{iG}^G + \boldsymbol{H}^G \tag{2.3-2}$$

式中：$\boldsymbol{H}^G = [0\quad 0\quad H]^{\mathrm{T}}$ 且 $H = I_\Omega \Omega$，H 为陀螺转子相对于框架的角动量，特别注意该角动量不是相对于惯性空间的。

应用欧拉动力学方程：

$$\left.\frac{\mathrm{d}\boldsymbol{H}_\Sigma^G}{\mathrm{d}t}\right|_G + \boldsymbol{\omega}_{iG}^G \times \boldsymbol{H}_\Sigma^G = \boldsymbol{M}^G \tag{2.3-3}$$

将式(2.3-1)和式(2.3-2)代入式(2.3-3)展开(此处从略)，仅取第二分量(即沿输出轴 O 上的分量)，略去关于惯性积与 α 的二阶小量，并考虑到输出轴外力矩 $M_O^G = -D\dot{\alpha} + M_{cmd} + M_d$，经整理可得

$$I_o\ddot{\alpha} = H\omega_I - D\dot{\alpha} + M_{cmd} + M_d + M_c \tag{2.3-4}$$

式中：M_d 为静态漂移误差干扰力矩，含义同 2.2 节。易见，式(2.3-4)比式(2.2-1)多出一项 M_c，所以式(2.3-4)的推导过程更具一般性，而式(2.2-1)只适用于基座角速度 $\boldsymbol{\omega}_{iB}^B$ 及角加速度 $\dot{\boldsymbol{\omega}}_{iB}^B$ 都比较小的情形。

定义 M_c 为动态干扰力矩，它是基座角速度及角加速度的函数，根据式(2.3-3)仔细推导，M_c 的完整表达式为

$$\begin{aligned}M_c = &-I_O\dot{\omega}_O + (I_S - I_I)\omega_I\omega_S + I_{IO}(\dot{\omega}_I + \omega_O\omega_S) + I_{OS}(\dot{\omega}_S - \omega_I\omega_O) + \\ &I_{IS}(\omega_S^2 - \omega_I^2) + (I_S - I_I)(\omega_I^2 - \omega_S^2)\alpha + H\omega_S\alpha\end{aligned} \tag{2.3-5}$$

显然，在基座角速度及角加速度均为零时，有 $M_c = 0$。与陀螺仪的静态漂移误差式(2.2-2)的计算方法类似，由动态干扰力矩 M_c 引起的陀螺仪动态漂移误差定义为

$$\begin{aligned}\delta\omega_I = \frac{M_c}{H} = &-\frac{I_O}{H}\dot{\omega}_O + \frac{I_S - I_I}{H}\omega_I\omega_S + \frac{I_{IO}}{H}(\dot{\omega}_I + \omega_O\omega_S) + \\ &\frac{I_{OS}}{H}(\dot{\omega}_S - \omega_I\omega_O) + \frac{I_{IS}}{H}(\omega_S^2 - \omega_I^2) + \frac{I_S - I_I}{H}(\omega_I^2 - \omega_S^2)\alpha + \omega_S\alpha\end{aligned} \tag{2.3-6}$$

式(2.3-6)右边的第一项称为角加速度误差，由沿输出轴的角加速度引起；第二项称为不等惯性误差，由陀螺组件绕 S 轴和 I 轴的转动惯量不相等($I_S \neq I_I$)引起；第三、四、五项称为惯性积误差，由陀螺框架的惯性积不为零引起；第六项称为不等惯性耦合误差，由 $I_S \neq I_I$ 和 $\alpha \neq 0$ 引起；第七项称为交叉耦合误差，由 $\alpha \neq 0$ 而使陀螺错误感测 ω_S 引起。

在常值角速率输入情况下，当陀螺达到稳态时，一般 $M_d + M_c \ll M_{cmd}$，则近似有

$$I_o\ddot{\alpha} = H\omega_I - D\dot{\alpha} + M_{cmd} + M_d + M_c \approx H\omega_I - D\dot{\alpha} - k\alpha$$

令其中 $\ddot{\alpha} = \dot{\alpha} = 0$，得 $\alpha = \dfrac{H}{k}\omega_I$，再将其代入式(2.3-6)，进一步整理可得

$$\delta\omega_I = \frac{I_{IO}}{H}\dot{\omega}_I - \frac{I_O}{H}\dot{\omega}_O + \frac{I_{OS}}{H}\dot{\omega}_S - \frac{I_{OS}}{H}\omega_I\omega_O + \frac{I_{IO}}{H}\omega_O\omega_S + \left(\frac{I_S - I_I}{H} + \frac{H}{k}\right)\omega_S\omega_I -$$

$$\frac{I_{IS}}{H}\omega_I^2+\frac{I_{IS}}{H}\omega_S^2+\frac{I_S-I_I}{k}\omega_I^3-\frac{I_S-I_I}{k}\omega_I\omega_S^2 \tag{2.3-7}$$

式(2.3－7)即为单自由度转子陀螺仪的动态漂移误差物理模型。

若简记动态漂移误差的各项系数如下：

$$K_I^*=\frac{I_{IO}}{H},K_O^*=-\frac{I_O}{H},K_S^*=\frac{I_{OS}}{H}$$

$$K_{IO}=-\frac{I_{OS}}{H},K_{OS}=\frac{I_{IO}}{H},K_{SI}=\frac{I_S-I_I}{H}+\frac{H}{k}$$

$$K_{II}=-\frac{I_{SI}}{H},K_{SS}=\frac{I_{SI}}{H}$$

$$K_{III}=\frac{I_S-I_I}{k}$$

$$K_{ISS}=-\frac{I_S-I_I}{k}$$

则可得单自由度转子陀螺仪的动态漂移误差数学模型为

$$\delta\omega_I=K_I^*\dot{\omega}_I+K_O^*\dot{\omega}_O+K_S^*\dot{\omega}_S+K_{IO}\omega_I\omega_O+K_{OS}\omega_O\omega_S+K_{SI}\omega_S\omega_I+K_{II}\omega_I^2+K_{SS}\omega_S^2+K_{III}\omega_I^3+K_{ISS}\omega_I\omega_S^2 \tag{2.3-8}$$

当测量坐标系与基座坐标系不完全重合时，角速度之间存在交叉耦合影响，还应加入与角速度有关的误差项，最终完整数学模型如下：

$$\delta\omega_I=K_I^*\dot{\omega}_I+K_O^*\dot{\omega}_O+K_S^*\dot{\omega}_S+K_I\omega_I+K_O\omega_O+K_S\omega_S+K_{IO}\omega_I\omega_O+K_{OS}\omega_O\omega_S+K_{SI}\omega_S\omega_I+K_{II}\omega_I^2+K_{SS}\omega_S^2+K_{III}\omega_I^3+K_{ISS}\omega_I\omega_S^2 \tag{2.3-9}$$

由式(2.3－4)可以看出，干扰力矩 M_d 和 M_c 都会引起陀螺测量误差，静态漂移误差系数可单独测试(无需角速度激励)，而动态漂移误差系数的测试一般应在静态漂移误差补偿之后才能实现，即需通过下式观测动态漂移误差：

$$\delta\omega_I=(\tilde{\omega}_I-\omega_d)-\omega_I \tag{2.3-10}$$

式中：$\tilde{\omega}_I$、ω_d、ω_I 分别为陀螺输出角速率、静态漂移误差、转台参考基准的角速率。

在进行静态漂移误差系数测试时应尽量保持陀螺不转动或基座角速度激励很小，比如地球自转量级的角速度引起的动态误差可以忽略不计，避免出现严重的动态干扰力矩 M_c 和动态漂移误差。然而，在利用角速度激励动态漂移误差作动态测试时，由于陀螺组件质心在转台上的安装偏心，除激励动态干扰力矩 M_c 外，还可能出现与杆臂加速度有关的比力干扰力矩 M_d，而质心处的比力往往很难精确测量，影响动态测试下的静态漂移误差补偿，误将比力引起的静态漂移误差当作动态漂移误差处理，从而影响动态漂移误差系数的测试估计效果。因此，动态漂移误差系数的测试往往是比较困难的。

实际应用时，在平台惯导系统中，平台及其上安装的陀螺仪承受的角速率一般很小，对动态漂移误差补偿精度要求不高；而在捷联惯导系统中，陀螺仪固联在运载体上，角运动往往比较剧烈，对动态漂移误差补偿精度要求较高。

研究和试验表明，以下简化式中出现的项目是影响单自由度转子陀螺仪动态漂移误差的主要误差项：

$$\delta\omega_I = K_O^* \dot{\omega}_O + K_I\omega_I + K_O\omega_O + K_S\omega_S + K_{SI}\omega_S\omega_I \tag{2.3-11}$$

而未出现的误差项为次要的，可以通过改善陀螺的设计和工艺将大多数次要误差项的影响降低到忽略不计的程度。

2.4 石英挠性摆式加速度计的输入输出模型

加速度计工作的基本原理一般都是通过测量检测质量(或称敏感质量)的惯性力来确定加速度。

石英挠性摆式加速度计的原理如图2.4-1所示。设加速度计基座坐标系(B系)与测量坐标系O_rIOP(O_rO轴垂直纸面向外)重合；摆组件坐标系$O_rI_AO_AP_A$(O_rO_A轴亦垂直纸面向外)，简记为A系。显然，B系绕O_rO轴转动角度θ_O即得A系，两坐标系之间的相对角速度为$\boldsymbol{\omega}_{BA}^A = [0 \quad \dot{\theta}_O \quad 0]^{\mathrm{T}}$，记$B$系至$A$系的坐标变换矩阵为$\boldsymbol{C}_B^A$。

首先特别强调，加速度计是以O_r作为比力测量的基准点。当基座相对惯性空间存在角速度$\boldsymbol{\omega}_{iB}^B = [\omega_I \quad \omega_O \quad \omega_P]^{\mathrm{T}}$时，可得摆组件在$A$系的角速度为

$$\boldsymbol{\omega}_{iA}^A = \boldsymbol{C}_B^A\boldsymbol{\omega}_{iB}^B + \boldsymbol{\omega}_{BA}^A \tag{2.4-1}$$

假设摆组件在A系下的惯性张量为$[I]$，则其动量矩为

$$\boldsymbol{H}^A = [I]\boldsymbol{\omega}_{iA}^A \tag{2.4-2}$$

再设摆组件质量m(图中m亦代表其质心)，质心在A系的坐标为$\boldsymbol{L}^A = [l_{IA} \quad l_{OA} \quad L]^{\mathrm{T}}$，如图2.4-2所示。当基座运动时，假设基准点$O_r$处受力为$\boldsymbol{f}^B = [f_I \quad f_O \quad f_P]^{\mathrm{T}}$，其在$A$系的投影为$\boldsymbol{f}^A = \boldsymbol{C}_B^A\boldsymbol{f}^B$，由于同时存在角速度$\boldsymbol{\omega}_{iA}^A$，根据刚体定轴转动理论知，质心$m$点处相对$O_r$点处的相对加速度为$\dot{\boldsymbol{\omega}}_{BA}^A \times \boldsymbol{L}^A + (\boldsymbol{\omega}_{BA}^A\times)^2\boldsymbol{L}^A$，因此$m$点处受力为

$$\boldsymbol{f}_m^A = \boldsymbol{f}^A + \dot{\boldsymbol{\omega}}_{iA}^A \times \boldsymbol{L}^A + (\boldsymbol{\omega}_{iA}^A\times)^2\boldsymbol{L}^A \tag{2.4-3}$$

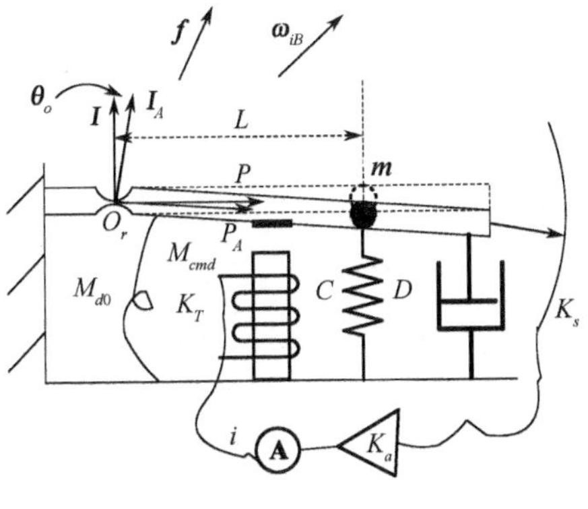

图2.4-1 加速度计原理

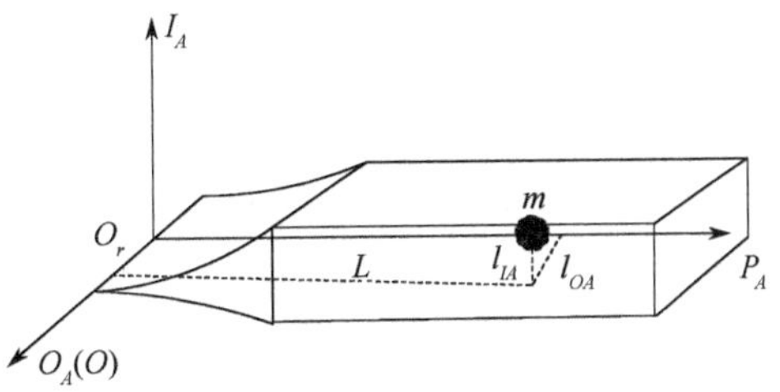

图2.4-2 摆组件质量偏心

考虑到弹性变形影响，设摆组件的弹性变形张量为 $\boldsymbol{C}=(C_{ij})(i,j=I,O,P)$，则摆组件质心 m 距支撑中心 O_r 的总偏心量为

$$\boldsymbol{L}_{\Sigma}^{A}=\boldsymbol{L}^{A}+m\boldsymbol{C}\boldsymbol{f}_{m}^{A} \tag{2.4-4}$$

因此，摆组件绕 O_r 点的惯性力矩（摆力矩）为

$$\boldsymbol{M}_{f}^{A}=\boldsymbol{L}_{\Sigma}^{A}\times(m\boldsymbol{f}_{m}^{A}) \tag{2.4-5}$$

应用欧拉动力学方程：

$$\left.\frac{\mathrm{d}\boldsymbol{H}^{A}}{\mathrm{d}t}\right|_{A}+\boldsymbol{\omega}_{iA}^{A}\times\boldsymbol{H}^{A}=\boldsymbol{M}^{A} \tag{2.4-6}$$

将式（2.4－5）展开（过程比较复杂从略），仅取第二分量（即沿输出轴 O 上的分量），略去关于惯性积与 θ_O、$\dot{\theta}_O$ 的二阶小量，并考虑到总力矩 $\boldsymbol{M}^A$ 的第二分量：

$$M_O^A=-D\dot{\theta}_O-C\theta_O+M_{fO}^A+M_{cmd}+M_{d0}$$

式中：控制力矩 $M_{cmd}=-K_TK_aK_s\theta_O=-K_Ti$，$K_TK_aK_s$ 为反馈再平衡回路的增益；D 为阻尼系数；M_{d0} 为软导线等引起的常值干扰力矩；挠性接头弹性恢复力矩在图 2.4－1 中用弹簧表示，C 为弹性系数；$M_{fO}^A=mLf_I$ 为惯性力绕 O 轴引起的惯性力矩。经仔细整理，最后得

$$I_O\ddot{\theta}_O+D\dot{\theta}_O+C\theta_O=mLf_I+M_{cmd}+M_{d0}+M_d+M_c+M_{f\omega} \tag{2.4-7}$$

式中：M_d 为与比力有关的干扰力矩；M_c 为与角速度有关的干扰力矩；$M_{f\omega}$ 为与比力和角速度乘积有关的干扰力矩，在一般文献资料中都将 $M_{f\omega}$ 忽略了，这里同样不打算对该项干扰作深入分析。所以有

$$I_O\ddot{\theta}_O+D\dot{\theta}_O+C\theta_O=mLf_I-K_Ti+M_{d0}+M_d+M_c \tag{2.4-8}$$

移项整理，得

$$i=\frac{mL}{K_T}f_I+\frac{M_{d0}}{K_T}+\frac{M_d}{K_T}+\frac{M_c-I_O\ddot{\theta}_O-D\dot{\theta}_O-C\theta_O}{K_T} \tag{2.4-9}$$

式（2.4－9）右边第一项为期望的比力输入；第二项为常值干扰项；第三项为与比力有关的干扰项；第四项为与角速度有关的动态干扰项和暂态过程。通过前三项整理得加速度计的静态数学模型为

$$\begin{aligned}i=&K_F+K_If_I+K_Of_O+K_Pf_P+K_{IO}f_If_O+\\&K_{OP}f_Of_P+K_{PI}f_Pf_I+K_{II}f_I^2+K_{PP}f_P^2\end{aligned} \tag{2.4-10}$$

这里不再详细给出各项模型系数的具体物理含义表达式，只指出其中 $K_I=mL/K_T$ 称为加速度计的标度因数。式（2.4－10）便是加速度计的输入输出模型方程，它把加速度计的输出量与平行或垂直于加速度计输入轴的加速度分量用级数关系表达出来。

另外，式（2.4－9）右边第四项与角速度有关的干扰力矩 M_c 将引起加速度计动态测量误差，经仔细推导，将其等效为加速度误差，即

$$\begin{aligned}\delta a_I&=\left(\frac{M_c}{K_T}\right)/K_I=\frac{M_c}{mL}\\&=C_I\dot{\omega}_I+C_O\dot{\omega}_O+C_P\dot{\omega}_P+C_{PI}\omega_P\omega_I+C_{OP}\omega_O\omega_P+C_{IO}\omega_I\omega_O+\end{aligned}$$

$$C_{PP}\omega_P^2 + C_{II}\omega_I^2 + C_{III} f_I \omega_I^2 + C_{IPP} f_I \omega_P^2 \tag{2.4-11}$$

式(2.4－11)即为挠性摆式加速度计的动态误差数学模型。

值得注意的是，在前两节推导陀螺仪漂移误差模型时，按比力和角速度两种激励情况分别进行静态和动态误差分析；而在本节分析加速度计模型时，同时给予比力和角速度激励（捷联惯性器件往往总是在两种激励同时存在的环境下工作），但为简便忽略了比力与角速度耦合项，同样可以得到加速度计的静态数学模型和动态误差模型。

与单自由度转子陀螺仪静态漂移误差模型中的情况类似，由于一些未知因素的影响，并且许多试验亦表明，在大比力 f_I 环境下，需加入与比力三次方、甚至四次方有关的静态数学模型项，才能使加速度模型更符合实际测试结果。

在国军标《GJB 2504—95 石英挠性加速度计通用规范》中，给出加速度计的静态模型方程的一般形式为

$$A_{\text{int}} = \frac{E}{K_1} = K_0 + a_i + K_2 a_i^2 + K_3 a_i^3 + K_{ip} a_i a_p + K_{io} a_i a_o + \delta_o a_p - \delta_p a_o \tag{2.4-12}$$

式中：A_{int}为加速度计输出所指示的加速度，一般用重力加速度 g 为单位表示；E 为加速度计输出，输出单位为 V、mA 或脉冲数/s 等；a_i，a_p，a_o 分别为沿输入基准轴、摆基准轴和输出基准轴方向的加速度分量(g)；K_0 为偏值(g)；K_1 为标度因数(V/g、mA/g、脉冲数/(s·g))；K_2 为二阶非线性系数(g/g^2)；K_3 为三阶非线性系数(g/g^3)；K_{ip}，K_{io}分别为输入基准轴与摆基准轴、输入基准轴与输出基准轴之间的交叉耦合系数(g/g^2)；δ_o，δ_p 分别为输入轴绕输出轴、输入轴绕摆轴的失准角(rad)。

经过精心设计和工艺完善的加速度计，参数 K_2、K_3、K_{ip}、K_{io}、δ_o、δ_p 均应是小量，若测试时发现其中某项参数比较大，则可初步判断该加速度计性能是比较低劣的。

根据加速度计自身的精度或使用场合，可以得到两种简化的模型。其一为

$$A_{\text{int}} = \frac{E}{K_1} = K_0 + a_i + K_2 a_i^2 + \delta_o a_p - \delta_p a_o \tag{2.4-13}$$

其二是最简化模型，即

$$A_{\text{int}} = \frac{E}{K_1} = K_0 + a_i \tag{2.4-14}$$

通过对国军标中的一般模型式(2.4－12)进行移项整理，变为

$$\begin{aligned} E = {} & K_1 K_0 + K_1 a_i + K_1 K_2 a_i^2 + K_1 K_3 a_i^3 + \\ & K_1 K_{ip} a_i a_p + K_1 K_{io} a_i a_o + K_1 \delta_o a_p + (-K_1 \delta_p) a_o \end{aligned} \tag{2.4-15}$$

它与式(2.4－10)中不考虑次要项 $K_{OP} f_O f_P$ 和 $K_{PP} f_P^2$ 影响而增加比力非线性三次方项 $K_{III} f_I^3$ 后的数学模型式(2.4－16)完全等效。

$$i = K_F + K_I f_I + K_O f_O + K_P f_P + K_{IO} f_I f_O + K_{PI} f_P f_I + K_{II} f_I^2 + K_{III} f_I^3 \tag{2.4-16}$$

本书后续章节将以式(2.4－16)作为加速度计测试的参考模型。

为了对加速度计的精度指标有直观的了解，表 2.4－1 列出了某型号惯性级石英挠性加速度计的主要技术指标。值得注意的是，表中许多参数与温度或时间稳定性有关，它们将是决定加速度计实际应用精度的重要因素。

表 2.4－1　某型号加速度计的主要技术指标

参数名称	单位	指标	参数名称	单位	指标
偏值(可补偿)	mg	≤4	二阶非线性系数	$\mu g/g^2$	≤20
偏值温度系数	μg/℃	≤50	二阶非线性月稳定性	$\mu g/g^2$	≤30
偏值月稳定性	μg	≤60	固有频率	Hz	≤800
标度因数	mA/g	1.25±0.15	量程	g	±20
标度因数温度系数	$\times10^{-6}$/℃	≤60	分辨率	g	$\leqslant 5\times10^{-6}$
标度因数月稳定性	$\times10^{-6}$	≤60			

2.5　激光陀螺仪及其主要误差

传统的转子陀螺仪适合于在平台方式下工作，在捷联状态特别是高动态的载体上工作时，由于动态误差的影响，性能下降问题比较突出。而新型光学陀螺的敏感器主要是由光学元件组成的，不存在常规动量转子陀螺中的误差源，所以动态环境造成的误差极小，具有精度高、动态范围宽和性能稳定等优点，是捷联式惯导系统的理想元件。此外，光学陀螺在尺寸、重量、功耗、启动时间和可靠性等方面也具有明显的优势。本节对激光陀螺(Ring Laser Gyro，RLG)的基本工作原理及其量化噪声和随机游走噪声误差作简要介绍。

2.5.1　萨格奈克效应

1913年，法国物理学家萨格奈克(M. Sagnac)提出了采用光学方法测量角速度的原理，后来这一原理称为Sagnac效应。Sagnac效应具体是指，在任意几何形状的闭合光路中，从某一观察点出发的一对光波沿相反方向运行一周后又回到该观察点时，这对光波的相位(或它们经历的光程)将由于该闭合光路相对于惯性空间的旋转而不同，相位差(或光程差)与闭合光路的转动角速率成正比。

严格地讲，Sagnac效应中的光波行为必须按照广义相对论，应用惯性坐标系到非惯性坐标系的度规变换，从旋转参照系与静止参照系的时钟同时性出发才能进行准确的描述。但是在宏观上陀螺光路旋转引起的线速率 v 远小于光速 c，Sagnac效应是 v/c 的一阶效应。为了简单和直观，以下根据经典物理方法进行推导，也能够得到同样的结果。

如图2.5－1所示，半径为 R 的圆形闭合光路绕垂直于光路平面的中心轴线以转速 ω 相对于惯性空间旋转，则从环路上的固定点 P 点发出的顺时针(ClockWise，CW)和逆时针(Counter-ClockWise，CCW)两束光波绕行一周后重新会合，它们所经历的光程将因角速率 ω 而不同。因为光速是有限的，光波绕行需要时间，相对于惯性空间来说，由于光路角运动使得在光波绕行时间内原来的光源点 P 点移到了新的会合点 P' 点位置。

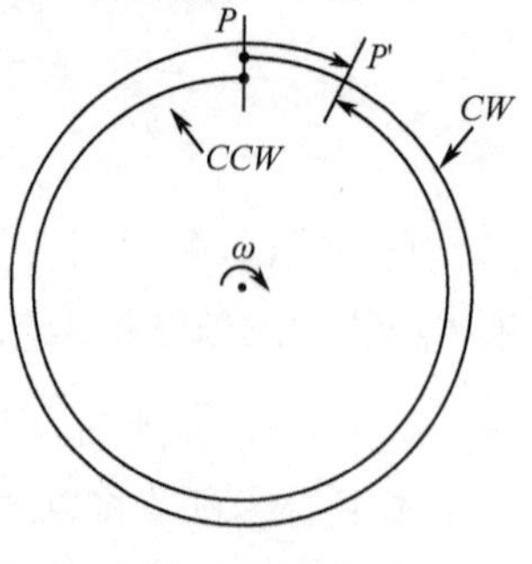

图2.5－1　萨格奈克效应示意图

即使两束光波同时从 P 点发出，到达 P'点的时间也不一定相同，存在细微的差别。假设顺时针和逆时针光束绕行到

达 P' 点的时间分别为 t_{CW} 和 t_{CCW}，则有

$$\begin{cases} t_{CW} = \dfrac{L_{CW}}{c} = \dfrac{2\pi R + \omega R t_{CW}}{c} \\ t_{CCW} = \dfrac{L_{CCW}}{c} = \dfrac{2\pi R - \omega R t_{CCW}}{c} \end{cases} \tag{2.5-1}$$

其中 c 是光速，$L_{CW} = 2\pi R + \omega R t_{CW}$ 是顺时针光束行驶的有效光程，$L_{CCW} = 2\pi R - \omega R t_{CCW}$ 是逆时针光束行驶的有效光程。从式(2.5-1)解得

$$\begin{cases} t_{CW} = \dfrac{2\pi R}{c - \omega R} \\ t_{CCW} = \dfrac{2\pi R}{c + \omega R} \end{cases} \tag{2.5-2}$$

表面上看，上面第二式中分母 $c + \omega R$ 的含义是速度，然而根据相对论知识可知，任何物理上的速度都不能超过光速，这说明基于经典物理的 Sagnac 效应推导方法不符合相对论原理，但是这种矛盾在形式上并不影响后续的推导结果。

将式(2.5-2)中两时间相减得传播时间差为

$$\Delta t = t_{CW} - t_{CCW} = \frac{4\pi R^2}{c^2 - (\omega R)^2}\omega$$

考虑到 $c \gg \omega R$，并记闭合光路围绕的面积 $A = \pi R^2$，则上式近似为

$$\Delta t \approx \frac{4A}{c^2}\omega \tag{2.5-3}$$

所以顺/逆两束光束行驶一周的光程差 $\Delta L = L_{CW} - L_{CCW}$ 即 $\Delta L = c \cdot \Delta t$，等于

$$\Delta L \approx \frac{4A}{c}\omega \tag{2.5-4}$$

由于光路面积 A 和光速 c 都是常值，所以 Sagnac 光路的输出光程差 ΔL 与输入角速率 ω 成正比。式(2.5-4)是从圆形光路推导得出的，进一步还可以证明它对任意形状的光路都是适用的，并且还与转轴的中心位置无关。

1925 年，迈克尔逊(A. A. Michelson)用一个面积为 600m × 300m 的巨大矩形光路构造干涉仪试图测量地球的自转角速率，若不计地理纬度的影响，该矩形光路的输入角速率大小为 15(°)/h，采用普通可见光作为光源(波长 0.38μm ~ 0.78μm，相干长度微米级)，经计算光程差 ΔL 仅为 0.17μm，干涉条纹的移动还不到半个，而相对光程变化 $\Delta L/L \approx 10^{-10}$。由此可见，直接利用 Sagnac 效应进行角速率测量其灵敏度和精度都很差。

2.5.2 激光陀螺仪的工作原理

虽然激光陀螺的基本原理建立在 Sagnac 效应基础上，但是它并不直接测量光程差或相位差，而进行了重大的改进。激光陀螺采用激光为相干光源，顺/逆时针方向运行的两束光均在环形腔内形成谐振波，改测光程差为频率差(频差或拍频)，提高了陀螺的测量灵敏度。

如图2.5-2所示，反射镜$M_1M_2M_3$组成一个三角形闭合光路工作腔，其中M_3的反射率在99%以上而只允许少量的光透射，透射光投影至干涉屏，使用光电探测器检测干涉条纹移动；M_2为曲率半径1m~5m的球面反射镜，兼起稳定光路几何形状的作用。在光路中插入激光管，激光管内装有工作介质，一般为He-Ne混合气体，激光管的两侧M_4和M_5均为透镜。根据激光理论，在工作腔内形成谐振的条件是：谐振腔的长度L等于激光波长λ的整数倍，即须满足$L=q\lambda$，其中整数q亦称为行波纵模阶次或简称模式，其典型值为百万量级。由于波长λ和频率f互为倒数关系，所以有

$$L=\frac{qc}{f} \tag{2.5-5}$$

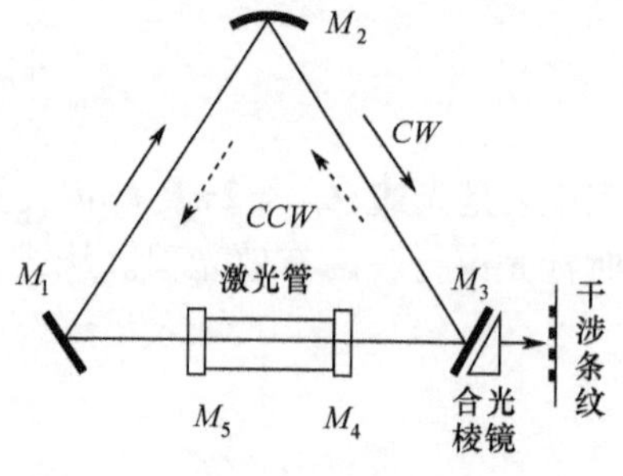

图2.5-2　激光陀螺基本构成

当光路输入角速率为零时，顺/逆时针两束激光的绕行一周的光程L相等且频率f也相同；然而，当存在角速率时，双向两束光的实际光程L_{CW}和L_{CCW}将发生微小的变化，但q是始终保持不变的常值，并且光速c相对于惯性空间也不变，所以两束激光的频率将随实际光程的变化而改变，事实上这可以想象成是观察点相对于惯性空间运动引起的多普勒频移，从而得到顺/逆时针两束激光的频率为

$$\begin{cases} f_{CW}=\dfrac{qc}{L_{CW}} \\ f_{CCW}=\dfrac{qc}{L_{CCW}} \end{cases} \tag{2.5-6}$$

由此知顺/逆时针两束激光的拍频大小为

$$\Delta f=f_{CCW}-f_{CW}=\frac{qc}{L_{CCW}}-\frac{qc}{L_{CW}}=\frac{qc}{L_{CW}L_{CCW}}\Delta L\approx\frac{qc}{L^2}\Delta L=\frac{c}{L\lambda}\Delta L \tag{2.5-7}$$

将式(2.5-4)代入式(2.5-7)，得

$$\Delta f=\frac{4A}{L\lambda}\omega \tag{2.5-8}$$

再将式(2.5-8)在时间段$[0,T]$内积分，得

$$N=\int_0^T \Delta f\mathrm{d}t=\int_0^T\frac{4A}{L\lambda}\omega\mathrm{d}t=\frac{4A}{L\lambda}\int_0^T\omega\mathrm{d}t=K\theta \tag{2.5-9}$$

这表示拍频的振荡周期数N与转角$\theta=\int_0^T\omega\mathrm{d}t$成正比，实际应用时只需用电子线路将每个振荡周期变换成一个脉冲，通过脉冲计数即可求出激光陀螺相对于惯性空间的转角(角位移或角增量)，所以激光陀螺通常用作角位移陀螺(积分陀螺)，而不作为速率陀螺使用(即一般不直接测量瞬时拍频输出)。

式(2.5-9)中$K=4A/(L\lambda)$称为激光陀螺的标度因数，习惯上的单位是：脉冲/(″)。对于He-Ne激光波长$\lambda=0.6328\mu\text{m}$，若采用正三角形谐振腔且边长$a=10\text{cm}$，经计算得标度因数$K=\sqrt{3}a/(3\lambda)\approx91237.4$脉冲/rad$\approx0.442$脉冲/(″)，换句话说，采样电路输出

一个脉冲代表 1/0.442≈2.26″,即量化当量 $\Delta=2.26('')$/脉冲。与传统机械转子陀螺相比,激光陀螺输出的静态或短期量化噪声比较大,但是在大角动态或长时间运行情况下,激光陀螺能够非常准确地测量出总的角度变化,这时量化噪声的不利影响会相对比较小些。当然,若在输出电路上采用倍频技术,能从一定程度上提高输出拍频频率,降低量化噪声。

在式(2.5-5)中模式 q 是确定的整数,当激光陀螺开机运行时一旦确定就不能随意改变,否则模式跳变会引起陀螺输出数据的异常,另外,由公式 $K=4A/(L\lambda)$ 知腔长 L 的变化会影响标度因数的稳定性,因此激光陀螺对腔长的控制精度要求非常高。现实系统中引起激光陀螺腔长变化的主要因素是腔体的热胀冷缩,即使采用热胀系数很低(如 5×10^{-8}/℃)的石英玻璃或微晶玻璃腔体,当温度变化 50℃时,腔长 30cm 的腔体将变化约 0.75μm,这大于一个激光波长,不加以控制就会出现跳模误差。精确的腔长控制是研制激光陀螺的一个关键技术,一般通过压电元件驱动球面反射镜 M_2 沿法线方向平移进行腔长调节,控制精度可达 0.001μm 量级。

最后,如果将 $c/\lambda=f$ 代入式(2.5-7)中,则有 $\Delta f/f=\Delta L/L$。由于光波频率高达 5×10^{14}Hz,若基于激光陀螺的工作原理,仍采用迈克尔逊矩形光路测量地球自转,则有频差输出 $\Delta f=5\times10^{4}$Hz,这表明激光陀螺将 Sagnac 效应的光程差转换成了频率差,极大提高了测量灵敏度。而对于现实中腔长为 30cm 的正三角形激光陀螺,当输入角速率 $\omega=15(°)$/h 时,计算得理想拍频输出 $\Delta f=6.63$Hz。

2.5.3 闭锁效应与抖动偏频误差

实际上,式(2.5-8)是在真空谐振腔(或无源谐振腔)情况下的理想化公式,角速率输入与拍频输出之间的关系是完美线性的。然而,在环路内插入了激光管构成有源谐振腔后,由于激光介质的色散、模式牵引和反射镜的背向散射等原因,当顺/逆时针两束相向行波的频率接近到一定程度时,两者间将产生相互耦合作用,频率变成完全一样,此即频率俘获或频率同步现象,频差消失致使陀螺的拍频输出为零。这种在小角速率输入下激光陀螺输出为零的现象称为闭锁效应,考虑闭锁效应后的实际陀螺输入输出曲线如图 2.5-3 所示,其近似表达式为

$$\Delta f=\begin{cases}K\omega\sqrt{1-\dfrac{\omega_L^2}{\omega^2}}, & |\omega|>\omega_L\\ 0, & |\omega|\leqslant\omega_L\end{cases}$$

式中:临界值 ω_L 称为锁区阈值,闭锁效应使得陀螺在测量中会出现死区(或锁区)。

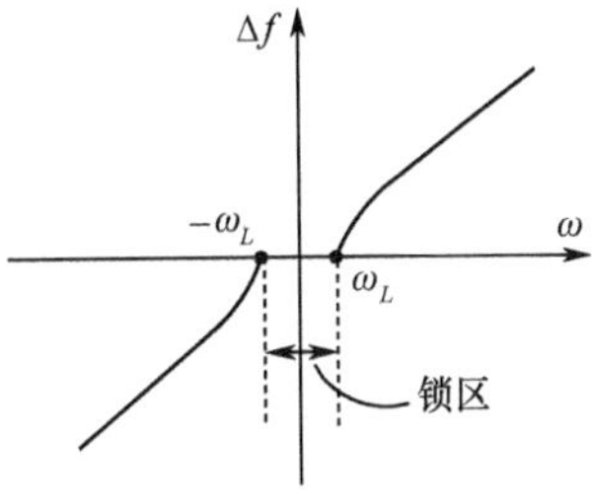

图 2.5-3 激光陀螺的闭锁效应和锁区

在激光陀螺中利用高反射镜实现光束在环路中绕行,最高反射率可达 99.9998%,然而再好的反射镜也不可能做到完全反射,总存在各个方向的散射,其中有一小部分光沿原光路反向散射(背向散射),致使顺/逆光束频率之间发生牵引耦合。反射镜的背向散射是引起闭锁效应的主要原因,制造高反射、低散射的激光反射镜是研制激光陀螺的又一关键技术。

典型的锁区范围从数十度/时到数千度/时(或约 0.01(°)/s~1(°)/s),锁区大小是

代表激光陀螺研制水平的一个重要指标，目前最小的可低至十几度/时。除了研究高质量的激光反射镜外，若不额外采取措施消除或减小锁区的负面影响，激光陀螺甚至连地球自转角速率都难以检测，在很多场合将失去应用价值。

闭锁效应是影响激光陀螺精度的最主要因素之一，消除或减小锁区的思路主要有两类。一是放弃有源谐振腔并取消反射镜，将光源放置在谐振腔外，构成无源腔激光陀螺（或称为谐振型光纤陀螺，R - FOG）；二是采取各种偏频方法，故意在谐振腔的相向行波之间引入较大的频差，使激光陀螺的实际工作区远离锁区。其中的偏频方法主要有机械式小振幅高频抖动交变偏频（抖动偏频）、机械式大振幅低频交变式旋转速率偏频（速率偏频）、磁镜式高频横向克尔磁光效应交变偏频（磁镜偏频）以及纵向塞曼效应、法拉第磁致旋光效应等物理偏频（四频差动）。以下着重介绍抖动偏频法。

抖动偏频激光陀螺是各种激光陀螺中最早进入实用，也是目前世界上使用最为广泛的激光陀螺。抖动偏频法的基本原理并不复杂，在这种激光陀螺中，谐振腔通过抖动轮机构安装在陀螺基座上，抖动轮的转轴与陀螺敏感轴重合（即垂直于谐振腔环路平面），由压电元件控制抖动轮施加周期性的角速率抖动偏频信号，抖动信号可以是正弦波形式的，也可以是矩形波或者三角波等对称波形，实际中采用最多且最容易实施的还是正弦抖动信号。即使基座输入角速率很小，由于抖动偏频的影响，激光陀螺的工作点也不会长时间滞留在锁区内，而是频繁迅速地过锁区，动态地感测载体角运动。交变抖动在理论上刚好正反抵消，均值为零，如果后续信号处理得当的话，并不会引起附加的输入角速率测量误差。

假设陀螺谐振腔相对于陀螺基座的正弦抖动偏频角速率信号如下：

$$\omega_D = \omega_A \sin(2\pi f_D t) \tag{2.5-10}$$

式中：ω_A 为抖动角速率幅值；f_D 为抖动频率，并定义抖动周期 $T_D = 1/f_D$。例如，当抖动频率 $f_D = 400\text{Hz}$、抖动角位移幅值 $\theta_A = 5'$时，经计算得抖动角速率幅值 $\omega_A = 2\pi f_D \theta_A \approx 210(°)/\text{s}$，远远大于闭锁阈值。

再假设激光陀螺的输入角速率为 ω_I，此即陀螺基座相对于惯性空间的角速率，则激光谐振腔相对于惯性空间的角速率为

$$\omega = \omega_I + \omega_A \sin(2\pi f_D t) \tag{2.5-11}$$

可见，抖动偏频后，激光陀螺输出的信号中不仅包含了载体运动的角速率信息，还包含了抖动信号的角速率信息，因此必须对抖动偏频激光陀螺的输出信号进行抖动解调，以消除抖动角速率的影响。

如果抖动机构能够提供正弦抖动在每一次过零平衡位置的时间同步信号，则只需将式（2.5-11）在相继两个奇数次（或偶数次）过零点之间进行积分，这相当于在一个抖动周期内积分，得到角增量输出，便可很方便地消除高频抖动的影响，从谐振腔角速率输出中分离出陀螺基座的角位移信息，即在理想情况下有

$$\theta_k = \int_{(k-1)T_D}^{kT_D} \omega_I + \omega_A \sin(2\pi f_D t)\,\mathrm{d}t = \int_{(k-1)T_D}^{kT_D} \omega_I \mathrm{d}t \tag{2.5-12}$$

这种去除抖动影响的信号解调方式称为激光陀螺的整周期采样。还有另一种解调方式称为高频采样，它假设基座输入角速率 ω_I 的有效成分主要集中在低频段，比如小于

50Hz，这对于常见的运载体来说是合适的。高频采样直接以高频率（高达 2000Hz）对总输出信号 ω 进行等间隔采样，再利用一个截止频率约为 100Hz、阶数约为 32 的低通 FIR 数字滤波器，滤除 400Hz 的抖动偏频信号 ω_D，滤波器输出即为所需的运载体角速率信号。与整周期采样相比，高频采样的量化噪声会相对小些，但是由于数字滤波器的作用，高频采样存在较大的相位延迟。高精度的激光陀螺普遍采用高频采样方式。

当基座角速率输入 ω_I 为常值小角速率时，图 2.5－4 是激光陀螺输出角速率信号的仿真示意图，为了方便显示，扩大了 ω_L/ω_A 的相对比值。由图可以看出，谐振腔角速率正弦线 $\omega=\omega_I+\omega_D$ 的波动范围大，绝大部分时间工作在锁区之外，只有很短的时间处于锁区 $-\omega_L \sim \omega_L$ 内。虽然输入角速率 $\omega_I<\omega_L$，但是由图中一个完整抖动周期 A—E 显示，正半周的阴影面积大于负半周的阴影面积，因此与未加入抖动偏频相比，抖动偏频后激光陀螺在每个抖动周期内仍有角增量信号输出，而不会始终为零。然而，激光陀螺在每个抖动周期内进出锁区两次（如图中 BC 和 DE 两小片时间段，与它们对应的积分角增量不会严格为零），每当进入锁区就会丢失信号，带来测量误差，这是抖动偏频无法避免的。激光陀螺在时间上原本相对集中的锁区，被抖动偏频分割成了位于抖动角频率整数倍附近的一系列小时间片锁区，常将这些剩余小时间片锁区称为动态锁区，而与之相对应的前述未加偏频者称为静态锁区。

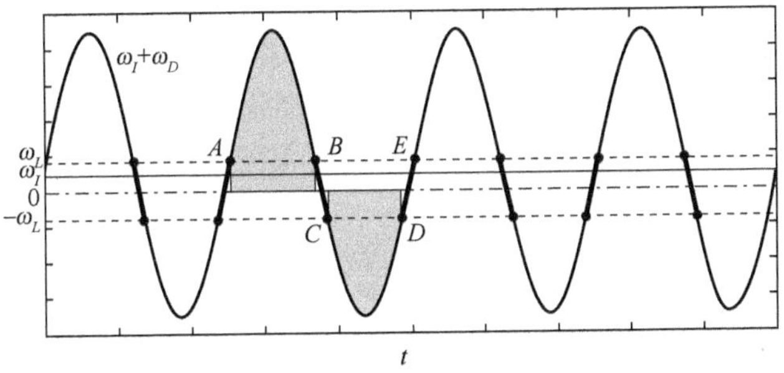

图 2.5－4　激光陀螺输出角速率信号仿真

从图 2.5－4 还可以看出，在基座常值角速率下陀螺进出锁区非常有规律，由信号丢失造成的测量误差也是有规律的，随着时间的增长测量误差也将呈线性累积增长，即误差与时间成正比。为了削弱这一不利因素，常常在正弦抖动幅值基础上再注入随机白噪声，使得激光陀螺进出锁区随机化，由闭锁效应引起的测量误差也将具有一定的随机性。研究表明，加入随机抖动噪声后，在一个抖动周期内的角度随机测量误差 $\delta\theta_{T_D}$ 的方差上界可表示为

$$\sigma^2(\delta\theta_{T_D})=\frac{\omega_L^2 T_D}{2\pi K\omega_A} \tag{2.5-13}$$

从式（2.5－13）知，压缩静态锁区 ω_L 或加大抖动角速率幅值 ω_A 都能够降低随机误差，但是由于机械结构原因 ω_A 不可能太大，并且当 ω_A 大到一定程度后，若再增大的话改善效果也不明显了，因此减小 ω_L 成为降低激光陀螺随机误差的瓶颈。式（2.5－13）可以用来评估抖动偏频动态锁区误差的量级。

在加入随机噪声后，每两个抖动周期之间的随机误差是互不相关的，所以当累计测量时间 $T=nT_D$ 时，累积角度测量误差的方差上限为

$$\sigma^2(\delta\theta_T) = n\frac{\omega_L^2 T_D}{2\pi K\omega_A} = \frac{\omega_L^2}{2\pi K\omega_A}T \triangleq N_{ARW}^2 T \tag{2.5-14}$$

式中：$N_{ARW} = \omega_L / \sqrt{2\pi K\omega_A}$定义为角度随机游走系数，角度随机游走是抖动偏频激光陀螺的主要误差源。角度随机游走的均方差 $\sigma(\delta\theta_T)$ 与时间的平方根$\sqrt{T}$成正比，所以它的增长速度比未加入随机抖动噪声前的更小。

当然，在正弦抖动中加入随机噪声后，使用整周期采样时抖动角速率在一个周期内积分不会再恰好为零，由此会带来暂时或短期的角位移测量误差（噪声）。但是由于抖动机械结构的几何限制，在长时间情况下并不会造成角位移累积误差。

最后指出的是，尽管机械抖动偏频方法是目前应用最成功的，但并不是最理想的，它的缺点主要有：存在机械抖动结构，并不是真正意义上的无运动部件的全固态陀螺；由于抖动力学影响，基座质量不能做得太轻，否则会影响抖动效果，不利于陀螺小型化；在惯导系统等应用中多个激光陀螺共用一个安装基座时，相互间容易产生耦合共振，对系统总体的力学结构设计要求比较高。

2.6 光纤陀螺仪及其温度漂移误差

光纤陀螺仪（Fiber Optic Gyro，FOG）按光学工作原理可分为干涉型、谐振型和受激布里渊散射型三种类型，其中干涉型光纤陀螺技术已经相对比较成熟并获得了广泛的应用，而另外两种类型还处于基础研究阶段，尚有许多问题需要进一步探索和解决。这里主要介绍干涉型光纤陀螺仪。

2.6.1 干涉型光纤陀螺仪原理

20 世纪 70 年代，由于石英光纤传播损耗的大大降低，许多人开始探讨采用光纤构成的闭合回路来研制光学陀螺的可能性。1976 年，美国犹他州立大学的 V. Vali 和 R. W. Shorthill 两位研究者采用长 950m 的光纤线圈首次进行了光纤陀螺的演示验证。光纤陀螺仪的优势在于可以采用多匝光纤线圈提高等效闭合光路的面积，增强 Sagnac 效应的同时减小了陀螺的体积。参考 Sagnac 效应公式（2.5－4）易知，在光纤陀螺中反方向传播两束光的光程差公式为

$$\Delta L = \frac{N\times 4\pi R^2}{c}\omega = \frac{2RL}{c}\omega \tag{2.6-1}$$

式中：N 为光纤线圈的匝数；R 为光纤线圈半径；c 为光速；$L = N\times 2\pi R$ 为光纤总长度。

若记相位差 $\Delta\phi = 2\pi/\lambda \times \Delta L$，则有

$$\Delta\phi = \frac{4\pi RL}{\lambda c}\omega \tag{2.6-2}$$

假设光纤总长度 $L = 1000\text{m}$，线圈半径 $R = 5\text{cm}$，光源波长 $\lambda = 1.3\mu\text{m}$，角速率输入 $\omega = 0.01(°)/\text{h}$，则根据式（2.6－2）容易计算得 Sagnac 相位差 $\Delta\phi \approx 7.8\times 10^{-8}\text{rad}$，或者得光程差 $\Delta L \approx 1.6\times 10^{-14}\text{m}$（相对光程差为 $\Delta L/L \approx 10^{-17}$），这远小于光源的波长，几乎与电子直径的经典定义 $0.5\times 10^{-14}\text{m}$ 同量级。目前，高性能的光纤石英材料的温度膨胀系数为

$10^{-7}/℃$量级，必须将温度控制在$10^{-10}℃$，才能将光路的相对长度稳定在10^{-17}。表面上看如此高精度的温度控制是难以达到的，但现实中这并不是必需的，实际上只要光纤陀螺的光路对两束反向传播的光波具有相同的传播特性，各种因素引起的两束光波的附加相移相同，就不会影响到光程差对角速率的检测，这种正反方向相同的光路传播特性正是所谓的互易性。因此，由于采用了互易性设计，定常的温度膨胀对光纤陀螺中的两束反方向传播的光波作用完全相同，不会产生任何附加的相移误差。

互易性是光纤陀螺仪设计中应当遵守的最重要原则，理想情况下，除输入角速率引起的非互易相移外，沿光路反向传播的两束光之间不应存在其他任何形式的相位差。保证干涉型光纤陀螺仪互易工作的最小光路结构，也就是使用最少量的元器件提供足够精度的结构如图2.6－1所示，它主要包括光源、探测器、耦合器（又称光源分束器）、集成光路和光纤线圈等五大部件。最小互易性结构是一种基本结构，被广泛应用，实际工作中都是以它为基础或在它的基础上进行改进的。

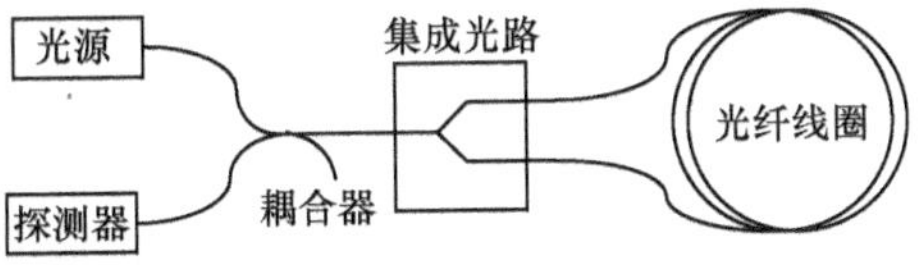

图2.6－1　光纤陀螺最小互易性结构

除了须尽量保证光路互易性外，光纤陀螺仪的光源和信号检测技术也是其中的关键环节。对于惯性级光纤陀螺仪的最小敏感角速率而言，Sagnac效应非常微弱，要检测低至7.8×10^{-8}rad的相位差，不能再采用干涉条纹计数法，而一般是通过特殊的调制手段测量干涉条纹上的微小光强度变化来测定相移，探测器输出电流正比于输入光强。为了降低瑞利背向散射噪声，干涉型光纤陀螺仪通常采用低相干宽带光源，比如超辐射发光二极管（Superluminecent Light Emitting Diodes，SLED），典型的SLED的波长为1.3μm（属近红外光波段）、谱线宽度35nm，相比之下He－Ne激光的谱宽仅为0.02nm。

2.6.2　Shupe温度漂移误差

1980年D. M. Shupe首次提出，当在光纤陀螺线圈中某一小段光纤上存在着时变的温度扰动时，光纤的折射率会随时间变化，除非这段光纤位于线圈中部，否则由于两束反方向传播光波在不同时间经过这段光纤，将经历不同的相位变化，造成附加相位测量误差。这种由温度扰动引起的非互易性相位变化称为Shupe误差，它与旋转引起的Sagnac相位变化是无法区分的。Shupe经过研究还指出，要实现惯性级陀螺的性能，光纤线圈的温度均匀性须达到$10^{-3}℃$量级。

光波沿长度为L的光纤线圈传播，传播常数有变化时的相位延迟为

$$\phi = \int_0^L \beta(z)\,\mathrm{d}z = \int_0^L \beta_0 n(z)\,\mathrm{d}z \tag{2.6-3}$$

式中：$\beta_0 = 2\pi/\bar{\lambda}$为自由空间（真空）中光波的传播常数，即单位距离内光波相位的变化量，$\bar{\lambda}$为宽带光源的平均波长；$n(z)$表示线圈距光纤起始端长度为z处的折射率。当温度变化时，光纤材料的折射率和温度膨胀系数都会发生改变，从而影响光波的传播相位，综合考虑得

$$\phi = \beta_0 n_{\text{eff}} L + \beta_0\left(\frac{\partial n_{\text{eff}}}{\partial T} + n_{\text{eff}}\alpha\right)\int_0^L \Delta T(z)\,\mathrm{d}z \tag{2.6-4}$$

式中：n_{eff}为光纤的有效折射率（也称为参考折射率，其值在1.5左右）；$\partial n_{\text{eff}}/\partial T$为折射率的温度变化系数（石英约为$10^{-5}$/℃）；$\alpha$为光纤材料的温度膨胀系数；$\Delta T(z)$为距光纤线圈起始端长度为$z$处的温度分布变化量（梯度）。一般情况下$n_{\text{eff}}\alpha$比$\partial n_{\text{eff}}/\partial T$小1个数量级以上。

如图2.6-2所示，假设反方向两束相干光波到达输出端的时刻为t，则它们通过光纤线圈中的某距离z处的时刻分别为

$$\begin{cases} t'_{CW} = t - \dfrac{L-z}{c_m} \\ t'_{CCW} = t - \dfrac{z}{c_m} \end{cases} \tag{2.6-5}$$

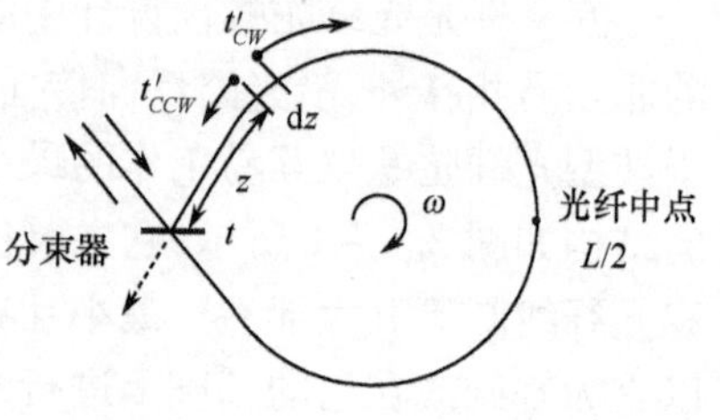

图2.6-2 温度扰动的影响

式中：$c_m = c/n_{\text{eff}}$为光纤中的光速。

当温度扰动随时间变化时，$\Delta T(z)$既是距离又是时间的函数，可更明确地记为$\Delta T(z, t)$，由式(2.6-4)易知反方向两束光波通过整个光纤线圈的相位延迟分别为

$$\begin{cases} \phi_{CW}(t) = \beta_0 n_{\text{eff}} L + \beta_0\left(\dfrac{\partial n_{\text{eff}}}{\partial T} + n_{\text{eff}}\alpha\right)\displaystyle\int_0^L \Delta T\left(z, t - \dfrac{L-z}{c_m}\right)\mathrm{d}z \\ \phi_{CCW}(t) = \beta_0 n_{\text{eff}} L + \beta_0\left(\dfrac{\partial n_{\text{eff}}}{\partial T} + n_{\text{eff}}\alpha\right)\displaystyle\int_0^L \Delta T\left(z, t - \dfrac{z}{c_m}\right)\mathrm{d}z \end{cases} \tag{2.6-6}$$

所以，时空变化的温度场引起的相位差为

$$\begin{aligned} \Delta\phi(t) &= \phi_{CCW}(t) - \phi_{CW}(t) \\ &= \beta_0\left(\frac{\partial n_{\text{eff}}}{\partial T} + n_{\text{eff}}\alpha\right)\int_0^L \Delta T\left(z, t - \frac{z}{c_m}\right) - \Delta T\left(z, t - \frac{L-z}{c_m}\right)\mathrm{d}z \\ &= \beta_0\left(\frac{\partial n_{\text{eff}}}{\partial T} + n_{\text{eff}}\alpha\right)\int_0^L \frac{\Delta T\left(z, t - \dfrac{L-z}{c_m} + \dfrac{L-2z}{c_m}\right) - \Delta T\left(z, t - \dfrac{L-z}{c_m}\right)}{\dfrac{L-2z}{c_m}} \times \frac{L-2z}{c_m}\mathrm{d}z \end{aligned}$$

根据时间导数的定义$\lim\limits_{\Delta t \to 0}\dfrac{f(t+\Delta t) - f(t)}{\Delta t} = \dot{f}(t)$，并且显然可以认为时间增量$\Delta t = \dfrac{L-2z}{c_m}$是小量、时刻$t - \dfrac{L-z}{c_m}$与时刻$t$非常接近，近似有$\Delta T\left(z, t - \dfrac{L-z}{c_m}\right) \approx \Delta T(z, t)$，从上式得

$$\Delta\phi(t) = \frac{\beta_0}{c_m}\left(\frac{\partial n_{\text{eff}}}{\partial T} + n_{\text{eff}}\alpha\right)\int_0^L \dot{T}(z, t)(L - 2z)\,\mathrm{d}z \tag{2.6-7}$$

这便是Shupe温度漂移误差模型，它与温度变化率有关，而与固定的温度无关。此外，式(2.6-7)中的被积系数$(L-2z)$称为温度扰动的权因子，当温度扰动相对于光纤线圈中点$L/2$对称分布时，Shupe误差正好被抵消，反之温度扰动的不对称度越大，Shupe误

差也越大。

假设仅在光纤线圈的 $z=0\sim1\text{m}$ 段存在 1℃/min 的温度扰动，而式(2.6－7)中的其他参数取典型数值，估计 Shupe 相位差为

$$\Delta\phi(t)=\frac{2\pi/(1.3\times10^{-6})}{3\times10^{8}/1.5}\times(10^{-5}+1.5\times10^{-7})\times\int_0^1 1/60\times(1000-2z)\mathrm{d}z$$

$$\approx\frac{2\pi/(1.3\times10^{-6})}{3\times10^{8}/1.5}\times10^{-5}\times1/60\times1000$$

$$\approx4\times10^{-6}(\text{rad})$$

这比角速率 0.01(°)/h 引起的相位差 7.8×10^{-8} rad 大近 50 倍。由此简单例子可见，高精度的光纤陀螺仪对温度扰动非常敏感。

减小 Shupe 误差的有效措施是，在绕制光纤线圈时，将相对于光纤中点位置对称的光纤段尽可能贴近，降低环境温度不对称度的影响。常见的光纤线圈绕制方法有柱形绕法、单极对称绕法、两极对称绕法和四极对称绕法等，其中四极对称绕法示意图如图 2.6－3 所示，据称该绕法可使 Shupe 误差减小 3 个数量级。

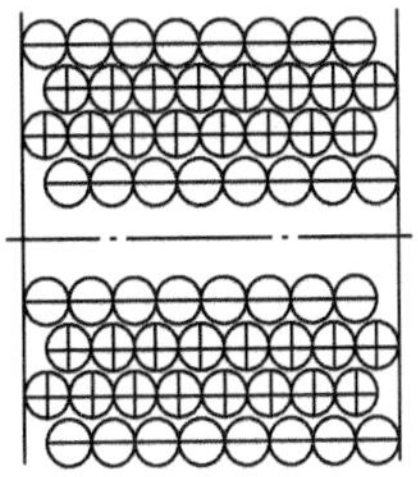

图 2.6－3　光纤线圈的四极对称绕法

根据某光纤陀螺仪的实测数据分析，对其温度漂移误差建模如下：

$$\varepsilon=a_0+a_1T+a_2\dot{T}+a_3\dot{T}^2 \qquad (2.6-8)$$

除温度变化率外，该模型还考虑了常值漂移、温度及温度变化率平方项的影响。对于光纤陀螺仪的温度漂移误差，很难完全依赖于理论分析方法进行准确建模，一般是结合经验和实验数据拟合来确定误差模型。

近年来光纤传感器的研究、开发和应用获得了快速的发展，光纤对温度、力和磁等物理量都能敏感，利用光纤可以制作各种各样的传感器，但反过来看，也正是由于光纤容易受到上述物理量的影响，它们都将成为光纤陀螺仪的重要误差源。例如，未采取任何磁屏蔽措施时，地磁场(大小约 600mG，G—高斯)对光纤陀螺漂移误差的影响可达 1(°)/h。因此，高精度光纤陀螺仪的研制、测试和误差补偿是一个比较复杂的综合性问题。

第3章 惯性器件测试原理与方法

惯性器件测试以数学模型为基础，根据模型特点设计合适的测试方案，结合数据处理手段希望辨识出尽可能多的模型参数。在1g重力场范围内进行测试是最简单和最基本的，能够获得惯性器件的基本性能参数，也是了解其他测试方法的基础。

传统机械转子陀螺仪的漂移测试是惯性器件测试中最重要的内容之一，包括开环和闭环测试两种方式，其中闭环测试精度高，是主要的测试方式。闭环测试又包含两种类型：一种是利用伺服转台进行测试，主要用来测定陀螺仪的长期漂移性能，陀螺仪在这种测试中的工作状态模拟它在平台惯导系统中的工作状态；另一种是利用力矩再平衡回路进行力矩反馈测试，主要用来测定陀螺仪的短期漂移性能，这时陀螺仪的工作状态类似于它在捷联惯导系统中的工作状态。

加速度计的测试主要是在精密分度头上用力矩反馈方式进行，分离出静态输入输出模型中的各项参数。

3.1 陀螺仪静态漂移误差的力矩反馈测试

在力矩反馈测试中，当机械转子陀螺仪受到干扰力矩时，陀螺仪将绕输出轴输出转角信号，通过再平衡回路和力矩器产生控制力矩，抵消干扰力矩的影响。如果力矩器的标度因数已知，通过测定再平衡回路的电流，并考虑基座角速度在陀螺仪输入轴的投影分量，即可准确计算出陀螺漂移误差的大小。

这里指出的是，当陀螺仪在小角速度 $\boldsymbol{\omega}_E$ 环境下进行测试时，如果其幅值仅若干倍于地球自转角速率，一般认为是在进行静态误差测试，而不是动态误差测试，将小角速度的影响当作干扰处理，这时陀螺仪的静态漂移误差为

$$\omega_d = S_T \cdot i - \omega_{E,I} \tag{3.1-1}$$

式中：S_T 为力矩器标度因数$(((°)/\mathrm{h})/\mathrm{mA})$；$i$ 为再平衡回路采样电流(mA)；$\omega_{E,I}$为基座干扰角速度 $\boldsymbol{\omega}_E$ 在陀螺仪输入轴的投影分量。

根据单自由度转子陀螺仪的静态漂移误差数学模型可知，当陀螺放置于重力场中相对于地球静止不动时，其 I,O,S 三轴感测的比力为重力加速度 $\boldsymbol{g}$ 取负号后在各轴向的投影分量，记陀螺仪三个轴上的比力分量分别为 g_I,g_O,g_S，则有 $-\boldsymbol{g} = g_I\boldsymbol{I} + g_O\boldsymbol{O} + g_S\boldsymbol{S}$。因此，式(2.2-8)可改写为

$$S_T \cdot i - \omega_{ie,I} = D_F + D_I g_I + D_O g_O + D_S g_S + D_{IO} g_I g_O + D_{OS} g_O g_S + D_{SI} g_S g_I + D_{II} g_I^2 + D_{OO} g_O^2 + D_{SS} g_S^2 \tag{3.1-2}$$

式中：$\omega_{ie,I}$为地球自转角速度在陀螺仪输入轴的投影分量。

由式(3.1-2)可知,欲辨识出模型参数 D_*,须提供不同的重力激励 g_* 组合。根据陀螺仪敏感轴相对于地球自转轴和重力矢量的不同方位关系,常用的静态漂移误差测试方法有极轴翻滚测试法和地理坐标位置翻滚测试法。

3.1.1 极轴翻滚测试

极轴,也就是地球的自转轴。极轴翻滚,是指当测试转台的旋转主轴与地球自转轴平行而旋转转台主轴时,固定安装在转台台面上的陀螺仪各轴在重力场内周期性地改变方向。

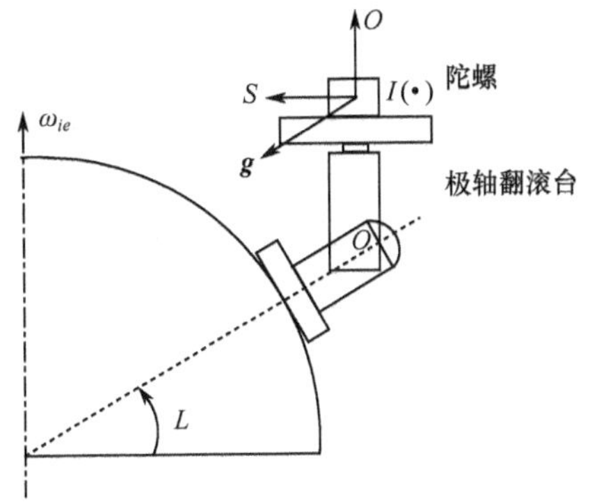

图 3.1-1 极轴翻滚测试示意图

为了叙述方便,先给出表示方向的缩略符号:E—东向、S—南向、W—西向、N—北向、U—天向、D—地向、Np—极轴北向、Sp—极轴南向。如图3.1-1所示,实验室地理纬度为 L(图示为北半球),转台主轴平行于 Np,单自由度转子陀螺仪按 I 轴指向 W、O 轴指向 Np 方向安装于转台上,记此角位置为初始角位置。以下对陀螺仪各轴的受力情况进行简要分析。

首先,从正西向往东向看陀螺仪,结合图3.1-2,S 轴敏感的比力为 $-g\cos L$,而 O 轴比力为 $g\sin L$,显然后者比力大小不随转台主轴的旋转而变化。其次,从 Np 方向往 Sp 看陀螺仪,假设转台绕主轴顺时针从初始位置开始转动了 θ_N 角,此角度可由转台读数准确测得,则可得 S 轴比力为 $-g\cos L\cos\theta_N$,而 I 轴比力为 $-g\cos L\sin\theta_N$。因此,陀螺仪各轴感测的比力为

$$\begin{cases} g_I = -g\cos L\sin\theta_N \\ g_O = g\sin L \\ g_S = -g\cos L\cos\theta_N \end{cases} \tag{3.1-3}$$

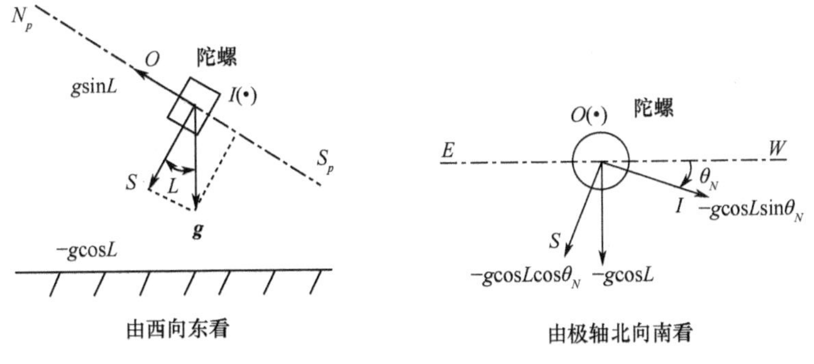

图 3.1-2 极轴翻滚陀螺受力分析

此外,在整个极轴翻滚测试过程中地球自转角速度在陀螺输入轴的投影分量 $\omega_{ie,I}=0$。将式(3.1-3)代入式(3.1-2),并取 g 的大小为一倍重力加速度的归一化数值,即取 $g=1$,相应的,除 D_F 外其他参数 D_* 的单位对应为((°)/h)/g 或((°)/h)/g^2,则可得

$$S_T \cdot i_N = D_F - D_I\cos L\sin\theta_N + D_O\sin L - D_S\cos L\cos\theta_N - D_{IO}\sin L\cos L\sin\theta_N - D_{OS}\sin L\cos L\cos\theta_N + D_{SI}\cos^2 L\sin\theta_N\cos\theta_N + D_{II}\cos^2 L\sin^2\theta_N + D_{OO}\sin^2 L + D_{SS}\cos^2 L\cos^2\theta_N \tag{3.1-4}$$

为了化简，需将高次三角函数转化为倍角三角函数，常常用到以下恒等变换关系式，现统一罗列出来：

$$\begin{cases} \sin^2\theta = \dfrac{1}{2} - \dfrac{1}{2}\cos 2\theta, \cos^2\theta = \dfrac{1}{2} + \dfrac{1}{2}\cos 2\theta \\ \sin^3\theta = \dfrac{3}{4}\sin\theta - \dfrac{1}{4}\sin 3\theta \\ \sin^4\theta = \dfrac{3}{8} - \dfrac{1}{2}\cos 2\theta + \dfrac{1}{8}\cos 4\theta \\ \sin^5\theta = \dfrac{1}{16}\sin 5\theta - \dfrac{5}{16}\sin 3\theta + \dfrac{5}{8}\sin\theta \\ \sin\theta\cos\theta = \dfrac{1}{2}\sin 2\theta \end{cases} \tag{3.1-5}$$

针对式(3.1-4)中关于极轴翻滚角度 θ_N 的三角函数，将式(3.1-5)代入，整理得

$$\begin{aligned} S_T \cdot i_N &= \left[D_F + D_O\sin L + D_{OO}\sin^2 L + \frac{1}{2}(D_{II} + D_{SS})\cos^2 L\right] - \\ &\quad \left(D_I\cos L + \frac{1}{2}D_{IO}\sin 2L\right)\sin\theta_N - \left(D_S\cos L + \frac{1}{2}D_{OS}\sin 2L\right)\cos\theta_N + \\ &\quad \frac{1}{2}D_{SI}\cos^2 L\sin 2\theta_N - \frac{1}{2}(D_{II} - D_{SS})\cos^2 L\cos 2\theta_N \\ &\triangleq B_{0N} + S_{1N}\sin\theta_N + C_{1N}\cos\theta_N + S_{2N}\sin 2\theta_N + C_{2N}\cos 2\theta_N \end{aligned} \tag{3.1-6}$$

进行上述三角变换的主要目的是，将式中关于自变量 θ_N 的高次三角函数转化为一次三角函数再合并同类项，这样各项自变量三角函数之间能够满足正交关系，也就是将式子整理成有限项傅里叶级数的形式。在以傅里叶级数构成的量测方程中容易看出，待辨识的参数即为傅里叶系数（包括常值项），并且傅里叶级数的项数就是三角变换前方程中可辨识的独立系数（或系数组合）的最大数目。事实上，不一定要整理成傅里叶级数形式，而只要满足式中各个自变量 θ_N 的三角函数之间线性无关，也可获得独立系数（或系数组合）的最大数目和进行方程组求解，比如从式(3.1-5)中容易观察 $\sin^2\theta, \sin^3\theta, \sin^4\theta, \sin^5\theta, \sin\theta\cos\theta$ 之间是线性无关的，而 $\cos^2\theta$、$\sin^2\theta$ 与常数 1 之间线性相关，因此只需利用 $\cos^2\theta_N = 1 - \sin^2\theta_N$，而无需展开高次三角函数，将式(3.1-4)化为

$$\begin{aligned} S_T \cdot i_N &= [D_F + D_{SS}\cos^2 L + D_O\sin L + D_{OO}\sin^2 L] + \\ &\quad (-D_I\cos L\sin\theta_N + D_{IO}\sin L\cos L)\sin\theta_N + (-D_S\cos L - D_{OS}\sin L\cos L)\cos\theta_N + \\ &\quad D_{SI}\cos^2 L\sin\theta_N\cos\theta_N + (D_{II}\cos^2 L - D_{SS}\cos^2 L)\sin^2\theta_N \end{aligned}$$

通过此式也可以直接进行参数辨识，该式与式(3.1-6)的独立系数（或系数组合）的数目是完全相同的，均为 5 个。

极轴翻滚方式还可细分为连续翻滚和断续翻滚两种。连续翻滚时,翻滚角速率一般不宜太大,比如若干倍于地球自转角速率,因此翻滚一周的时间需要数小时,在翻滚过程中等时间间隔读取转台转角 $\theta_N(k)$ 和陀螺仪再平衡回路电流 $i_N(k)$;断续翻滚时,转台每翻滚一定的角度(如30°)停止一次,并在停止稳定时读取转台转角和电流值,这样翻滚角速率可以比较大,有利于缩短测试时间。设在翻滚测试中共采集了 n 组测试数据($k=1,2,3,\cdots,n$),列出量测方程如下:

$$S_T \cdot i_N(k) = B_{0N} + S_{1N}\sin\theta_N(k) + C_{1N}\cos\theta_N(k) + S_{2N}\sin 2\theta_N(k) + C_{2N}\cos 2\theta_N(k) \tag{3.1-7}$$

对有限项傅里叶级数构成的一组方程(3.1-7)可采用谐波分析法(见附录A)或直接使用最小二乘法进行参数求解,这里选用后者,令

$$Y_N(k) = S_T \cdot i_N(k),\ \boldsymbol{A}_N(k) = [1 \quad \sin\theta_N(k) \quad \cos\theta_N(k) \quad \sin 2\theta_N(k) \quad \cos 2\theta_N(k)]$$

$$\boldsymbol{X}_N = \begin{bmatrix} B_{0N} \\ S_{1N} \\ C_{1N} \\ S_{2N} \\ C_{2N} \end{bmatrix},\ \boldsymbol{Y}_N = \begin{bmatrix} Y_N(1) \\ Y_N(2) \\ \vdots \\ Y_N(n) \end{bmatrix},\ \boldsymbol{A}_N = \begin{bmatrix} \boldsymbol{A}_N(1) \\ \boldsymbol{A}_N(2) \\ \vdots \\ \boldsymbol{A}_N(n) \end{bmatrix}$$

则由 n 组测试数据构成的方程组可简写为

$$\boldsymbol{Y}_N = \boldsymbol{A}_N \boldsymbol{X}_N \tag{3.1-8}$$

在测试数据足够多的情况下,可求得参数向量 $\boldsymbol{X}_N$ 的最小二乘解为

$$\hat{\boldsymbol{X}}_N = (\boldsymbol{A}_N^{\mathrm{T}} \boldsymbol{A}_N)^{-1} \boldsymbol{A}_N^{\mathrm{T}} \boldsymbol{Y}_N \tag{3.1-9}$$

同理,若将转台主轴指向 Sp 再进行极轴翻滚测试,以 I 轴指向西向为起始角位置,从 Sp 方向往 Np 看为顺时针翻滚,如图3.1-3所示,则陀螺仪各轴比力为

$$\begin{cases} g_I = g\cos L \sin\theta_S \\ g_O = -g\sin L \\ g_S = g\cos L \cos\theta_S \end{cases} \tag{3.1-10}$$

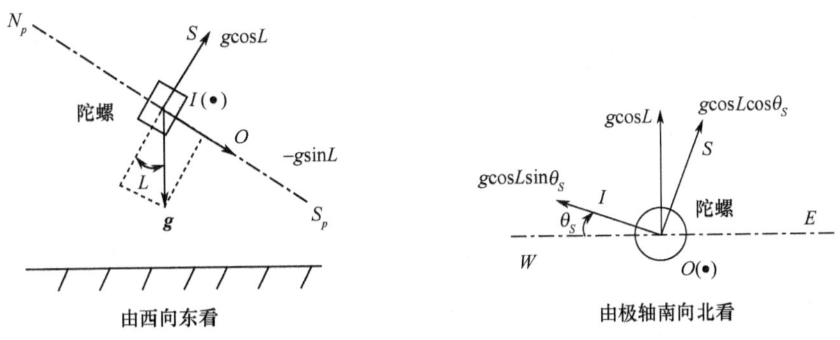

图3.1-3 极轴翻滚陀螺受力分析

翻滚测试过程中可获得 n 组测试数据($k=1,2,3,\cdots,n$),关系式为

$$
\begin{aligned}
S_T \cdot i_S &= \left[D_F - D_O\sin L + D_{OO}\sin^2 L + \frac{1}{2}(D_{II}+D_{SS})\cos^2 L\right] + \\
&\left(D_I\cos L - \frac{1}{2}D_{IO}\sin 2L\right)\sin\theta_S + \left(D_S\cos L - \frac{1}{2}D_{OS}\sin 2L\right)\cos\theta_S + \\
&\frac{1}{2}D_{SI}\cos^2 L\sin 2\theta_S - \frac{1}{2}(D_{II}-D_{SS})\cos^2 L\cos 2\theta_S \\
&\triangleq B_{0S} + S_{1S}\sin\theta_S + C_{1S}\cos\theta_S + S_{2S}\sin 2\theta_S + C_{2S}\cos 2\theta_S
\end{aligned}
\tag{3.1-11}
$$

同样,使用最小二乘法可求解出 $\hat{\boldsymbol{X}}_S = [B_{0S} \quad S_{1S} \quad C_{1S} \quad S_{2S} \quad C_{2S}]^{\mathrm{T}}$。

最后由 $\hat{\boldsymbol{X}}_N$ 和 $\hat{\boldsymbol{X}}_S$ 综合求解陀螺仪漂移误差参数的公式如下:

$$
\begin{cases}
D_F + D_{OO}\sin^2 L + \frac{1}{2}(D_{II}+D_{SS})\cos^2 L = \frac{1}{2}(B_{0N}+B_{0S}) \\
D_I = \frac{1}{2\cos L}(S_{1S}-S_{1N}),\ D_O = \frac{1}{2\sin L}(S_{0N}-S_{0S}),\ D_S = \frac{1}{2\cos L}(C_{1S}-C_{1N}) \\
D_{IO} = -\frac{1}{\sin 2L}(S_{1N}+S_{1S}),\ D_{OS} = -\frac{1}{\sin 2L}(C_{1N}+C_{1S}),\ D_{SI} = \frac{1}{\cos^2 L}(S_{2N}+S_{2S}) \\
D_{II} - D_{SS} = -\frac{1}{\cos^2 L}(C_{2N}+C_{2S})
\end{cases}
\tag{3.1-12}
$$

由此可见,陀螺仪 O 轴平行于极轴的翻滚方式不能分离出全部误差系数,例如这里 $D_F, D_{OO}, D_{II}, D_{SS}$ 是不可区分的。当然,如果将陀螺仪 S 轴平行于极轴方向安装,再进行翻滚测试则可分离出更多的误差系数,不再赘述。从式(3.1-12)中还可知,由于分母中存在三角函数 $\sin L$ 和 $\cos L$,因而该方法不适合于纬度0°或±90°(低纬度或高纬度)地区,否则将有更多的误差系数不能获得辨识。

3.1.2 地理坐标位置翻滚测试

在地理坐标位置翻滚测试中,陀螺仪各轴沿当地地理坐标系"$E-S-W-N-U-D$"取向,每次只有陀螺仪的一个轴向(朝天向或地向者)存在比力激励,因此无法求得交叉轴误差系数,只能估计出零次、一次及平方项误差系数。该测试方法简单易行,是最基本和常规的测试方法之一。

常用的是八位置地理坐标位置翻滚测试法,在每个位置下陀螺仪坐标系与地理坐标系的关系由表3.1-1列出,同时表中还给出了陀螺仪各轴的比力敏感值和地球自转角速率 ω_{ie} 在陀螺仪输入轴上的投影。图3.1-4给出了表3.1-1中的位置1下陀螺仪各轴的指向示意。

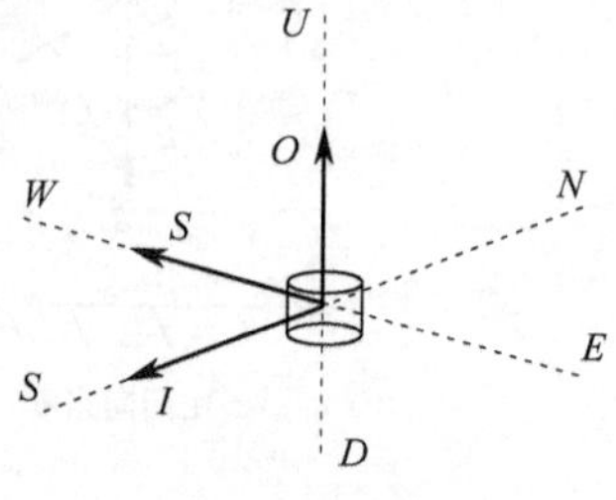

图3.1-4 位置1下陀螺仪各轴指向

表 3.1－1　八位置地理坐标位置翻滚测试

位置	坐标轴取向 (I,O,S)	比力分量/g (I,O,S)	$\omega_{ie,I}$	位置	坐标轴取向 (I,O,S)	比力分量/g (I,O,S)	$\omega_{ie,I}$
1	S,U,W	0,1,0	$-\omega_{ie}\cos L$	5	N,W,U	0,0,1	$\omega_{ie}\cos L$
2	N,U,E	0,1,0	$\omega_{ie}\cos L$	6	S,W,D	0,0,－1	$-\omega_{ie}\cos L$
3	U,W,S	1,0,0	$\omega_{ie}\sin L$	7	N,D,W	0,－1,0	$\omega_{ie}\cos L$
4	D,W,N	－1,0,0	$-\omega_{ie}\sin L$	8	S,D,E	0,－1,0	$-\omega_{ie}\cos L$

根据式(3.1－2)和表3.1－1,列出八位置测试的量测方程组如下:

$$\begin{cases} S_T\cdot i_1+\omega_{ie}\cos L=D_F+D_O+D_{OO}\\ S_T\cdot i_2-\omega_{ie}\cos L=D_F+D_O+D_{OO}\\ S_T\cdot i_3-\omega_{ie}\sin L=D_F+D_I+D_{II}\\ S_T\cdot i_4+\omega_{ie}\sin L=D_F-D_I+D_{II}\\ S_T\cdot i_5-\omega_{ie}\cos L=D_F+D_S+D_{SS}\\ S_T\cdot i_6+\omega_{ie}\cos L=D_F-D_S+D_{SS}\\ S_T\cdot i_7-\omega_{ie}\cos L=D_F-D_O+D_{OO}\\ S_T\cdot i_8+\omega_{ie}\cos L=D_F-D_O+D_{OO} \end{cases} \tag{3.1-13}$$

经观察知位置1和位置2、位置7和位置8是相关的,因此从式(3.1－13)中只能得到6组独立的误差系数解,即

$$\begin{cases} D_I=S_T\cdot(i_3-i_4)/2-\omega_{ie}\sin L\\ D_O=S_T\cdot(i_1+i_2-i_7-i_8)/4\\ D_S=S_T\cdot(i_5-i_6)/2-\omega_{ie}\cos L\\ D_F+D_{OO}=S_T\cdot(i_1+i_2+i_7+i_8)/4\\ D_{II}=S_T\cdot(i_3+i_4)/2-D_F\\ D_{SS}=S_T\cdot(i_5+i_6)/2-D_F \end{cases} \tag{3.1-14}$$

可见,在地理坐标位置翻滚测试中,只有一次项误差系数能够完全分离出来,而D_F,D_{OO},D_{II},D_{SS}之间存在约束关系。在某些陀螺仪中如果D_{OO}很小,可以忽略不计,还可进一步分离出参数D_F,D_{II},D_{SS}。

当然,若将式(3.1－14)与极轴翻滚测试计算结果式(3.1－12)相配合,则可获得全部静态漂移误差系数。

3.1.3 固定位置综合漂移测试

固定位置综合漂移测试的目的不在于分离机械转子陀螺仪的各项误差系数,而是用于确定陀螺仪一次启动随机漂移的稳定性,或逐次(多次)启动随机漂移的重复性。测试时,将陀螺仪安装在固定基座上,一般情况下陀螺仪的三轴I,O,S指向可以随意,但测试

过程中基座须始终保持不动，避免干扰影响。

1. 一次启动随机漂移稳定性测试

在进行一次启动随机漂移测试时，启动陀螺仪待工作稳定后，每隔一定时间(如5min)记录一次输出电流数据，利用标度因数计算陀螺输出角速率 ω_k。设共采集了 n 次角速率数据，统计标准差为

$$\sigma_{\omega} = \sqrt{\frac{1}{n-1}\sum_{k=1}^{n}(\omega_k - \overline{\omega})^2} \tag{3.1-15}$$

式中：$\overline{\omega} = \frac{1}{n}\sum_{k=1}^{n}\omega_k$ 为平均角速率。

该测试方法简便易行，测试结果 σ_{ω} 反映了陀螺仪随机漂移的稳定程度，它是陀螺仪精度的最重要性能指标之一。通常将一次启动测试时间在2h~3h之内的漂移稳定性称为短期稳定性，而超过6h者称为长期稳定性。

2. 逐次启动随机漂移重复性测试

在进行逐次启动随机漂移测试时，启动陀螺仪待工作稳定后，在一段时间内(如30min)记录一组输出电流数据，计算陀螺平均输出角速率 $\overline{\omega}_k$，作为一次测量数据。停机充分冷却，再启动陀螺仪重新测试，如此反复测试 n 次(一般 $n \geqslant 6$)，统计标准差的方法同式(3.1-15)。该测试结果反映了陀螺仪多次启动之间的漂移偏差程度，也是描述陀螺仪精度的一个非常重要的性能指标。

由于光学陀螺仪对比力基本上不敏感，固定位置漂移测试是光学陀螺仪漂移误差的最主要测试方法。

3.2 陀螺仪静态漂移误差的伺服转台测试

伺服转台是专用的测试设备，测试精度一般比较高。伺服转台主要由转台台体、伺服控制电子线路和转台测角系统等部分组成，它可由外部输入控制信号，精确控制转台轴旋转。伺服转台可与陀螺仪一起构成伺服闭环系统，模拟平台惯导系统中陀螺仪的使用环境，特别适合于测定陀螺仪漂移的长期性能。伺服转台测试与力矩反馈测试不同，前者陀螺仪的力矩器不参与闭合回路工作，因而不受陀螺仪力矩器性能参数的影响。

以单自由度机械转子陀螺仪的伺服转台测试为例，一般情况下伺服转台的主轴指向可以是任意的，但这里不妨假设伺服转台主轴与地球自转轴平行，如图3.2-1所示。

在图3.2-1中，陀螺仪的输入轴按转台主轴取向，陀螺仪感测到地球自转角速率沿转台主轴的分量(此处是全部的地球自转)，由信号器输出电信号，电信号中包含地球自转角速率和干扰引起的陀螺漂移，电信号经处理和放大后以反馈方式加到伺服转台电机上(而不是力矩反馈测试中的陀螺仪反馈力矩器上)，驱动转台朝减小陀螺信号器输出的方向转动。可见，伺服转台测试中，陀螺仪本身工作在开环方式下，它只感测到输入轴微小的角速率

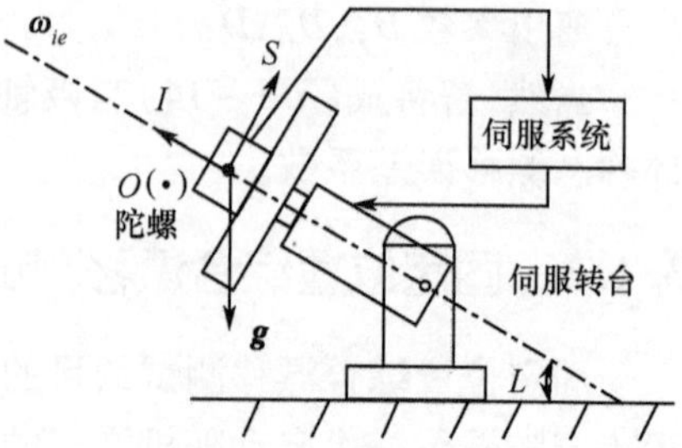

图3.2-1　伺服转台测试

输入。伺服转台的转动是地球自转和陀螺漂移误差的综合反映,经过一段时间精确测量后,从伺服转台相对于基座转过的角度读数,并扣除地球自转在转台主轴的投影分量,可获得陀螺的平均漂移角速率,用公式表示为

$$\omega_{BT} = -\omega_{ie} - \omega_{d} \tag{3.2-1}$$

或

$$\omega_{d} = -\omega_{BT} - \omega_{ie} \tag{3.2-2}$$

式中:ω_{BT}为转台相对于基座转过的角度读数除以测试时间后的平均转台角速率;ω_{ie}为地球自转角速率;ω_{d} 为陀螺仪漂移角速率。

式(3.2-1)中的负号说明转台角速率与其他两个量是反方向的,即伺服构成负反馈。

除了测定陀螺仪的漂移性能外,伺服转台测试也可应用于陀螺仪的静态漂移误差系数分离。例如,同样如图3.2-1进行测试,当陀螺仪漂移 $\omega_{d} \ll 15(°)/\mathrm{h}$ 时,经过约24h,陀螺仪将绕极轴翻滚一圈,此过程与极轴翻滚测试完全相同,因此也能够分离出部分静态漂移误差系数,考虑到式(3.2-2),测试模型方程为

$$\begin{aligned}-\omega_{BT} - \omega_{ie} = D_F + D_I g_I + D_O g_O + D_S g_S + D_{IO} g_I g_O + D_{OS} g_O g_S + \\ D_{SI} g_S g_I + D_{II} g_I^2 + D_{OO} g_O^2 + D_{SS} g_S^2\end{aligned} \tag{3.2-3}$$

相关的数据处理与系数分离过程此处不再赘述。

伺服转台绕极轴转动一周约需要24h,所以测试时间长是伺服法分离误差系数的最大缺点。极端情况下,在低精度陀螺仪中如果有 $\omega_{d} \approx -\omega_{ie}$,即陀螺漂移与地球自转分量相抵消,则无法实现伺服转台翻滚,从而也就达不到与比力有关漂移误差系数分离的目的。

3.3 加速度计的重力场翻滚测试

在加速度计的重力场翻滚测试中,以实验室当地重力加速度在加速度计各轴上的投影分量作为输入参考量,测试或分离加速度计的各项性能参数。这与前述陀螺仪漂移误差的力矩反馈测试极为相似,不过加速度计测试只需精确的水平基准而无任何地理方位基准要求。水平基准的精度对加速度计测试影响较大,例如为了测试 $1\times10^{-6}g$ 精度的加速度计,要求水平基准精度超过0.2″($1\times10^{-6}\,\mathrm{rad}\approx0.2''$),换句话说,如果水平基准存在0.2″误差,将会引起 $1\times10^{-6}g$ 的重力加速度参考基准误差。普通高精度测试台的角位置精度一般为角秒级,很难想象 $1\times10^{-8}g$ 量级超高精度的加速度计是如何测试和评估的。

加速度计的重力场翻滚测试也是最常用和最基本的测试,测试方法简单,易于实现。但是,在重力场范围内,不能提供超过 $\pm1g$ 的比力输入,因此对加速度计非线性系数和交叉耦合系数的测试精度相对较低。重力场测试是其他各种高 g 值过载测试的基础。

3.3.1 加速度计的安装方式

加速度计的重力场翻滚测试一般在精密光学分度头或精密端齿盘上进行。将加速度计通过夹具安装至分度头台面上,使加速度计的输入轴与台面平行。测试前须先调整分度头台面在重力铅直面内,此时分度头旋转主轴水平。当绕分度头主轴转动时,加速度计

的输入轴相对于重力场翻滚,由分度头的转动角度读数可精确确定加速度计各轴敏感的比力分量。

一般加速度计输入轴须平行于分度头台面(即在铅直面内)安装,而其他两个轴还有两种安装方式:一是摆轴平行于分度头台面,输出轴平行于分度头转轴的安装状态,称为水平摆安装状态,简称"摆状态";二是输出轴平行于分度头台面,摆轴平行于分度头转轴的安装状态,称为侧摆安装状态,也称"门状态"。安装方式如图 3.3-1 所示。

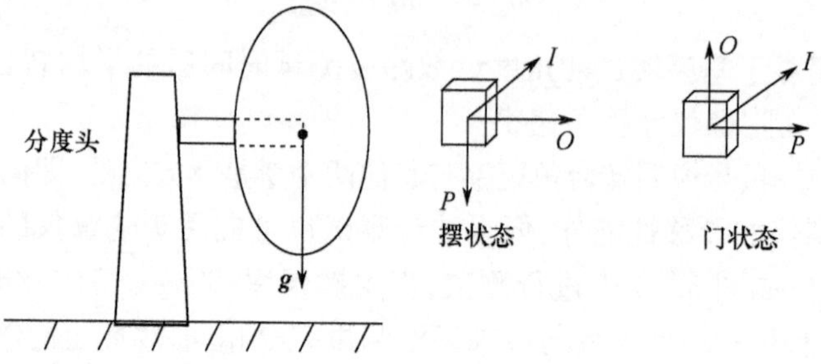

图 3.3-1　加速度计的安装方式

3.3.2　测试方法与数据处理

以下以摆状态安装方式说明加速度计的测试方法,门状态类似。

测试时,在加速度计的再平衡回路中串联高精密电阻,并使用精密电压表采集电阻两端的电压 u,如图 3.3-2 所示。比如,高精度电阻可选用 Z 箔电阻,而电压表可选用六位半数字电压表。

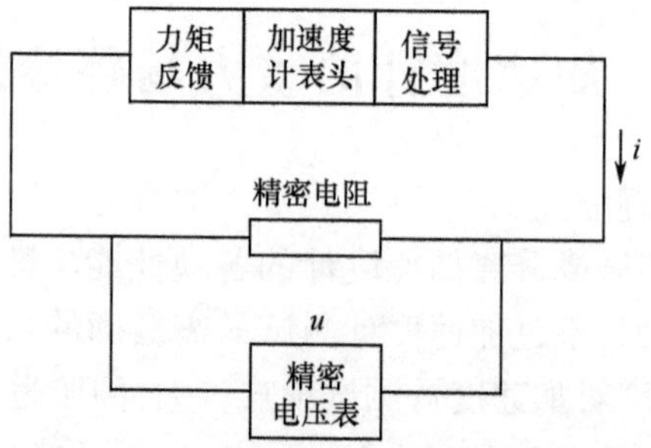

图 3.3-2　加速度计测试电气连接图

当在重力场中翻滚时,根据式(2.4-16)得加速度计的测试数学模型为

$$u = K_F + K_I g_I + K_O g_O + K_P g_P + K_{IO} g_I g_O + K_{PI} g_P g_I + K_{II} g_I^2 + K_{III} g_I^3 \qquad (3.3-1)$$

式中:g_I, g_O, g_P 分别为沿加速度计各轴向的比力,即重力加速度沿加速度计各轴向投影再取反。如图 3.3-1 所示,以摆状态下 I 轴水平时为初始角位置,当分度头逆时针转动 θ 角时,g_I, g_O, g_P 的取值分别为

$$\begin{cases} g_I = g\sin\theta \\ g_O = 0 \\ g_P = -g\cos\theta \end{cases} \qquad (3.3-2)$$

把式(3.3-2)代入式(3.3-1),并将 g 进行归一化处理,得

$$\begin{aligned}
u &= K_F + K_I\sin\theta - K_P\cos\theta - K_{PI}\sin\theta\cos\theta + K_{II}\sin^2\theta + K_{III}\sin^3\theta \\
&= \left(K_F + \frac{1}{2}K_{II}\right) + \left(K_I + \frac{3}{4}K_{III}\right)\sin\theta - K_P\cos\theta - \\
&\quad \frac{1}{2}K_{PI}\sin2\theta - \frac{1}{2}K_{II}\cos2\theta - \frac{1}{4}K_{III}\sin3\theta \\
&\triangleq B_0 + S_1\sin\theta + C_1\cos\theta + S_2\sin2\theta + C_2\cos2\theta + S_3\sin3\theta
\end{aligned} \tag{3.3-3}$$

在分度头翻滚测试过程中,通常在一周360°范围内等间隔取点,并且点数一般取为4的倍数,这样所有角度值在四个象限中是对称分布的,有利于消除不对称性试验误差,提高测试精度和减小数据处理的复杂性。获得测试数据后,一般情况下总可以使用最小二乘法进行数据处理,分离出加速度计的各项模型系数。假设在分度头读数为 $\theta(k)$ 时对应电压表读数为 $u(k)$,共测试了 n 组数据,令

$$\boldsymbol{A}(k) = \begin{bmatrix} 1 \\ \sin\theta(k) \\ \cos\theta(k) \\ \sin2\theta(k) \\ \cos2\theta(k) \\ \sin3\theta(k) \end{bmatrix}^{\mathrm{T}}, \quad \boldsymbol{X} = \begin{bmatrix} B_0 \\ S_1 \\ C_1 \\ S_2 \\ C_2 \\ S_3 \end{bmatrix}, \quad \boldsymbol{u} = \begin{bmatrix} u(1) \\ u(2) \\ \vdots \\ u(n) \end{bmatrix}, \quad \boldsymbol{A} = \begin{bmatrix} \boldsymbol{A}(1) \\ \boldsymbol{A}(2) \\ \vdots \\ \boldsymbol{A}(n) \end{bmatrix}$$

由 n 组测试数据合并构成方程组,即

$$\boldsymbol{u} = \boldsymbol{A}\boldsymbol{X} \tag{3.3-4}$$

在测试数据足够多的情况下,可从上述方程组直接求得 $\boldsymbol{X}$ 的最小二乘解为

$$\hat{\boldsymbol{X}} = (\boldsymbol{A}^{\mathrm{T}}\boldsymbol{A})^{-1}\boldsymbol{A}^{\mathrm{T}}\boldsymbol{u} \tag{3.3-5}$$

最后,得加速度计的模型系数分离表达式如下:

$$\begin{cases} K_F = B_0 + C_2 \\ K_I = S_1 + 3S_3 \\ K_{II} = -2C_2 \\ K_{III} = -4S_3 \\ K_P = -C_1 \\ K_{PI} = -2S_2 \end{cases} \tag{3.3-6}$$

此外,为了迅速获得加速度计的主要模型参数,工程上还经常采用比较简单的四点测试法。分度头翻滚时只取四个特殊的角位置,分别为 $\theta = 0°$、90°、180°和270°,根据式(3.3-1)和式(3.3-2)可得到如下四个方程构成的方程组:

$$\begin{cases} u_0 = K_F - K_P \\ u_{90} = K_F + K_I + K_{II} + K_{III} \\ u_{180} = K_F + K_P \\ u_{270} = K_F - K_I + K_{II} - K_{III} \end{cases} \tag{3.3-7}$$

直接使用消元法求解，得

$$\begin{cases}K_F=\dfrac{u_0+u_{180}}{2}\\K_P=\dfrac{u_{180}-u_0}{2}\\K_I+K_{III}=\dfrac{u_{90}-u_{270}}{2}\\K_{II}=\dfrac{u_{90}+u_{270}}{2}-K_F\end{cases}\tag{3.3-8}$$

显然，在四点法中系数 K_I 和 K_{III} 是无法分离的。当加速度计的设计和工艺比较完善时，线性比较理想，若忽略三次非线性系数的影响，则可近似得 $K_I\approx\dfrac{u_{90}-u_{270}}{2}$。

即使在没有分度头测试设备的条件下，四点测试法仅依靠六面体夹具和水平平板配合也可完成测试任务。

3.3.3 测试中的安装误差分析

前面在介绍加速度计的安装方式时，进行了几点理想化的假设：分度头的旋转主轴水平、加速度计的输入轴平行于分度头台面、加速度计输入轴的初始角位置水平。然而，实际工作中并不能保证这些条件完全成立，或多或少存在一定的角度误差。同样，以下在摆状态安装方式下，分析这些安装误差角对加速度计测试的影响。

1. 分度头旋转主轴不水平

如果分度头旋转主轴不水平，假设与真实水平面之间的夹角为 δ_L，则分度头台面与重力铅垂线之间的夹角亦为 δ_L，并且该角度不随分度头台面的旋转而改变，如图 3.3-3 所示。该状态下，加速度计各敏感轴的归一化比力输入为

$$\begin{cases}g_I=\cos\delta_L\sin\theta\\g_O=-\sin\delta_L\\g_P=-\cos\delta_L\cos\theta\end{cases}\tag{3.3-9}$$

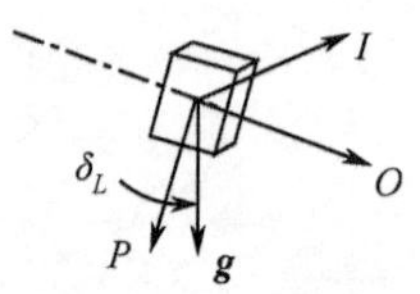

图 3.3-3 分度头旋转主轴不水平

将式(3.3-9)代入加速度计的重力场测试模型(3.3-1)，考虑到 δ_L 是小角度并且模型参数 $K_O,K_P,K_{IO},K_{PI},K_{II},K_{III}$ 也都是小量，再进行三角函数展开并忽略关于小量的高阶项（二次以上），整理得

$$\begin{aligned}u&\approx K_F+K_I\cos\delta_L\sin\theta-K_O\sin\delta_L-K_P\cos\delta_L\cos\theta-\\&\quad K_{IO}\cos\delta_L\sin\theta\sin\delta_L-K_{PI}\sin\theta\cos\theta+K_{II}\sin^2\theta+K_{III}\sin^3\theta\\&=K_F^*+K_I^*\sin\theta-K_P^*\cos\theta-K_{PI}\sin\theta\cos\theta+K_{II}\sin^2\theta+K_{III}\sin^3\theta\end{aligned}\tag{3.3-10}$$

其中

$$K_F^*=K_F-K_O\sin\delta_L\approx K_F-K_O\delta_L$$

$$K_I^*=K_I\cos\delta_L-K_{IO}\cos\delta_L\sin\delta_L\approx(K_I-K_{IO}\delta_L)(1-\delta_L^2/2)$$

$$K_P^* = K_P\cos\delta_L \approx K_P$$

式(3.3－10)在形式上与理想安装测试模型(3.3－2)完全一致。若设 $K_O = 10^{-3}$、$K_{IO} = 10^{-5}g/g^2$ 和 $\delta_L = 5'$，由于 $\sin(5') \approx 0.0014$ 和 $\cos(5') \approx 0.9999989$，所以 K_F^* 与 K_F 之间的偏差仅为 μg 量级，而 K_I^* 与 K_I 之间的相对误差在 10^{-6} 量级，这对于惯性级的加速度计测试而言其影响可以忽略。

2. 加速度计输入轴与分度头台面不平行

如果分度头台面在铅垂面上，但加速度计的输入轴与分度头台面之间安装不平行，假设加速度计的 I 轴和 P 轴与台面的夹角分别为 δ_I 和 δ_P，易知加速度计的 O 轴与分度头水平旋转主轴之间的夹角 δ_O 近似为 $\delta_O \approx \sqrt{\delta_I^2 + \delta_P^2}$，如图 3.3－4 所示。该安装误差状态下，加速度计各敏感轴的归一化比力输入为

$$\begin{cases} g_I = \cos\delta_I \sin\theta \\ g_O = -\sin\delta_O \sin(\theta + \xi_0) \\ g_P = -\cos\delta_P \cos\theta \end{cases} \tag{3.3－11}$$

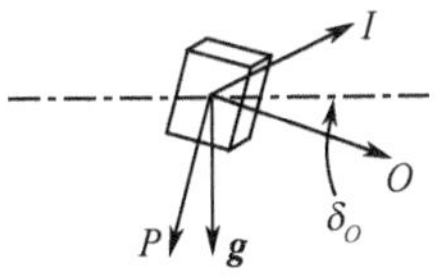

图 3.3－4 加速度计输入轴与分度头台面不平行

式中：ξ_0 为某一固定的与 δ_I 和 δ_P 有关的初始相位角。

将式(3.3－11)代入加速度计的重力场测试模型(3.3－1)，考虑到 $\delta_I, \delta_O, \delta_P$ 都是小角度并且模型参数 $K_O, K_P, K_{IO}, K_{PI}, K_{II}, K_{III}$ 都是小量，进行三角函数展开并忽略关于小量的高阶项，整理得

$$\begin{aligned}
u &\approx K_F + K_I\cos\delta_I\sin\theta - K_O\sin\delta_O\sin(\theta+\xi_0) - K_P\cos\delta_P\cos\theta - \\
&\quad K_{IO}\cos\delta_I\sin\theta\sin\delta_O\sin(\theta+\xi_0) - K_{PI}\sin\theta\cos\theta + K_{II}\sin^2\theta + K_{III}\sin^3\theta \\
&= K_F + K_I\cos\delta_I\sin\theta - K_O\sin\delta_O(\sin\theta\cos\xi_0 + \cos\theta\sin\xi_0) - K_P\cos\delta_P\cos\theta - \\
&\quad K_{IO}\cos\delta_I\sin\theta\sin\delta_O(\sin\theta\cos\xi_0 + \cos\theta\sin\xi_0) - \\
&\quad K_{PI}\sin\theta\cos\theta + K_{II}\sin^2\theta + K_{III}\sin^3\theta \\
&= K_F + (K_I\cos\delta_I - K_O\sin\delta_O\cos\xi_0)\sin\theta - (K_P\cos\delta_P + K_O\sin\delta_O\sin\xi_0)\cos\theta - \\
&\quad (K_{PI} + K_{IO}\cos\delta_I\sin\delta_O\sin\xi_0)\sin\theta\cos\theta + \\
&\quad (K_{II} - K_{IO}\cos\delta_I\sin\delta_O\cos\xi_0)\sin^2\theta + K_{III}\sin^3\theta \\
&= K_F + K_I^{**}\sin\theta - K_P^{**}\cos\theta - K_{PI}^{**}\sin\theta\cos\theta + K_{II}^{**}\sin^2\theta + K_{III}\sin^3\theta
\end{aligned} \tag{3.3－12}$$

其中

$$K_I^{**} = K_I\cos\delta_I - K_O\sin\delta_O\cos\xi_0 \approx K_I(1 - \delta_I^2/2) - K_O\delta_O\cos\xi_0$$

$$K_P^{**} = K_P\cos\delta_P + K_O\sin\delta_O\sin\xi_0 \approx K_P + K_O\delta_O\sin\xi_0$$

$$K_{PI}^{**} = K_{PI} + K_{IO}\cos\delta_I\sin\delta_O\sin\xi_0 \approx K_{PI} + K_{IO}\delta_O\sin\xi_0$$

$$K_{II}^{**} = K_{II} - K_{IO}\cos\delta_I\sin\delta_O\cos\xi_0 \approx K_{II} - K_{IO}\delta_O\cos\xi_0$$

式(3.3－12)在形式上与理想安装测试模型(3.3－3)完全一致。显然，若设 $K_O = 10^{-3}$、$K_{IO} = 10^{-5}g/g^2$ 和 $\delta_I = \delta_O = 5'$，则 $K_I^{**}, K_P^{**}, K_{PI}^{**}, K_{II}^{**}$ 与 K_I, K_P, K_{PI}, K_{II} 之间的相对误差也在 10^{-6} 量级或更小。

3. 输入轴的初始角位置不水平

假设加速度计输入轴的初始角位置与真实水平之间的夹角为 δ_θ，当分度头的角度读数为 θ 时，实际上输入轴与水平的夹角为 $\theta+\delta_\theta$，这时加速度计各轴的归一化比力输入为

$$\begin{cases} g_I = \sin(\theta+\delta_\theta) \\ g_O = 0 \\ g_P = -\cos(\theta+\delta_\theta) \end{cases} \tag{3.3-13}$$

将式(3.3-13)代入加速度计的重力场测试模型(3.3-1)，考虑到 δ_θ 是小角度并且模型参数 $K_P, K_{PI}, K_{II}, K_{III}$ 都是小量，进行三角函数展开并忽略关于小量的高阶项，整理得

$$\begin{aligned} u &\approx K_F + K_I\sin(\theta+\delta_\theta) - K_P\cos(\theta+\delta_\theta) - \\ &\quad K_{PI}\sin\theta\cos\theta + K_{II}\sin^2\theta + K_{III}\sin^3\theta \\ &= K_F + K_I(\sin\theta\cos\delta_\theta + \cos\theta\sin\delta_\theta) - K_P(\cos\theta\cos\delta_\theta - \sin\theta\sin\delta_\theta) - \\ &\quad K_{PI}\sin\theta\cos\theta + K_{II}\sin^2\theta + K_{III}\sin^3\theta \\ &= K_F + (K_I\cos\delta_\theta + K_P\sin\delta_\theta)\sin\theta - (K_P\cos\delta_\theta - K_I\sin\delta_\theta)\cos\theta - \\ &\quad K_{PI}\sin\theta\cos\theta + K_{II}\sin^2\theta + K_{III}\sin^3\theta \\ &= K_F + K_I^{***}\sin\theta - K_P^{***}\cos\theta - K_{PI}\sin\theta\cos\theta + K_{II}\sin^2\theta + K_{III}\sin^3\theta \end{aligned} \tag{3.3-14}$$

其中

$$\begin{aligned} K_I^{***} &= K_I\cos\delta_\theta + K_P\sin\delta_\theta \approx K_I(1-\delta_\theta^2/2) + K_P\delta_\theta \\ K_P^{***} &= K_P\cos\delta_\theta - K_I\sin\delta_\theta \approx K_P - K_I\delta_\theta \end{aligned}$$

式(3.3-14)在形式上与理想安装测试模型(3.3-3)也完全一致。若设 $K_P=10^{-3}$ 和 $\delta_\theta=5'$，则 K_I^{***} 与 K_I 之间的相对误差也在 10^{-6} 量级；而 K_P^{***} 与 K_P 之间误差较大，约为 $10^{-3}\times K_I$。从关系式 $K_P^{***}=K_P-K_I\delta_\theta$ 中可以看出，无法通过测试手段将失准角 K_P 和安装误差角 δ_θ 分离开，一般情况下不妨将 K_P 等效为安装误差角 δ_θ，在实际惯导系统中，K_P 完全不影响三只加速度计的整体综合标定和惯导系统的应用。

综上所述，如果三种安装误差均为角分量级，现实中这是很容易满足的，则它们对加速度计测试的影响都非常小，可以忽略不计。

第 4 章　惯性仪器测试设备

目前提高惯性仪表和惯导系统的精度主要有两条途径：一是改进仪表的结构设计和加工工艺，或探索新型的惯性仪表；二是对惯性仪表和惯导系统进行测试，建立误差模型方程，通过误差补偿来提高仪表和系统的实际使用精度。单靠不断改进仪表的设计、加工和调试精度来提高惯性仪表精度的方法，在实践中遇到了越来越多的困难，这不仅使仪表结构变得更加复杂，而且也给生产、装配、调试带来许多不便。因此，利用软件补偿技术来提高仪表实际使用精度具有重要的现实意义。

惯性仪表和惯导系统的测试技术越来越受重视，人们不惜以高昂代价来研制高精度的测试设备。通过测试和数据处理再进行误差补偿，可能使原本看似不合格的惯性仪表重新具备使用价值，满足特定系统的应用要求。由于这种趋势，使设计人员的指导思想由原来片面追求降低惯性仪表的绝对误差，转为重点保证仪表性能的稳定并尽可能减少仪表的随机误差。

惯性测试设备是标定、测试和检验惯性仪表或惯性导航系统的专用设备，它包括水平仪、分度头、伺服转台、速率转台、线振动台和温控箱等。

4.1　常用的测试设备

4.1.1　水平仪

水平仪常用来调整工作台面的水平位置或精确测定工作台面与水平位置之间的夹角，主要分为气泡水平仪和电子水平仪两种类型。

1. 气泡水平仪

气泡水平仪(图 4.1－1)又可分为钳工水平仪、框式水平仪、合像水平仪等。水平仪一般采用高级钢料制造外形架座，经精密加工后，其架座底座具有很高的平面度，座面中央装有纵长圆曲形状的玻璃管，有些还在一端附加横向小型水平玻璃管，管内充入黏滞

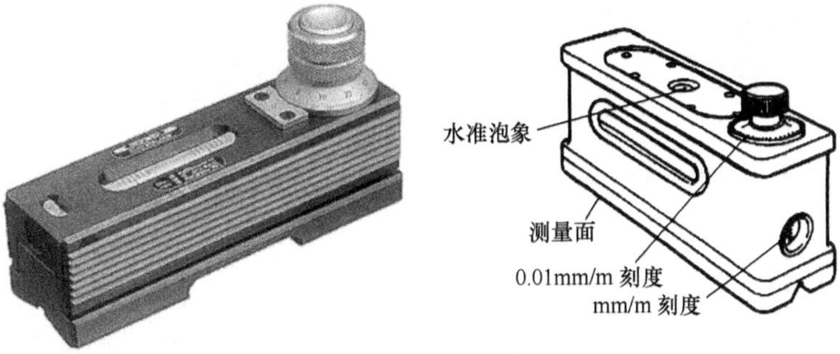

图 4.1－1　气泡水平仪

系数小的乙醚或酒精，并留有一小气泡，玻璃管两端均有刻度分划（图4.1-2）。由于气泡比重轻，它在玻璃管内总是占据在最高位置上，对于一定的倾斜角变化，欲使气泡的移动量大，即所谓的灵敏度高，须增大气泡管的圆弧半径，高灵敏度的水平仪气泡管圆弧半径可达200m以上。

图4.1-2 气泡管

常用气泡水平仪的灵敏度有0.01mm/m、0.02mm/m、0.04mm/m、0.05mm/m、0.1mm/m、0.3mm/m和0.4mm/m等规格。以0.01mm/m为例，它的含义是：若将水平仪放置于1m长的理想平板上，当气泡偏向一边且有一个微调刻度差异时，则表示1m平板的两端与理想水平面之间存在0.01mm的高低差异，即相当于平板存在2″的角度倾斜（0.01mm/1m≈2″）。随着技术的进步和应用要求的提高，目前还出现了0.001mm/m和0.003mm/m等规格的超高精度水平仪。

水平仪在使用前应先进行检查。先将水平仪放置在平板上，读取气泡的刻度大小，然后将水平仪反转180°置于同一位置，再读取气泡刻度大小，若两种放置情形下读数的数值相同，但符号相反，即表示水平仪底座与气泡管之间相互平行关系是正确的，否则需要用微调螺丝调整直到读数正常，方可进行后续的测量工作。

2. 电子水平仪

从信号检测原理上看，电子水平仪（图4.1-3）主要有电感式和电容式两种。电感式电子水平仪的基本原理（图4.1-4）是：当水平仪的基座因待测台面倾斜而跟随倾斜时，其内部摆锤出现相对角移动，将造成感应线圈的电压变化。在电容式水平仪中，一圆形摆锤自由悬挂在细线上，摆锤受地心重力且悬浮于无摩擦状态，摆锤的两边均设有电极，间隙相同时电容量是相等的，若水平仪受待测工件影响而造成两边间隙不同，距离改变即产生电容不同，反映出角度的差异，通过测量电容变化从而间接获得倾斜角度。

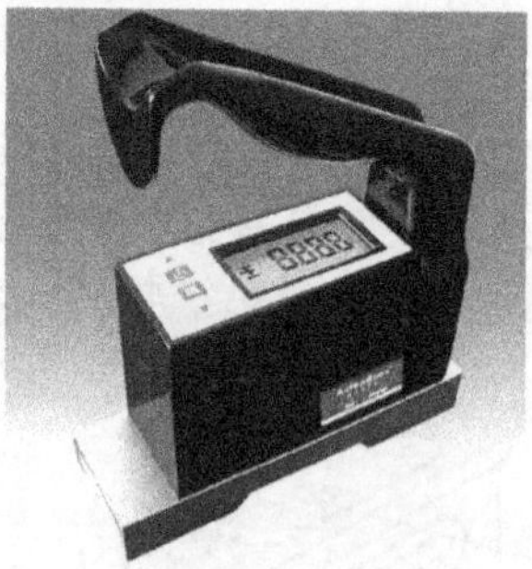

图4.1-3 电子水平仪

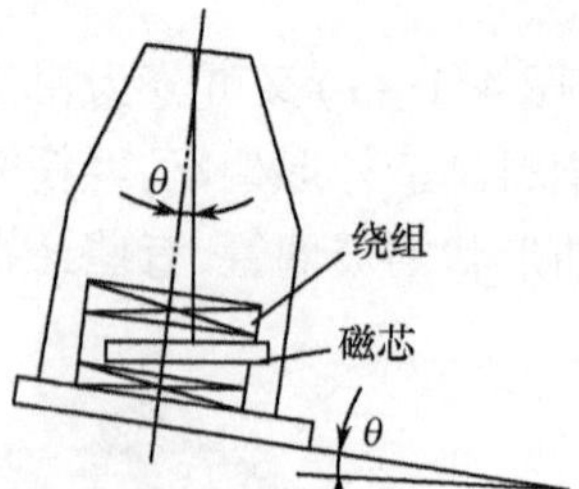

图4.1-4 电感式电子水平仪工作原理

4.1.2 平板

平板是一种平面基准器具，又称平台。平板工作面的平面度是衡量平板质量的最主要精度指标。平面度指的是包容平板实际工作面且距离为最小的两理想平行平面之间的距离，它有多种不同的评定准则。在国家计量检定规程《JJG 117—2005 平板检定规程》中按准确度级别将平板分为 00 级、0 级、1 级、2 级和 3 级共五个精度等级，不同的等级对应一定的最大允许误差，平面度最大允许误差又有两种计算方式。

一种计算方式是针对全部工作面而言的，它的计算公式为

$$F_m = K_i \times \left(1 + \frac{d}{1000}\right) \tag{4.1-1}$$

式中：d 为平板工作面对角线长度(mm)，计算时向上圆整到 100mm；系数 K_i(i 为相应准确度等级)取值为 $K_{00}=2$，$K_0=4$，$K_1=8$，$K_2=16$，$K_3=40$；F_m 为平面度最大允许误差(μm)。注意，该公式是在标准温度 20℃条件下给出的。

另一种计算方式是局部的，局部工作面平面度是指在 300mm × 300mm 范围内平板工作面的平面度，当平板的对角线长度 >566mm 时，应兼顾测量其局部工作面的平面度，局部工作面平面度也可用平面波动量来判定，其大小规定见表 4.1-1。

表 4.1-1　平板工作面的平面波动量

平板准确度等级	00 级	0 级	1 级	2 级	3 级
平面波动量/μm	4	8	16	32	80

假设某一 00 级平板水平放置，按平板工作面宽度 300mm 计，若存在平面波动量 4μm 的误差，则以该平板作为水平基准时，理论上可能带来水平角的最大误差为

$$\frac{4\mu m}{300mm} \approx 2.8''$$

按材质分，常用的平板有铸铁平板(图 4.1-5)和岩石平板(图 4.1-6)两大类。

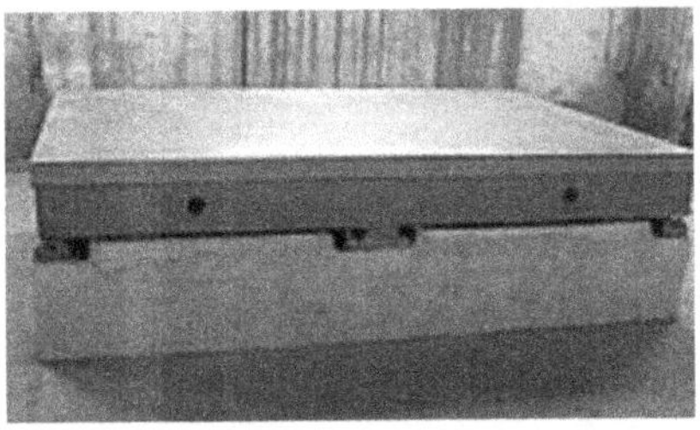

图 4.1-5　铸铁平板

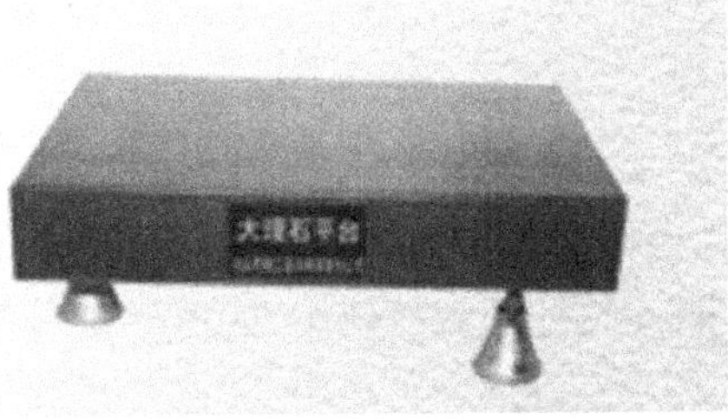

图 4.1-6　大理石平板

铸铁平板的铸铁质量和热处理质量都会对平板的使用性能产生较大的影响。若残存内应力较大会使工作面变形，因此使用铸铁平板必须注意铸铁材料的选择，采用时效处理等方法消除铸铁平板的残余应力。因铸铁材料具有延展性，稳定性稍差，遇磕撞伤痕后，铸铁平板的凹坑周围会产生凸起和毛刺，严重影响平面度及测量精度，但是铸铁平板使用磨损后，可以通过重新修刮恢复其精度。

与铸铁平板相比，岩石平板(如大理石和花岗岩等)有其独特的优点。以花岗岩平板为例，花岗岩石取材于地下优质的岩石层，经过亿万年自然时效，形态极为稳定，温度系数低，基本不受温度影响。经过精心挑选的花岗岩石料，结晶细密，质地坚硬，具有抗压强度大、硬度高、耐磨损、耐腐蚀等特点。花岗石系非金属材料，无磁性反应，亦无塑性变形。花岗石硬度比铸铁高 2 倍~3 倍，岩石平板没有延展性，即使遇磕撞伤痕后，凹坑周围也

不会出现凸起,因此精度保持性好。岩石平板的主要缺点是,不能承受过大的撞击、敲打,湿度高时会变形,吸湿性约为1%。

在平板使用过程中,要注意避免工件和平板的工作面有过激的碰撞,防止损坏平板的工作面;工件的重量更不可以超过平板的额定载荷,否则会造成工作质量降低,还有可能破坏平板的结构,甚至会造成平板永久变形和损坏,无法再使用。

有关平板的更多内容可参见《JJG 117—2005 平板检定规程》。

4.1.3 六面体夹具

六面体夹具(图4.1-7)是一种中间过渡装置,通过它将测试对象(陀螺仪、加速度计甚至惯导系统等)安装到测试台面上。六面体夹具通常为长方体框架结构,中间掏空,通过螺栓和定位销等连接器将被测试对象固定在六面体内,六面体外边六个面的各相邻面之间具有很高的垂直度,作为在测试台面上的安装定位基准。六面体夹具常常与平板配合使用,通过变换六面体与平板的接触面,可以改变重力加速度矢量在被测对象上的投影分量,起着方便和快速测定被测对象静态误差模型主要参数的作用。

图4.1-7 六面体夹具

六面体夹具多为框架式铸铁铸件,经过时效处理、精密的垂直度和平面度加工,须严防撞击、敲打和超载荷使用,如框架变形将严重影响测试精度。

4.1.4 分度头

分度头在机床加工中有着广泛和重要的应用,高精密分度头也是小型惯性器件测试的一种重要设备,具有小型轻便、操作简单等优点。通过夹具将惯性器件安装在分度头台面上,调整分度头台面至重力铅直面内,当分度头绕其转轴回转时,可周期性地改变被测试对象各轴向的比力输入。

分度头主要有通用分度头和光学分度头两类。光学分度头(图4.1-8)精度高,分度精度可达±1″,多用于精密加工和角度测量。光学分度头主轴上装有精密的玻璃刻度盘或圆光栅,通过光学或光电系统进行细分、放大,再由目镜、光屏或数显装置读出角度值。

此外,多齿分度台(图4.1-9)(或称端齿盘)也是检测角度的一种精密仪器,它的检测角度基数为360°/n(n为齿数,如360或720等),能检测整数倍角度基数的角度,检测精度可达0.2″~0.5″。在进行重力场翻滚时可为惯性仪表提供高精度的比力输入。因检测角度的离散性特点,多齿分度台一般无法按指定要求准确提供微小变化的比力输入,这

图 4.1-8　光学分度头

(a) 卧式

(b) 立式 + 卧式

图 4.1-9　多齿分度台

使其在测定加速度计敏感度参数时略显不足。

4.1.5　双轴位置转台

双轴位置转台是惯性器件乃至惯导系统测试中最基本的一种测试设备，它基本能够满足陀螺仪和加速度计在 $1g$ 重力场范围内的测试，分离出各项主要模型参数。

双轴位置转台主要由转台基座、水平轴（或称俯仰轴和耳轴、外环轴或外框轴）、转台主轴（内环轴或内框轴）、工作台面和显示与控制箱等部分组成，如图 4.1-10 所示。在工作台外侧面上一般有 360 条刻线，每 10°刻一条长线，其余为短线，作为粗读和角度定位用。耳轴与主轴互相垂直，由这两轴与同时垂直于它们的第三虚拟轴一起可构成转台台面直角坐标系。工作台面可连续绕主轴 360°旋转，台面也可绕耳轴旋转，有些转台耳轴的旋转范围是连续 360°，而有些只能在 ±90°（一般稍大于 90°）范围内转动，两旋转轴都有相应的微调旋钮和锁紧装置，以便精确定位和锁定。

当转台耳轴的方位指向和实验室的地理位置已知时，借助夹具将被测惯性器件安装至转台台面，被测器件测量坐标系与转台台面坐标系各轴平行或转角已知，通过旋转耳轴和主轴配合，读取两轴转角读数，能够精确计算出地球自转矢量和重力矢量在转台台面坐标系各轴向乃至被测器件测量坐标系各轴向的投影分量，从而可以进行精确的陀螺仪静态漂移误差力矩反馈测试或加速度计重力场翻滚测试。

如果将转台耳轴调整至东西方向，而把主轴调整到与地球极轴平行，则可进行陀螺仪极轴翻滚测试，但它只能作断续的角位置翻滚而不能自动连续进行速率翻滚，后者必须使用速率转台来实现。

双轴位置转台最主要的技术指标是角位置测量精度。图4.1-10和图4.1-11分别是国内研制的双轴手动位置转台和2ST-520型双轴手动数显位置转台。表4.1-2和表4.1-3是它们的一般特性和主要性能指标。

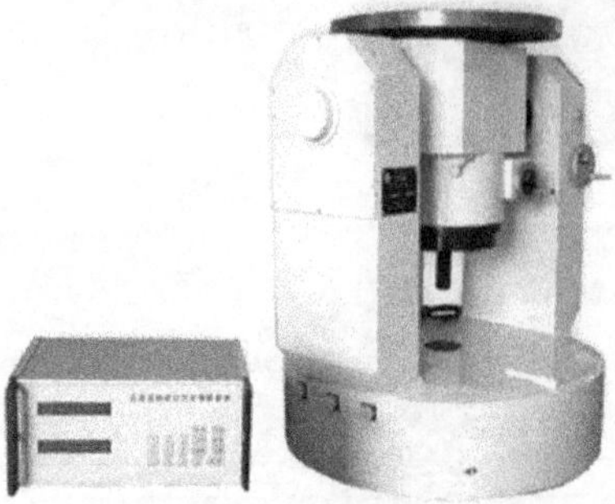

图4.1-10 双轴手动位置转台

图4.1-11 2ST-520型双轴手动数显位置转台

表4.1-2 一般特性

	双轴手动	2ST-520
承载能力	40kg	50kg
被测件最大尺寸		φ480mm×240mm
台面尺寸	φ460mm	φ520mm
台面平面度	0.01mm	0.01mm
台面跳动量	0.03mm	0.03mm
台面材料		1Cr18Ni9Ti
倾角回转误差	±2″	内环±2″;外环±3″
轴线垂直度	±3″	±3″
转角范围	内环:连续无限;外环:±90°	内环:连续无限;外环:±90°
方位调整范围		±2°
工作方式	位置	位置
台体重量		约700kg
台体外型尺寸		约850mm×650mm×900mm
导电滑环	8环×2A	40环
计算机接口	RS-232	RS-232

表4.1-3 主要性能指标

	双轴手动	2ST-520
角位置测量精度	内环±3″;外环±5″	内环±4″;外环±5″
角位置测量分辨率	内环0.36″;外环0.36″	内环0.36″;外环0.36″
角位置测量重复性		内环±2″;外环±3″

在表 4.1－2 中的台面跳动量即端面跳动量，端面跳动是指：在被测实际端面的给定半径上，其各点相对于与基准轴线垂直的任意确定的平面的最大距离与最小距离之差。

4.1.6 速率转台

速率转台是分析、研制、生产惯性器件和惯导系统最重要的测试设备之一。按转台速率轴的数目可分为单轴速率转台、双轴速率转台、三轴速率转台以及单轴速率单轴位置转台等，其中高精度三轴速率转台是大型、多功能的惯性测试的最理想设备，当然其价格也不菲。

三轴速率转台包含三个框架，分别为外框、中框和内框（或称外环、中环和内环），一般被测对象安装固定在内框上，由于三框构成了万向支架，可对被测对象实施空间任意方向的角速度运动。三轴速率转台主要有立式和卧式两种结构，分别如图 4.1－12 和图 4.1－13 所示。立式三轴转台的外框为方位框、中框俯仰、内框横滚，多用于常规水平航行式运载体惯导系统的测试（外—中—内框对应欧拉角先后顺序分别为方位、俯仰和横滚）；而卧式转台的外框为俯仰框、中框方位、内框横滚，多用于垂直发射式运载体惯导系统的测试（外—中—内框对应欧拉角先后顺序分别为俯仰、方位和横滚）。

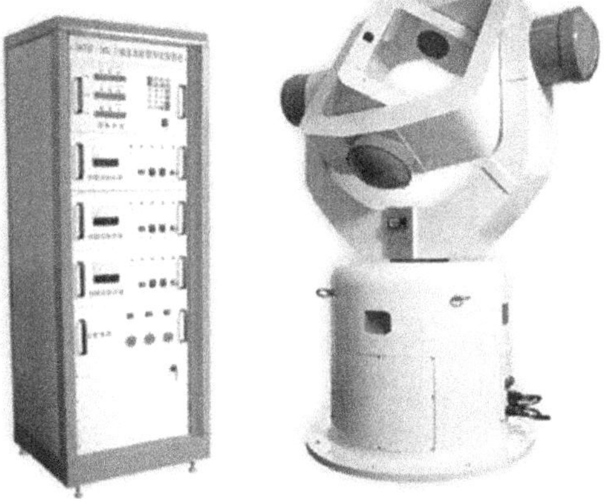

图 4.1－12　3KTD－565 型三轴多功能转台（立式）

图 4.1－13　多功能测试三轴转台（卧式）

三轴速率转台主要由基座和三个框架系统组成，每个框架系统都可独立进行角速率控制，它们的原理基本相同。以内框系统为例，它又可细分为内框架、内框轴、力矩电机、测速电机和控制电路等组成部分。某速率转台的速率控制系统原理如图 4.1－14 所示，用户指定的角速率输入自动转换为精密电压基准信号，测速电机测量输出的信号与框架转速成比例，当转速出现波动时，测速信号也随之波动，测速信号通过反馈与基准信号比

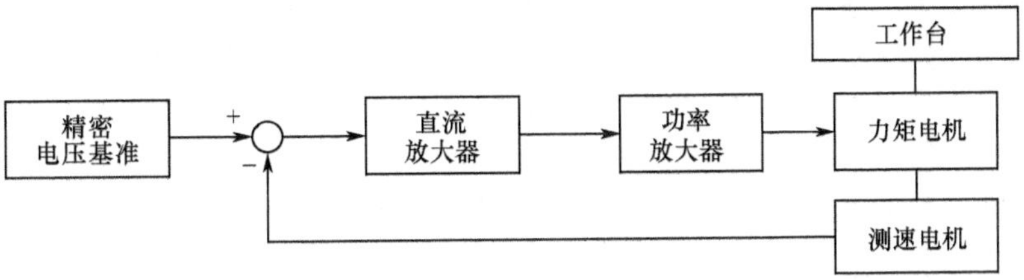

图 4.1－14　速率控制原理

较形成误差，再经过直流放大和功率放大，控制力矩电机转速使之精确等于用户给定的角速率。因此，速率控制系统最主要的是通过测速反馈来达到稳速的目的。

在三轴速率转台中，由于内框相对中框、中框相对外框、外框相对基座均可以360°无限度自由旋转，因此，尤其在大角速率运行状态下，内框上被测试件与地面设备之间的电源和信号不能直接使用导线连接，而必须采用安装在框架轴上的导电滑环进行电气传输。滑环数目和额定电流是导电滑环的两个重要性能参数。

大型的三轴速率转台通常都配备了专门的转台控制柜或控制计算机，用以控制转台的运行和进行转台各轴角位置和角速率数据的自动化采集，因此，在转台台体上一般不再配备手动转动和读数装置，但在每个框轴上一般仍配备有锁紧装置和具备锁紧功能。

除三轴速率转台外，在惯性测试中也常常用到单轴速率单轴位置转台或单轴速率转台。单轴速率单轴位置转台的外框轴（水平俯仰轴）一般为手动位置轴，而内框轴（主轴）为速率轴，通过水平俯仰轴倾斜可调整主轴的方向，比如让主轴平行于极轴，方便进行陀螺仪的极轴翻滚测试。单轴速率转台的工作台面一般调整至水平面内，因而速率轴（主轴）只能指向天向，单轴速率转台常常与六面体夹具配合使用，通过翻动六面体使被测对象在每个坐标轴上都有机会感测到转台角速率。

必须特别注意的是，当转台以速率方式运行时，有时会出现飞车现象，即转台突然绕某框架轴出现无控的高速转动。为了安全起见，速率运转状态下试验人员与转台之间必须保持足够的安全距离。

速率转台的主要技术指标是速率范围、速率精度和速率均匀性，它们的定义以及其他更多的性能指标可参见《GJB 1801—1993 惯性技术测试设备主要性能测试方法》。转台速率范围必须满足被测试陀螺测量范围的要求，速率精度和速率均匀性必须满足被测试陀螺工作精度的要求。

（1）速率范围。速率范围是指速率转台的最高速率与最低速率之间的范围。在某些特殊应用场合，有的转台最高速率可达10000(°)/s，而有的转台最低速率可低至0.00001(°)/s。常见的速率转台速率范围一般为0.0002(°)/s～2000(°)/s，最高速率与最低速率之比为10^7，能够满足惯性级捷联惯导陀螺仪及系统的测试要求。

（2）速率精度。仪表的测量精度往往也可以从测量误差的角度得到反映，测量误差可分为绝对误差、相对误差和引用误差。绝对误差是测量值与理想真值之差；相对误差是绝对误差与真值的百分比；引用误差是绝对误差与仪表量程的百分比，其中量程范围内绝对误差（取绝对值）的最大者与满量程的比值百分数，称为最大引用误差。根据测量值、相对误差或引用误差可以对绝对误差作出估计，评价被测物理量的精度性能。

转台速率精度的表示方法一般有两种：分级表示法与整级表示法。分级表示法是把速率转台的整个速率范围划分为若干速率段，每个速率段的测量误差不同，通常情况下速率低时相对测量误差大些，而速率高时则相对小些；整级表示法是指在整个速率范围内，其相对误差都小于某一规定值。有时也将相对误差和绝对误差综合使用。比如某转台速率精度如下：

速率范围((°)/s)	速率精度(%)
0.005～0.1	±5
0.1～80	±0.5

又比如某转台速率精度表示为满刻度×0.2% +0.0003(°)/s。

(3) 速率平稳性或均匀性。速率平稳性是指转台实际速率对其平均速率的波动程度,它的表示法也有两种,与速率精度的表示方法类似。

国内3KTD－565 型三轴多功能转台的一般特性和性能指标分别见表4.1－4 和表4.1－5。

表 4.1－4　3KTD－565 型三轴多功能转台的一般特性

承载能力	40kg	台体重量	约 1500kg
被测件最大尺寸	400mm×400mm×480mm	台体外型尺寸	约 1600mm×1100mm×2200mm
倾角回转误差	内、外框±3″;中框±5″	电机柜	19″标准机柜、高度 1800mm
转角范围	三轴均连续无限	导电滑环	60 环
轴线垂直度	中—内框±5″;中—外框±3″	计算机接口	RS－232
工作方式	位置、速率、摇摆、仿真、伺服		

表 4.1－5　3KTD－565 型三轴多功能转台的性能指标

角位置测量精度	±3″	摇摆幅度	内框±50°;中框±30°; 外框±10°
角位置测量分辨率	±0.36″		
角位置测量重复性	±2″	摇摆周期	5s～50s
角位置控制精度	±5″	仿真功能	有
速率范围	0.001(°)/s～200(°)/s	伺服功能	内框:有;中框:无;外框:有
速率精度和平稳度	5×10^{-5}(360°间隔)	伺服精度	内框 3″～5″;外框 3″～5″
最大角加速度	内框 220(°)/s^2;中框 130(°)/s^2; 外框 50(°)/s^2	控制系统带宽	内框 8Hz;中框 8Hz;外框 6Hz

目前,速率转台正朝着低成本和多用途方向发展,将多种功能集于一身,除基本角位置和速率功能外,有些还具备精密温度控制、飞行模拟仿真试验、离心试验、振动试验和伺服试验等能力,将多种测试功能综合在一起有利于从总体上提高转台的性价比。

对速率转台具备伺服功能的主要要求,或者说伺服转台区别于普通速率转台的特点是:定位精度、测角精度和伺服跟踪精度高;稳定性和可靠性好。精确的陀螺漂移测试是建立在高精度转台角位置和角速率测量基础上的,在高精度陀螺仪伺服转台测试中,必须精确给出陀螺仪输入轴相对于地球自转轴的角位置关系,例如 2″的转台角位置误差就有可能造成 0.01 meru 的等效陀螺漂移误差,虽然这对于惯性级陀螺仪的测试可忽略,但对更高精度的测试是有影响的。伺服测试时间一般比较长,这就要求转台必须具备长时间稳定和可靠工作的能力。

国外研制和生产惯导转台测试设备的著名单位有:美国的 Contraves Goerz Corporation (CGC)、Carco Electronics、Ideal Aerosmith,瑞士的 Acutronic Group,法国的 Wuilfert 和俄罗斯的门捷列夫计量研究院等。而国内的主要单位有北京航空精密机械研究所(航空 303 所)、九江精密测试技术研究所(船舶 6354 所)、哈尔滨工业大学控制与仿真技术研究中心以及北京航天计量测试技术研究所(航天科技集团一院 102 所)等。

4.1.7　精密离心机

在重力场中进行翻滚试验只能提供 1*g* 范围内的比力输入,而精密离心机是考核各种惯性器件在高过载条件下性能的重要测试设备，它能够持续提供恒定的大于 $1g$ 的加速度值，常常用于精确分离加速度计模型中的高阶项系数。在重力场 $1g$ 范围内标定的加速度计高阶项系数可信度不高，而在高 g 条件下有利于提高标定精度，举例说明如下：

假设某加速度计的数学模型为

$$A_{\text{int}} = \frac{E}{K_1} = K_0 + a_i + K_2 a_i^2 + \nabla$$

式中：∇是随机测量误差，设其量级为 $10^{-5}g$，并设二阶非线性系数 K_2 为 $10^{-5}g/g^2$。重力场中的最大激励 a_i 为 $1g$，此时二阶项误差 $K_2 a_i^2 \approx 10^{-5}g$ 与测量误差∇同量级，从而使得二阶项系数 K_2 的估计结果可信度较低。但是，如果使用离心机加大激励 a_i 至 $10g$，即使随机测量误差∇增大为 $10^{-4}g$，则二阶项误差 $K_2 a_i^2 \approx 10^{-3}g$ 仍比测量误差∇高出 10 倍，从而提高了信噪比和 K_2 的估计精度。

离心机的简单示意图如图 4.1－15 所示，它主要由驱动系统、离心机杆臂、工装/被测件和配重等部分组成。由电机驱动离心机臂作恒角速率 ω 转动，被测对象通过工装安装在离心机臂上，与旋转轴线距离 R，常称为工作半径。通过调节离心机的转速 ω 和工作半径 R，可获得不同的向心加速度 a，即

$$a = \omega^2 R \tag{4.1-2}$$

普通离心机上限加速度 a 的典型范围为 $10g \sim 100g$。为了保证测试参考基准的精度，应尽量使离心机旋转轴沿铅直方向并保持离心机杆臂旋转平面在水平面上，以减小重力加速度对向心加速度的耦合干扰。某型号小型离心机如图 4.1－16 所示。

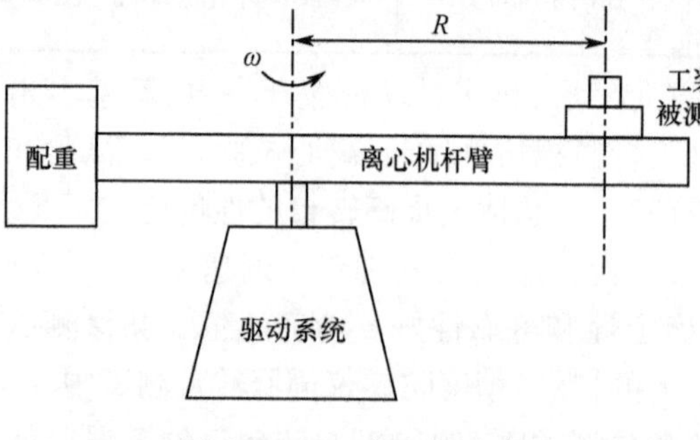

图 4.1－15　离心机示意图

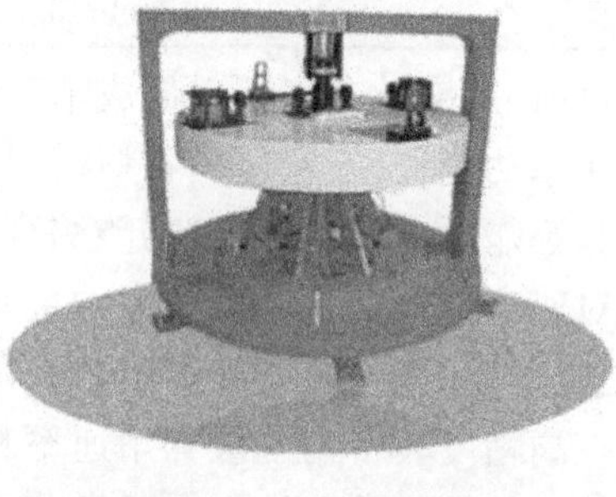
图 4.1－16　小型离心机

对式(4.1－2)求误差得

$$\delta a = 2\omega R \delta\omega + \omega^2 \delta R$$

移项整理，得相对误差的表达式为

$$\frac{\delta a}{a} = 2\frac{\delta\omega}{\omega} + \frac{\delta R}{R} \tag{4.1-3}$$

可见，离心机的转速误差 $\delta\omega$ 和工作半径误差 δR 均会造成向心加速度误差 δa。一般离心机的转速稳定性相对误差 $\delta\omega/\omega$ 和杆臂动态结构变形引起的相对误差 $\delta R/R$ 均为 10^{-5}量级，高精度离心机激励的加速度不确定度可优于 $10^{-5}g$。

如果以分度装置作为工装，在离心机向心力场中可实现如重力场一样的翻滚试验，但在向心力场中有更多的工作需要做，其重点与难点主要集中在被测试件真实工作半径的

确定或工作半径动态变化的误差消除和补偿上。

假设被测件工作半径 $R=1\text{m}$，为了产生向心加速度 $a=50g$，计算得旋转角速度 $\omega=\sqrt{a/R}\approx 22\text{rad/s}$，它是地球自转角速度 $\omega_{ie}=15(°)/\text{h}\approx 7.29\times 10^{-5}\text{rad/s}$ 的 3×10^6 倍。比值 ω_{ie}/ω 与离心机转速相对误差大致同量级，因而在惯性级加速度计测试中可以忽略地球自转的影响，不必区分 ω 是相对于惯性空间还是静止地面的。另外，又可计算得被测件切向线速度 $v=\sqrt{a\cdot R}\approx 22\text{m/s}$，它相当于速度 80km/h 汽车的速度，因此须将离心机放置在具有较高防护强度的隔离室内，在离心机运行过程中试验人员通过电气连线和加固玻璃窗在室外实施操作和观察，以防离心机高速旋转时部件脱落对人员造成伤害。最后，离心机高速旋转时还会产生较强的气流吸力和空气扰动，所以隔离室内其他所有物品都必须固定良好。

一般以加速度计的静态数学模型作为离心机试验的辨识模型，但必须注意，由于离心机的高速旋转可能会激励出加速度计的某些动态误差项，将影响静态模型系数的辨识精度。

有关加速度计离心机试验的更详细内容和注意事项可参见《JJF 1116—2004 线加速度计的精密离心机校准规范》。

4.1.8 线振动台

线振动台是用于线振动试验的专门的力学试验设备，按振动台的工作原理可以分为电动式、机械式和液压式等多种形式，其中电动振动台性能指标较好，在惯性技术测试中常常用到。电动振动台（图 4.1－17 和图 4.1－18）的频率范围较宽，一般为 2Hz～3000Hz；波形失真度小，但是低频特性稍差；最大位移为 ±12mm～25mm；最大加速度可达 $100g$ 以上。

众所周知，通电导体在磁场中受到安培力的作用，当处于恒定磁场中的动圈输入交变电流时，将在动圈轴线方向产生交变的激振力，传递给振动台面，这便是电动振动台工作的基本原理。改变输入电流的频率和幅度，即可调节振动输出的频率和幅值。

图 4.1－17　电动振动台(垂直)

图 4.1－18　电动振动台(垂直＋水平)

线振动台的常见运动形式有三种：正弦振动、扫频振动和随机振动。

在正弦振动方式下，假设振动位移 $A=A_m\sin\omega t$，其中 A_m 为振幅、$\omega=2\pi f$ 为振动角频率，则加速度的大小为

$$a=\ddot{A}=A_m\omega^2\sin\omega t \tag{4.1-4}$$

若设 $A_m=25\text{mm}$ 和 $f=10\text{Hz}$，则加速度 a 的幅值近似为 $10g$。

正弦振动的主要性能指标有幅值示值误差与稳定性、频率示值误差与稳定性以及波形失真度。波形失真度即所有谐波能量之和与基波能量之比的平方根，如果忽略微小的高次项，则可以直接将失真度近似为二次谐波幅值与基波幅值之比值。

假设某加速度计的输入输出数学模型为

$$A_{\text{int}}=K_0+a_i+K_2a_i^2$$

将理想正弦加速度 $a_i=A_m\omega^2\sin\omega t$ 代入上式，然后利用三角函数公式展开，得

$$A_{\text{int}}=K_0+A_m\omega^2\sin\omega t+K_2A_m^2\omega^4\left(\frac{1}{2}-\frac{1}{2}\cos2\omega t\right)$$

$$=\left(K_0+\frac{1}{2}K_2A_m^2\omega^4\right)+A_m\omega^2\sin\omega t-\frac{1}{2}K_2A_m^2\omega^4\cos2\omega t \qquad (4.1-5)$$

再假设 $A_m=25\text{mm}$、$f=10\text{Hz}$ 和 $K_2=1\times10^{-5}g/g^2$，则可得 A_{int} 的波形失真度为

$$\frac{1}{2}K_2A_m^2\omega^4/(A_m\omega^2)=\frac{1}{2}K_2A_m\omega^2\approx5\times10^{-5}$$

一般高精度的线振动台波形失真度约为1%，但是在幅值 $10g$ 的理想正弦加速度下，上述加速度计输出的波形失真度仅为 5×10^{-5}，因此，欲以线振动台作为标准正弦激励（实际上是带失真误差的），再从加速度计输出的谐波信号分析中分离出高次模型系数是非常困难的。事实上，可以使用高精度加速度计来标校线振动台的波形失真度，正如《JJG 298—2005 中频标准振动台（比较法）检定规程》中所述。

实际上，从式(4.1-5)中可以看出，正弦振动将引起加速度计偏值的变化，同样在上述举例的数值条件下，加速度计的偏值变化为

$$\frac{1}{2}K_2A_m^2\omega^4\approx0.5\text{mg}$$

所以，在正弦振动条件下根据加速度计的偏值变化容易辨识出二阶非线性系数 K_2。正弦振动还可应用于测试加速度计的动态响应特性。

多数电动振动台在规定的频率范围内，具备指数式定位移、定速度或定加速度往复自动扫频振动的功能，并且扫频速率可调。利用扫频振动方式容易发现被测试件的共振频率点。

除了正弦振动外，线振动台还能按给定的功率谱特性产生随机振动，随机振动在应力筛选和可靠性等试验中起着非常重要的作用。

例如，在进行某加速度计随机振动试验时，功率谱设置如下：

20Hz ~ 100Hz，+6dB/Oct

100Hz ~ 1000Hz，$0.068g^2/\text{Hz}$

1000Hz ~ 2000Hz，-6dB/Oct

注：Oct—octave，即倍频程。

4.1.9 温度控制箱

惯性器件是精密的仪器，温度的变化是影响其精度性能的最主要因素之一。在高精

度的导航系统中一般都采用了温度控制措施，温度控制精度可达0.1℃，但是温度控制过程往往延长了系统的准备时间，还增加了体积、功耗和复杂性。进行温度补偿是提高惯性器件在各种温度环境下实际使用精度的重要措施，这时必须使用到模拟各种温度环境的试验工具——温箱。

温箱的关键控制部件有温度探头、制冷压缩机和热风机。温箱内主要依靠空气流动传热，因此空气流动力学干扰有可能对温箱内惯性器件测试造成影响。常用的惯性测试温箱的温度范围为-50℃~85℃，温度控制精度0.5℃，升降温速率有1℃/min、2℃/min和2.5℃/min等档次，最高可达5℃/min。

温箱可为惯性器件提供不同的恒定温度或不同的温度梯度工作条件，温箱还常常与转台等惯性测试设备配合使用（图4.1-19），以便在各种温度环境下实施更多的操作，从而能够对惯性器件中与温度有关的模型系数进行测试。

图4.1-19 单轴速率转台与温箱

4.2 试验场地、方位与水平基准

4.2.1 试验场地

理想的惯性试验场地的条件是地基稳定、室内恒温、没有磁场干扰等影响。然而由于地下水位变化、土壤性质与季节性变化、环境周日变化、人员活动、实验室附近车辆来往、配电和电子设备磁辐射和发热等影响，这种理想的场地是难以建立的，并且对试验场地要求越高，建设成本往往也越大。实际工作中，对于一定精度的惯性器件，只要试验场地的影响小于器件精度一个数量级以上，便可认为是符合要求的，不必过于苛求。

一般将实验室和试验台建在坚硬的岩层地基上，或者至少应将试验台安装在由水泥浇灌的大型基座上，尽量减小力学环境干扰的影响。常常还要求实验室内安装空调设备，保持温度和湿度的相对稳定，不仅为惯性器件创造良好的工作环境，也是发挥高精度测试设备性能所必需的。

航空工业标准《HB/Z 72—1998 磁粉检验》规定制件退磁后剩磁应不大于0.3mT，即3G。地磁场的强度为500mG~600mG，小于常用测试设备和惯性器件的剩磁辐射，所以地磁场的影响一般可以忽略。例外的是，如果导航系统中含有地磁传感器，比如磁航向仪，那么在测试时对磁环境的要求就比较高，应尽量降低磁环境干扰的影响，并采用低磁甚至无磁转台等特殊测试设备。永磁材料表面磁场、直流电机、扬声器等的工作磁场从几十 G 到上千 G，有些永磁磁铁的磁场可高达 1T，值得引起注意。

注：G—高斯，T—特斯拉，$1G = 10^{-4}T$。

4.2.2 方位基准

实验室内的方位基准主要用于确定测试台有关轴线的方位，它与陀螺仪测试的关系最为密切。通常使用天文观测的方法观测北极星来确定地理子午线，实际上北极星并不在地球自转轴的真北方向上，存在约 1°的误差，需要作适当修正。借助光学经纬仪将北极星的方向引入室内，在室内设置固定基座并在其上安装一个高精度光学平面镜或棱镜，精确测出平面镜法线与地理子午线的夹角，之后便可将该平面镜的法线作为实验室内的方位基准使用了（图 4.2－1）。高精度的方位基准精度可优于 1″。

如果对方位基准的要求不高，误差 5″～10″也能满足要求，则可利用高精度陀螺经纬仪进行自主寻北，再传递给固定基座上的镜面法线，以此方法建立北向基准是非常方便的，它的另一优点是，不像天文观测寻北那样受天气条件和周围视线的限制。

需要注意的是，通过高精度原子钟和天文观测表明地球自转运动并不是均匀的，不同年份（每年不妨以 365 天计算）之间时间长短可能相差 1s，也就是说地球自转的相对稳定性约为 $1/(365 \times 24 \times 60 \times 60) \approx 3 \times 10^{-8}$，或者认为地球自转相对理想惯性空间的角速率波动为 $15(°)/h \times 3 \times 10^{-8} \approx 5 \times 10^{-7}(°)/h$，这可能会影响到超高精度陀螺仪的测试。

图 4.2－1　棱镜方位基准

4.2.3 水平基准

一般使用水平仪建立当地水平面基准，最高精度可达 0.2″。惯性级陀螺精度为 0.01(°)/h，加速度计精度为 $10^{-4}g$，若以惯性测试设备基准需高一个数量级（10 倍）计算，为了精确分离出地球自转角速率或重力加速度对惯性器件的影响，则对陀螺仪和加速度计测试的角度参考基准应分别高于

$$\frac{0.01(°)/h}{\omega_{ie}} \times \frac{1}{10} \approx 20'' \quad 和 \quad \frac{10^{-4}g}{g} \times \frac{1}{10} \approx 2''$$

天体研究表明，太阳引力传播至地球上时大小约为 $6.05 \times 10^{-4}g$，同时月球引力在地

球上约为 $3.4\times10^{-6}g$。假设加速度计放置在地心上，加速度计将与地球一起在日月引力下作加速运动，而当以地心准惯性坐标系作为观察参考时，此加速运动与日月引力作用正好相抵消，即相对于日月引力来说类似处于失重状态，因此，日月引力并不会对加速度计的测试和导航应用产生任何负面影响。但是，现实中加速度计的测试总是放置在地球表面上进行的，由于与地心不重合会引起日月摄动力，其量级约为 $10^{-7}g$，将给超高精度加速度计的测试带来一定的影响。由此可见，要对 $1\times10^{-7}g$ 精度量级以上的加速度计作测试，常规方法建立的水平基准、测试设备以及测试环境都很难满足要求，需寻找和使用特殊的方法来评估该类型超高精度惯性器件的性能。

注：本章部分图片来自互联网，未能一一注明出处。

第5章 回归分析

从统计学的观点看,两变量之间的关系可以是完全相关、零相关或统计相关的。完全相关即完全确定的函数关系,给定自变量的数值,因变量的值也就唯一确定了;零相关时,两变量之间相互独立,互不影响;统计相关介于前两者之间,变量之间有一定的因果关系,但却不是确定性的关系。现实测试工作中随机误差不可避免,为了从一组测试数据出发确定出反映变量之间关系的合适数学表达式,即使是理论上完全确定的函数关系,也必须使用处理不一致数据的数理统计方法。

回归分析是处理因变量(响应或输出)与自变量(激励或输入)之间关系的一种统计方法。在回归分析中,因变量一般只有一个,而从自变量的数目角度分类,如果只有一个则称为一元回归分析,如果是多个则称为多元回归分析,其中也常将二个自变量者称为二元回归分析。习惯上认为激励是精确可控和已知的,而对响应的测量是带有误差的,即使测试时激励带有误差,通常微小可忽略不计或将其等效至响应输出端。有时,因变量和自变量的角色是无法区分的,它们都是不可控的观测值,这时可以不必严格区别,任选一个作为因变量都是可以的。

线性回归分析是回归分析中最简单和最常用的,它假设变量之间的关系是线性相关的,它的主要研究内容包括:① 从一组测试数据出发,找出反映变量之间关系的合适的定量数学表达式,即确定线性回归方程(Regression Equation);② 对回归方程和回归系数的可信程度进行检验;③ 根据回归方程和给定的自变量进行因变量预测。

5.1 一元线性回归分析

一元线性回归分析是处理两个变量 y 和 x 之间关系的统计方法,认为二者之间的关系可以使用线性方程来表示。

5.1.1 数据列表、散点图与样本相关系数

首先,可将含因变量 y 和自变量 x 的一组共 N 个测试数据(样本点)用表格的形式列出来,见表5.1-1。显然,N 个输入数量(或输出数据)可以看作是一个输入序列(或输出序列)。

其次,在平面图中标出测试数据的每个样本点(x_i,y_i),横坐标表示自变量,纵坐标表示因变量,将 N 个点称为散点,由坐标及散点构成的二维图形称为散点图。图5.1-1是 $x-y$ 的散点图。从散点图中容易直观地看出变量之间大致或定性的是否具备线性相关关系。

表 5.1－1　测试数据列表

序号	自变量 x	因变量 y
1	x_1	y_1
2	x_2	y_2
3	x_3	y_3
⋮	⋮	⋮
i	x_i	y_i
⋮	⋮	⋮
N	x_N	y_N

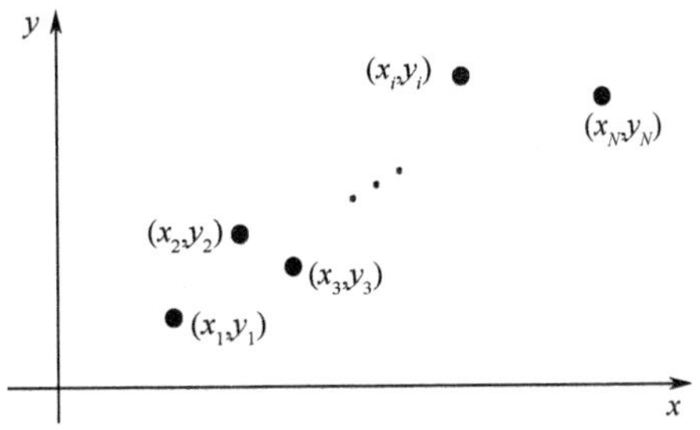

图 5.1－1　$x-y$ 散点图

但是,散点图不能准确和定量地反映两变量之间的关系强度。由数理统计知识知,样本相关函数是度量两个变量之间线性关系强度的统计量。统计量即根据样本数据计算出来,用来描述样本特征的概括性数字度量,统计量是样本的函数。两变量之间的样本相关函数计算公式为

$$r = \frac{\sum (x_i - \bar{x})(y_i - \bar{y})}{\sqrt{\sum (x_i - \bar{x})^2 \sum (y_i - \bar{y})^2}} \tag{5.1-1}$$

式中:样本自变量和因变量的均值分别为 $\bar{x} = \frac{1}{N}\sum x_i, \bar{y} = \frac{1}{N}\sum y_i$,此处将 $\sum_{i=1}^{N} x_i$ 简记为 $\sum x_i$, 即省略了求和范围 $i=1,2,\cdots,N$,本章后文如无特殊说明时求和符号同此解释。

为了简化书写和计算方便,引入以下记号和恒等变形:

$$\begin{cases} l_{xx} = \sum (x_i - \bar{x})^2 = \sum (x_i - \bar{x})x_i = \sum x_i^2 - N\bar{x}^2 \\ l_{yy} = \sum (y_i - \bar{y})^2 = \sum (y_i - \bar{y})y_i = \sum y_i^2 - N\bar{y}^2 \\ l_{xy} = \sum (x_i - \bar{x})(y_i - \bar{y}) = \sum x_i(y_i - \bar{y}) = \sum (x_i - \bar{x})y_i = \sum x_i y_i - N\bar{x}\bar{y} \end{cases} \tag{5.1-2}$$

式中:l_{xx}为 x 的离差平方和;l_{yy}为 y 的离差平方和;l_{xy}为 x 与 y 的离差乘积和。

值得注意的是,l_{xx}、l_{yy}和 l_{xy}与随机变量样本方差或协方差的计算公式除相差 N 倍外,含义是有区别的,至少这里 x_i 是确定值而不是随机变量。使用简写记号后,样本相关函数式(5.1－1)可写为

$$r = \frac{l_{xy}}{\sqrt{l_{xx}l_{yy}}} \tag{5.1-3}$$

可以证明,r 的取值范围为 $-1 \sim +1$。根据经验,一般情况下(样本组数 N 为 10 左右时):

(1) 当$|r| \geq 0.8$ 时,认为两变量之间高度线性相关。

(2) 当$0.8 > |r| \geq 0.5$ 时,视为中度线性相关。

(3) 当$0.5 > |r| \geq 0.3$ 时,视为低度线性相关。

(4) 当$0.3 > |r|$时,视为无线性相关关系。

应当注意，$r=0$ 表示两变量之间不存在线性相关关系，但并不能判定它们之间没有任何关系，因为也可能存在非线性关系，非线性关系是使用样本相关函数所不能描述的。

5.1.2 线性回归模型与最小二乘法

当使用散点图或样本相关函数初步判定测试数据之间具有线性相关性后，便可建立一元线性回归模型，并对其中参数作辨识或估计。

假设理想的一元线性回归模型为

$$y_i = \beta_0 + \beta_1 x_i + \varepsilon_i \tag{5.1-4}$$

式中：ε_i 为随机测量误差；β_0 和 β_1 均是待辨识的模型参数且都为常值，习惯上称 β_1 为回归系数。事实上，β_0 和 β_1 就是线性函数中截距和斜率的概念。

若已经获得了 β_0 和 β_1 的估计值，将估计值分别记为 $\widehat{\beta}_0$ 和 $\widehat{\beta}_1$，则可得估计回归模型（或称经验回归模型，Estimated Regression Equation）为

$$\widehat{y}_i = \widehat{\beta}_0 + \widehat{\beta}_1 x_i \tag{5.1-5}$$

估计回归模型是根据某一组样本数据求出的理论回归模型的一个估计，与理论回归模型式(5.1-4)之间存在一定的误差。

根据样本数据求解参数 $\widehat{\beta}_0$ 和 $\widehat{\beta}_1$ 的方法有最小二乘法和最大似然法等方法，这里仅介绍最常用的最小二乘法。

记样本测量值 y_i 与使用估计回归模型计算的估计值 $\widehat{y}_i$ 之间的偏差（或称拟合误差、残差）为 $e_i = y_i - \widehat{y}_i$。将以偏差平方和 $Q = \sum e_i^2$ 最小作为准则（即最小二乘准则）来确定待定参数 $\widehat{\beta}_0$ 和 $\widehat{\beta}_1$ 的方法称为最小二乘法（Least Squares，LS）。用公式表示，最小二乘法满足如下最小二乘准则

$$Q = \sum e_i^2 = \sum (y_i - \widehat{y}_i)^2 = \sum (y_i - \widehat{\beta}_0 - \widehat{\beta}_1 x_i)^2 = \min \tag{5.1-6}$$

在给定了某一组样本数据后，(x_i, y_i) 是已知的，而 $\widehat{\beta}_0$ 和 $\widehat{\beta}_1$ 暂时未知，这时不妨将它们看作未知变量，因此 Q 是 $\widehat{\beta}_0$ 和 $\widehat{\beta}_1$ 的二元函数。根据多元函数的极值理论，Q 的极小值必定取在 Q 对 $\widehat{\beta}_0$ 和 $\widehat{\beta}_1$ 的偏导数为零的驻点处，即待定参数 $\widehat{\beta}_0$ 和 $\widehat{\beta}_1$ 须满足如下方程组：

$$\begin{cases} \dfrac{\partial Q}{\partial \widehat{\beta}_0} = -2\sum (y_i - \widehat{\beta}_0 - \widehat{\beta}_1 x_i) = 0 \\ \dfrac{\partial Q}{\partial \widehat{\beta}_1} = -2\sum x_i (y_i - \widehat{\beta}_0 - \widehat{\beta}_1 x_i) = 0 \end{cases} \tag{5.1-7}$$

常将该方程组称为正规方程组（Normal Equations），解之可得

$$\begin{cases} \widehat{\beta}_0 = \bar{y} - \widehat{\beta}_1 \bar{x} \\ \widehat{\beta}_1 = \dfrac{\sum x_i y_i - N\bar{x}\bar{y}}{\sum x_i^2 - N\bar{x}^2} = \dfrac{l_{xy}}{l_{xx}} \end{cases} \tag{5.1-8}$$

在给定某组样本数据的条件下，当求出 $\widehat{\beta}_0$ 和 $\widehat{\beta}_1$ 后，它们就是确定的常值了。

由式(5.1-8)还可得 $\bar{y} = \widehat{\beta}_0 + \widehat{\beta}_1 \bar{x}$，这说明除截距点 $(0, \widehat{\beta}_0)$ 外估计回归直线还必定通

过样本均值点$(\bar{x},\bar{y})$，这是估计回归直线模型的重要特征，如图 5.1－2 所示。当然，当给出不同组的样本数据时，多组估计值 $\widehat{\beta}_0$（或 $\widehat{\beta}_1$）之间是有差别的，后面将详细讨论 $\widehat{\beta}_0$ 和 $\widehat{\beta}_1$ 的统计特性。

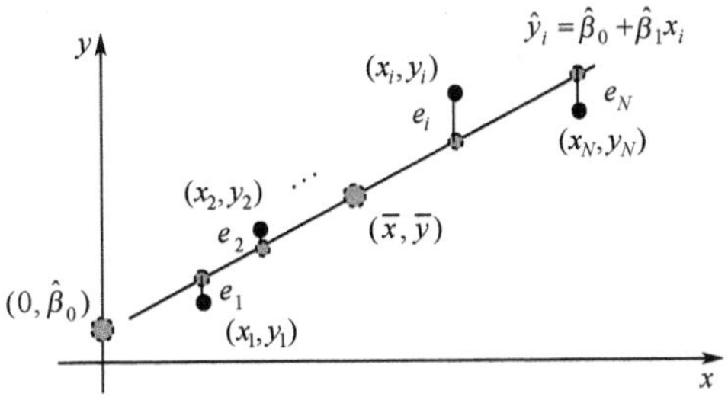

图 5.1－2　回归直线及其特征

5.1.3　估计量的分布

从上述最小二乘法求解 $\widehat{\beta}_0$ 和 $\widehat{\beta}_1$ 的过程中可以看出，并未对测量误差 ε_i 的统计特性作任何假设，但是如果要进一步判断 $\widehat{\beta}_0$、$\widehat{\beta}_1$ 和 $\widehat{y}_i$ 的估计质量，该怎么办呢？这时就必须对 ε_i 作出一定假设，最简单的做法是，假设 ε_i 为独立零均值同方差的正态分布，即

$$\begin{cases}\varepsilon_i\sim N(0,\sigma^2)\\ \mathrm{Cov}(\varepsilon_i,\varepsilon_j)=0\quad(i\neq j)\end{cases}\tag{5.1-9}$$

该假设也称为 Gauss-Markov 假设条件。再次指出前面曾提到过的，在测试样本中总是将自变量 x_i 看作是准确无误差的，当作常值输入看待，而输出 y_i 是带误差的，因此有以下统计关系式成立：

$$\begin{cases}E(y_i)=E(\beta_0+\beta_1x_i+\varepsilon_i)=E(\beta_0+\beta_1x_i)+E(\varepsilon_i)=\beta_0+\beta_1x_i\\ D(y_i)=D(\beta_0+\beta_1x_i+\varepsilon_i)=D(\beta_0+\beta_1x_i)+D(\varepsilon_i)=\sigma^2\end{cases}\tag{5.1-10}$$

$$\begin{cases}E(\bar{y})=E\left(\dfrac{1}{N}\sum y_i\right)=\dfrac{1}{N}\sum E(y_i)=\beta_0+\beta_1\bar{x}\\ D(\bar{y})=D\left(\dfrac{1}{N}\sum y_i\right)=\dfrac{1}{N^2}\sum D(y_i)=\dfrac{\sigma^2}{N}\end{cases}\tag{5.1-11}$$

容易看出，由于假设了 ε_i 与 $\varepsilon_j(i\neq j)$之间的独立性，y_i 与 y_j 之间也是相互独立的。为了计算和分析方便，将式(5.1－8)中的估计值 $\widehat{\beta}_0$ 和 $\widehat{\beta}_1$ 等价变形为测试输出 $y_1,y_2,\cdots,y_N$ 的线性组合形式，即

$$\begin{cases}\widehat{\beta}_1=\dfrac{l_{xy}}{l_{xx}}=\dfrac{\sum(x_i-\bar{x})y_i}{l_{xx}}=\sum\dfrac{(x_i-\bar{x})}{l_{xx}}y_i\\ \widehat{\beta}_0=\bar{y}-\widehat{\beta}_1\bar{x}=\sum\left[\dfrac{1}{N}-\dfrac{(x_i-\bar{x})\bar{x}}{l_{xx}}\right]y_i\end{cases}\tag{5.1-12}$$

于是不难求得 $\widehat{\beta}_0$ 和 $\widehat{\beta}_1$ 的数学期望为

$$\begin{cases} E(\widehat{\beta}_1) = E\left[\sum \dfrac{(x_i - \bar{x})}{l_{xx}} y_i\right] = \sum \dfrac{(x_i - \bar{x})}{l_{xx}} E(y_i) \\ \quad = \sum \dfrac{(x_i - \bar{x})}{l_{xx}} (\beta_0 + \beta_1 x_i) = \beta_0 \sum \dfrac{(x_i - \bar{x})}{l_{xx}} + \beta_1 \sum \dfrac{(x_i - \bar{x}) x_i}{l_{xx}} = \beta_1 \\ E(\widehat{\beta}_0) = E(\bar{y} - \widehat{\beta}_1 \bar{x}) = E(\bar{y}) - E(\widehat{\beta}_1) \bar{x} = E(\beta_0 + \beta_1 \bar{x}) - \beta_1 \bar{x} = \beta_0 \end{cases} \tag{5.1-13}$$

式(5.1－13)说明,$\widehat{\beta}_0$ 和 $\widehat{\beta}_1$ 分别是 β_0 和 β_1 的无偏估计。

下面进一步确定 $\widehat{\beta}_0$ 和 $\widehat{\beta}_1$ 的方差:

$$\begin{cases} D(\widehat{\beta}_1) = D\left[\sum \dfrac{(x_i - \bar{x})}{l_{xx}} y_i\right] = \sum \left[\dfrac{(x_i - \bar{x})}{l_{xx}}\right]^2 D(y_i) \\ \quad = \dfrac{\sum (x_i - \bar{x})^2 \sigma^2}{l_{xx}^2} = \dfrac{\sigma^2}{l_{xx}} \\ D(\widehat{\beta}_0) = D\left(\sum \left[\dfrac{1}{N} - \dfrac{(x_i - \bar{x})\bar{x}}{l_{xx}}\right] y_i\right) = \sum \left[\dfrac{1}{N} - \dfrac{(x_i - \bar{x})\bar{x}}{l_{xx}}\right]^2 D(y_i) \\ \quad = \sum \left[\left(\dfrac{1}{N}\right)^2 - 2\dfrac{1}{N}\dfrac{(x_i - \bar{x})\bar{x}}{l_{xx}} + \left(\dfrac{(x_i - \bar{x})\bar{x}}{l_{xx}}\right)^2\right]\sigma^2 = \left(\dfrac{1}{N} + \dfrac{\bar{x}^2}{l_{xx}}\right)\sigma^2 \end{cases} \tag{5.1-14}$$

最后,在计算 $\widehat{y}_i$ 的回归估计质量之前,先计算一下 $\widehat{\beta}_0$ 和 $\widehat{\beta}_1$ 之间的协方差:

$$\begin{aligned} \mathrm{Cov}(\widehat{\beta}_0, \widehat{\beta}_1) &= \mathrm{Cov}(\bar{y} - \widehat{\beta}_1 \bar{x}, \widehat{\beta}_1) = \mathrm{Cov}(\bar{y}, \widehat{\beta}_1) - \mathrm{Cov}(\widehat{\beta}_1 \bar{x}, \widehat{\beta}_1) \\ &= \mathrm{Cov}\left(\frac{1}{N}\sum y_i, \sum \frac{(x_i - \bar{x})}{l_{xx}} y_i\right) - \bar{x}\mathrm{Cov}(\widehat{\beta}_1, \widehat{\beta}_1) \\ &= \sum \frac{(x_i - \bar{x})}{N l_{xx}} D(y_i) - \bar{x} D(\widehat{\beta}_1) = -\frac{\bar{x}}{l_{xx}}\sigma^2 \end{aligned} \tag{5.1-15}$$

至此,可计算出 $\widehat{y}_i$ 的均值和方差为

$$\begin{cases} E(\widehat{y}_i) = E(\widehat{\beta}_0 + \widehat{\beta}_1 x_i) = \beta_0 + \beta_1 x_i = E(y_i) \\ D(\widehat{y}_i) = D(\widehat{\beta}_0 + \widehat{\beta}_1 x_i) = D(\widehat{\beta}_0) + D(\widehat{\beta}_1 x_i) + 2\mathrm{Cov}(\widehat{\beta}_0, \widehat{\beta}_1 x_i) \\ \quad = \left(\dfrac{1}{N} + \dfrac{\bar{x}^2}{l_{xx}}\right)\sigma^2 + \dfrac{x_i^2}{l_{xx}}\sigma^2 - \dfrac{2\bar{x}x_i}{l_{xx}}\sigma^2 = \left[\dfrac{1}{N} + \dfrac{(x_i - \bar{x})^2}{l_{xx}}\right]\sigma^2 \end{cases} \tag{5.1-16}$$

由于 y_i 服从正态分布,并且 $\widehat{\beta}_0, \widehat{\beta}_1, \widehat{y}_i$ 均是 y_i 的线性组合,所以 $\widehat{\beta}_0, \widehat{\beta}_1, \widehat{y}_i$ 也都服从正态分布,综合前面推导结果得

$$\begin{cases} \widehat{\beta}_0 \sim N\left(\beta_0, \left(\dfrac{1}{N} + \dfrac{\bar{x}^2}{l_{xx}}\right)\sigma^2\right) \\ \widehat{\beta}_1 \sim N\left(\beta_1, \dfrac{\sigma^2}{l_{xx}}\right) \\ \widehat{y}_i \sim N\left(\beta_0 + \beta_1 x_i, \left[\dfrac{1}{N} + \dfrac{(x_i - \bar{x})^2}{l_{xx}}\right]\sigma^2\right) \end{cases} \tag{5.1-17}$$

从 $\widehat{\beta}_0,\widehat{\beta}_1,\widehat{y}_i$ 的方差表达式中不难看出，除减小试验中因变量的测量误差 σ^2 外，提高它们估计精度的途径是扩大自变量 x_i 取值的分散性和增加试验次数。

5.1.4 平方和分解、判定系数及拟合优度

根据图 5.1－3 可以看出，每个测试样本点的离差 $y_i-\overline{y}$ 都可以分解为两部分：

$$y_i-\overline{y}=(\widehat{y}_i-\overline{y})+(y_i-\widehat{y}_i) \tag{5.1-18}$$

式中：$\widehat{y}_i-\overline{y}$ 表示回归值与测试样本均值之间的偏差；$y_i-\widehat{y}_i$ 表示测试数据与回归值之间的偏差，即残差 e_i。

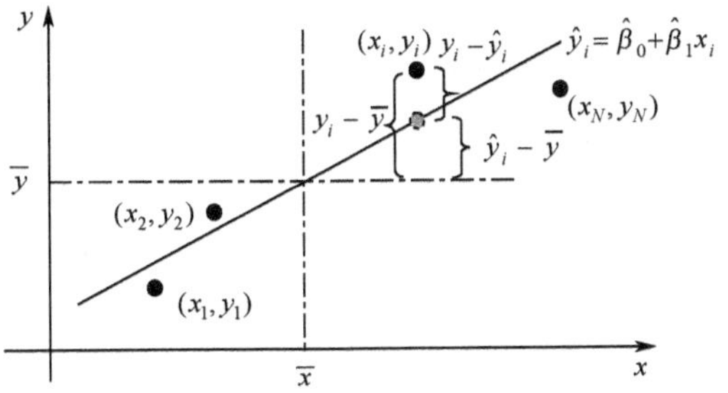

图 5.1－3 离差分解图示

不妨将 y 的离差平方和 l_{yy} 重新记为 S_T，并将它等价变形展开如下：

$$\begin{aligned}S_T&=\sum(y_i-\overline{y})^2=\sum[(\widehat{y}_i-\overline{y})+(y_i-\widehat{y}_i)]^2\\&=\sum(\widehat{y}_i-\overline{y})^2+\sum(y_i-\widehat{y}_i)^2+2\sum(\widehat{y}_i-\overline{y})(y_i-\widehat{y}_i)\end{aligned} \tag{5.1-19}$$

针对式(5.1－19)右边的交叉乘积之累加和项，由 $\widehat{y}_i=\widehat{\beta}_0+\widehat{\beta}_1x_i$ 和 $\overline{y}=\widehat{\beta}_0+\widehat{\beta}_1\overline{x}$ 相减的结果 $\widehat{y}_i-\overline{y}=\widehat{\beta}_1(x_i-\overline{x})$ 代入，再变形处理可得

$$\begin{aligned}\sum(\widehat{y}_i-\overline{y})(y_i-\widehat{y}_i)&=\sum(\widehat{y}_i-\overline{y})[(y_i-\overline{y})-(\widehat{y}_i-\overline{y})]\\&=\sum\widehat{\beta}_1(x_i-\overline{x})[(y_i-\overline{y})-\widehat{\beta}_1(x_i-\overline{x})]\\&=\widehat{\beta}_1\sum[(x_i-\overline{x})(y_i-\overline{y})-\widehat{\beta}_1(x_i-\overline{x})^2]=\widehat{\beta}_1(l_{xy}-\widehat{\beta}_1l_{xx})=0\end{aligned}$$

这说明估计离差序列 $\widehat{y}_i-\overline{y}$ 与零均值残差序列 $y_i-\widehat{y}_i$ 之间是不相关的。因此，式(5.1－19)可简化为

$$S_T=\sum(y_i-\overline{y})^2=\sum(\widehat{y}_i-\overline{y})^2+\sum(y_i-\widehat{y}_i)^2\triangleq U+Q \tag{5.1-20}$$

其中

$$\begin{cases}S_T=\sum(y_i-\overline{y})^2=l_{yy}\\U=\sum(\widehat{y}_i-\overline{y})^2=\widehat{\beta}_1^2\sum(x_i-\overline{x}_i)^2=\widehat{\beta}_1^2l_{xx}=\dfrac{l_{xy}^2}{l_{xx}}\\Q=\sum(y_i-\widehat{y}_i)^2=l_{yy}-\dfrac{l_{xy}^2}{l_{xx}}\end{cases} \tag{5.1-21}$$

式(5.1－20)称为平方和分解公式，它是回归分析中一个非常重要的关系式。如图5.1－3所示，$S_T = \sum(y_i - \bar{y})^2$ 反映了测试数据 y_i 相对于其平均值 $\bar{y}$ 的偏差平方和，习惯上称为总平方和；$U = \sum(\hat{y}_i - \bar{y})^2$ 反映了回归值 $\hat{y}_i$ 相对于样本均值 $\bar{y}$ 的偏差平方和，称为回归平方和，由 $\hat{y}_i - \bar{y} = \hat{\beta}_1(x_i - \bar{x})$ 知，回归值 $\hat{y}_1, \hat{y}_2, \cdots, \hat{y}_N$ 的分散性是因激励输入 $x_1, x_2, \cdots, x_N$ 的分散性并通过 $\hat{\beta}_1$ 倍线性放大反映出来；$Q = \sum(y_i - \hat{y}_i)^2$ 表示测试数据 y_i 与回归值 $\hat{y}_i$ 的偏离情况，它是 y_i 扣除线性回归影响后剩余的平方和，因此称为剩余平方和，这就是前面推导最小二乘法时的准则极值。简言之，S_T 反映了测试数据 y_i 的总体波动情况，而 U 和 Q 分别是输入变化和测试误差引起数据 y_i 的波动。值得注意的是，必须在参数 $\hat{\beta}_0$ 和 $\hat{\beta}_1$ 满足最小二乘准则条件下，式(5.1－19)中的交叉乘积累加和才为零，这时平方和分解公式(5.1－20)才能成立。

式(5.1－21)还表明，对于某一组测试样本数据，总平方和 S_T 是确定不变的。从感性上容易接受：如果剩余平方和 Q(即测试误差引起的波动)占的比重比较小，相应回归平方和 U 的比重就较大，则回归方程与测试数据的拟合程度就好；反之，如果 Q 占的比重比较大，相应 U 的比重就较小，则回归方程与测试数据的拟合程度就差。所以，可以使用 U 与 S_T 的比值作为评定回归方程质量好坏的一个定量指标，将其记为 R^2，显然它的取值范围是0～1，并称为判定系数(Coefficient Of Determination)，即有

$$R^2 = \frac{U}{S_T} = 1 - \frac{Q}{S_T} \tag{5.1-22}$$

实际工作中，也常用百分数 $R^2 \times 100\%$ 来表示回归质量，称为拟合优度(Goodness Of Fit)。

不难验证下式成立：

$$R^2 = \frac{U}{S_T} = \frac{l_{xy}^2}{l_{xx} l_{yy}} = r^2 \tag{5.1-23}$$

式(5.1－23)显示，可以由样本相关系数 r 直接计算判定系数 R^2，通过该式还有助于进一步理解相关系数的含义。事实上，相关系数也从另一个角度说明了回归直线的拟合优度，但是应当注意的是 r 的绝对值总比 R^2 大(除非 $r=0$ 或 $r=\pm 1$)。由 $R^2 = r^2 = l_{xy}^2/(l_{xx} l_{yy})$ 还可以看出，判定系数 R^2 和相关系数 r 是一组测试样本数据的固有属性，与是否计算出估计回归模型没有直接关系。

5.1.5 回归方程的显著性检验

如前所述，若笼统地以0.8、0.5和0.3等作为临界值，使用样本数据的相关系数 r 或判定系数 R^2 来给两个变量之间的线性关系强度(显著性)下结论，往往太粗糙了。由于上述临界值没考虑到样本数据个数 N 的影响，所以不够准确。理论分析表明，相关系数检验法必须考虑到 N 的大小并通过查找相关系数临界值表5.1－2来确定临界值。由表5.1－2知，当 $N-2=3$～4时，$r=0.8$～0.9可表示高度相关；当 $N-2>100$ 时，$r=0.2$ 也达到了高度相关的程度。

表 5.1－2　线性相关系数 r 的临界值表

$N-2$	$\alpha=5\%$	$\alpha=1\%$	$N-2$	$\alpha=5\%$	$\alpha=1\%$	$N-2$	$\alpha=5\%$	$\alpha=1\%$
1	0.997	1.000	16	0.468	0.590	35	0.325	0.418
2	0.950	0.990	17	0.456	0.575	40	0.304	0.393
3	0.878	0.959	18	0.444	0.561	45	0.288	0.372
4	0.811	0.917	19	0.433	0.549	50	0.273	0.354
5	0.754	0.874	20	0.423	0.537	60	0.250	0.325
6	0.707	0.834	21	0.413	0.526	70	0.232	0.302
7	0.666	0.798	22	0.404	0.515	80	0.217	0.283
8	0.632	0.765	23	0.396	0.505	90	0.205	0.267
9	0.602	0.735	24	0.388	0.496	100	0.195	0.254
10	0.576	0.708	25	0.381	0.487	125	0.174	0.228
11	0.553	0.684	26	0.374	0.478	150	0.159	0.208
12	0.532	0.661	27	0.367	0.470	200	0.138	0.181
13	0.514	0.641	28	0.361	0.463	300	0.113	0.148
14	0.497	0.623	29	0.355	0.456	400	0.098	0.128
15	0.482	0.606	30	0.349	0.449	1000	0.062	0.081

除了利用相关系数法检验估计回归方程的显著性外，其他常见的检验方法还有 F 检验法和 t 检验法等，下面主要讨论 F 检验法。

首先，分别对 S_T,U,Q 求数学期望。经过仔细推导，可得

$$\begin{aligned}E(S_T) &= E\left[\sum(y_i-\bar{y})^2\right] = \sum E(y_i^2) - NE(\bar{y}^2)\\ &= \sum\left[D(y_i)+E(y_i)^2\right] - N\left[D(\bar{y})+E(\bar{y})^2\right]\\ &= \sum\left[\sigma^2+E(\beta_0+\beta_1x_i)^2\right] - N\left[\frac{1}{N}\sigma^2+E(\beta_0+\beta_1\bar{x})^2\right]\\ &= \beta_1^2l_{xx}+(N-1)\sigma^2 \end{aligned} \tag{5.1-24}$$

$$\begin{aligned}E(U) &= E\left[\sum(\hat{y}_i-\bar{y})^2\right] = E(\hat{\beta}_1^2l_{xx}) = l_{xx}E(\hat{\beta}_1^2) = l_{xx}\left[D(\hat{\beta}_1)+\left[E(\hat{\beta}_1)\right]^2\right]\\ &= l_{xx}\left(\frac{\sigma^2}{l_{xx}}+\beta_1^2\right) = \beta_1^2l_{xx}+\sigma^2\end{aligned} \tag{5.1-25}$$

所以有

$$E(Q)=E(S_T-U)=(N-2)\sigma^2 \tag{5.1-26}$$

了解式(5.1－24)～式(5.1－26)的结果，需特别关注 σ^2 前面的系数，有助于后文对构造假设检验统计量的理解。此外，根据式(5.1－26)顺便还能给出测量方差 σ^2 的无偏估计(或称修正估计)，即

$$\hat{\sigma}^2=\frac{Q}{N-2} \tag{5.1-27}$$

也称 $\hat{\sigma}$ 为回归标准差。

为了检验估计回归方程的显著性，一般从反面来考虑问题。如果回归方程不显著，它的含义可能包括：①回归系数 $\beta_1=0$，即因变量的变化与自变量无关，而主要取决于测量误差或其他未知因素；②虽然理论上的 $\beta_1\neq 0$，但是其他因素引起的测量误差过大影响了线性性的彰显；③因变量与自变量有关系，但不是线性的。特别注意的是，散点图上的水平直线虽说也是几何上的线性关系，但不属于回归分析所指的两变量之间的线性相关关系，应予以区别。

统计学上常常通过构造一个合适的统计量并使用假设检验方法来对某个论断作出肯定或否定的回答，统计推断的基本原理是“认为小概率事件在一次试验中不可能发生”。

现给出原假设，也称零假设(Null Hypothesis)，表示为

$$H_0:\beta_1=0 \tag{5.1-28}$$

即认为估计回归方程不显著。提出原假设过程类似于反证法，当正面问题不好直接回答时，可以从反面入手，若以 $H_0:\beta_1\neq 0$ 作为原假设就不容易构造出合适的统计量。

根据式(5.1-24)~式(5.1-26)，在 $H_0:\beta_1=0$ 假设下有 $E(S_T)=(N-1)\sigma^2$、$E(U)=\sigma^2$ 和 $E(Q)=(N-2)\sigma^2$ 成立。还可以证明(复杂从略)：$\frac{S_T}{\sigma^2}\sim\chi^2(N-1)$ 分布，$\frac{U}{\sigma^2}\sim\chi^2(1)$ 分布，$\frac{Q}{\sigma^2}\sim\chi^2(N-2)$ 分布，由柯赫伦分解定理知 $\frac{U}{\sigma^2}$ 与 $\frac{Q}{\sigma^2}$ 之间相互独立。因而，可构造统计量

$$F=\frac{\frac{U}{\sigma^2}/1}{\frac{Q}{\sigma^2}/(N-2)}=\frac{U}{Q/(N-2)}\sim F(1,N-2) \tag{5.1-29}$$

应当注意，由于 $\frac{S_T}{\sigma^2}$ 和 $\frac{U}{\sigma^2}$ 之间或 $\frac{S_T}{\sigma^2}$ 和 $\frac{Q}{\sigma^2}$ 之间不相互独立，所以不能简单地将 $\frac{U}{S_T/(N-1)}$ 和 $\frac{Q/(N-2)}{S_T/(N-1)}$ 视作 F 统计量。通常构造统计量必须满足以下几个基本原则。

(1) 统计量的分布函数已知，如正态、χ^2、F、t 等常见分布。

(2) 统计量是样本的函数并且不带有未知参数，如式(5.1-29)中的 σ^2 被两量相除消去了。

(3) 统计量是原假设的单调函数，即存在关系“原假设越成立，统计量越大/越小；或原假设越不成立，统计量越小/越大”。比如针对式(5.1-29)，当样本组数 N 固定时，根据平方和分解公式易知，H_0 越成立，统计量 F 应越小；H_0 越不成立，则 F 越大。

若给定某一显著性水平 α(即原假设可能犯错误的概率，常取 $\alpha=0.05$ 或 $\alpha=0.01$)，对应置信度为 $1-\alpha$，通过查 F 分布临界值表(见附录B)可得分位数 $F_\alpha(1,N-2)$ 的值，在原假设 $H_0:\beta_1=0$ 条件下：

$$P\{F\leqslant F_\alpha(1,N-2)\}=1-\alpha$$

应该是大概率事件，即 F 检验法的接受域为 $F\leqslant F_\alpha(1,N-2)$，此处不等号取法原则是：根据 U 与 Q 的直观含义，F 越小则回归方程越不显著，即 F 越小则 $H_0:\beta_1=0$ 越成立，所以

取“≤”为接受域。但是,如果经过样本数据计算有 $F > F_\alpha(1,N-2)$,小概率事件竟然发生了!则认为回归方程是显著的,即 F 检验法的拒绝域为 $F > F_\alpha(1,N-2)$。总之,当原假设 $H_0:\beta_1=0$ 被接受时,就认为回归效果不显著;反之,当原假设 $H_0:\beta_1=0$ 被拒绝时,认为回归效果是显著的。

另外,通过推导还不难得出以下关系式:

$$F=(N-2)\frac{U}{Q}=(N-2)\frac{U}{S_T-U}=(N-2)\frac{U/S_T}{1-U/S_T}=(N-2)\frac{r^2}{1-r^2}$$

或

$$|r|=\sqrt{\frac{F}{F+(N-2)}}$$

由此可见,不同检验方法之间是互相等效的,事实上,通过该公式和 F 分布临界值表就可以直接构造出线性相关系数 r 的临界值表 5.1-2。

5.1.6 回归方程的预报与逆回归问题

如果回归方程显著,就可以利用估计回归方程在一定范围内进行预报,通常是根据给定的自变量的数值,预报因变量的估计值及其落入的区间。对于新给定的自变量值 $x=x_0$,理论输出值 y_0 满足理论回归模型

$$y_0=\beta_0+\beta_1x_0+\varepsilon_0 \tag{5.1-30}$$

式中:$\varepsilon_0\sim N(0,\sigma^2)$ 且与 $\varepsilon_1,\varepsilon_2,\cdots,\varepsilon_N$ 相互独立,而估计回归值 $\widehat{y}_0$ 借助于经验回归方程进行预报,为

$$\widehat{y}_0=\widehat{\beta}_0+\widehat{\beta}_1x_0 \tag{5.1-31}$$

易知,$\widehat{y}_0$ 通过 $\widehat{\beta}_0$ 和 $\widehat{\beta}_1$ 间接与 $\varepsilon_1,\varepsilon_2,\cdots,\varepsilon_N$ 相关,但与 ε_0 无关,所以 $\widehat{y}_0$ 与 y_0 相互独立,因而有

$$\begin{cases}E(\widehat{y}_0-y_0)=E(\widehat{y}_0)-E(y_0)=(\beta_0+\beta_1x_0)-(\beta_0+\beta_1x_0)=0\\ D(\widehat{y}_0-y_0)=D(\widehat{y}_0)+D(y_0)=\left[\dfrac{1}{N}+\dfrac{(x_0-\bar{x})^2}{l_{xx}}\right]\sigma^2+\sigma^2\\ \qquad=\left[1+\dfrac{1}{N}+\dfrac{(x_0-\bar{x})^2}{l_{xx}}\right]\sigma^2\end{cases}$$

即

$$\widehat{y}_0-y_0\sim N\left(0,\left[1+\frac{1}{N}+\frac{(x_0-\bar{x})^2}{l_{xx}}\right]\sigma^2\right) \tag{5.1-32}$$

由此可定性了解,随着 x_0 取值的变化,估计回归值 $\widehat{y}_0$ 的预报准确性是不一样的。显然,当 $x_0=\bar{x}$ 时预报精度最高,这时 $\widehat{y}_0-y_0$ 的方差为 $\left(1+\dfrac{1}{N}\right)\sigma^2$;而若 x_0 距 $\bar{x}$ 越远,则方差越大,$\widehat{y}_0$ 的预报精度可近似如图 5.1-4 所示,它呈双侧喇叭状且在 $x_0=\bar{x}$ 处最窄;不论如何设置试验(包括试验次数和自变量分散程度),理论上 $\widehat{y}_0-y_0$ 的最小极限方差都为 σ^2。

以下联系加速度计的测试和应用提出逆回归问题。

假设加速度计静态输入输出模型为简单的线性模型 $u = K_F + K_I f_I + \nabla$,其中随机误差$\nabla \sim N(0,\sigma^2)$,通过测试和线性回归数据处理可获得模型参数的估计$\widehat{K}_F$ 和$\widehat{K}_I$,为后续使用加速度计进行导航解算作准备。

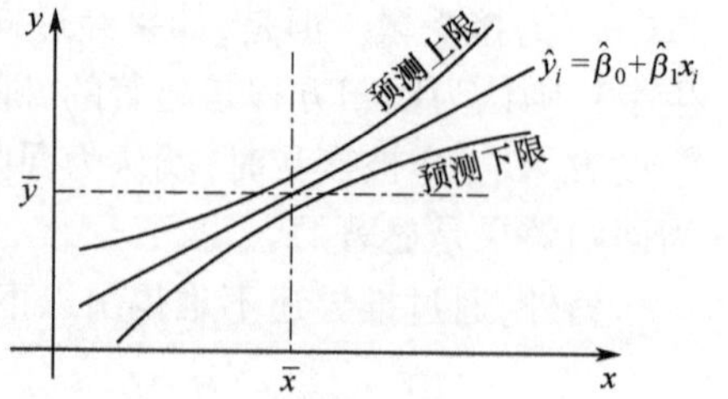

图 5.1-4　回归方程预报精度示意图

实际应用加速度计时,测量输出的是电压 u,它是一个确定的值,再由电压反向计算比力 f_I 的估计公式为

$$\widehat{f}_I = -\frac{\widehat{K}_F}{\widehat{K}_I} + \frac{1}{\widehat{K}_I}u$$

那么比力输入 $\widehat{f}_I$ 的计算精度又如何呢? 这种因变量已知,按回归方程反过来进行自变量预报的问题,就称为逆回归问题。

当因变量确定时,欲精确分析自变量的预报区间比较复杂,这里借助于正向预报结论(式(5.1-32))和经验回归方程(式(5.1-5)),近似认为自变量预报误差是因变量预报误差缩小 $\widehat{\beta}_1^2$ 后的结果,即

$$\widehat{x}_0 - x_0 \sim N\left(0, \left[1 + \frac{1}{N} + \frac{(x_0 - \bar{x})^2}{l_{xx}}\right]\frac{\sigma^2}{\widehat{\beta}_1^2}\right)$$

再将 $y_0 - \bar{y} \approx \widehat{\beta}_1(x_0 - \bar{x})$代入上式,得

$$\widehat{x}_0 - x_0 \sim N\left(0, \left[1 + \frac{1}{N} + \frac{(y_0 - \bar{y})^2}{\widehat{\beta}_1^2 l_{xx}}\right]\frac{\sigma^2}{\widehat{\beta}_1^2}\right) \qquad (5.1-33)$$

这便是逆回归问题中自变量估计精度的近似公式。

再次联系加速度计的测试和应用,式(5.1-33)给出的指导意义是:在加速度计测试时应该提高测试数据组数(N)和扩大测试比力输入范围(l_{xx});在使用加速度计时,实际输出电压(y_0)尽量不要偏离测试时平均电压($\bar{y}$)太多,也就是输入比力要适当;此外,在提高加速度计标度因数($\widehat{\beta}_1$)的同时应尽量减小测试误差(σ^2)。

5.1.7　可直线化的曲线回归

曲线回归分析的基本任务是通过两变量的观测数据建立曲线回归方程,它的难点是确定曲线类型。实际应用中,一般根据具体问题的专业知识背景、已有的理论规律或实践经验确定曲线类型,或者通过散点图观察实测点分布趋势与哪一类已知函数曲线最接近。

对于可直线化的曲线类型,可先进行变量替换,再对新的变量作线性回归分析,最后将新变量还原成旧变量。例如以下曲线可直线化:双曲函数 $1/y = a + b/x$;幂函数 $y = ax^b$;指数函数 $y = a\mathrm{e}^{bx}$;对数函数 $y = a + b\lg x$;三角函数 $y = a + b\sin x$ 等。关于曲线回归分析的更多理论和具体过程,此处不再深入叙述。

5.2　多元线性回归分析

如果一个变量的变化受到两个或两个以上因素的影响,为了准确测定它们之间的数

量变动关系，就要建立多元回归方程。多元回归分析的基本原理、方法与一元回归分析基本相同，只是自变量更多，计算更复杂些。

多元线性回归模型的典型形式为

$$y_i = \beta_0 + \beta_1 x_{1,i} + \beta_2 x_{2,i} + \cdots + \beta_p x_{p,i} + \varepsilon_i \tag{5.2-1}$$

它含有 p 个自变量 $x_1, x_2, \cdots, x_p$，x 的第二下标 i 表示第 i 次测量时精确给定的激励值，除了 $\varepsilon_i \sim N(0, \sigma^2)$ 的 Gauss-Markov 假设条件外，一般还需假设 p 个自变量之间是互不相关的。习惯上称 $\beta_1, \beta_2, \cdots, \beta_p$ 为偏回归系数(Partial Regression Coefficient)，以偏回归系数 β_1 为例，“偏”的含义是，当 $x_2, x_3, \cdots, x_p$ 固定不动时，β_1 表示输入 x_1 每变化一个单位引起输出 y 的波动量。

为了后续书写方便，令

$$\boldsymbol{X}_i = [1 \quad x_{1,i} \quad \cdots \quad x_{p,i}], \boldsymbol{\beta} = \begin{bmatrix} \beta_0 \\ \beta_1 \\ \vdots \\ \beta_p \end{bmatrix}, \boldsymbol{\varepsilon} = \begin{bmatrix} \varepsilon_1 \\ \varepsilon_2 \\ \vdots \\ \varepsilon_N \end{bmatrix}, \boldsymbol{X} = \begin{bmatrix} \boldsymbol{X}_1 \\ \boldsymbol{X}_2 \\ \vdots \\ \boldsymbol{X}_N \end{bmatrix}, \boldsymbol{Y} = \begin{bmatrix} y_1 \\ y_2 \\ \vdots \\ y_N \end{bmatrix}$$

则可很方便地将 N 次测试数据之间的关系合并写成矩阵形式，即

$$\boldsymbol{Y} = \boldsymbol{X\beta} + \boldsymbol{\varepsilon} \tag{5.2-2}$$

且有 $\boldsymbol{\varepsilon} \sim N(\boldsymbol{0}, \boldsymbol{I}\sigma^2)$ 和 $\boldsymbol{Y} \sim N(\boldsymbol{X\beta}, \boldsymbol{I}\sigma^2)$，这里 $\boldsymbol{I}$ 是 $N \times N$ 维的单位矩阵。

假设多元线性回归的估计回归模型为

$$\hat{y}_i = \boldsymbol{X}_i \hat{\boldsymbol{\beta}}$$

并将 N 次估计回归模型写成矩阵形式为

$$\hat{\boldsymbol{Y}} = \boldsymbol{X}\hat{\boldsymbol{\beta}} \tag{5.2-3}$$

式中：$\hat{\boldsymbol{Y}} = [\hat{y}_1 \quad \hat{y}_2 \quad \cdots \quad \hat{y}_N]^{\mathrm{T}}$；$\hat{\boldsymbol{\beta}} = [\hat{\beta}_0 \quad \hat{\beta}_1 \quad \cdots \quad \hat{\beta}_p]^{\mathrm{T}}$。

记因变量的测量向量 $\boldsymbol{Y}$ 与回归向量 $\hat{\boldsymbol{Y}}$ 之间的残差向量为

$$\boldsymbol{e} = \boldsymbol{Y} - \hat{\boldsymbol{Y}} = \boldsymbol{Y} - \boldsymbol{X}\hat{\boldsymbol{\beta}}$$

则针对式(5.2-3)的关于 $\hat{\boldsymbol{\beta}}$ 的最小二乘解就是使残差向量平方和 $Q = \boldsymbol{e}^{\mathrm{T}}\boldsymbol{e}$ 最小者，即满足

$$Q = \boldsymbol{e}^{\mathrm{T}}\boldsymbol{e} = (\boldsymbol{Y} - \boldsymbol{X}\hat{\boldsymbol{\beta}})^{\mathrm{T}}(\boldsymbol{Y} - \boldsymbol{X}\hat{\boldsymbol{\beta}}) = \min$$

为此，由标量 $Q = \boldsymbol{e}^{\mathrm{T}}\boldsymbol{e}$ 对向量 $\hat{\boldsymbol{\beta}}$ 求偏导数，并令之等于 $N \times 1$ 维零向量，得

$$\begin{aligned} \frac{\partial Q}{\partial \hat{\boldsymbol{\beta}}} &= \frac{\partial[(\boldsymbol{Y} - \boldsymbol{X}\hat{\boldsymbol{\beta}})^{\mathrm{T}}(\boldsymbol{Y} - \boldsymbol{X}\hat{\boldsymbol{\beta}})]}{\partial \hat{\boldsymbol{\beta}}} = \frac{\partial[(\boldsymbol{Y}^{\mathrm{T}} - \hat{\boldsymbol{\beta}}^{\mathrm{T}}\boldsymbol{X}^{\mathrm{T}})(\boldsymbol{Y} - \boldsymbol{X}\hat{\boldsymbol{\beta}})]}{\partial \hat{\boldsymbol{\beta}}} \\ &= \frac{\partial(\boldsymbol{Y}^{\mathrm{T}}\boldsymbol{Y} - \hat{\boldsymbol{\beta}}^{\mathrm{T}}\boldsymbol{X}^{\mathrm{T}}\boldsymbol{Y} - \boldsymbol{Y}^{\mathrm{T}}\boldsymbol{X}\hat{\boldsymbol{\beta}} + \hat{\boldsymbol{\beta}}^{\mathrm{T}}\boldsymbol{X}^{\mathrm{T}}\boldsymbol{X}\hat{\boldsymbol{\beta}})}{\partial \hat{\boldsymbol{\beta}}} \\ &= \boldsymbol{0} - \boldsymbol{X}^{\mathrm{T}}\boldsymbol{Y} - \boldsymbol{X}^{\mathrm{T}}\boldsymbol{Y} + 2\boldsymbol{X}^{\mathrm{T}}\boldsymbol{X}\hat{\boldsymbol{\beta}} = 2(\boldsymbol{X}^{\mathrm{T}}\boldsymbol{X}\hat{\boldsymbol{\beta}} - \boldsymbol{X}^{\mathrm{T}}\boldsymbol{Y}) = \boldsymbol{0} \end{aligned} \tag{5.2-4}$$

上述偏导数推导过程中使用到了标量对向量求导的两个公式：

$$\frac{\partial(\boldsymbol{x}^{\mathrm{T}}\boldsymbol{a})}{\partial \boldsymbol{x}}=\frac{\partial(\boldsymbol{a}^{\mathrm{T}}\boldsymbol{x})}{\partial \boldsymbol{x}}=\boldsymbol{a} \quad \text{和} \quad \frac{\partial(\boldsymbol{x}^{\mathrm{T}}\boldsymbol{A}\boldsymbol{x})}{\partial \boldsymbol{x}}=(\boldsymbol{A}^{\mathrm{T}}+\boldsymbol{A})\boldsymbol{x}=2\boldsymbol{A}\boldsymbol{x}$$

式中：$\boldsymbol{a},\boldsymbol{x}$ 为列向量而 $\boldsymbol{A}$ 为对称矩阵。标量对向量求导的规则是：标量（分子）分别对向量（分母）中的每一个分量求导，再组成一个新的向量，求导结果与分母同维数。

最后，式(5.2-4)经整理得

$$\boldsymbol{X}^{\mathrm{T}}\boldsymbol{X}\hat{\boldsymbol{\beta}}=\boldsymbol{X}^{\mathrm{T}}\boldsymbol{Y}$$

测试过程中通过选择合适的自变量激励组合，一般可以满足矩阵 $\boldsymbol{X}^{\mathrm{T}}\boldsymbol{X}$ 非奇异的要求，记 $\boldsymbol{C}=(\boldsymbol{X}^{\mathrm{T}}\boldsymbol{X})^{-1}$ 为相关矩阵，显然它是对称矩阵。所以，可直接求得回归参数的估计

$$\hat{\boldsymbol{\beta}}=(\boldsymbol{X}^{\mathrm{T}}\boldsymbol{X})^{-1}\boldsymbol{X}^{\mathrm{T}}\boldsymbol{Y}=\boldsymbol{C}\boldsymbol{X}^{\mathrm{T}}\boldsymbol{Y} \tag{5.2-5}$$

式(5.2-5)反映了 $\hat{\boldsymbol{\beta}}$ 是 $\boldsymbol{Y}$ 的线性估计，进一步还容易求得 $\hat{\boldsymbol{\beta}}$ 的统计特性为

$$\begin{cases} E(\hat{\boldsymbol{\beta}})=(\boldsymbol{X}^{\mathrm{T}}\boldsymbol{X})^{-1}\boldsymbol{X}^{\mathrm{T}}E(\boldsymbol{Y})=(\boldsymbol{X}^{\mathrm{T}}\boldsymbol{X})^{-1}\boldsymbol{X}^{\mathrm{T}}\boldsymbol{X}\boldsymbol{\beta}=\boldsymbol{\beta} \\ D(\hat{\boldsymbol{\beta}})=D(\boldsymbol{C}\boldsymbol{X}^{\mathrm{T}}\boldsymbol{Y})=\boldsymbol{C}\boldsymbol{X}^{\mathrm{T}}D(\boldsymbol{Y})(\boldsymbol{C}\boldsymbol{X}^{\mathrm{T}})^{\mathrm{T}}=\boldsymbol{C}\boldsymbol{X}^{\mathrm{T}}(\sigma^2\boldsymbol{I})\boldsymbol{X}\boldsymbol{C}^{\mathrm{T}} \\ \qquad =\sigma^2\boldsymbol{C}\boldsymbol{X}^{\mathrm{T}}\boldsymbol{X}\boldsymbol{C}^{\mathrm{T}}=\sigma^2\boldsymbol{C} \end{cases}$$

上述方差阵推导中使用了随机向量方差阵的线性变换公式 $D(\boldsymbol{A}\boldsymbol{x})=\boldsymbol{A}D(\boldsymbol{x})\boldsymbol{A}^{\mathrm{T}}$，其中 $\boldsymbol{x}$ 是随机向量、$\boldsymbol{A}$ 是线性变换矩阵。所以参数向量 $\hat{\boldsymbol{\beta}}$ 服从多元正态分布，即

$$\hat{\boldsymbol{\beta}} \sim N(\beta,\sigma^2\boldsymbol{C}) \tag{5.2-6}$$

可见，$\boldsymbol{C}$ 是 $\hat{\boldsymbol{\beta}}$ 各分量之间相关关系的度量矩阵，这便是相关矩阵称谓的来由。若将 $D(\hat{\boldsymbol{\beta}})$ 各分量具体表示出来，它的展开形式为

$$D(\hat{\boldsymbol{\beta}})=\begin{bmatrix} D(\hat{\beta}_0) & \mathrm{Cov}(\hat{\beta}_0,\hat{\beta}_1) & \cdots & \mathrm{Cov}(\hat{\beta}_0,\hat{\beta}_p) \\ \mathrm{Cov}(\hat{\beta}_1,\hat{\beta}_0) & D(\hat{\beta}_1) & \cdots & \mathrm{Cov}(\hat{\beta}_1,\hat{\beta}_p) \\ \vdots & \vdots & & \vdots \\ \mathrm{Cov}(\hat{\beta}_p,\hat{\beta}_0) & \mathrm{Cov}(\hat{\beta}_p,\hat{\beta}_1) & \cdots & D(\hat{\beta}_p) \end{bmatrix}$$

如记 $\boldsymbol{C}=(C_{ij}),(i,j=0,1,2,\cdots,p)$，则有 $\sigma^2C_{ij}=\mathrm{Cov}(\hat{\beta}_i,\hat{\beta}_j)$。与一元回归类似，合理分散地选择测试激励点也有利于减小相关矩阵。

显然，可以将一元线性回归视为多元线性回归的特例，即当仅有两个回归参数 $\boldsymbol{\beta}=[\beta_0 \quad \beta_1]^{\mathrm{T}}$ 时，在上述多元线性回归推导过程中可以直接进行矩阵展开，验证所有推导结果与5.1节的一元线性回归分析是完全一致的。

可以证明，在多元线性回归分析中平方和分解公式依然成立，即

$$S_T=U+Q$$

这里总平方和 $S_T=\sum(y_i-\bar{y})^2$，回归平方和 $U=\sum(\hat{y}_i-\bar{y})^2$，剩余平方和 $Q=\sum(y_i-\hat{y}_i)^2$。

为了检验多元线性回归方程的显著性，一般取原假设

$$H_0: \beta_1=\beta_2=\cdots=\beta_p=0$$

再通过构造统计量

$$F=\frac{\frac{U}{\sigma^2}/p}{\frac{Q}{\sigma^2}/(N-p-1)}=\frac{U/p}{Q/(N-p-1)}\sim F(p,N-p-1) \qquad (5.2-7)$$

可用于检验原假设是否成立。但是,应当注意,如果拒绝原假设则表示至少有一个 $\beta_k \neq 0$ $(k=1,2,\cdots,p)$,它还不能直接用于判断哪些偏回归系数是显著的或不显著的。多元线性回归与一元线性回归相比,如何判断每一个偏回归系数的显著性,并将不显著的偏回归系数从回归方程中剔除掉,还有更多的工作要做,有兴趣读者可参考有关概率论与数理统计的书籍,这里不再深入讨论。

5.3 回归分析在加速度计测试中的应用

回归分析基于数理统计原理建立数学模型,通过定量分析给出可信的判断或预测,在自然科学和社会科学诸多领域有着广泛的应用,特别适合于一些表面上看起来"似是而非"或者"模棱两可"的场合。

然而,对于加速度计输入输出静态模型而言,即使考虑 g 的高阶非线性系数项,一般加速度计输入/输出测试数据的线性项是主要的,并且是非常显著的,除非测试时加速度计出现故障或数据采集记录严重错误。因此,在加速度计测试建模中常常没有必要对回归方程的显著性进行检验。

事实上,回归方程的显著性和拟合优度数值也很难说明加速度计性能的好坏,判断加速度计性能优劣最直接的方法是根据逆回归方程绘制出比力—逆回归拟合误差二维图,如果所有拟合误差都很小(如绝对值小于 $5\times10^{-5}g$),就表示加速度计的精度高、重复性好,能够达到惯性级要求;如果在某测试点出现偏差特别突出,则可能是该测试点偶然测试失误引起的,有必要特别针对该点进行重新测试,倘若重新测试后超差现象依然无法消除,应该再次仔细检查加速度计或测试设备,在没有得到合理解释之前,可以认为该加速度计存在瑕疵,或将其归入低精度的行列。

【例 5.3-1】假设某加速度计的线性模型为

$$u=K_F+K_I g_I+\nabla$$

式中:g_I 为比力输入;u 为电压输出,电压测试随机误差 $\nabla\sim N(0,(0.1\text{mV})^2)$。若使用分度头进行重力场四点翻滚测试,数据如表 5.3-1 中第二、三列所列,试求解该加速度计的模型参数。

表 5.3-1 加速度计四点测试数据列表

序号	输入比力 /g	输出电压 /mV	逆回归拟合 $\hat{g}_I$ /g	误差 $(\hat{g}_I-g_I)$ /μg
1	0	10.1	0.0001	100
2	-1	-990.0	-1	0
3	0	9.9	-0.0001	-100
4	1	1010.0	1	0

解：求解模型参数的计算步骤如下：

$$\bar{g}_I = \sum g_{I,i} = (0 - 1 + 0 + 1)/4 = 0$$

$$l_{gg} = \sum g_{I,i}^2 - 4\bar{g}_I^2 = (0^2 + 1^2 + 0^2 + 1^2) - 4 \times 0^2 = 2$$

$$\bar{u} = \sum u_i = (10.1 - 990.0 + 9.9 + 1010.0)/4 = 10$$

$$l_{uu} = \sum u_i^2 - 4\bar{u}^2 = (10.1^2 + 990.0^2 + 9.9^2 + 1010.0^2) - 4 \times 10^2 = 2000000.02$$

$$l_{gu} = \sum g_{I,i}u_i - 4\bar{g}_I\bar{u} = 0 \times 10.1 + (-1) \times (-990.0) + 0 \times 9.9 + 1 \times 1010.0 - 4 \times 0 \times 10 = 2000.0$$

$$\hat{K}_I = \frac{l_{gu}}{l_{gg}} = \frac{2000.0}{2} = 1000.0(\mathrm{mV}/g)$$

$$\hat{K}_F = \bar{u} - \hat{K}_I\bar{g}_I = 10(\mathrm{mV})$$

因此，该加速度计的经验回归模型为

$$\hat{u} = 10 + 1000.0g_I$$

相应的逆回归方程为

$$\hat{g}_I = -0.01 + 0.001u$$

将表5.3－1中第三列的电压值代入逆回归方程，求得逆回归拟合 $\hat{g}_I$ 及逆回归拟合误差 $\hat{g}_I - g_I$ 分别如表5.3－1中第四、五列所列，并绘制出比力—逆回归拟合误差如图5.3－1所示，可见该加速度计尚不能达到惯性级精度的要求。

如果将该加速度计应用于导航系统，当输出电压为500mV时，则表示所测得的比力为

$$\hat{g}_I = -0.01 + 0.001 \times 500 = 0.49(g)$$

使用式(5.1－33)分析比力测量误差的均方差为

$$\sqrt{\left[1 + \frac{1}{4} + \frac{(500-10)^2}{1000.0^2 \times 2}\right] \times \frac{0.1^2}{1000.0^2}} \approx 0.0001(g)$$

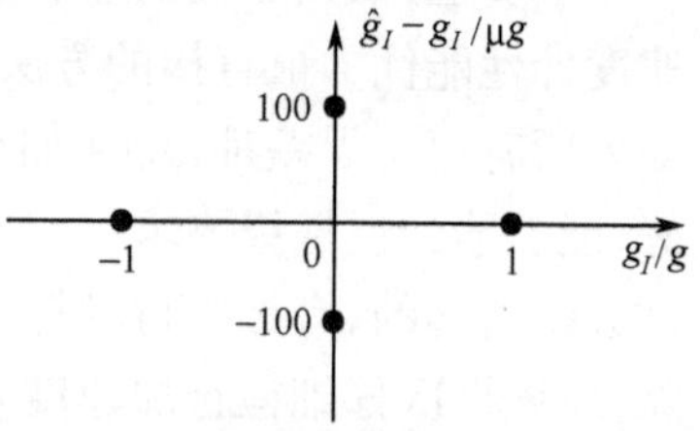

图5.3－1 比力—逆回归拟合误差

再假设加速度计输出电压为10000mV，则表示测得比力

$$\hat{g}_I = -0.01 + 0.001 \times 10000 = 9.99(g)$$

同样使用式(5.1－33)分析比力测量误差的均方差为

$$\sqrt{\left[1 + \frac{1}{4} + \frac{(10000-10)^2}{10000^2 \times 2}\right] \times \frac{0.1^2}{10000^2}} \approx 0.0007(g)$$

上述误差分析表明，若在1g重力场范围内测试和建立经验回归模型，而将其应用于高g的场合，误差可能会比较大，因此针对高过载使用场合有必要进行高g值的离心机试验和模型参数辨识。

最后指出，对于加速度计静态输入输出模型(2.4－16)，现重写为

$$i = K_F + K_I f_I + K_O f_O + K_P f_P + K_{IO} f_I f_O + K_{PI} f_P f_I + K_{II} f_I^2 + K_{III} f_I^3$$

其测试和辨识过程实质上可转化为多元线性回归问题，即只需令

$$\begin{cases} \boldsymbol{X}_i = [1 \quad f_I \quad f_O \quad f_P \quad f_I f_O \quad f_P f_I \quad f_I^2 \quad f_I^3]_{(i)} \\ \boldsymbol{\beta} = [K_F \quad K_I \quad K_O \quad K_P \quad K_{IO} \quad K_{PI} \quad K_{II} \quad K_{III}]^{\mathrm{T}} \end{cases}$$

就变成了多元线性回归模型，但是该模型的一些自变量之间存在明显的相关性，这与标准多元线性回归模型的假设条件是有细微差异的。

第6章　时间序列分析

时间序列就是按照时间的先后顺序记录的一列有序数据,这些数据由于受到各种偶然因素的影响,往往会表现出某种随机性,但是,由于一般事物发展的先后之间都具有惯性或延续性,所以这些数据彼此之间又存在一定的相关性。对时间序列进行观察和研究,揭示其蕴含的内在规律,进而根据变化规律预测走势或实施控制就是时间序列分析(Time Series Analysis)。时间序列分析作为数理统计学的一个专业分支,有着非常广泛的应用。

时间序列分析的方法大体可分为时域分析和频域分析两类方法。时域分析法主要从序列自相关的角度揭示时间序列的发展规律,这是本章讨论的重点;频域分析法也称为频谱分析法,它借助傅里叶变换将时间序列分解为若干不同频率的周期波动,从频域角度揭示时间序列的规律,将在第7章进行详细介绍。

6.1　随机过程基本概念

要全面准确地介绍随机过程的有关知识比较抽象和复杂。这里从大家熟知的随机变量和随机向量着手,推广引申出随机过程的基本概念。

6.1.1　随机向量

在概率论中,用随机变量 X 来描述随机事件。若 X 的取值是连续的,则称为连续型随机变量;若 X 的取值是离散的,则称为离散型随机变量。对于随机变量 X,一般可以使用概率密度函数、概率分布函数及数字特征(如均值、方差和矩)等数学语言来描述。

由 N 个随机变量组成一组向量

$$\boldsymbol{X}=[X_1 \quad X_2 \quad \cdots \quad X_N]^{\mathrm{T}} \tag{6.1-1}$$

称为随机向量。$\boldsymbol{X}$ 的均值是由其各个分量的均值组成的均值向量,即

$$\boldsymbol{\mu}_X=E(\boldsymbol{X})=[E(X_1) \quad E(X_2) \quad \cdots \quad E(X_N)]^{\mathrm{T}}=[\mu_{X1} \quad \mu_{X2} \quad \cdots \quad \mu_{XN}]^{\mathrm{T}} \tag{6.1-2}$$

式中:$\mu_{Xi}=E(X_i)(i=1,2,\cdots,N)$。

随机向量的方差是由向量各个分量之间互相求协方差所形成的一个方差矩阵,即

$$D(\boldsymbol{X})=E[(\boldsymbol{X}-\boldsymbol{\mu}_X)(\boldsymbol{X}-\boldsymbol{\mu}_X)^{\mathrm{T}}]$$

$$=\begin{bmatrix} \sigma_{X1}^2 & \mathrm{Cov}(X_1,X_2) & \cdots & \mathrm{Cov}(X_1,X_N) \\ \mathrm{Cov}(X_2,X_1) & \sigma_{X2}^2 & \cdots & \mathrm{Cov}(X_2,X_N) \\ \vdots & \vdots & & \vdots \\ \mathrm{Cov}(X_N,X_1) & \mathrm{Cov}(X_N,X_2) & \cdots & \sigma_{XN}^2 \end{bmatrix} \tag{6.1-3}$$

式中：各分量之间的方差和协方差分别表示为

$$\sigma_{Xi}^2 = D(X_i) = \mathrm{Cov}(X_i, X_i)$$

$$\mathrm{Cov}(X_i, X_j) = E[(X_i - \mu_{Xi})(X_j - \mu_{Xj})]$$

对于两个同维数的随机向量 $\boldsymbol{X}$ 和 $\boldsymbol{Y}$，如果它们之间的协方差阵为零，即

$$\mathrm{Cov}(\boldsymbol{X}, \boldsymbol{Y}) = E[(\boldsymbol{X} - \boldsymbol{\mu}_X)(\boldsymbol{Y} - \boldsymbol{\mu}_Y)^{\mathrm{T}}] = E[\boldsymbol{X}\boldsymbol{Y}^{\mathrm{T}}] - \boldsymbol{\mu}_X \boldsymbol{\mu}_Y^{\mathrm{T}} = \boldsymbol{0}$$

这等价于

$$E[\boldsymbol{X}\boldsymbol{Y}^{\mathrm{T}}] = \boldsymbol{\mu}_X \boldsymbol{\mu}_Y^{\mathrm{T}} \tag{6.1-4}$$

则称 $\boldsymbol{X}$ 和 $\boldsymbol{Y}$ 不相关；进一步，若有

$$E[\boldsymbol{X}\boldsymbol{Y}^{\mathrm{T}}] = \boldsymbol{0} \tag{6.1-5}$$

则称 $\boldsymbol{X}$ 与 $\boldsymbol{Y}$ 正交。

将随机向量的定义和研究方法进行推广，可过渡到对随机过程概念的理解。

6.1.2 随机过程与时间序列

如图 6.1-1 所示，考虑同一批次的 N 个热电阻，它们的一端共地，现研究另一端的电压特性。由于电阻中自由电子随机运动产生热噪声，电压会出现微小的随机波动，通过理想示波器观察到的电阻电压如右边坐标图所示。可见，每只电阻的电压随时间是一条随机波动的曲线 $x_i(t)$ $(i=1,2,\cdots,N)$；而在某一特定时刻，如 t_j 时刻，各个电阻的电压值也各不相同，分别为 $x_1(t_j), x_2(t_j), \cdots, x_N(t_j)$。在 t_j 时刻，电压值 $x_1(t_j), x_2(t_j), \cdots, x_N(t_j)$ 取各种数值，具有随机性和一定的概率分布特点（比如服从正态分布），记作随机变量 $X(t_j)$，由依赖于时间参数 t 变化的一组随机变量 $\{X(t_j)\}$ 就构成了一个随机过程 $X(t)$（Stochastic Process）；某一条曲线 $x_i(t)$ 是所有电压曲线中的一个样本函数，从这一角度看，所有样本函数的集合 $\{x_i(t)\}$ 也构成同一随机过程 $X(t)$。

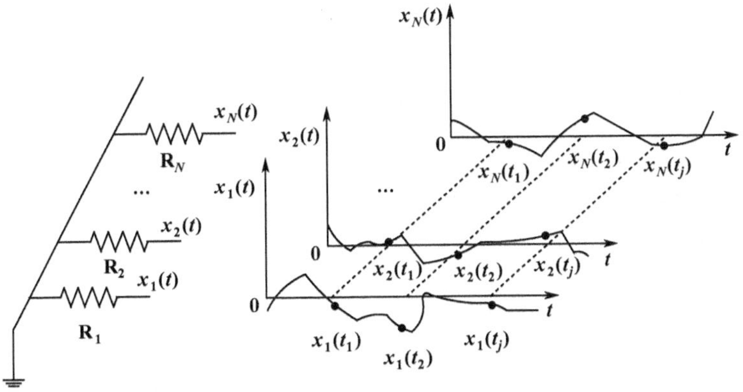

图 6.1-1　电阻热噪声电压

因此，随机过程测量值 $x_i(t_j)$ 可以看作是样本 i 和时间 t_j 的一个二元函数。在随机过程中，每个样本函数 $x_i(t)$ 也称为随机过程 $X(t)$ 的一个现实或轨道，随机过程包含一族样本函数；每个随机变量 $X(t_j)$ 也称为随机过程 $X(t)$ 的一个状态，随机过程包含一族状态变量。

根据随机变量取值的连续或离散、时间参数取值的连续或离散，进行交叉组合，可将随机过程分为四类，其中将随机变量连续而时间参数离散的随机过程称为连续状态时间序列，以后直接简称为时间序列，应用十分广泛。例如，若不用理想示波器，而使用 A/D 转换器对热电阻电压进行等间隔采样，周期为 T_s，假设 A/D 分辨率足够高可忽略量化误差影响，即可认为采样值几乎是连续的，则采样结果就是一个时间序列，可记为

$$\boldsymbol{X}=[X(T_s)\quad X(2T_s)\quad \cdots\quad X(nT_s)\quad \cdots]^{\mathrm{T}} \tag{6.1-6}$$

对比式(6.1-6)与式(6.1-1)，不难发现可以将时间序列看作是一个无穷维的随机向量。

不失一般性，将采样周期归一化处理，数学上常将时间序列记为

$$\{X(n),\quad n=0,\pm1,\pm2,\cdots\} \tag{6.1-7}$$

该定义的时间序号 n 可以取负值，它是一个双边无限的序列，一般在不引起歧义的情况下，为求简便也可以将时间序号参数的范围省略直接写成 $\{X(n)\}$，它的一个现实记为 $x_i(n)(i=1,2,\cdots)$。通俗地说，一个现实 $x_i(n)$ 就是随时间变化而又相互关联的一串数据，无数串数据组成时间序列 $\{X(n)\}$。

类似于随机向量，现定义时间序列的一些常用数字特征如下：

（1）均值函数：

$$\mu_X(n)=E[X(n)]=\lim_{N\to\infty}\frac{1}{N}\sum_{i=1}^{N}x_i(n) \tag{6.1-8}$$

时间序列 $\{X(n)\}$ 的均值函数是一个确定性的均值序列 $\mu_X(n)$，它是序号 n 的函数。

（2）自协方差函数：

$$\begin{aligned}C_X(n_1,n_2)&=\mathrm{Cov}[X(n_1),X(n_2)]\\&=E\{[X(n_1)-\mu_X(n_1)][X(n_2)-\mu_X(n_2)]\}\\&=\lim_{N\to\infty}\frac{1}{N}\sum_{i=1}^{N}[x_i(n_1)-\mu_X(n_1)][x_i(n_2)-\mu_X(n_2)]\end{aligned} \tag{6.1-9}$$

特别地，当 $n_1=n_2=n$ 时得方差函数为

$$\sigma_X^2(n)=D[X(n)]=E\{[X(n)-\mu_X(n)]^2\} \tag{6.1-10}$$

（3）自相关系数函数(AutoCorrelation Function, ACF)：

$$\rho_X(n_1,n_2)=\frac{C_X(n_1,n_2)}{\sqrt{\sigma_X^2(n_1)\cdot\sigma_X^2(n_2)}} \tag{6.1-11}$$

自相关系数函数度量的是同一事件在两个不同时刻之间的相关程度，形象地说就是自己过去行为对现在的影响程度。可以证明，$\rho_X(n_1,n_2)$ 的取值范围是 $-1\leqslant\rho_X(n_1,n_2)\leqslant1$，且 $\rho_X(n,n)=1$。可以认为，自相关系数函数是归一化了的自协方差函数。

（4）自相关函数：

$$R_X(n_1,n_2)=E[X(n_1)X(n_2)]=\lim_{N\to\infty}\frac{1}{N}\sum_{i=1}^{N}x_i(n_1)x_i(n_2) \tag{6.1-12}$$

可以证明，等式 $C_X(n_1,n_2)=R_X(n_1,n_2)-\mu_X(n_1)\mu_X(n_2)$ 恒成立。

6.1.3 平稳性与各态遍历性

如果一个随机过程的所有概率统计性质(或有穷维分布函数)不随时间原点推移而变化,那么就称它为严平稳过程(Strictly Stationary Process)或狭义平稳过程,但是由于一般随机过程的各种统计量太多并且该规定也过于苛刻,不利于理论分析和实际应用。因此,实际工作中往往降低要求,定义满足如下两个条件的随机过程为宽平稳过程(仅以时间序列为例)。

(1) 在所有时刻上,均值序列和方差序列都是定常值,且均为有限值,即 $\mu_X(n)=\mu_X$、$|\mu_X|<\infty$ 和 $\sigma_X^2(n)=\sigma_X^2<\infty$(满足该条件者称为二阶矩过程)。

(2) 自相关函数与时间起点无关,而只与时间间隔 $\tau=n_2-n_1$ 有关,即 $R_X(n_1,n_2)=R_X(0,\tau)\triangleq R_X(\tau)$。

简言之,宽平稳过程是一、二阶矩都存在且不随时间改变的一类随机过程。虽然宽平稳过程对一、二阶矩的要求不像严平稳过程对所有概率统计性质的要求那样完整地描述随机过程的统计特性,但前者在一定程度上也能够有效地反映随机过程的某些重要特征,特别在随机过程的频域功率谱描述时就与高阶矩无关。需特别注意,严平稳过程不一定是宽平稳过程,因为从定义上看严平稳过程允许不存在二阶矩,例如第 8 章将会介绍到的连续时间白噪声过程;宽平稳过程也不一定是严平稳过程,因为宽平稳过程只保证一、二阶矩存在且不随时间改变,这当然不能保证其有穷维分布不随时间推移而改变。也常将宽平稳过程称为广义平稳过程(Wide Sense Stationary Process)或二阶平稳过程,以后若无特别说明所指的平稳过程都是宽平稳的。

对于宽平稳过程,易知 $R_X(\tau)$ 是偶函数,即有 $R_X(\tau)=R_X(-\tau)$。此外,自协方差函数和自相关系数函数也仅与时间间隔有关,即 $C_X(n_1,n_2)\triangleq C_X(\tau)$,常将 $C_X(\tau)$ 记作 $\gamma_X(\tau)$,则有

$$\rho_X(n_1,n_2)\triangleq\rho_X(\tau)=\frac{\gamma_X(\tau)}{\gamma_X(0)}\quad 且\quad \rho_X(0)=1$$

例如,白噪声序列 $\{W(n)\}$ 是理论分析中常用的一种理想化的平稳随机过程,它由一系列相互独立且相同分布(Independent Identically Distributed, IID)的随机变量构成,即满足

$$E[W(n)]=\mu_W$$

$$\gamma_W(\tau)=\begin{cases}\sigma_W^2, & \tau=0\\ 0, & \tau\neq 0\end{cases}$$

白噪声序列(White Noise)又称为纯随机序列,它是最简单的平稳序列。如果 $W(n)$ 还是正态分布的,则称该白噪声序列为高斯白噪声序列,常记作 $\{W(n)\}\sim WN(\mu_W,\sigma_W^2)$,今后不特别说明所指的白噪声序列均为高斯白噪声序列。

对于平稳过程,实际工作中通常很难取得足够多的样本用来分析随机过程的总体特性,有时也是没有必要的,所以常常只用少量甚至一个样本函数进行分析,这就涉及一个样本函数的特性能否代表和估计随机过程总体特性的问题。为此提出各态遍历(也称各态历经,Ergodic)的概念。各态遍历平稳随机过程,它满足所有样本函数在某一固定时刻

的一阶和二阶统计特性与任一样本函数在长时间的统计特性一致，即满足

$$\mu_X = E[X(n)] \overset{=}{\longleftrightarrow} \lim_{M\to\infty}\frac{1}{2M+1}\sum_{n=-M}^{M} x_i(n) = \mu_{xi} \tag{6.1-13}$$

$$R_X(\tau) = E[X(n)X(n+\tau)] \overset{=}{\longleftrightarrow} \lim_{M\to\infty}\frac{1}{2M+1}\sum_{n=-M}^{M} x_i(n)x_i(n+\tau) = R_{xi}(\tau) \tag{6.1-14}$$

式中：$\mu_X = E[X(n)]$和$R_X(\tau) = E[X(n)X(n+\tau)]$称为集总平均(Ensemble Average)，它是由$\{X(n)\}$的无数个样本函数在n时刻相加(或相乘后再相加)进行平均的；而$\mu_{xi} = \lim_{M\to\infty}\frac{1}{2M+1}\sum_{n=-M}^{M} x_i(n)$和$R_{xi}(\tau) = \lim_{M\to\infty}\frac{1}{2M+1}\sum_{n=-M}^{M} x_i(n)x_i(n+\tau)$称为时间平均(Time Average)，它是由$\{X(n)\}$的某一个样本在所有时间上相加(或相乘后再相加)进行平均的。为了简化书写，时间平均还经常采用运算符$\langle\cdot\rangle$记法，如$\mu_{xi} = \langle x_i(n)\rangle$和$R_{xi}(\tau) = \langle x_i(n)x_i(n+\tau)\rangle$。

式(6.1-13)和式(6.1-14)表明，各态遍历平稳过程可以直接用它的任一样本函数的时间平均来代替整个随机过程的总体统计平均，从而给解决许多工程问题带来极大的方便。但是，实际应用中，要想从理论上严格证明一个随机过程是平稳的或各态遍历的，并非易事。事实上，只要一个随机过程产生的主要物理条件在时间进程中基本不变，并且各样本函数都受大致相同的随机因素影响，则可认为该随机过程是平稳和各态遍历的。因此，常常将平稳性和各态遍历性作为一种前提假设，在时间序列分析完成之后再根据试验结果作些必要的检验。在以后分析中，如未作特别说明，认为所讨论的时间序列都是平稳和各态遍历的。

习惯上，常将各态遍历平稳时间序列$\{X(n)\}$简记作$x(n)$，这样$x(n)$可表示时间序列总体或它的某一样本函数，甚至有时还可看作是n时刻的一个采样值(采样值也常用x_n表示)，具体含义可根据上下文加以区别。

6.2 ARMA 模型及其特点

给研究对象建立数学模型是现代工程中常用的方法。一方面，通过建模研究可以获得一些重要的模型参数，有助于深入了解研究对象，为改进研究对象提供依据；另一方面，建立研究对象的数学表达式是更好地发挥研究对象的使用性能的基础，特别是在利用现代最优控制和最优估计理论解决实际问题时，对传感器进行随机测量误差建模分析具有重要意义。ARMA 是目前最常用的拟合平稳时间序列的模型。

6.2.1 ARMA(p,q)、MA(q)与 AR(p)模型的定义

显然，一个平稳时间序列的均值如果不为零，只需将它扣除均值后就变成了零均值平稳时间序列，这样就有$\gamma_X(\tau) = R_X(\tau)$，不失一般性，下面主要针对零均值平稳时间序列进行分析。

零均值高斯白噪声序列$w(n) \sim WN(0,\sigma^2)$是最基本和最特殊的时间序列，除同分布外，它的另一最大特点是任意不同时刻观测值之间互不相关，将作为时间序列分析的最基

本组成单元。对一般的各态遍历平稳时间序列进行分析的出发点是承认序列相继采样值之间存在相关性,再把这种相关性用数学模型定量描述出来。常常使用白噪声来表示普通的时间序列,在表示方法中最简单的是线性组合方式,换句话说,如果观测到某个时间序列的结果为 $x(n)$,可以把它看作是来自于某一线性时不变离散时间系统或数字滤波器的输出,传递函数为 $H(z)$,而系统的输入是白噪声 $w(n)$,即

$$x(z)=H(z)w(z) \tag{6.2-1}$$

式中:$x(z)$,$w(z)$ 分别是 $x(n)$ 和 $w(n)$ 的 Z 变换,且 $H(z)$ 的表达式为

$$H(z)=\frac{B(z)}{A(z)}=\frac{1+\sum_{k=1}^{q}b_kz^{-k}}{1-\sum_{k=1}^{p}a_kz^{-k}} \tag{6.2-2}$$

式中:$A(z)=1-\sum_{k=1}^{p}a_kz^{-k}$,$B(z)=1+\sum_{k=1}^{q}b_kz^{-k}=\sum_{k=0}^{q}b_kz^{-k}$ 且规定 $b_0=1$。

理论分析表明,对于任意零均值平稳时间序列 $x(n)$,与之对应的 $H(z)$ 和 $w(n)$ 总是存在的。因此,时间序列分析的基本内容就是根据观测值 $x(n)$,建立恰当阶数的 $H(z)$,并估计参数 a_k,b_k 的数值和白噪声 $w(n)$ 的方差强度 σ^2。从频域角度看,既然 $H(z)$ 是一个数字滤波器,它就可能对输入白色噪声 $w(n)$ 的某些频率成分起衰减作用,使得输出 $x(n)$ 是有色的,因此,也称 $H(z)$ 为有色噪声 $x(n)$ 的成形滤波器,将由观测 $x(n)$ 求解 $H(z)$ 和 $w(n)$ 的过程称为有色噪声白化过程。简单地说,时间序列分析就是将复杂序列分解为白噪声基本单元的线性组合。在随机分析中,白噪声与时间序列的关系,就犹如在确定性自动控制系统中冲激输入与系统输出之间的关系。

对于确定性的线性系统 $H(z)$ 而言,其稳定的条件是分母 $A(z)=0$ 的所有特征根 $z=\lambda_i$ 均位于单位圆内,相应地 λ_i^{-1} 位于单位圆外,这在平稳时间序列建模中也是必须予以保证的。

将式(6.2-1)写成时域递推形式为

$$\begin{aligned}x(n)&=a_1x(n-1)+a_2x(n-2)+\cdots+a_px(n-p)+\\&\quad w(n)+b_1w(n-1)+b_2w(n-2)+\cdots+b_qw(n-q)\\&=\sum_{k=1}^{p}a_kx(n-k)+\sum_{k=0}^{q}b_kw(n-k)\end{aligned} \tag{6.2-3}$$

这表示 n 时刻的观测值 $x(n)$ 与既往 p 个观测 $x(n-1)$,$x(n-2)$,$\cdots$,$x(n-p)$ 存在相关性,并且除 $w(n)$ 外与该白噪声的既往 q 个时间平移 $w(n-1)$,$w(n-2)$,$\cdots$,$w(n-q)$ 也存在相关性,称为 ARMA(p,q) 模型,即自回归—滑动平均模型(Auto Regression Moving Average models)。容易看出,当 $w(n)$ 是零均值白噪声时,$x(n)$ 也是零均值的。

特别当 $p=0$ 时,有

$$\begin{aligned}x(n)&=w(n)+b_1w(n-1)+b_2w(n-2)+\cdots+b_qw(n-q)\\&=\sum_{k=0}^{q}b_kw(n-k)\end{aligned} \tag{6.2-4}$$

称为 MA(q) 模型,或 q 阶滑动平均模型,它表示 $x(n)$ 是由 $w(n)$ 与其既往连续 q 个时移序列加权平均而得,若观测值的序号 n 移动,则白噪声的所有序号也随之移动或滑动,但加权系数保持不变,称加权系数 b_k 为滑动平均系数。

而当 $q=0$ 时，有

$$
\begin{aligned}
x(n) &= a_1x(n-1)+a_2x(n-2)+\cdots+a_px(n-p)+w(n) \\
&= \sum_{k=1}^{p} a_kx(n-k)+w(n)
\end{aligned} \tag{6.2-5}
$$

称为 AR(p)模型，或 p 阶自回归模型，它表示 $x(n)$是序列自身前 p 个观测值 $x(n-1)$，$x(n-2)$，…，$x(n-p)$的线性回归(递推)再加上现时刻白噪声 $w(n)$的结果，称 a_k 为自回归系数。

显然，MA(q)和 AR(p)都是 ARMA(p,q)过程的特例，但是，正是由于它们的组成结构存在差异，导致各类时间序列的内在特性互不相同，这些特性是模型结构辨识的重要依据。

6.2.2 MA(q)模型特点

现计算 MA(q)模型的自协方差函数，将式(6.2-4)的两边同时乘以 $x(n+h)$($h\geqslant 0$)并求其均值，得自协方差函数如下：

$$
\begin{aligned}
\gamma_x(h) &= E[x(n)x(n+h)] = E\left[\sum_{k=0}^{q} b_kw(n-k)\sum_{k=0}^{q} b_kw(n-k+h)\right] \\
&= \begin{cases} \sigma^2\sum_{k=0}^{q-h} b_kb_{k+h}, & 0\leqslant h\leqslant q \\ 0, & h>q \end{cases}
\end{aligned} \tag{6.2-6}
$$

相应地，自相关系数函数为

$$
\rho_x(h) = \begin{cases} 1, & h=0 \\ \left(\sum_{k=0}^{q-h} b_kb_{k+h}\right)/\left(\sum_{k=0}^{q} b_k^2\right), & 0<h\leqslant q \\ 0, & h>q \end{cases} \tag{6.2-7}
$$

当 $h>q$ 时有 $\rho_x(h)\equiv 0$，称自相关系数函数 $\rho_x(h)$是 q 步截尾的，也就是说 $x(n)$只有有限步自相关，其逆命题也是成立的，即对于零均值平稳时间序列，如果它的自相关系数函数 $\rho_x(h)$是 q 步截尾的，则它必定是 MA(q)过程，这是 MA(q)模型结构识别的一个重要依据。

为了直观起见，根据式(6.2-6)可将 MA(q)模型参数与自相关系数函数之间关系的 $q+1$ 个等式写成矩阵的形式，即

$$
\sigma^2\begin{bmatrix} 1 & b_1 & b_2 & \cdots & b_q \\ 0 & 1 & b_1 & \cdots & b_{q-1} \\ 0 & 0 & 1 & \cdots & b_{q-2} \\ \vdots & \vdots & \vdots & & \vdots \\ 0 & 0 & 0 & \cdots & 1 \end{bmatrix}\begin{bmatrix} 1 \\ b_1 \\ b_2 \\ \vdots \\ b_q \end{bmatrix} = \gamma_x(0)\begin{bmatrix} 1 \\ \rho_x(1) \\ \rho_x(2) \\ \vdots \\ \rho_x(q) \end{bmatrix} \tag{6.2-8}
$$

所以，若已知 MA(q)模型参数 b_k 和 σ^2，可直接求解出 $\rho_x(h)$($h=1,2,\cdots,q$)和 $\gamma_x(0)$；但反过来，如果已知 $\rho_x(h)$和 $\gamma_x(0)$，欲求 b_k 和 σ^2 就必须求解非线性方程组，显然

其结果一般是不唯一的,这会给将来的建模问题带来麻烦。

为了保证一个给定的自相关系数函数能够对应唯一的 MA(q)模型,须给 MA(q)模型增加一定的约束条件,即可逆性条件。若将 MA(q)模型的输入输出关系对调,构造逆过程

$$w(z)=\frac{1}{B(z)}x(z)$$

由上式确定的 AR(q)模型是平稳过程的充要条件是 $B(z)=0$ 的特征根都在单位圆内。存在平稳逆过程的 MA(q)模型即称为可逆 MA(q)模型,可以证明,在可逆性条件下根据自相关系数函数可唯一确定一个可逆的 MA(q)模型。未加特别说明,以后讨论的 MA(q)模型均指可逆 MA(q)模型。

6.2.3 AR(p)模型特点

将式(6.2-5)的两边同时乘以 $x(n+h)(h\geqslant 0)$ 并求其均值,得自协方差函数如下:

$$\begin{aligned}\gamma_x(h)&=E[x(n)x(n+h)]=E\{x(n)[\sum_{k=1}^{p}a_kx(n+h-k)+w(n+h)]\}\\&=E\{x(n)[\sum_{k=1}^{p}a_kx(n+h-k)]\}+E[x(n)w(n+h)]\\&=\sum_{k=1}^{p}a_k\gamma_x(h-k)+\gamma_{xw}(h)\end{aligned}\tag{6.2-9}$$

式中:$\gamma_{xw}(h)=E[x(n)w(n+h)]$表示 $x(n)$ 与 $w(n+h)$ 之间的互协方差函数,当 $h>0$ 时,由式(6.2-5)知 n 时刻的测量值与将来 $n+h$ 时刻的噪声必定是不相关的,所以 $\gamma_{xw}(h)\equiv 0(h>0)$;而当 $h=0$ 时,由式(6.2-5)知 $\gamma_{xw}(0)=\gamma_w(0)=\sigma^2$。因此,若将式(6.2-9)的两边同除以 $\gamma_x(0)$ 并整理,得

$$\rho_x(h)=\sum_{k=1}^{p}a_k\rho_x(h-k)+\frac{\gamma_w(h)}{\gamma_x(0)}\tag{6.2-10}$$

现取 $h=0$ 和 $h=1,2,\cdots,p$,并利用自相关系数函数的偶对称性性质,将 $p+1$ 个自相关系数函数等式(6.2-10)整理成一个方程和一个方程组的形式:

$$1-\sum_{k=1}^{p}a_k\rho_x(k)=\frac{\sigma^2}{\gamma_x(0)}\tag{6.2-11}$$

$$\begin{bmatrix}1&\rho_x(1)&\cdots&\rho_x(p-1)\\\rho_x(1)&1&\cdots&\rho_x(p-2)\\\vdots&\vdots&&\vdots\\\rho_x(p-1)&\rho_x(p-2)&\cdots&1\end{bmatrix}\begin{bmatrix}a_1\\a_2\\\vdots\\a_p\end{bmatrix}=\begin{bmatrix}\rho_x(1)\\\rho_x(2)\\\vdots\\\rho_x(p)\end{bmatrix}\tag{6.2-12}$$

将式(6.2-12)简记为

$$\boldsymbol{\Gamma}_x\boldsymbol{a}=\boldsymbol{\rho}_x\tag{6.2-13}$$

此式称为 AR(p)模型的正则方程,即著名的尤尔—沃克方程(Yule-Walker 方程,或简写成 Y-W 方程)。由自相关系数函数构成的矩阵 $\boldsymbol{\Gamma}_x$ 称为自相关系数阵,它不但是对称矩阵,而且在平行于主对角线的任一条次对角线上的元素都相等,具有这种性质的矩阵称为

Toeplitz 矩阵,可以证明线性平稳过程的 $\boldsymbol{\Gamma}_x$ 总是正定的。

如果已知自相关系数函数 $\rho_x(h)(h=1,2,\cdots,p)$ 和 $\gamma_x(0)$,先由 $\rho_x(h)$ 直接求解矩阵方程(6.2-12)可得 a_k,再将 a_k 和 $\gamma_x(0)$ 代入式(6.2-11)可得 σ^2;相反,如果 $AR(p)$ 模型参数 a_k 和 σ^2 已知,从 Y-W 方程可以通过一定的方法解出 p 个未知数 $\rho_x(h)$,再由式(6.2-11)求出 $\gamma_x(0)$,下面重点介绍一下 $\rho_x(h)$ 的求解算法。

首先,将式(6.2-12)改写为

$$\begin{bmatrix} 0 & \rho_x(1) & \cdots & \rho_x(p-1) \\ \rho_x(1) & 0 & \cdots & \rho_x(p-2) \\ \vdots & \vdots & & \vdots \\ \rho_x(p-1) & \rho_x(p-2) & \cdots & 0 \end{bmatrix} \begin{bmatrix} a_1 \\ a_2 \\ \vdots \\ a_p \end{bmatrix} - \begin{bmatrix} \rho_x(1) \\ \rho_x(2) \\ \vdots \\ \rho_x(p) \end{bmatrix} = - \begin{bmatrix} a_1 \\ a_2 \\ \vdots \\ a_p \end{bmatrix} \tag{6.2-14}$$

显然,该方程关于 $\rho(h)$ 是线性的。再利用以下两个等式:

$$\begin{bmatrix} 0 & \rho_x(1) & \rho_x(2) & \cdots & \rho_x(p-1) \\ 0 & 0 & \rho_x(1) & \cdots & \rho_x(p-2) \\ 0 & 0 & 0 & \cdots & \rho_x(p-3) \\ \vdots & \vdots & \vdots & & \vdots \\ 0 & 0 & 0 & \cdots & 0 \end{bmatrix} \begin{bmatrix} a_1 \\ a_2 \\ a_3 \\ \vdots \\ a_p \end{bmatrix} = \begin{bmatrix} a_2 & a_3 & \cdots & a_p & 0 \\ a_3 & \vdots & & \vdots & \vdots \\ \vdots & a_p & \cdots & 0 & 0 \\ a_p & 0 & \cdots & 0 & 0 \\ 0 & 0 & \cdots & 0 & 0 \end{bmatrix} \begin{bmatrix} \rho_x(1) \\ \rho_x(2) \\ \rho_x(3) \\ \vdots \\ \rho_x(p) \end{bmatrix} \quad \text{和}$$

$$\begin{bmatrix} 0 & 0 & 0 & \cdots & 0 \\ \rho_x(1) & 0 & 0 & \cdots & 0 \\ \rho_x(2) & \rho_x(1) & 0 & \cdots & 0 \\ \vdots & \vdots & \vdots & & \vdots \\ \rho_x(p-1) & \rho_x(p-2) & \rho_x(p-3) & \cdots & 0 \end{bmatrix} \begin{bmatrix} a_1 \\ a_2 \\ a_3 \\ \vdots \\ a_p \end{bmatrix} = \begin{bmatrix} 0 & 0 & 0 & \cdots & 0 \\ a_1 & 0 & 0 & \cdots & 0 \\ a_2 & a_1 & 0 & \cdots & 0 \\ \vdots & \vdots & \vdots & & \vdots \\ a_{p-1} & a_{p-2} & a_{p-3} & \cdots & 0 \end{bmatrix} \begin{bmatrix} \rho_x(1) \\ \rho_x(2) \\ \rho_x(3) \\ \vdots \\ \rho_x(p) \end{bmatrix}$$

代入式(6.2-14),得

$$\left(\begin{bmatrix} a_2 & a_3 & a_4 & \cdots & 0 \\ a_3 & a_4 & a_5 & \cdots & 0 \\ a_4 & a_5 & a_6 & \cdots & 0 \\ \vdots & \vdots & \vdots & & \vdots \\ 0 & 0 & 0 & \cdots & 0 \end{bmatrix} + \begin{bmatrix} 0 & 0 & 0 & \cdots & 0 \\ a_1 & 0 & 0 & \cdots & 0 \\ a_2 & a_1 & 0 & \cdots & 0 \\ \vdots & \vdots & \vdots & & \vdots \\ a_{p-1} & a_{p-2} & a_{p-3} & \cdots & 0 \end{bmatrix} - \boldsymbol{I} \right) \begin{bmatrix} \rho_x(1) \\ \rho_x(2) \\ \rho_x(3) \\ \vdots \\ \rho_x(p) \end{bmatrix} = - \begin{bmatrix} a_1 \\ a_2 \\ a_3 \\ \vdots \\ a_p \end{bmatrix}$$

上式进一步合并化简为

$$\begin{bmatrix} a_2-1 & a_3 & a_4 & \cdots & 0 \\ a_3+a_1 & a_4-1 & a_5 & \cdots & 0 \\ a_4+a_2 & a_5+a_1 & a_6-1 & \cdots & 0 \\ \vdots & \vdots & \vdots & & \vdots \\ a_{p-1} & a_{p-2} & a_{p-3} & \cdots & -1 \end{bmatrix} \begin{bmatrix} \rho_x(1) \\ \rho_x(2) \\ \rho_x(3) \\ \vdots \\ \rho_x(p) \end{bmatrix} = - \begin{bmatrix} a_1 \\ a_2 \\ a_3 \\ \vdots \\ a_p \end{bmatrix} \tag{6.2-15}$$

最后，由式(6.2-15)便可立即求解出$\rho_x(h)$。

式(6.2-10)还表明，在已知$\rho_x(h)(h=1,2,\cdots,p)$情况下，比$p$更高时间间隔$m$的自相关系数函数$\rho_x(m)$可由低于间隔$m$的自相关系数函数递推关系式$\rho_x(m)=\sum_{k=1}^{p}a_k\rho_x(m-k)$给出。进一步的研究显示，AR($p$)过程的自相关系数函数$\rho_x(m)$按负指数函数规律衰减，理论上是无限延伸趋于零的，这种性质称为拖尾性，可将这一特点作为AR(p)过程的标志，使之区别于MA(q)过程。然而，由于它的无限延伸与阶次p之间没有明显的关系，所以不能用自相关系数函数确定AR(p)过程的阶数。

为了判断AR(p)过程的阶数，需引入偏自相关系数函数(Partial AutoCorrelation Function,PACF)的概念。

时间序列$x(n)$的偏自相关系数函数定义为

$$\varphi_x(k)=\frac{\mathrm{Cov}[x(n)-\hat{x}(n),x(n+k)-\hat{x}(n+k)]}{\sqrt{D[x(n)-\hat{x}(n)]\cdot D[x(n+k)-\hat{x}(n+k)]}} \tag{6.2-16}$$

它表示在$k+1$个相继序列$x(n),x(n+1),x(n+2),\cdots,x(n+k)$中，把中间序列$x(n+1),x(n+2),\cdots,x(n+k-1)$的影响扣除后，$x(n)$与$x(n+k)$之间的相关强度。式中$\hat{x}(n)$和$\hat{x}(n+k)$分别是利用$x(n+1),x(n+2),\cdots,x(n+k-1)$对$x(n)$和$x(n+k)$所作的最佳线性估计，即$\hat{x}(n)=\sum_{i=1}^{k-1}\alpha_i x(n+i)$和$\hat{x}(n+k)=\sum_{i=1}^{k-1}\beta_i x(n+k-i)$，所以$x(n)-\hat{x}(n)$和$x(n+k)-\hat{x}(n+k)$就是扣除了$x(n+1),x(n+2),\cdots,x(n+k-1)$影响之后的残差。$\alpha_i$和$\beta_i$为最佳线性估计系数，可通过一定的方法求得，但比较复杂，这里不再介绍。

当求出α_i和β_i后再代入式(6.2-16)，化简整理可求得$\varphi_x(k)$，研究发现$\varphi_x(k)$的计算结果恰好与如下k阶Y-W方程的解系数φ_{kk}完全相同。

$$\begin{bmatrix} 1 & \rho_x(1) & \cdots & \rho_x(k-1) \\ \rho_x(1) & 1 & \cdots & \rho_x(k-2) \\ \vdots & \vdots & & \vdots \\ \rho_x(k-1) & \rho_x(k-2) & \cdots & 1 \end{bmatrix}\begin{bmatrix} \varphi_{k1} \\ \varphi_{k2} \\ \vdots \\ \varphi_{kk} \end{bmatrix}=\begin{bmatrix} \rho_x(1) \\ \rho_x(2) \\ \vdots \\ \rho_x(k) \end{bmatrix} \tag{6.2-17}$$

所以，对于任意$k=1,2,3,\cdots$，也可直接将式(6.2-17)的解系数φ_{kk}定义为偏自相关系数函数，但含义不像式(6.2-16)那样直观。显然，式(6.2-17)表明φ_{kk}是$\rho_x(1),\rho_x(2),\cdots,\rho_x(k)$的函数。

对于AR(p)过程的偏自相关系数函数，容易验证这两个特例$\varphi_{11}=\rho_x(1)$和$\varphi_{pp}=a_p$成立，但其他φ_{kk}的取值并不明显，需逐一通过求解相应的k阶Y-W方程获得。当$k>p$时，不易对AR(p)的k阶自相关系数矩阵求逆，但是由于最佳线性估计$\hat{x}(n)=\sum_{i=1}^{k-1}\alpha_i x(n+i)$和$\hat{x}(n+k)=\sum_{i=1}^{k-1}\beta_i x(n+k-i)$的拟合阶数大于AR($p$)的阶数$p$，使得残差$x(n)-\hat{x}(n)$和$x(n+k)-\hat{x}(n+k)$之间必然互不相关，因而从偏自相关系数函数的定义式(6.2-16)可知恒有$\varphi_{kk}=0(k>p)$。从另一角度看，当$k>p$时虽然不方便通过Y-W方程求解φ_{kk}，但是可以验证$[\varphi_{p1} \quad \varphi_{p2} \quad \cdots \quad \varphi_{pp} \quad \mathbf{0}_{1\times(k-p)}]^{\mathrm{T}}$总满足$k>p$阶的Y-W方程，即有$\varphi_{kk}=0(k>p)$。因此，AR($p$)过程的偏自相关系数函数$\varphi_{kk}$是$p$步截尾的，这是

用它作为 AR(p)过程阶数判断的重要标志。

偏自相关系数函数的定义和计算方法也适用于 MA(q)过程。但是,不像 AR(p)过程那样 p 阶自相关系数函数之间存在约束关系式(6.2-10),使得 MA(q)的任意阶自相关系数阵总是可逆的,所以 MA(q)过程的偏自相关系数函数 φ_{kk} 总不为零,它将按负指数函数规律衰减,也就是说 MA(q)过程的偏自相关系数函数具有拖尾性质。

【例 6.2-1】 假设 AR(1)模型 $x(n)=a_1x(n-1)+w(n)$,其中白噪声 $w(n)\sim WN(0,\sigma^2)$,试求该模型的自相关系数函数和偏自相关系数函数。

解:(1)自相关系数函数的求解过程如下:

首先,恒有 $\rho_x(0)=1$;其次,由递推方程(6.2-10)得

$$\rho_x(1)=a_1\rho_x(0)=a_1$$

$$\rho_x(2)=a_1\rho_x(1)=a_1^2$$

$$\vdots$$

$$\rho_x(k)=a_1\rho_x(k-1)=a_1^k(k=3,4,5,\cdots)$$

综上所述,有

$$\rho_x(k)=a_1^k(k=0,1,2,\cdots)$$

由式(6.2-11)还可得 $1-a_1\rho_x(1)=\dfrac{\sigma^2}{\gamma_x(0)}$,解得 $\gamma_x(0)=\dfrac{\sigma^2}{1-a_1^2}$。

(2) 直接由 AR(p)过程的偏自相关系数函数性质 $\varphi_{11}=\rho_x(1)$ 和 $\varphi_{pp}=a_p$,得 $\varphi_{11}=\rho_x(1)=a_1$,而当 $k>1$ 时 $\varphi_{kk}=0$,可以验证 $\begin{bmatrix}1 & \rho_x(1)\\ \rho_x(1) & 1\end{bmatrix}\begin{bmatrix}a_1\\0\end{bmatrix}=\begin{bmatrix}\rho_x(1)\\ \rho_x(2)\end{bmatrix}$ 成立。

AR(1)过程也称为一阶马尔可夫(Markov)过程,它是一种非常重要和常见的随机过程,其主要特点是当前时刻观测值仅与相邻的前一时刻观测值存在直接相关性,虽然当 $k>1$ 时 $\rho_x(k)\neq0$,但是 $\varphi_{kk}=0$,借此可加强对偏自相关系数函数的理解。在惯性器件随机漂移模型中 a_1 一般为正值,若记 $a_1=e^{-T_s/\tau}$,则一阶马尔可夫过程可写为

$$x(n)=e^{-T_s/\tau}x(n-1)+w(n) \tag{6.2-18}$$

式中:T_s 为序列的采样周期,而称 $\tau>0$ 为一阶马尔可夫过程的相关时间常数,还常定义 $\beta=1/\tau$ 为反相关时间常数,单位 1/s。显然,当相关时间 τ 越长时,$e^{-T_s/\tau}$ 就越接近于 1,当前观测值对前一时刻观测值的相关性或依赖性就越大,犹如自动控制系统中的惯性环节 $H(s)=1/(\tau s+1)$,时间常数 τ 越大,惯性越强;反之,τ 越短时,当前观测值受前一时刻观测值的影响就越小,整个序列就越接近于白噪声 $w(n)$。

再定义 $N_\tau=[\tau/T_s]$ 为一阶马尔可夫序列的相关长度,其中[·]为取整运算。N_τ 表示最长的序列相关长度,它的含义是:在 AR(1)过程中,$x(k)$ 对 $x(k+1)$ 有影响,$x(k)$ 通过 $x(k+1)$ 间接影响 $x(k+2)$,再通过 $x(k+2)$ 间接影响 $x(k+3)$,如此等等,一直到 $x(k)$ 会间接影响 $x(k+N_\tau)$,但 $x(k)$ 对 $x(k+N_\tau+1)$ 及其之后的影响非常微弱可以忽略,或可认为没有影响。在将 T_s 归一化后,a_1 与 N_τ 的关系近似为 $a_1\approx e^{-1/N_\tau}$,比如当 $N_\tau=1$ 时有

$a_1 \approx 0.368$，从上述序列相关长度观点看，当 $a_1 < 0.368$ 时 AR(1)过程与白噪声非常接近。表6.2-1给出了一阶马尔可夫过程序列相关长度 N_τ 与回归系数 a_1 之间的对应关系，可供快速查询，显然当 N_τ 比较大时近似有 $a_1 \approx 1 - 1/N_\tau$ 或 $N_\tau \approx 1/(1-a_1)$。

表6.2-1　AR(1)序列相关长度与自回归系数之间的对应关系

N_τ	a_1	N_τ	a_1	N_τ	a_1
1	0.368	10	0.905	100	0.990
2	0.607	20	0.951	500	0.998
3	0.716	30	0.967	1000	0.999
4	0.779	40	0.975	5000	0.9998
5	0.819	50	0.983	10000	0.9999
7	0.867	70	0.986	50000	0.99998
9	0.895	90	0.989	100000	0.99999

此外，在一阶马尔可夫过程的表达式 $x(n) = a_1 x(n-1) + w(n)$ 中，$x(n)$ 可以看作是 $x(n-1)$ 和 $w(n)$ 的加权平均，且 $x(n-1)$ 和 $w(n)$ 之间互不相关，有

$$D[x(n)] = D[a_1 x(n-1)] + D[w(n)] = a_1^2 \frac{\sigma^2}{1-a_1^2} + \sigma^2$$

这显示 $x(n)$ 的方差由两部分组成，如果 $D[a_1 x(n-1)] \ll D[w(n)]$，则表示白噪声起主要贡献，不妨设 $\frac{a_1^2\sigma^2}{1-a_1^2} = \frac{\sigma^2}{10}$，可求得 $a_1 \approx 0.3$，这也说明了当 $a_1 < 0.3$ 时，AR(1)过程非常接近于白噪声，与前述根据序列相关长度的观点判断白噪声的结论基本一致。

若在AR(1)模型中令 $a_1 = 1$，得如下随机过程模型：

$$x(n) = x(n-1) + w(n) \tag{6.2-19}$$

由于对应传递函数的分母特征根 $z_r = 1$ 在单位圆上，因此该模型不属于平稳过程，有关普通AR(p)模型分析的结论不再适用。模型式(6.2-19)的特点是当前观测值完全由上一时刻观测值再加上现时噪声决定，就如同在马路上(看作一维线形)摇摇晃晃地行走的醉汉一样，他在 n 时刻的位置等于 $n-1$ 时刻的位置再加上随机走出的一步，因此形象地称该模型为随机游走过程(Random Walk)。

在随机游走过程式(6.2-19)中，若设初值 $x(0)=0$，则在 $n>0$ 时可递推得

$$x(n) = \sum_{k=1}^{n} w(k)$$

其均值和方差函数分别为

$$\mu_x(n) = E[x(n)] = \sum_{k=1}^{n} E[w(k)] = 0$$

$$\sigma_x^2(n) = D[x(n)] = D\left[\sum_{k=1}^{n} w(k)\right] = n\sigma^2$$

可见，随机游走过程的方差与时间间隔成正比，随时间不断发展趋于无穷大，这也验证了它不属于平稳随机过程。

综合上述分析，可以将白噪声和随机游走当作是一阶马尔可夫过程的两种极端情形，即分别取参数 $a_1=0$ 或 $a_1=1$，三者之间的关系形象表示如图 6.2－1 所示。

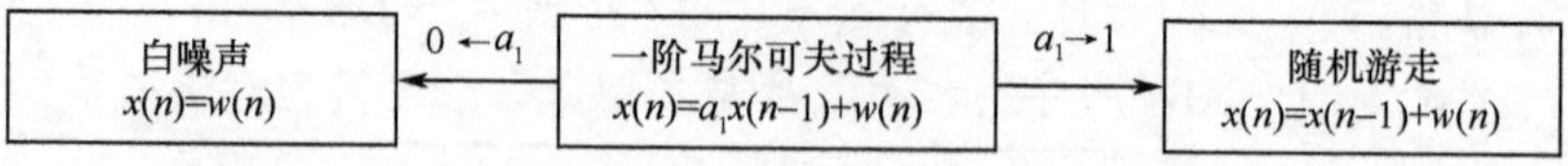

图 6.2－1　一阶马尔可夫过程、白噪声和随机游走之间的关系

【例 6.2－2】 假设 AR(2)模型 $x(n)=a_1x(n-1)+a_2x(n-2)+w(n)$，其中白噪声 $w(n)\sim WN(0,\sigma^2)$，试求该模型的自相关系数函数和偏自相关系数函数。

解：(1) 求解自相关系数函数。

首先，有 $\rho_x(0)=1$；其次，根据 2 阶 Y－W 方程 $\begin{bmatrix}1 & \rho_x(1)\\ \rho_x(1) & 1\end{bmatrix}\begin{bmatrix}a_1\\ a_2\end{bmatrix}=\begin{bmatrix}\rho_x(1)\\ \rho_x(2)\end{bmatrix}$ 解得 $\rho_x(1)=\dfrac{a_1}{1-a_2}$；最后，由递推方程(6.2－10)得 $\rho_x(k)=a_1\rho_x(k-1)+a_2\rho_x(k-2)$ $(k=2,3,\cdots)$，此处就不容易写出它的表达通式了。

(2) 求解偏自相关系数函数。

方法一：根据 AR(p)过程的偏自相关系数函数的性质，直接得 $\varphi_{11}=\rho_x(1)=\dfrac{a_1}{1-a_2}$ 和 $\varphi_{22}=a_2$，而当 $k>2$ 时，恒有 $\varphi_{kk}\equiv 0$。

方法二：由 1 阶 Y－W 方程：$[1][\varphi_{11}]=[\rho_x(1)]$，解得 $\varphi_{11}=\rho_x(1)$。

由 2 阶 Y－W 方程：$\begin{bmatrix}1 & \rho_x(1)\\ \rho_x(1) & 1\end{bmatrix}\begin{bmatrix}\varphi_{21}\\ \varphi_{22}\end{bmatrix}=\begin{bmatrix}\rho_x(1)\\ \rho_x(2)\end{bmatrix}$，解得 $\varphi_{22}=\dfrac{-\rho_x^2(1)+\rho_x(2)}{1-\rho_x^2(1)}$，再将步骤(1)中的 $\rho_x(1)=\dfrac{a_1}{1-a_2}$ 和 $\rho_x(2)=a_1\rho_x(1)+a_2$ 代入，得 $\varphi_{22}=a_2$，该结果与方法一完全一致。

AR(2)过程也称为二阶马尔可夫过程。如果 AR(2)传递函数的分母特征多项式为两个相异实根，则可将它分解成两个一次因式乘积的形式

$$H_{AR(2)}(z)=\frac{1}{1-a_1z^{-1}-a_2z^{-2}}=\frac{1}{1-c_1z^{-1}}\times\frac{1}{1-c_2z^{-1}}$$

相应地，可以通过中间变量 $y(n)$ 或 $y'(n)$ 把 AR(2)分解成如下两式：

$$\begin{cases}y(n)=c_1y(n-1)+w(n)\\ x(n)=c_2x(n-1)+y(n)\end{cases}\quad\text{或}\quad\begin{cases}y'(n)=c_2y'(n-1)+w(n)\\ x(n)=c_1x(n-1)+y'(n)\end{cases}$$

因此，从数字滤波器观点看，可以把 AR(2)想象成是两个一阶 IIR(无限脉冲响应数字滤波器)的串联，如图 6.2－2 所示。

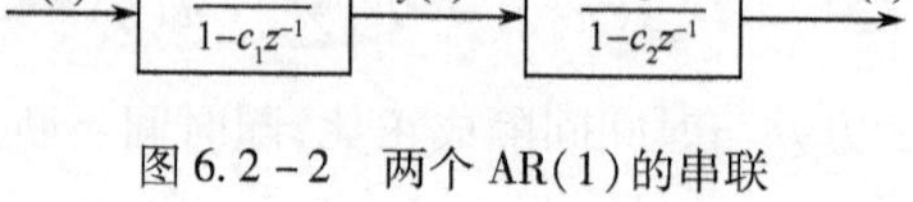

图 6.2－2　两个 AR(1)的串联

另一方面，还可以将 AR(2)分解为和式的形式，即

$$H_{AR(2)}(z)=\frac{1}{1-a_1z^{-1}-a_2z^{-2}}=\frac{k_1}{1-c_1z^{-1}}+\frac{k_2}{1-c_2z^{-1}}$$

式中：$k_1=-c_1/(c_2-c_1)$，$k_2=c_2/(c_2-c_1)$。这样，与 AR(2)对应的滤波器并联关系就如图 6.2－3 所示。

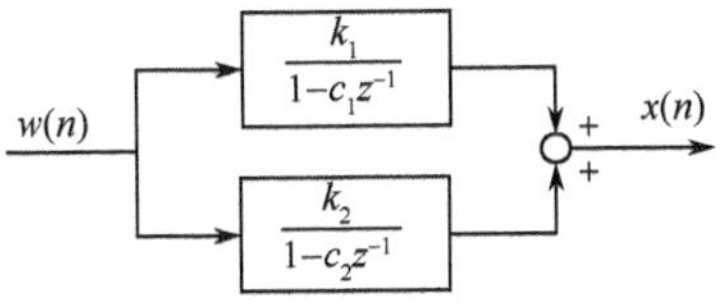

图 6.2－3　两个 AR(1)的并联

6.2.4　ARMA(p,q)模型特点

定性分析起来，与 MA(q)对应的传递函数 $H_{MA}(z)=1+\sum_{k=1}^{q}b_kz^{-k}$ 是有限项幂级数之和；而按幂级数理论，AR(p)的传递函数可展开为无穷项幂级数之和，即

$$H_{AR}(z)=\frac{1}{1-\sum_{k=1}^{p}a_kz^{-k}}=\sum_{k=0}^{\infty}d_kz^{-k} \tag{6.2-20}$$

综合前面分析知 MA(q)过程的自相关系数函数是截尾的，而 AR(p)过程的自相关系数函数是拖尾的，这恰好与它们传递函数的幂级数特点相吻合。

据此类比，ARMA(p,q)过程的传递函数可展开为

$$H_{ARMA}(z)=\frac{1+\sum_{k=1}^{q}b_kz^{-k}}{1-\sum_{k=1}^{p}a_kz^{-k}}=\left(1+\sum_{k=1}^{q}b_kz^{-k}\right)\sum_{k=0}^{\infty}d_kz^{-k}=\sum_{k=0}^{\infty}g_kz^{-k} \tag{6.2-21}$$

它也是无穷项幂级数之和，因此可以推断 ARMA(p,q)过程的自相关系数函数也是拖尾的。

根据式(6.2－21)，可将 ARMA(p,q)的输入输出关系改写为

$$x(n)=\sum_{k=0}^{\infty}g_kw(n-k) \tag{6.2-22}$$

常将式(6.2－22)称为 Green 函数分解或 Wold 分解。Green 函数从系统动态角度描述 ARMA 过程，g_k 是扰动 $w(n-k)$的响应权系数；而 Wold 分解用线性空间来解释 ARMA 模型的解，即它将相互独立的 $w(n-k)$看作是线性空间的基，Wold 系数 g_k 是 $x(n)$在 $w(n-k)$上的投影坐标，所以 $x(n)$就是一系列正交变量（或独立随机变量）$g_kw(n-k)$之和。

若将 ARMA(p,q)模型 $x(n)-\sum_{k=1}^{p}a_kx(n-k)=\sum_{k=0}^{q}b_kw(n-k)$ 的两边分别乘以 $x(n+h)=\sum_{k=0}^{\infty}g_kw(n+h-k)$ 的两边，再求期望得

$$\gamma_x(h)-\sum_{k=1}^{p}a_k\gamma_x(h-k)=E\left[\sum_{k=0}^{q}b_kw(n-k)\sum_{k=0}^{\infty}g_kw(n+h-k)\right]$$

进一步可得

$$\gamma_x(h) - \sum_{k=1}^{p} a_k \gamma_x(h-k) = \begin{cases} \sigma^2 \sum_{k=h}^{q} b_k g_{k-h}, & h < q \\ \sigma^2 b_q, & h = q \\ 0, & h > q \end{cases} \tag{6.2-23}$$

式(6.2－23)在 $h>q$ 时自协方差函数所需满足的关系与 AR(p)过程中式(6.2－10)完全一样,由此亦可知 ARMA(p,q)的自协方差函数被负指数函数控制,具有拖尾性。

最后,理论上还可以证明 ARMA(p,q)的偏自相关系数函数是拖尾的。至此,总结 ARMA(p,q)、MA(q)与 AR(p)模型的特点,见表 6.2－2,该表将作为各类模型结构和参数辨识的重要依据。

表 6.2－2　ARMA(p,q)模型特点

模型名称	AR(p)	MA(q)	ARMA(p,q)	白噪声
自相关系数函数	拖尾	q 步截尾	拖尾	截尾
偏自相关系数函数	p 步截尾	拖尾	拖尾	截尾

6.3　ARMA 建模分析

6.2 节从理论上分析了 ARMA 模型及其特点,然而,在实际工作中常常是从试验观测获得的一个有限时间序列样本(样本个数和序列长度都是有限的)出发,构造合适的ARMA模型估计,再反过来应用于实践,包括最优预测、控制或滤波等。

众所周知,在传统的数字滤波器设计理论中,针对确定性信号处理,经过精心设计滤波器的结构和参数,能够获得完美的通带和阻带性能。虽然 ARMA 成形滤波器与传统数字滤波器本身没有太大的区别,但是前者处理的是随机信号,也正是由于输入输出信号的随机性,并且使用的观测时间序列样本还是有限的,使得成形滤波器设计没有必要像传统数字滤波器那样精确,可以适当“粗糙”些,除非样本数据稀缺和精确建模意义特别重大,否则即使付出巨大代价设计的就算是近乎完美的模型,若应用于新的时间序列样本时也会产生一定的偏差。正是基于上述可以“粗糙”些的理念,对实际时间序列建模时往往会选择较低的阶数,通常只考虑 2 阶～3 阶就足够了。在传统数字滤波器设计中,使用较少阶的 IIR 滤波器(Infinite Impulse Response,无限脉冲响应数字滤波器)就能够获得很多阶 FIR 滤波器(Finite Impulse Response,有限脉冲响应数字滤波器)才具有的幅频性能,类似地,一般 ARMA 建模也偏好于使用低阶的 AR(p)模型。

理论上,平稳时间序列的自相关系数函数、偏自相关系数函数与 ARMA 模型的阶次、模型参数之间有着明确的对应关系,但是,实践中时间序列总体未知,并且总是在假设序列平稳条件下,以有限序列样本进行分析,代替总体统计特性,存在一定的误差。为此,先给出时间序列中一些常用样本统计特性的定义。

6.3.1　时间序列的样本统计特性

设 $x(1),x(2),x(3),\cdots,x(N)$是含 N 个观测数据的一个时间序列样本,常见的样本

统计特性定义如下：

（1）样本均值：

$$\hat{\mu}_x = \frac{1}{N}\sum_{k=1}^{N} x(k) \tag{6.3-1}$$

（2）样本自协方差函数：

$$\hat{\gamma}_x(h) = \frac{1}{N}\sum_{k=1}^{N-h}[x(k+h)-\hat{\mu}_x][x(k)-\hat{\mu}_x],\quad 0 \leqslant h < N \tag{6.3-2}$$

（3）样本自相关系数函数：

$$\hat{\rho}_x(h) = \hat{\gamma}_x(h)/\hat{\gamma}_x(0) \tag{6.3-3}$$

（4）样本偏自相关系数函数。虽然通过先求解样本自相关系数函数 $\hat{\rho}_x(1), \hat{\rho}_x(2), \cdots, \hat{\rho}_x(k)$，再构造和求解所有不大于 k 阶的 Y－W 方程，可以逐一获得样本偏自相关系数函数 $\hat{\varphi}_{11}, \hat{\varphi}_{22}, \cdots, \hat{\varphi}_{kk}$，但是这种方法的计算量大并且很不方便。学者 Levinson 和 Durbin（1960 年）给出了如下简洁的偏自相关系数函数的递推公式：

$$\begin{cases} \hat{\varphi}_{11} = \hat{\rho}_x(1) \\ \hat{\varphi}_{k+1,k+1} = \dfrac{\hat{\rho}_x(k+1)-\hat{\rho}_x(k)\hat{\varphi}_{k1}-\hat{\rho}_x(k-1)\hat{\varphi}_{k2}-\cdots-\hat{\rho}_x(1)\hat{\varphi}_{kk}}{1-\hat{\rho}_x(1)\hat{\varphi}_{k1}-\hat{\rho}_x(2)\hat{\varphi}_{k2}-\cdots-\hat{\rho}_x(k)\hat{\varphi}_{kk}} \\ \hat{\varphi}_{k+1,j} = \hat{\varphi}_{kj}-\hat{\varphi}_{k+1,k+1}\hat{\varphi}_{k,k+1-j},\ j=1,2,\cdots,k \end{cases} \tag{6.3-4}$$

应用时递推计算的先后顺序依次为 $\hat{\varphi}_{11}$；$\hat{\varphi}_{22}, \hat{\varphi}_{21}$；$\hat{\varphi}_{33}, \hat{\varphi}_{31}, \hat{\varphi}_{32}$；$\hat{\varphi}_{44}, \hat{\varphi}_{41}, \hat{\varphi}_{42}, \hat{\varphi}_{43}$；$\cdots$，其中 $\hat{\varphi}_{11}, \hat{\varphi}_{22}, \hat{\varphi}_{33}, \hat{\varphi}_{44}, \cdots$为最终需要者，而 $\hat{\varphi}_{k+1,j}(j=1,2,\cdots,k)$为中间计算过渡变量。由自相关系数函数计算偏自相关系数函数的 Matlab 程序可参见附录 D。

注意，在式（6.3－2）中使用的平均系数为 $1/N$，而不是 $1/(N-h)$，当间隔 h 越大时，被平均的样本乘积个数越少，估计值 $\hat{\gamma}_x(h)$与真值 $\gamma_x(h)$之间的偏差可能越大，因此，在应用中 $\hat{\gamma}_x(h)$、$\hat{\rho}_x(h)$和 $\hat{\varphi}_{kk}$的时间间隔 h（或 k）一般需小于$\sqrt{N}$。

6.3.2 测试样本的平稳化处理

从实际系统中获得的测试数据，由于系统工作条件的变化，往往会造成观测序列的非平稳性。比如在陀螺随机漂移测试中，在陀螺启动后的一段时间内，电子线路存在逐渐稳定和自平衡过程、陀螺内部温度或环境温度的缓慢变化、电源电压的周期性波动或测试基座的周期性干扰等影响，都会引起测试数据的不平稳。在大多数情况下，总可以将测试数据 $y(n)$作典型分解：

$$y(n) = u(n) + s(n) + x(n) \tag{6.3-5}$$

式中：$u(n)$为趋势项，常常用多项式或指数函数来描述；$s(n)$为周期项或称季节项，它反映了 $y(n)$中随时间周期性变化部分，$u(n)$和 $s(n)$统称为非随机项；$x(n)$由随机因素引起，一般假设它为平稳时间序列，这就是需进行 ARMA 建模的部分。

可见，获得原始测试数据后的前期准备工作是进行非随机项分析，最简单和直观的方法是画出测试数据 $y(n)$的二维点图，如果存在明显的非随机项，则须先估计和提取出趋

势项 $\widehat{u}(n)$ 和周期项 $\widehat{s}(n)$，再对平稳残差序列 $y(n)-\widehat{u}(n)-\widehat{s}(n)$ 作 ARMA 建模分析。

1. 趋势项提取

趋势项常常表现为多项式或指数函数等形式，可根据测试数据的二维点图和结合经验给出适当的函数形式和阶数进行拟合，这一步骤往往是一个反复试凑的过程，直至得到满意的结果为止。

函数拟合可以采用最小二乘法，具体方法参见第 5 章。需特别指出的是，在理论上分析最小二乘法的估计特性时假设残差是白噪声，但是，这里得到的残差序列明显是前后相关的 ARMA 序列，所以关于最小二乘法估计的统计特性的结论，此时应当慎用。

此外，差分法也是去除趋势项的常用方法，显然，一阶差分可去除线性趋势项，k 阶差分可去除低于 k 次多项式的趋势项。

2. 周期项提取

如果原始测试数据 $y(n)$ 中含有周期为 d 的周期项，则在样本自相关系数函数图形 $h-\widehat{\rho}_x(h)$ 中也会出现周期为 d 的振荡，且随时间间隔增大衰减缓慢，反映出周期项的存在。另外，如果对含周期项的数据作功率谱密度（PSD）分析，就会在 PSD 图形中出现明显的尖峰，有关 PSD 分析的内容将在第 7 章详细介绍。

若测试数据中含有周期为 d 的周期项，使用 d 步差分是去除周期项的一种有效办法。但是，如果测试数据中同时包含两个以上且周期最小公倍数很大的周期项，处理起来就比较麻烦了。

3. 平稳性检验

根据平稳时间序列的特点，平稳性检验的基本思路是确定序列具有不随时间变化的均值、方差和自相关系数函数等统计量。但是实际上，这些统计量是由有限样本数据给出的，存在一定的误差分布，常用的直观检验平稳性的方法有时序图检验方法和相关图检验方法，它们的判别结论带有很强的主观色彩。

6.3.3 ARMA 建模

从观测数据中分离出平稳序列之后的任务就是建立 ARMA 模型了，它的主要内容包括：先确定模型类别和阶数，再估计模型中的各项未知参数。一般称前者为模型识别，而后者为模型参数估计。

1. 模型识别

模型识别的主要依据是 6.2 节总结给出的各类 ARMA 模型的特点，见表 6.2-2。当然，这里只能以有限序列样本代替总体统计特性进行分析，所以必然会带来识别误差。例如，即使是理论上严格的 AR(p) 模型，其某一有限数据样本的偏自相关系数函数也不会恰好呈现 p 阶截尾的完美情形，并且还有可能延伸得很长。

当样本数据量 N 充分大时，以有限序列样本的统计特性代替总体的统计特性，有如下两个重要的结论。

（1）根据学者 Bartlett（1946 年）的研究，如果当 $k>q$ 时 $|\widehat{\rho}_x(k)|\leqslant\frac{2}{\sqrt{N}}\sqrt{1+2\sum_{l=1}^{q}\widehat{\rho}_x^2(l)}$ 成立，则表示自相关系数函数 $\widehat{\rho}_x(h)$ 是 q 步截尾的，可判断为 MA(q) 模型（可信度约 95%）。

（2）根据学者 Quenouille（1949 年）的研究，如果当 $k>p$ 时 $|\hat{\varphi}_{kk}| \leqslant \frac{2}{\sqrt{N}}$，则表示偏自相关系数函数 $\hat{\varphi}_{kk}$ 是 p 步截尾的，可判断为 AR(p) 模型（可信度约 95%）。

针对结论（1），具体的使用步骤是：首先选择 $q=1$，计算 $\frac{2}{\sqrt{N}}\sqrt{1+2\sum_{l=1}^{q}\hat{\rho}_x^2(l)}$，再检验 $\hat{\rho}_x(k)$（通常只需取 $k=q+1 \sim \sqrt{N}$）的值，如果所有的 $|\hat{\rho}_x(k)|$ 都比 $\frac{2}{\sqrt{N}} \times \sqrt{1+2\sum_{l=1}^{q}\hat{\rho}_x^2(l)}$ 小，则认为当 $k>q$ 时 $\hat{\rho}_x(k)$ 近似为零，即 $\hat{\rho}_x(h)$ 在 $q=1$ 处截尾，可判断为 MA(1) 模型；否则依次选择 $q=2,3,4,\cdots$，重复上述过程。结论（1）还可进行近似：不妨令 $\zeta_x(k)=\frac{2}{\sqrt{N}}\sqrt{1+2\sum_{l=1}^{k}\hat{\rho}_x^2(l)}$，并绘制出 $\hat{\rho}_x(k)$ 和边界 $\pm\zeta_x(k)$ 的图形，如果只有 $\hat{\rho}_x(k)$ 的前几个点（如 q 个）位于边界之外，则判断为 MA(q) 模型。后者近似判断方法更加形象和直观。

对于结论（2），亦可绘制出 $\hat{\varphi}_{kk}$ 和边界 $\pm 2/\sqrt{N}$ 的图形，如果直观上只有 $\hat{\varphi}_{kk}$ 的前几个点（如 p 个）位于边界之外，则可立即判断为 AR(p) 模型，为求模型简洁，还可将超出边界不多的点适当忽略。

例如，图 6.3－1 是某 $N=1000$ 点样本序列的自相关系数函数 $\hat{\rho}_x(k)$ 及其边界 $\pm\zeta(k)$，分别对应曲线"○"和"*"，根据前面规则可将该模型判断为 MA(2)；图 6.3－2 是某 $N=100$ 点样本序列的偏自相关系数函数 $\hat{\varphi}_{kk}$ 及其边界 $\pm 2/\sqrt{N}$，分别对应曲线"○"和"—"，根据前面规则可将该模型判断为 AR(2)。

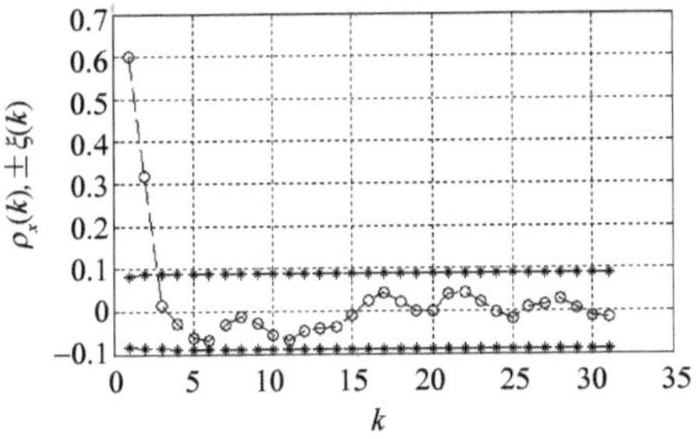

图 6.3－1　MA(2) 序列的自相关系数函数

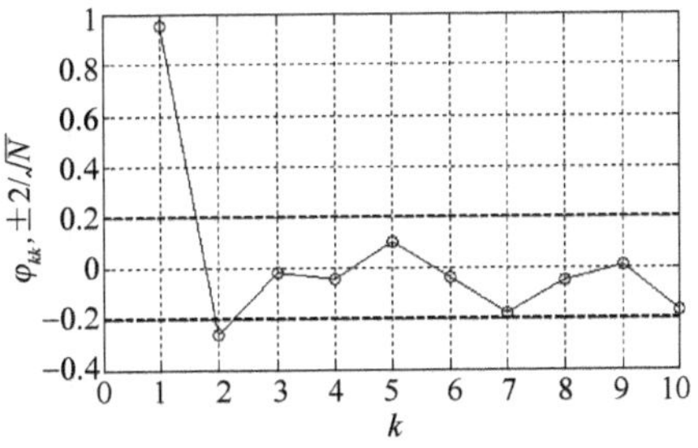

图 6.3－2　AR(2) 序列的偏自相关系数函数

在模型识别时，一般原则是先进行 AR(p) 模型分析，力求近似为 AR(p) 模型，如果实在不行或者阶数太高，再考虑使用 MA(q) 和 ARMA(p,q) 模型。在 Matlab 软件的工具箱中有两个函数 parcorr( ) 和 autocorr( )，可方便用于 AR(p) 和 MA(q) 时间序列建模分析。

2. 模型参数估计

在模型识别之后，例如已经判断出适合于使用 AR(p) 模型进行建模，则将样本自相关系数函数 $\hat{\rho}_x(h)$ 代入如下 p 阶 Y－W 方程式，便可立即解出 AR(p) 模型参数 $\hat{a}_i$。

$$\begin{bmatrix} 1 & \hat{\rho}_x(1) & \cdots & \hat{\rho}_x(p-1) \\ \hat{\rho}_x(1) & 1 & \cdots & \hat{\rho}_x(p-2) \\ \vdots & \vdots & & \vdots \\ \hat{\rho}_x(p-1) & \hat{\rho}_x(p-2) & \cdots & 1 \end{bmatrix} \begin{bmatrix} \hat{a}_1 \\ \hat{a}_2 \\ \vdots \\ \hat{a}_p \end{bmatrix} = \begin{bmatrix} \hat{\rho}_x(1) \\ \hat{\rho}_x(2) \\ \vdots \\ \hat{\rho}_x(p) \end{bmatrix} \qquad (6.3-6)$$

再利用样本自协方差函数 $\hat{\gamma}_x(0)$ 和以下公式:

$$1-\sum_{k=1}^{p}\hat{a}_k\hat{\rho}_x(k)=\frac{\hat{\sigma}^2}{\hat{\gamma}_x(0)} \tag{6.3-7}$$

可估计出白噪声方差 $\hat{\sigma}^2$,从而完成 AR(p)模型建模。

对于 MA(q)和 ARMA(p,q)模型的参数估计,稍微复杂一些,有 Gevers-Wouters 迭代算法、极大似然估计、最小二乘估计和非线性估计等方法,有兴趣的读者可参考专业文献。

为了应用方便,下面直接给出几种常见的低阶 ARMA 模型的参数估计结果。

AR(1): $\hat{a}_1=\hat{\rho}_x(1)$, $\hat{\sigma}^2=[1-\hat{a}_1\hat{\rho}_x(1)]\hat{\gamma}_x(0)$

AR(2): $\hat{a}_1=\dfrac{1-\hat{\rho}_x(2)}{1-\hat{\rho}_x(1)}\hat{\rho}_x(1)$, $\hat{a}_2=\dfrac{\hat{\rho}_x(2)-\hat{\rho}_x^2(1)}{1-\hat{\rho}_x^2(1)}$,

$\hat{\sigma}^2=[1-\hat{a}_1\hat{\rho}_x(1)-\hat{a}_2\hat{\rho}_x(2)]\hat{\gamma}_x(0)$

MA(1): $\hat{b}_1=\dfrac{1-\sqrt{1-4\hat{\rho}_x^2(1)}}{2\hat{\rho}_x(1)}$, $\hat{\sigma}^2=\dfrac{\hat{\rho}_x(1)}{\hat{b}_1}\hat{\gamma}_x(0)$

MA(2): $\hat{b}_1=\dfrac{\hat{b}_2\hat{\rho}_x(1)}{(1+\hat{b}_2)\hat{\rho}_x(2)}$, $\hat{b}_2=c+\text{sign}(\hat{\rho}_x(2))\sqrt{c^2-1}$, $\hat{\sigma}^2=\dfrac{\hat{\rho}_x(2)}{\hat{b}_2}\hat{\gamma}_x(0)$

其中

$$c=-\frac{1}{2}+\frac{1}{4\hat{\rho}_x(2)}+\frac{1}{2\hat{\rho}_x(2)}\sqrt{\left[\hat{\rho}_x(2)+\frac{1}{2}\right]^2-\hat{\rho}_x^2(1)}$$

ARMA(1,1): $\hat{a}_1=\dfrac{\hat{\rho}_x(2)}{\hat{\rho}_x(1)}$, $\hat{b}_1=\dfrac{-c+\text{sign}(c)\sqrt{c^2-4}}{2}$, $\hat{\sigma}^2=\dfrac{1-\hat{a}_1^2}{1+2\hat{a}_1\hat{b}_1+\hat{b}_1^2}\hat{\gamma}_x(0)$

其中

$$c=\frac{1+\hat{a}_1^2-2\hat{\rho}_x(2)}{\hat{a}_1-\hat{\rho}_x(1)}$$

ARMA 建模完成之后,在某些要求比较高的场合,还须对建模精度作进一步的检验,主要检验残差序列 $y(n)-\hat{u}(n)-\hat{s}(n)-\hat{x}(n)$ 是否为白噪声,残差序列越接近白噪声,则说明建模效果越好,这里就不再讨论具体的检验方法了。

至此,总结时间序列建模分析的一般流程如图 6.3-3 所示。需要注意的是,前面的分析隐含假设了平稳时间序列容易用单一和简单的 AR(p)、MA(q)或 ARMA(p,q)模型进行建模估计。然而,从实际系统中获得的测试数据,有些是由多个相互独立的简单时间序列模型叠加复合而成的,如果仅使用一个简单模型进行逼近估计,模型参数往往会非常复杂。对复合模型建模估计的最好方法是先进行模型分解,将复合模型分解为若干个简单模型,当然模型分解

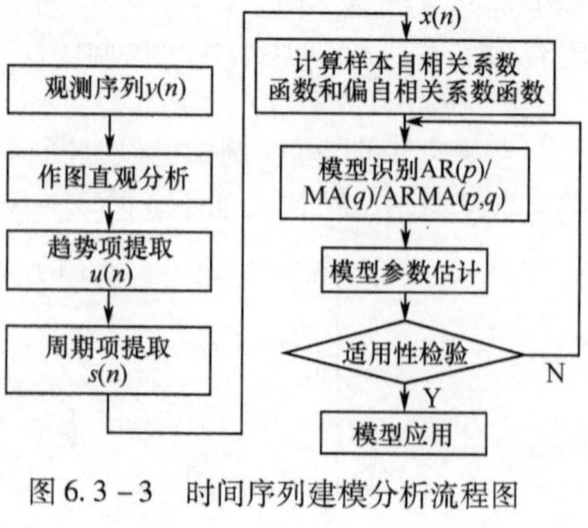

图 6.3-3 时间序列建模分析流程图

的前提是必须深入了解各类简单模型的基本特征,此外还需要具备丰富的实践经验。作为复合模型建模的一个例子,可参考附录 E 中的练习题。

下面再讨论一下 ARMA 建模所需数据长度 N 的问题。

显然,为了减少建模误差,N 越大越好。现仅以一阶马尔可夫过程 AR(1) 为例,可将含 N 个测试数据的样本写成由 $N-1$ 个方程构成的方程组的形式:

$$\begin{cases} x(2)=a_1x(1)+w(2) \\ x(3)=a_1x(2)+w(3) \\ \quad\vdots \\ x(N)=a_1x(N-1)+w(N) \end{cases} \tag{6.3-8}$$

式中:$w(n)\sim WN(0,\sigma^2)$。不难看出,由测试数据求 AR(1) 参数 a_1 可以当成是一个标准的一元线性回归分析问题(隐含常数项为 0),这里 a_1 就是待定的回归系数。根据回归分析理论,可知 $\hat{a}_1$ 服从正态分布:

$$\hat{a}_1\sim N\left(a_1,\frac{\sigma^2}{l_{xx}}\right)=N\left(a_1,\frac{1-a_1^2}{N-1}\right) \tag{6.3-9}$$

式中:

$$l_{xx}=(N-1)R_x(0)=(N-1)\frac{\sigma^2}{1-a_1^2}$$

不妨假设 $0<a_1<1$,进行近似 $a_1=\mathrm{e}^{-1/\tau}\approx 1-1/\tau$,再假设 $N-1=m\tau$ ($m=1,2,3,\cdots$),代入上述正态分布式(6.3-9),得

$$1-1/\hat{\tau}\sim N\left(1-1/\tau,\frac{1-(1-2/\tau)}{m\tau}\right)$$

即

$$1/\hat{\tau}\sim N\left(1/\tau,\frac{2/m}{\tau^2}\right) \tag{6.3-10}$$

已知正态分布 $N(\mu,\sigma^2)$ 在 $[\mu-2\sigma,\mu+2\sigma]$ 区间内的概率是 95%,它是一个大概率事件,不妨认为是几乎成立的。因此,$1/\hat{\tau}$ 的大概率取值区间为

$$\left[\frac{1-2\sqrt{2/m}}{\tau},\frac{1+2\sqrt{2/m}}{\tau}\right]$$

为使其中 $1-2\sqrt{2/m}>0$,须满足 $m>8$,进一步求得与 $\hat{\tau}$ 对应的区间为

$$\left[\frac{\tau}{1+2\sqrt{2/m}},\frac{\tau}{1-2\sqrt{2/m}}\right] \tag{6.3-11}$$

若取 $m=10$,则区间为 $\hat{\tau}\in[0.53\tau,9.47\tau]$;若取 $m=100$,则区间为 $\hat{\tau}\in[0.78\tau,1.39\tau]$;若取 $m=1000$,则区间为 $\hat{\tau}\in[0.92\tau,1.10\tau]$。因此,为了较好地估计出一阶马尔可夫过程的相关时间 τ,建议数据长度 N 大于相关时间的 100 倍以上,即取 $N>100\tau$,这时仍可能存在 22% ~39% 的估计误差。反过来看,如果在 AR(1) 模型参数估计之后发现

不满足 $\hat{\tau}<N/100$，则一般认为 AR(1)参数估计的可信度不高，须考虑重新增加样本数据长度后再进行建模和辨识。

就本课程中的陀螺仪测试而言，实现随机漂移建模之后，再加上周期项和趋势项的补偿，有时会发现对原始建模样本数据具有很好的拟合效果。但是，如果陀螺仪的重复性能不够稳定，当陀螺仪的运行条件存在差异甚至没有明显差异时，不光是随机漂移特征参数可能会改变，就连随时间变化的趋势项和周期项也很难预测准确，以至于面对新的样本数据时，使用原本认为完美的建模模型，却往往达不到理想的预测效果。这是实际应用中经常遇到的问题。因此，如果条件允许的话，有必要获取若干组具有代表性的陀螺仪测试样本数据，再分别进行建模分析，比较各组建模结果之间的差别；或者尝试使用其中一组样本数据建立的模型，对另一组样本作拟合和残差分析，从而能够初步评估出所建模型在后续应用中的效果，也就是进行适应性评估。更为严峻的问题是，陀螺仪随机漂移建模一般是在静态测试条件下完成的，实际使用中存在线运动和角运动，比如在捷联惯导系统中，这时很可能激励出与运动相关的随机漂移误差，使得静态随机漂移模型的应用效果大打折扣，当然，若要进行动态随机漂移建模和动态适应性验证，其困难和代价也是巨大的。

最后指出，建立惯性器件 ARMA(p,q)模型之后，一项主要应用是将其整合到惯导误差方程中，比如在进行 Kalman 滤波组合导航时，以期提高导航系统的使用性能，这时需将 ARMA(p,q)模型(可看作是单输入单输出系统的差分方程)转化为离散系统状态空间模型，其转化方法有可控标准型、可观标准型、对角线标准型和约当标准型等方法，具体可参见自动控制原理和计算机控制系统等相关专业书籍。

第7章 频谱分析

频谱分析法将时间信号按频率成分展开,变换成频率的函数,研究信号在频域上的变化规律。有关频谱分析的知识在高等数学、积分变换、自动控制、信号与系统、通信原理、数字信号处理和时间序列分析等学科中都有涉及,有着广泛的应用背景。在许多场合,当信号的时域特征不明显时,如果将其变换到频域,通过频谱分析可能更容易获得有价值的信息,即这些信号的频谱特征往往比时域特征更显著。例如,当实际信号中混有较微弱的周期信号时,一般在时域曲线上并不明显,然而在频谱图上却表现得非常突出。本章从时间信号的正交分解入手,介绍四种形式信号的傅里叶变换以及功率谱的基本概念,部分推导过程属于示意性的,仅为方便理解各种概念之间的相互联系,着重点在于突出它们的物理含义,为快速掌握和应用频谱分析方法奠定基础。

7.1 时间信号及其正交分解

7.1.1 信号分类

这里所讨论的信号主要是指随时间变化的信号,或称为时间信号。信号的分类方法很多,常见的有以下几种。

1. 连续时间信号和离散时间信号

按时间变量的取值方式可分为连续时间信号和离散时间信号,一般可将离散时间信号看作是连续时间信号 $x(t)$ 的等间隔样值抽样,抽样间隔 T_s,离散时间信号可记为 $x(nT_s)$,它是一组序列值,忽略抽样间隔或将抽样间隔归一化,则简记为 $x(n)$,有时候也用 $x(n)$ 表示第 n 个序列样值,具体含义可根据上下文加以区别。

2. 周期信号和非周期信号

按信号是否有规律重复取值分为周期信号和非周期信号,一般分别用符号 $\tilde{x}(t)$, $x(t)$, $\tilde{x}(n)$, $x(n)$ 表示连续时间周期、连续时间非周期、离散时间周期和离散时间非周期信号。若是连续时间周期信号,则有 $\tilde{x}(t)=\tilde{x}(t+kT_1)$;若是离散时间周期信号,则有 $\tilde{x}(n)=\tilde{x}(n+kN)$,其中 k 为任意整数,T_1 为连续时间信号的周期而整数 N 为离散时间信号的周期。特别地,有时可将非周期信号看成是一个周期趋于无穷的周期信号。

3. 一维信号和多维信号

常见的以时间为自变量的信号是一维信号,普通照片是平面上的二维信号,而医学人体 CT 图像是立体空间上的三维信号。

4. 确定性信号和随机信号

如果信号 $x(n)$ 在任意 n 时刻都可以被精确确定,则称为确定性信号;而随机信号在每一时刻的取值都具有随机性,不能被精确预测。确定性信号是一种理想化的提法,实际物理信号总或多或少存在一些噪声和不确定性。

5. 能量信号和功率信号

分别定义连续时间信号 $x(t)$ 和离散时间信号 $x(n)$ 的能量为

$$E = \int_{-\infty}^{\infty} |x(t)|^2 \mathrm{d}t \quad 和 \quad E = \sum_{n=-\infty}^{\infty} |x(n)|^2 \tag{7.1-1}$$

如果将连续时间信号 $x(t)$ 看作电流或电压,当它们通过归一化 1Ω 电阻时所消耗的能量,即为 $x(t)$ 的能量;如果将样值电压或电流 $x(n)$ 与零阶保持器(保持时间 T_s)相连,再通过 1Ω 的电阻,则所消耗能量为 $E = \sum_{n=-\infty}^{\infty} |x(n)|^2 T_s$,将 T_s 归一化即为离散信号 $x(n)$ 的能量。如果能量 E 有限则称 $x(t)$ 或 $x(n)$ 为能量有限信号,简称能量信号;若 E 无限,则称为能量无限信号。

当信号能量无限时,往往转而研究它们的功率,信号 $x(t)$ 和 $x(n)$ 的功率分别定义为

$$P = \lim_{T\to\infty} \frac{1}{T}\int_{-T/2}^{T/2} |x(t)|^2 \mathrm{d}t \quad 和 \quad P = \lim_{N\to\infty} \frac{1}{2N+1}\sum_{n=-N}^{N} |x(n)|^2 \tag{7.1-2}$$

当功率 P 有限时,称 $x(t)$ 或 $x(n)$ 为功率有限信号,简称功率信号。显然,如果 $x(t)$ 或 $x(n)$ 是周期信号,则 P 可以简化为求一个周期内的平均功率。

在频谱分析中,假设信号的物理单位为 U(比如伏特或者安培,甚至还可以是其他非电量信号的单位),则能量的单位为 $\mathrm{U}^2 \cdot \mathrm{s}$,功率的单位为 U^2。为了避免重复叙述,本章以后未特别说明,实际信号的物理单位均设为 U。

从实际物理系统中获取的信号一般总是时间有限的,属于能量信号,但是若将它们按时间延伸进行理想化建模,则可成为周期信号或者平稳随机信号,也就变为功率信号。在概念上,能量信号和功率信号不相容:能量信号必定平均功率为零,反之功率信号必定能量无限。

7.1.2 信号抽样

抽样,就是从连续时间信号 $x(t)$ 中,每隔一定时间间隔(通常是等间隔 T_s)抽取一个样本,组成新的信号。数学上定义的抽样主要有两种方式,即冲激抽样和数值抽样,下面先简要介绍一下冲激信号和样值信号的概念。

对于单位冲激信号 $\delta(t)$,其数学上的定义为

$$\begin{cases} \delta(t) = 0, & t \neq 0 \\ \int_{-\infty}^{\infty} \delta(t)\mathrm{d}t = 1 \end{cases} \tag{7.1-3}$$

它表示在零时刻附近极短的时间内产生巨大的"冲激",冲激幅度或面积为 1(无量纲单位),由此可反推知 $\delta(t)$ 的单位是 1/s 或 Hz。又常称 $\delta(t)$ 为狄拉克(Dirac)信号。

单位样值信号的定义为

$$\delta_d(n) = \begin{cases} 1, & n = 0 \\ 0, & n \neq 0 \end{cases} \tag{7.1-4}$$

它又称为克罗内克(Kronecker)函数或单位抽样信号。

注意,$\delta_d(n)$和$\delta(t)$的定义是不同的,$\delta(t)$在0处无穷大,而其他时间点上为零或无穷小,$\delta(t)$属于特殊的连续时间信号,是一种理想化的数学表达式,在信号的理论分析中发挥着重要作用;而$\delta_d(n)$在0处为1,其他整数离散点上为0,非离散点上无定义,切勿理解为0,$\delta_d(n)$是离散时间信号。这两种抽样信号的形象表示如图7.1-1所示。

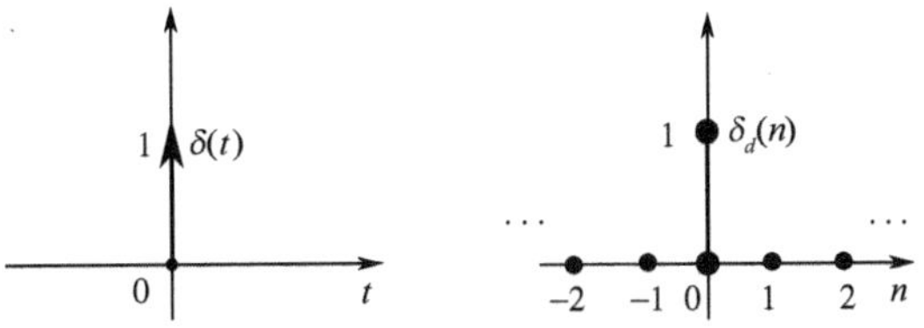

图7.1-1　单位冲激信号与单位样值信号

由$\delta(t)$按时间移位再累加可构成冲激串序列:

$$p(t) = \sum_{n=-\infty}^{\infty}\delta(t - nT_s) \tag{7.1-5}$$

而由$\delta_d(n)$移位再累加可构成脉冲串序列:

$$p_d(n) = \sum_{k=-\infty}^{\infty}\delta_d(n - k) \tag{7.1-6}$$

若对连续时间信号$x(t)$进行冲激串抽样,结果$x_s(t)$可表示为$x(t)$和$p(t)$的乘积(同一时间点上的两信号幅值直接相乘)形式,即

$$\begin{aligned} x_s(t) &= x(t)p(t) \\ &= x(t)\sum_{n=-\infty}^{\infty}\delta(t - nT_s) = \sum_{n=-\infty}^{\infty}x(nT_s)\delta(t - nT_s) \end{aligned} \tag{7.1-7}$$

而如果在nT_s时刻读取连续时间信号$x(t)$的幅值大小,由各时刻的幅值大小组成一个数值串抽样序列$x_d(n)$,它可表示为

$$\begin{aligned} x_d(n) &= x(t)p_d(n) \\ &= x(t)\sum_{k=-\infty}^{\infty}\delta_d(n - k) = \sum_{k=-\infty}^{\infty}x(kT_s)\delta_d(n - k) \end{aligned} \tag{7.1-8}$$

显然,由$x_s(t)$在各离散时刻冲激幅度大小构成的序列就是$x_d(n)$。对连续时间信号$x(t)$的冲激抽样与样值抽样如图7.1-2所示。

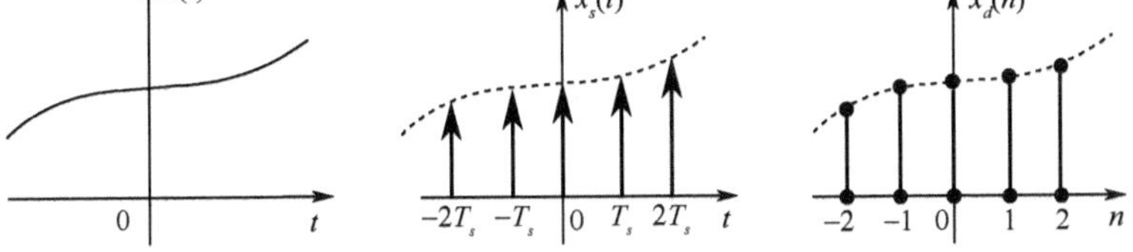

图7.1-2　连续信号及其冲激抽样与样值抽样

7.1.3　正交函数与信号的正交分解

在区间$[t_1, t_2]$上具有连续一阶导数和逐段连续二阶导数的所有函数$x(t)$构成一个

线性空间,记作 $X[t_1,t_2]$。所谓线性空间,它的最主要的特征是必须满足线性运算条件,即对于任意两个函数(元素)$x_1(t)$ 和 $x_2(t)$,若 $x_1(t),x_2(t)\in X[t_1,t_2]$,则必定有 $c_1x_1(t)+c_2x_2(t)\in X[t_1,t_2]$,这里 c_1,c_2 均为有限实数。

在线性空间 $X[t_1,t_2]$ 上定义的非零函数序列(集合)$\{\phi_i(t)\}=\{\phi_1(t),\phi_2(t),\cdots,\phi_n(t),\cdots\}$,若其中任意两个函数 $\phi_i(t)$ 和 $\phi_j(t)$ 之间均满足正交函数条件,即

$$<\phi_i(t),\phi_j(t)>=\int_{t_1}^{t_2}\phi_i(t)\phi_j^*(t)\mathrm{d}t=\begin{cases}0, & i\neq j\\ k_i, & i=j\end{cases} \tag{7.1-9}$$

则称该函数序列为线性空间 $X[t_1,t_2]$ 上的正交函数集,其中 $k_i\neq 0$ 是常值,$\phi_j^*(t)$ 是 $\phi_j(t)$ 的共轭复函数,如果 $k_i\equiv 1$ 则称 $\{\phi_i(t)\}$ 为归一化正交函数集。

例如,三角函数序列

$$\{1,\sin\omega_1 t,\cos\omega_1 t,\sin 2\omega_1 t,\cos 2\omega_1 t,\cdots,\sin n\omega_1 t,\cos n\omega_1 t,\cdots\}$$

是空间 $X[0,T_1]$ 上的正交实函数集,这里 $T_1=2\pi/\omega_1$,ω_1 是基波角频率,$n\omega_1$ 为 n 次谐波角频率;而复指数函数序列 $\{\mathrm{e}^{jn\omega_1 t},n=0,\pm1,\pm2,\cdots\}$ 是空间 $X[0,T_1]$ 上的正交复函数集。

如果除序列 $\{\phi_i(t)\}$ 中给出的元素外,在线性空间 $X[t_1,t_2]$ 中再也找不到其他非零函数 $x(t)$ 满足 $\int_{t_1}^{t_2}x(t)\phi_j^*(t)\mathrm{d}t=0$,则称 $\{\phi_i(t)\}$ 为完备的正交函数集。例如上述三角函数序列就是一种完备的正交实函数集,但是如果缺少其中任一元素,则不再是完备的。

数学上可以证明,对于任意信号 $x(t)\in X[t_1,t_2]$,它总可以用完备的正交函数集 $\{\phi_i(t)\}$ 中的元素进行线性组合来表示,即正交分解为

$$x(t)=\sum_{i=1}^{\infty}c_i\phi_i(t) \tag{7.1-10}$$

式中:c_i 为常数。这里的集合 $\{\phi_i(t)\}$ 与线性代数中有限维空间的基的概念和作用是相同的,也称 $\{\phi_i(t)\}$ 是 $X[t_1,t_2]$ 的一组正交基,不过由于 $\{\phi_i(t)\}$ 中的元素有无限多个,因此 $X[t_1,t_2]$ 是无限维的线性空间。注意这两个概念的区别:"$X[t_1,t_2]$ 是无限维的线性空间"与"$x(t)$ 是时间参数 t 的一维(一元)函数"。

假设 $x(t)$ 是实函数或称连续时间实信号,即只在实函数空间内讨论,将式(7.1-10)的两边平方后再积分,得

$$\int_{t_1}^{t_2}x^2(t)\mathrm{d}t=\int_{t_1}^{t_2}\left[\sum_{i=1}^{\infty}c_i\phi_i(t)\right]^2\mathrm{d}t$$

展开上式右边并利用式(7.1-9)的正交性条件,可得

$$\int_{t_1}^{t_2}x^2(t)\mathrm{d}t=\sum_{i=1}^{\infty}c_i^2\int_{t_1}^{t_2}\phi_i^2(t)\mathrm{d}t=\sum_{i=1}^{\infty}c_i^2k_i \tag{7.1-11}$$

这便是著名的帕斯瓦尔定理(Parseval's Theorem),它表明将一个信号 $x(t)$ 正交分解后,该信号的总能量等于相应正交函数各分量的能量 $c_i^2k_i$ 之和。帕斯瓦尔定理可以看作是勾股定理的推广。

7.2 四种形式信号的傅里叶分析

根据信号的连续性和周期性特点进行交叉组合,可将信号分为四种形式,本节详细介

绍这四种信号的傅里叶分析,包括连续时间周期信号的傅里叶级数(Continuous-Time Fourier Series,FS 或 CTFS)、连续时间信号的傅里叶变换(Continuous-Time Fourier Transform,CTFT)、离散时间信号的傅里叶变换(Discrete-Time Fourier Transform,DTFT)以及离散时间周期信号的傅里叶级数(Discrete-Time Fourier Series,DFS 或 DTFS)。阅读过程中应注意它们之间的相互联系和区别,重点在于对基本概念的理解。

7.2.1 连续时间周期信号的傅里叶级数(FS)

根据高等数学知识,我们知道满足狄利克雷(Dirichlet)条件的周期函数 $\tilde{x}(t)$,设周期为 $T_1=2\pi/\omega_1$,总可以分解成三角函数的傅里叶级数形式,即

$$\tilde{x}(t) = a_0 + \sum_{n=1}^{\infty} a_n\cos n\omega_1 t + b_n\sin n\omega_1 t \tag{7.2-1}$$

上式中各系数的计算方法如下:

$$\begin{cases} a_0 = \dfrac{1}{T_1}\displaystyle\int_{-T_1/2}^{T_1/2} \tilde{x}(t)\,\mathrm{d}t \\ a_n = \dfrac{2}{T_1}\displaystyle\int_{-T_1/2}^{T_1/2} \tilde{x}(t)\cos n\omega_1 t\,\mathrm{d}t \\ b_n = \dfrac{2}{T_1}\displaystyle\int_{-T_1/2}^{T_1/2} \tilde{x}(t)\sin n\omega_1 t\,\mathrm{d}t \end{cases}$$

利用三角恒等变换,还可以将式(7.2-1)写成其他形式,比如

$$\tilde{x}(t) = c_0 + \sum_{n=1}^{\infty} c_n\cos(n\omega_1 t + \varphi_n) = d_0 + \sum_{n=1}^{\infty} d_n\sin(n\omega_1 t + \theta_n) \tag{7.2-2}$$

以上三种表示形式的各参数之间存在以下关系:

$$\begin{cases} c_0 = d_0 = a_0 \\ c_n = d_n = \sqrt{a_n^2 + b_n^2} \\ a_n = c_n\cos\varphi_n = d_n\sin\theta_n, \quad b_n = c_n\sin\varphi_n = d_n\cos\theta_n \\ \varphi_n = \arctan(-b_n/a_n), \quad \theta_n = \arctan(a_n/b_n), \quad \theta_n = \varphi_n + \pi/2 \end{cases}$$

以 $\tilde{x}(t) = c_0 + \sum_{n=1}^{\infty} c_n\cos(n\omega_1 t + \varphi_n)$ 为例,称 c_0 为直流分量,ω_1 为基波角频率,$n\omega_1$ 为 n 次谐波角频率,c_n 为 n 次谐波幅值,φ_n 为相位角。

显然,$\{1,\cos(\omega_1 t+\varphi_1),\cos(2\omega_1 t+\varphi_2),\cdots,\cos(n\omega_1 t+\varphi_n),\cdots\}$ 是线性空间 $X[-T_1/2, T_1/2]$ 上的一个完备正交函数集。周期函数 $\tilde{x}(t)$ 是功率信号,它的平均功率可用一个周期内的平均功率来计算,即为

$$\begin{aligned} P &= \frac{1}{T_1}\int_{-T_1/2}^{T_1/2} \tilde{x}^2(t)\,\mathrm{d}t = \frac{1}{T_1}\int_{-T_1/2}^{T_1/2} \left[c_0 + \sum_{n=1}^{\infty} c_n\cos(n\omega_1 t + \varphi_n)\right]^2 \mathrm{d}t \\ &= \frac{1}{T_1}\int_{-T_1/2}^{T_1/2} \left[c_0^2 + \sum_{n=1}^{\infty} c_n^2\cos^2(n\omega_1 t + \varphi_n)\right]\mathrm{d}t = c_0^2 + \frac{1}{2}\sum_{n=1}^{\infty} c_n^2 \end{aligned} \tag{7.2-3}$$

这便是周期信号的功率帕斯瓦尔定理，它表明周期信号的时域平均功率等于其各次谐波频率分量的功率之和，反映了周期信号的平均功率在离散频域上的分布情况，如果将这种关系绘制成 $n\omega_1 - c_n^2/2$ 图形（含 $(0, c_0^2)$ 点），得到的即为周期信号的功率幅度谱图。其中 c_0^2 为直流分量的功率，$c_n^2/2$ 为 n 次谐波分量的功率，$c_n/\sqrt{2}$ 是对应谐波的有效值。

此外，根据欧拉公式：

$$\begin{cases}\cos\omega t = \dfrac{1}{2}(\mathrm{e}^{\mathrm{j}\omega t} + \mathrm{e}^{-\mathrm{j}\omega t}) \\ \sin\omega t = \dfrac{1}{2\mathrm{j}}(\mathrm{e}^{\mathrm{j}\omega t} - \mathrm{e}^{-\mathrm{j}\omega t})\end{cases} \quad \text{或} \quad \begin{cases}\mathrm{e}^{\mathrm{j}\omega t} = \cos\omega t + \mathrm{j}\sin\omega t \\ \mathrm{e}^{-\mathrm{j}\omega t} = \cos\omega t - \mathrm{j}\sin\omega t\end{cases}$$

式(7.2-1)还可化为复指数形式

$$\begin{aligned}\tilde{x}(t) &= a_0 + \sum_{n=1}^{\infty} a_n \frac{\mathrm{e}^{\mathrm{j}n\omega_1 t} + \mathrm{e}^{-\mathrm{j}n\omega_1 t}}{2} + b_n \frac{\mathrm{e}^{\mathrm{j}n\omega_1 t} - \mathrm{e}^{-\mathrm{j}n\omega_1 t}}{2\mathrm{j}} \\ &= a_0 + \sum_{n=1}^{\infty} \frac{a_n - \mathrm{j}b_n}{2}\mathrm{e}^{\mathrm{j}n\omega_1 t} + \frac{a_n + \mathrm{j}b_n}{2}\mathrm{e}^{-\mathrm{j}n\omega_1 t}\end{aligned}$$

若记 $X(n\omega_1) = \dfrac{a_n - \mathrm{j}b_n}{2}$，则有 $X(-n\omega_1) = \dfrac{a_n + \mathrm{j}b_n}{2}$，再记 $X(0) = a_0$，则上式容易转化为

$$\tilde{x}(t) = X(0) + \sum_{n=1}^{\infty} X(n\omega_1)\mathrm{e}^{\mathrm{j}n\omega_1 t} + X(-n\omega_1)\mathrm{e}^{-\mathrm{j}n\omega_1 t} = \sum_{n=-\infty}^{\infty} X_n \mathrm{e}^{\mathrm{j}n\omega_1 t} \tag{7.2-4}$$

式中：简记 $X_n = X(n\omega_1)$。

反过来分析，当 $n \neq 0$ 时，有

$$\begin{aligned}X_n &= \frac{a_n - \mathrm{j}b_n}{2} = \left[\frac{2}{T_1}\int_{-T_1/2}^{T_1/2} \tilde{x}(t)\cos n\omega_1 t\mathrm{d}t - \mathrm{j}\frac{2}{T_1}\int_{-T_1/2}^{T_1/2} \tilde{x}(t)\sin n\omega_1 t\mathrm{d}t\right]/2 \\ &= \frac{1}{T_1}\int_{-T_1/2}^{T_1/2} \tilde{x}(t)[\cos n\omega_1 t - \mathrm{j}\sin n\omega_1 t]\mathrm{d}t = \frac{1}{T_1}\int_{-T_1/2}^{T_1/2} \tilde{x}(t)\mathrm{e}^{-\mathrm{j}n\omega_1 t}\mathrm{d}t\end{aligned} \tag{7.2-5}$$

不难直接验证，在 $n=0$ 时有 $X_0 = a_0 = \dfrac{1}{T_1}\displaystyle\int_{-T_1/2}^{T_1/2} \tilde{x}(t)\mathrm{e}^{-\mathrm{j}\times 0\times\omega_1 t}\mathrm{d}t$ 成立。所以式(7.2-4)和式(7.2-5)就构成了连续时间周期信号的傅里叶级数（FS 或 CTFS）变换对，重新记为

$$\begin{cases}X_n = \mathrm{FS}[\tilde{x}(t)] = \dfrac{1}{T_1}\displaystyle\int_{-T_1/2}^{T_1/2} \tilde{x}(t)\mathrm{e}^{-\mathrm{j}n\omega_1 t}\mathrm{d}t \\ \tilde{x}(t) = \mathrm{IFS}[X_n] = \displaystyle\sum_{n=-\infty}^{\infty} X_n \mathrm{e}^{\mathrm{j}n\omega_1 t}\end{cases} \tag{7.2-6}$$

一般情况下 X_n 是复数，故称其为复数频谱。显然有 $X_n = |X_n|\mathrm{e}^{\mathrm{j}\varphi_n}$ 且 $|X_n| = |X_{-n}| = c_n/2$（但 $|X_0| = |c_0|$），以及 $\angle X_n = -\angle X_{-n}$（即 $\varphi_n = -\varphi_{-n}$）成立。将绘出的 $n\omega_1 - |X_n|$ 图形称为幅度频谱或幅频特性图，$|X_n|$ 的单位与信号 $x(t)$ 的单位一致，均为 U；而绘出的 $n\omega_1 - \varphi_n$ 图形称为相位频谱或相频特性图。

复频谱 X_n 在正负频率处均有值，但负频率是三角函数转换为复指数表示后的结果，无明显的物理意义，实际应用时，须将负频率折合至正频率处再合成为一个实际的谐波分

量。比如单位幅值实余弦信号 $x(t)=\cos\omega_1 t$，转换为复指数表示 $x(t)=\mathrm{e}^{\mathrm{j}\omega_1 t}/2+\mathrm{e}^{-\mathrm{j}\omega_1 t}/2$ 之后，系数 1/2 表示在 $\pm\omega_1$ 频率处的复数幅度频谱均为实余弦信号的 1/2。因此，信号的三角分解形式具有更明确的物理意义，而复指数分解形式往往在理论分析及运算中更为简洁，通常将前者称为单边频谱或物理频谱，后者相应地称为双边频谱或复频谱。

使用复频谱，可以很容易得出用它表示的周期信号的功率帕斯瓦尔定理：

$$P=\frac{1}{T_1}\int_{-T_1/2}^{T_1/2}\tilde{x}^2(t)\,\mathrm{d}t=\sum_{n=-\infty}^{\infty}|X_n|^2 \tag{7.2-7}$$

式中：$|X_n|^2$ 为 n 次谐波的功率幅值，单位 U^2。

【例 7.2-1】 试求如图 7.2-1 所示的周期方波信号 $\tilde{x}(t)$ 的傅里叶级数，其中方波幅值 A、周期 T_1、方波宽度 τ（占空比 τ/T_1）。

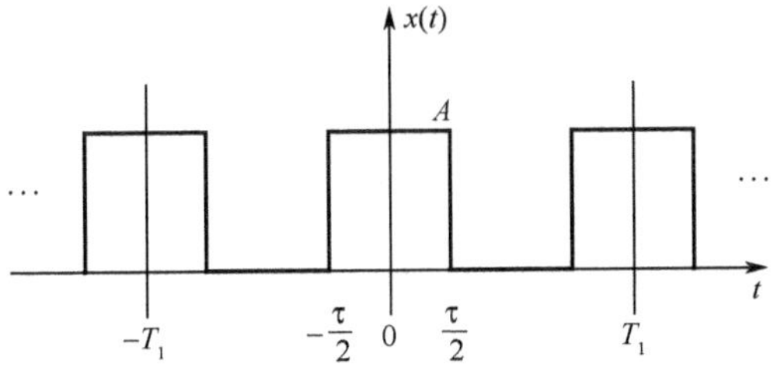

图 7.2-1　周期方波信号

解：根据傅里叶级数计算式(7.2-6)，有

$$X_n=\frac{1}{T_1}\int_{-T_1/2}^{T_1/2}\tilde{x}(t)\mathrm{e}^{-\mathrm{j}n\omega_1 t}\mathrm{d}t=\frac{1}{T_1}\int_{-\tau/2}^{\tau/2}A\mathrm{e}^{-\mathrm{j}n\omega_1 t}\mathrm{d}t=\frac{1}{T_1}\cdot\frac{A}{-\mathrm{j}n\omega_1}\cdot\mathrm{e}^{-\mathrm{j}n\omega_1 t}\Big|_{-\tau/2}^{\tau/2}$$

$$=\frac{A}{T_1}\cdot\frac{2\mathrm{j}\sin(-n\omega_1\tau/2)}{-\mathrm{j}n\omega_1}=\frac{A\tau}{T_1}\cdot\frac{\sin\left(\frac{n\omega_1\tau}{2}\right)}{\frac{n\omega_1\tau}{2}}=\frac{A\tau}{T_1}\cdot\frac{\sin\left(\frac{n\pi\tau}{T_1}\right)}{\frac{n\pi\tau}{T_1}}$$

若定义抽样信号 $\mathrm{Sa}(t)=\dfrac{\sin(t)}{t}$，则方波的幅频特性和相频特性分别为

$$|X_n|=\frac{A\tau}{T_1}\cdot\left|\mathrm{Sa}\left(\frac{n\pi\tau}{T_1}\right)\right|,\quad \varphi_n=\begin{cases}0, & X_n>0\\ \pm\pi, & X_n<0\end{cases}$$

当方波幅值 $A=1$，周期 $T_1=1\mathrm{s}$，占空比 $\tau/T_1=1/7$ 时，幅频特性如图 7.2-2 所示。

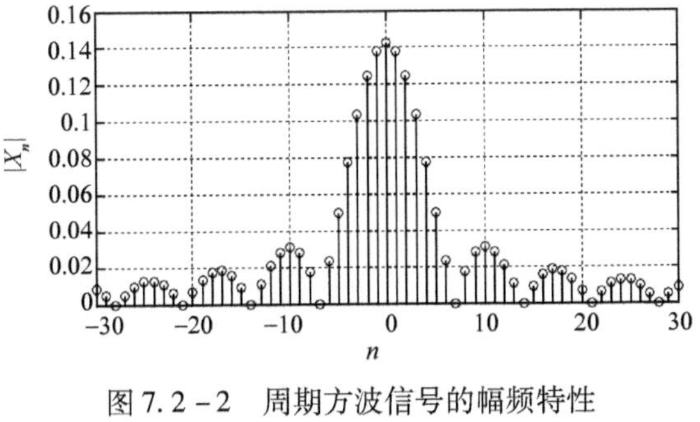

图 7.2-2　周期方波信号的幅频特性

反之,根据式(7.2-6),利用 X_n 重构 $\tilde{x}(t)$ 的公式为

$$
\begin{aligned}
\tilde{x}(t) &= \sum_{n=-\infty}^{\infty} X_n e^{jn\omega_1 t} = \sum_{n=-\infty}^{\infty} \frac{A\tau}{T_1}\mathrm{Sa}\left(\frac{n\omega_1\tau}{2}\right)e^{jn\omega_1 t} \\
&= \frac{A\tau}{T_1}\left[\sum_{n=-\infty}^{-1}\mathrm{Sa}\left(\frac{n\omega_1\tau}{2}\right)e^{jn\omega_1 t} + \mathrm{Sa}\left(\frac{0\cdot\omega_1\tau}{2}\right)e^{j\cdot 0\cdot\omega_1 t} + \sum_{n=1}^{\infty}\mathrm{Sa}\left(\frac{n\omega_1\tau}{2}\right)e^{jn\omega_1 t}\right] \\
&= \frac{A\tau}{T_1}\left[1 + \sum_{n=1}^{\infty}\mathrm{Sa}\left(\frac{n\omega_1\tau}{2}\right)(e^{jn\omega_1 t} + e^{-jn\omega_1 t})\right] \\
&= \frac{A\tau}{T_1}\left[1 + 2\sum_{n=1}^{\infty}\mathrm{Sa}\left(\frac{n\omega_1\tau}{2}\right)\cos(n\omega_1 t)\right]
\end{aligned}
$$

当方波幅值 $A=1$,周期 $T_1=1\mathrm{s}$,占空比 $\tau/T_1=1/2$ 时,对有限次谐波进行信号综合如图 7.2-3 所示,图中注释符号"$n=?$"表示前 n 次谐波累加的曲线。

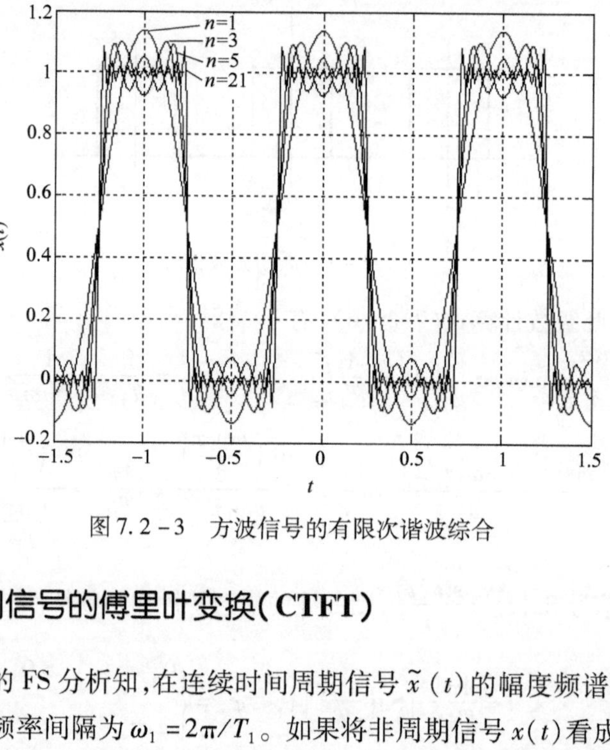

图 7.2-3　方波信号的有限次谐波综合

7.2.2　连续时间信号的傅里叶变换(CTFT)

由 7.2.1 小节的 FS 分析知,在连续时间周期信号 $\tilde{x}(t)$ 的幅度频谱图 $n\omega_1 - |X_n|$ 中,两条相邻谱线的角频率间隔为 $\omega_1 = 2\pi/T_1$。如果将非周期信号 $x(t)$ 看成是周期信号当基波周期 $T_1\to\infty$ 时的极限,则在周期扩展演变过程中,当周期 T_1 逐渐增大并趋于无穷时,谱线间隔 ω_1 将逐渐减小并趋于零,也就意味着原来的离散频谱转变成了连续频谱。但是,当 $T_1\to\infty$ 时,谱线幅度 $|X_n| = \left|\frac{1}{T_1}\int_{-T_1/2}^{T_1/2}\tilde{x}(t)e^{-jn\omega_1 t}dt\right|$ 一般也会逐渐减小趋于零,此时,无法再采用 FS 中幅度频谱的概念来表示某一频率点上的幅度大小。为此,必须引入新的物理概念。

首先,将式 $X_n = \frac{1}{T_1}\int_{-T_1/2}^{T_1/2}\tilde{x}(t)e^{-jn\omega_1 t}dt$ 的两边同时乘以 $\frac{2\pi}{\omega_1}$(或 T_1),得

$$
X_n\cdot\frac{2\pi}{\omega_1} = \int_{-T_1/2}^{T_1/2}\tilde{x}(t)e^{-jn\omega_1 t}dt
$$

当 $T_1 \to \infty$ 时,有 $\omega_1 \to 0$,记 ω_1 为 $d\omega$,则谐波频率 $n\omega_1$ 由原来的离散变量融合为连续变量,以 ω 表示,同时 $\tilde{x}(t) \to x(t)$。虽然 $X_n \to 0$,但是 $X_n \cdot \frac{2\pi}{d\omega}$一般是有限值,因此有

$$\frac{2\pi X_n}{d\omega} = \int_{-\infty}^{\infty} x(t) e^{-j\omega t} dt \tag{7.2-8}$$

由于 $d\omega = 2\pi df$,所以有$\frac{2\pi X_n}{d\omega} = \frac{X_n}{df}$。$\frac{|X_n|}{df}$表示频带微元 df 上的频谱值,这便是频谱密度的概念,$\frac{|X_n|}{df}$的物理量单位是 U/Hz。

频谱密度一般是复变函数,可看作是自变量 $j\omega$ 的函数,如果记 $X(j\omega) = \frac{2\pi X_n}{d\omega}$,则可得连续时间信号的傅里叶变换(CTFT)公式 $X(j\omega) = \int_{-\infty}^{\infty} x(t) e^{-j\omega t} dt$。

另外,如果将 $X_n = \frac{X(j\omega) d\omega}{2\pi}$代入傅里叶级数反变换公式(7.2-6),并将求和改为积分,则可得

$$x(t) = \sum_{n=-\infty}^{\infty} \frac{X(j\omega) d\omega}{2\pi} e^{jn\omega_1 t} = \frac{1}{2\pi}\int_{-\infty}^{\infty} X(j\omega) e^{j\omega t} d\omega \tag{7.2-9}$$

需要说明的是,上述傅里叶变换的推导过程虽然不够严密,但却是可行和便于理解的。至此,总结式(7.2-8)和式(7.2-9),重写连续时间信号的傅里叶变换公式如下:

$$\begin{cases} X(j\omega) = \text{CTFT}[x(t)] = \int_{-\infty}^{\infty} x(t) e^{-j\omega t} dt \\ x(t) = \text{ICTFT}[X(j\omega)] = \frac{1}{2\pi}\int_{-\infty}^{\infty} X(j\omega) e^{j\omega t} d\omega \end{cases} \tag{7.2-10}$$

式中:$X(j\omega)$称为频谱密度函数,也常简称为频谱函数,它还可写成极坐标的形式 $X(j\omega) = |X(j\omega)| e^{j\varphi(\omega)}$,其中$|X(j\omega)|$是幅度函数,表示单位频带上频谱幅值的大小,单位 U/Hz,而 $\varphi(\omega)$是相位函数。

值得注意的是,不同文献给出的 CTFT 正反变换公式可能稍有差异,它还可能是下列两种形式之一:

$$\begin{cases} X(j\omega) = \frac{1}{2\pi}\int_{-\infty}^{\infty} x(t) e^{-j\omega t} dt \\ x(t) = \int_{-\infty}^{\infty} X(j\omega) e^{j\omega t} d\omega \end{cases} \quad \text{或} \quad \begin{cases} X(j\omega) = \frac{1}{\sqrt{2\pi}}\int_{-\infty}^{\infty} x(t) e^{-j\omega t} dt \\ x(t) = \frac{1}{\sqrt{2\pi}}\int_{-\infty}^{\infty} X(j\omega) e^{j\omega t} d\omega \end{cases}$$

但这并不影响频谱密度的相对规律分析,只是影响频谱幅度绝对大小的定义$|X(j\omega)|$和量纲单位。在其他形式的傅里叶分析和帕斯瓦尔定理中也存在类似问题,以后就不再一一指出。

下面再给出连续时间信号的能量帕斯瓦尔定理:

$$\begin{aligned} E &= \int_{-\infty}^{\infty} |x(t)|^2 dt = \int_{-\infty}^{\infty} x(t) x^*(t) dt = \int_{-\infty}^{\infty} x(t) \left[\frac{1}{2\pi}\int_{-\infty}^{\infty} X^*(j\omega) e^{-j\omega t} d\omega\right] dt \\ &= \frac{1}{2\pi}\int_{-\infty}^{\infty} X^*(j\omega) \left[\int_{-\infty}^{\infty} x(t) e^{-j\omega t} dt\right] d\omega = \frac{1}{2\pi}\int_{-\infty}^{\infty} |X(j\omega)|^2 d\omega \end{aligned}$$

即

$$\int_{-\infty}^{\infty} |x(t)|^2 \mathrm{d}t = \frac{1}{2\pi}\int_{-\infty}^{\infty} |X(\mathrm{j}\omega)|^2 \mathrm{d}\omega \tag{7.2-11}$$

式(7.2-11)左边是信号 $x(t)$ 的时域总能量，它等于其频谱 $X(\mathrm{j}\omega)$ 在单位频带内能量 $\frac{1}{2\pi}|X(\mathrm{j}\omega)|^2\mathrm{d}\omega = |X(\mathrm{j}\omega)|^2\mathrm{d}f$ 的积分和。因此，常称 $|X(\mathrm{j}\omega)|^2$ 为能谱密度或能量密度谱，它表示信号能量在频域上的分布情况，它的单位是 $(\mathrm{U/Hz})^2 = \mathrm{U}^2\cdot\mathrm{s/Hz}$。注意，有些文献中定义 $\frac{1}{2\pi}|X(\mathrm{j}\omega)|^2$ 为能谱密度，则它的单位应为 $\mathrm{U}^2\cdot\mathrm{s/(rad/s)}$。

最后指出，除绝对可积的信号外，在引入冲激函数 $\delta(t)$ 之后，周期信号也能够进行傅里叶变换，因此傅里叶级数可以看作是傅里叶变换的特例，解释如下。

由于正弦信号的频谱是幅度频谱，其频谱密度必为冲激谱，所以不难理解以下傅里叶变换关系式成立

$$\mathrm{CTFT}[\mathrm{e}^{\mathrm{j}n\omega_1 t}] = \int_{-\infty}^{\infty} \mathrm{e}^{\mathrm{j}n\omega_1 t}\mathrm{e}^{-\mathrm{j}\omega t}\mathrm{d}t = \int_{-\infty}^{\infty} \mathrm{e}^{-\mathrm{j}(\omega - n\omega_1)t}\mathrm{d}t = 2\pi\delta(\omega - n\omega_1)$$

因此可得周期函数 $\tilde{x}(t)$ 的傅里叶变换为

$$\begin{aligned}\mathrm{CTFT}[\tilde{x}(t)] &= \int_{-\infty}^{\infty} \tilde{x}(t)\mathrm{e}^{-\mathrm{j}\omega t}\mathrm{d}t = \int_{-\infty}^{\infty} \Big[\sum_{n=-\infty}^{\infty} X_n \mathrm{e}^{\mathrm{j}n\omega_1 t}\Big]\mathrm{e}^{-\mathrm{j}\omega t}\mathrm{d}t \\ &= \sum_{n=-\infty}^{\infty} X_n \int_{-\infty}^{\infty} \mathrm{e}^{\mathrm{j}n\omega_1 t}\mathrm{e}^{-\mathrm{j}\omega t}\mathrm{d}t = 2\pi \sum_{n=-\infty}^{\infty} X_n \delta(\omega - n\omega_1)\end{aligned} \tag{7.2-12}$$

容易看出，只要将周期信号的各项傅里叶级数系数 X_n 都乘以 $2\pi\delta(\omega - n\omega_1)$ 后便成为了该时间信号的傅里叶变换。特别地，单位冲激串序列 $p(t) = \sum_{n=-\infty}^{\infty}\delta(t - nT_s)$ 的傅里叶级数系数为 $X_n = \frac{1}{T_s}\int_{-T_s/2}^{T_s/2} p(t)\mathrm{e}^{-\mathrm{j}n\omega_s t}\mathrm{d}t = \frac{1}{T_s}$，因而 $p(t)$ 的傅里叶变换为

$$\mathrm{CTFT}[p(t)] = \frac{2\pi}{T_s}\sum_{n=-\infty}^{\infty}\delta(\omega - n\omega_s)$$

可见，时域中间隔为 T_s 的冲激串对应频域中间隔为 ω_s 的冲激串频谱。

此外，根据 CTFT 频域卷积定理

$$\mathrm{CTFT}[x_1(t)x_2(t)] = \frac{1}{2\pi}\mathrm{CTFT}[x_1(t)] * \mathrm{CTFT}[x_2(t)]$$

可求得 $x(t)$ 的冲激抽样信号 $x_s(t)$ 的傅里叶变换为

$$\begin{aligned}X_s(\mathrm{j}\omega) &= \mathrm{CTFT}[x(t)p(t)] = \frac{1}{2\pi}\mathrm{CTFT}[x(t)] * \mathrm{CTFT}[p(t)] \\ &= \frac{1}{T_s}\mathrm{CTFT}[x(t)] * \sum_{n=-\infty}^{\infty}\delta(\omega - n\omega_s)\end{aligned} \tag{7.2-13}$$

与冲激串频谱 $\sum_{n=-\infty}^{\infty}\delta(\omega - n\omega_s)$ 进行频域卷积具有频谱复制搬移功能，在区间 $[-\omega_s/2, \omega_s/2]$ 上的频谱称为主值区间频谱。式(7.2-13)建立了冲激抽样信号的傅里叶变换 $X_s(\mathrm{j}\omega)$ 与原始连续时间信号的傅里叶变换 $\mathrm{CTFT}[x(t)]$ 之间的关系，在原始连续时

间信号带宽有限（最高频率为 ω_H 或高频分量很小可忽略）并且冲激抽样频率足够高（至少满足香农采样定理 $\omega_s \geq 2\omega_H$）的条件下，冲激抽样信号频谱 $X_s(\mathrm{j}\omega)$ 可由原始信号频谱 $\mathrm{CTFT}[x(t)]$ 除以采样周期 T_s 获得，如图 7.2－4 所示。

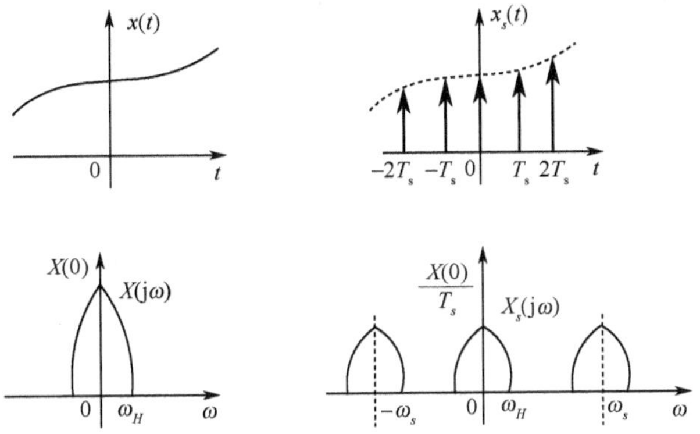

图 7.2－4　冲激抽样信号的傅里叶变换

7.2.3　离散时间信号的傅里叶变换（DTFT）

除了利用频域卷积法式（7.2－13）求冲激抽样信号的傅里叶变换外，若直接对冲激抽样信号 $x_s(t)$ 作傅里叶变换，得

$$X_s(\mathrm{j}\omega) = \int_{-\infty}^{\infty} x_s(t)\mathrm{e}^{-\mathrm{j}\omega t}\mathrm{d}t = \int_{-\infty}^{\infty}\left[x(t)\sum_{n=-\infty}^{\infty}\delta(t-nT_s)\right]\mathrm{e}^{-\mathrm{j}\omega t}\mathrm{d}t$$

$$= \int_{-\infty}^{\infty}\sum_{n=-\infty}^{\infty}x(nT_s)\mathrm{e}^{-\mathrm{j}\omega nT_s}\delta(t-nT_s)\mathrm{d}t$$

$$= \sum_{n=-\infty}^{\infty}x(nT_s)\mathrm{e}^{-\mathrm{j}\omega nT_s}\int_{-\infty}^{\infty}\delta(t-nT_s)\mathrm{d}t = \sum_{n=-\infty}^{\infty}x(nT_s)\mathrm{e}^{-\mathrm{j}\omega nT_s}$$

再次将 T_s 归一化，并将 $x(nT_s)$ 简记为 $x(n)$，即 $x(n)$ 是 $x(t)$ 的数值抽样序列，在离散时间信号傅里叶变换中一般将 $X_s(\mathrm{j}\omega)$ 记为 $X(\mathrm{e}^{\mathrm{j}\omega})$，定义序列 $x(n)$ 的离散时间傅里叶变换（DTFT）为

$$X(\mathrm{e}^{\mathrm{j}\omega}) = \sum_{n=-\infty}^{\infty}x(n)\mathrm{e}^{-\mathrm{j}\omega n} \tag{7.2－14}$$

本质上 $X(\mathrm{e}^{\mathrm{j}\omega})$ 的物理含义反映的是与冲激幅度序列 $x(n)$ 对应的冲激抽样信号 $x_s(t)$ 的频谱，即 $X(\mathrm{e}^{\mathrm{j}\omega}) = \mathrm{CTFT}[x_s(t)]$，不过 $X(\mathrm{e}^{\mathrm{j}\omega})$ 在数值上可简单地通过冲激幅度序列 $x(n)$ 求和计算，而无需积分，因此也常常直接将 $X(\mathrm{e}^{\mathrm{j}\omega})$ 称为序列 $x(n)$ 的频谱。由此可知，通过理想冲激抽样 $x_s(t)$ 建立了数值序列 $x(n)$ 的 DTFT 频谱与原始连续时间信号 $x(t)$ 的 CTFT 频谱之间的关系，形象描述如下：

$$\mathrm{CTFT}[x(t)]\xrightarrow{1/Ts}\mathrm{CTFT}[x_s(t)]\Leftrightarrow\mathrm{DTFT}[x(n)]$$

现计算下式：

$$X(\mathrm{e}^{\mathrm{j}(\omega+k\cdot 2\pi)}) = \sum_{n=-\infty}^{\infty}x(n)\mathrm{e}^{-\mathrm{j}(\omega+k\cdot 2\pi)n} = \sum_{n=-\infty}^{\infty}x(n)\mathrm{e}^{-\mathrm{j}\omega n}\mathrm{e}^{-\mathrm{j}kn\cdot 2\pi}$$

$$= \sum_{n=-\infty}^{\infty} x(n)e^{-j\omega n} = X(e^{j\omega})$$

所以 $X(e^{j\omega})$ 是周期为 2π 的周期函数。由于 $X(e^{j\omega})$ 的周期性，一个周期之外的重复性信息是多余的，使得在求取从频域到时域的反变换过程中只需要一个周期的独立频谱信息即可。将式(7.2－14)的两边同时乘以 $e^{j\omega m}$，并在区间 $[-\pi,\pi]$ 上积分，得

$$\int_{-\pi}^{\pi} X(e^{j\omega})e^{j\omega m}d\omega = \int_{-\pi}^{\pi}\left[\sum_{n=-\infty}^{\infty} x(n)e^{-j\omega n}\right]e^{j\omega m}d\omega = \sum_{n=-\infty}^{\infty} x(n)\int_{-\pi}^{\pi} e^{j\omega(m-n)}d\omega$$

$$= \sum_{n=-\infty}^{\infty} x(n)\cdot 2\pi\delta_d(m-n) = 2\pi\cdot x(m)$$

综上所述，得离散时间信号的傅里叶变换对为

$$\begin{cases} X(e^{j\omega}) = \mathrm{DTFT}[x(n)] = \sum_{n=-\infty}^{\infty} x(n)e^{-j\omega n} \\ x(n) = \mathrm{IDTFT}[X(e^{j\omega})] = \dfrac{1}{2\pi}\displaystyle\int_{-\pi}^{\pi} X(e^{j\omega})e^{j\omega n}d\omega \end{cases} \tag{7.2-15}$$

最后，给出离散时间信号的能量帕斯瓦尔定理

$$E = \sum_{n=-\infty}^{\infty} |x(n)|^2 = \sum_{n=-\infty}^{\infty} x(n)x^*(n)$$

$$= \sum_{n=-\infty}^{\infty} x(n)\left[\frac{1}{2\pi}\int_{-\pi}^{\pi} X^*(e^{j\omega})e^{-j\omega n}d\omega\right]$$

$$= \frac{1}{2\pi}\int_{-\pi}^{\pi} X^*(e^{j\omega})\sum_{n=-\infty}^{\infty} x(n)e^{-j\omega n}d\omega = \frac{1}{2\pi}\int_{-\pi}^{\pi} |X(e^{j\omega})|^2 d\omega$$

即

$$\sum_{n=-\infty}^{\infty} |x(n)|^2 = \frac{1}{2\pi}\int_{-\pi}^{\pi} |X(e^{j\omega})|^2 d\omega \tag{7.2-16}$$

式(7.2－16)与连续时间信号的能量帕斯瓦尔定理很相似，也是时域能量总和与频域能量总和相等，只是频域的积分区间长度为 2π 而非无穷，对于样值序列而言 $|X(e^{j\omega})|^2$ 表示能谱密度。针对实际信号，为了说明 $|X(e^{j\omega})|^2$ 的含义，将式(7.2－16)左边乘以采样周期 T_s 而右边除以采样频率 $f_s(f_s=1/T_s)$，得

$$\sum_{n=-\infty}^{\infty} |x(n)|^2 T_s = \frac{1}{2\pi}\int_{-\pi}^{\pi} \frac{|X(e^{j\omega})|^2}{f_s}d\omega$$

考虑到序列频率 $\omega\in[-\pi,\pi]$ 对应于实际信号的频率 $f\in[-f_s/2,f_s/2]$，则有 $\dfrac{\omega}{f}=\dfrac{\pi}{f_s/2}$，即 $\omega=2\pi f/f_s$，再将其代入上式得

$$\sum_{n=-\infty}^{\infty} |x(n)|^2 T_s = \frac{1}{2\pi}\int_{-\pi}^{\pi} \frac{|X(e^{j2\pi f/f_s})|^2}{f_s}d(2\pi f/f_s) = \int_{-f_s/2}^{f_s/2} \frac{|X(e^{j2\pi f/f_s})|^2}{f_s^2}df$$

由于 $X(e^{j2\pi f/f_s})$ 是 $e^{j2\pi f/f_s}$ 的函数，也是 e^{jf} 的函数，不妨将 $X(e^{j2\pi f/f_s})$ 记作 $X(e^{jf})$，从而有

$$\sum_{n=-\infty}^{\infty} |x(n)|^2 T_s = \int_{-f_s/2}^{f_s/2} \frac{|X(e^{jf})|^2}{f_s^2}df$$

显然，上式左边表示实际信号的样值采样再通过零阶保持器后的总能量，所以右边被积函数$|X(e^{jf})|^2/f_s^2$ 表示实际信号的能谱密度，且单位为 $U^2 \cdot s/Hz$。

【例 7.2－2】求序列 $x(n)=\{0,1,1,0\}(n=0,1,2,3)$ 的 DTFT，并验证帕斯瓦尔定理。

解：根据 DTFT 正变换公式，得

$$X(e^{j\omega})=\sum_{n=-\infty}^{\infty}x(n)e^{-j\omega n}=\sum_{n=0}^{3}x(n)e^{-j\omega n}$$

$$=0+1\cdot e^{-j\omega\times1}+1\cdot e^{-j\omega\times2}+0=e^{-j\omega}+e^{-j2\omega}$$

$$=e^{-j\frac{3}{2}\omega}(e^{j\frac{1}{2}\omega}+e^{-j\frac{1}{2}\omega})=2\cos\frac{\omega}{2}\cdot e^{-j\frac{3}{2}\omega}$$

该序列的频谱幅频特性如图 7.2－5 中实线所示。

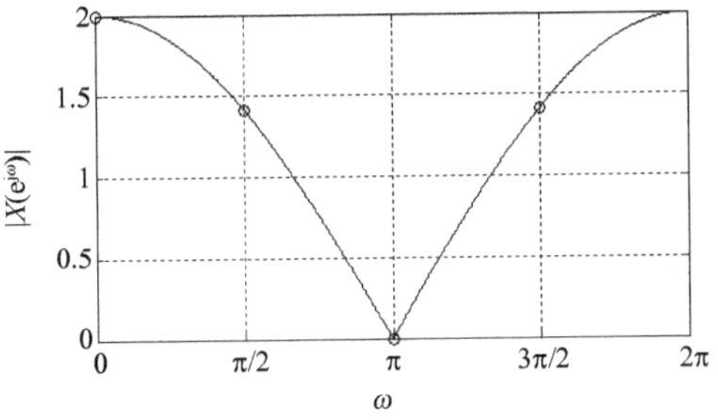

图 7.2－5　幅频特性$|X(e^{j\omega})|$

再计算序列的能量如下：

时域能量：

$$\sum_{n=-\infty}^{\infty}|x(n)|^2=(0)^2+(1)^2+(1)^2+(0)^2=2$$

频域能量：

$$\frac{1}{2\pi}\int_{-\pi}^{\pi}|X(e^{j\omega})|^2 d\omega=\frac{1}{2\pi}\int_{-\pi}^{\pi}\left|2\cos\frac{\omega}{2}\cdot e^{-j\frac{3}{2}\omega}\right|^2 d\omega$$

$$=\frac{4}{2\pi}\int_{-\pi}^{\pi}\frac{1+\cos\omega}{2}d\omega=\frac{1}{\pi}(\omega+\sin\omega)\Big|_{-\pi}^{\pi}=2$$

由此验证能量帕斯瓦尔定理成立，并且序列的能谱密度为$|X(e^{j\omega})|^2=2(1+\cos\omega)$。

假设在实际系统中该序列的采样频率$f_s=10\text{Hz}$，则实际能谱密度为 $2[1+\cos(2\pi f/f_s)]/f_s^2=2[1+\cos(2\pi f/10)]/10^2(U^2\cdot s/Hz)$，由此计算频域总能量：

$$\int_{-f_s/2}^{f_s/2}\frac{|X(e^{jf})|^2}{f_s^2}df=\int_{-5}^{5}\frac{2[1+\cos(2\pi f/10)]}{10^2}df=0.2\quad(U^2\cdot s)$$

它也与根据时域计算的总能量 $\sum_{n=-\infty}^{\infty}|x(n)|^2T_s=0.2(U^2\cdot s)$ 完全一致。

7.2.4　离散时间周期信号的傅里叶级数(DFS)

若以采样周期 T_s 对周期为 T_1 的连续时间周期信号 $\tilde{x}(t)$ 进行冲激抽样，并假设抽样点数满足 $N=T_1/T_s=\omega_s/\omega_1$（即 $\omega_1T_1=2\pi/N$），则称为完整周期抽样。完整周期冲激抽样

的结果记为 $\tilde{x}_s(t)=\sum_{n=-\infty}^{\infty}\tilde{x}(nT_s)\delta(t-nT_s)$，它在一个周期$[0,N-1]$内记为 $\tilde{x}_s(t)=\sum_{n=0}^{N-1}\tilde{x}(nT_s)\delta(t-nT_s)$，若记 $X_k=\text{FS}[\tilde{x}_s(t)]$，再根据图 7.2-4 所示的 $1/T_s$ 倍关系，对 $\tilde{x}_s(t)$ 作 FS 分析，得

$$
\begin{aligned}
\frac{X_k}{T_s} &= \text{FS}[\tilde{x}_s(t)] = \frac{1}{T_1}\int_0^{T_1}\tilde{x}_s(t)\mathrm{e}^{-\mathrm{j}k\omega_1 t}\mathrm{d}t \\
&= \frac{1}{T_1}\int_0^{T_1}\left[\sum_{n=0}^{N-1}\tilde{x}(nT_s)\delta(t-nT_s)\right]\mathrm{e}^{-\mathrm{j}k\omega_1 t}\mathrm{d}t \\
&= \frac{1}{T_1}\sum_{n=0}^{N-1}\left[\tilde{x}(nT_s)\mathrm{e}^{-\mathrm{j}k\omega_1 nT_s}\int_0^{T_1}\delta(t-nT_s)\mathrm{d}t\right] \\
&= \frac{1}{NT_s}\sum_{n=0}^{N-1}\frac{1}{T_s}\tilde{x}(nT_s)\mathrm{e}^{-\mathrm{j}\frac{2\pi}{N}kn}
\end{aligned}
$$

上式中，若令 $X(k)=NX_k$，并将数值抽样序列 $\tilde{x}(nT_s)$ 简记为 $\tilde{x}(n)$，则有

$$X(k)=\sum_{n=0}^{N-1}\tilde{x}(n)\mathrm{e}^{-\mathrm{j}\frac{2\pi}{N}kn} \tag{7.2-17}$$

这便是离散时间周期信号 $\tilde{x}(n)$ 的傅里叶级数(DFS 或 DTFS)。本质上 $X(k)$ 的含义为连续时间周期信号 $\tilde{x}(t)$ 的冲激抽样 $\tilde{x}_s(t)$ 的傅里叶级数系数，即 $X(k)=N\cdot\text{FS}[\tilde{x}(t)]=NT_s\cdot\text{FS}[\tilde{x}_s(t)]$，不过 $X(k)$ 也可简单地通过 N 点冲激幅度序列 $\tilde{x}(n)$ 求和计算，而无需积分，因此也常常直接将 $X(k)$ 称为序列 $\tilde{x}(n)$ 的频谱。

下面再对 DFS 频域的周期性进行分析，由于

$$
\begin{aligned}
X(k+N) &= \sum_{n=0}^{N-1}x(n)\mathrm{e}^{-\mathrm{j}\frac{2\pi}{N}n(k+N)} = \sum_{n=0}^{N-1}x(n)\mathrm{e}^{-\mathrm{j}\frac{2\pi}{N}kn}\mathrm{e}^{-\mathrm{j}2n\pi} \\
&= \sum_{n=0}^{N-1}x(n)\mathrm{e}^{-\mathrm{j}\frac{2\pi}{N}kn} = X(k)
\end{aligned}
$$

所以 $X(k)$ 是以 N 为周期的，可记 $X(k)$ 为 $\tilde{X}(k)$。

如果将 $\tilde{X}(k)$ 乘以 $\mathrm{e}^{\mathrm{j}\frac{2\pi}{N}kn}(0\leqslant n\leqslant N-1)$，并按序号 k 从 0 到 $N-1$ 求和，经过仔细整理，可得

$$
\begin{aligned}
\sum_{k=0}^{N-1}\tilde{X}(k)\mathrm{e}^{\mathrm{j}\frac{2\pi}{N}kn} &= \sum_{k=0}^{N-1}\left[\sum_{r=0}^{N-1}\tilde{x}(r)\mathrm{e}^{-\mathrm{j}\frac{2\pi}{N}kr}\right]\mathrm{e}^{\mathrm{j}\frac{2\pi}{N}kn} \\
&= \sum_{k=0}^{N-1}\left[\sum_{r=0}^{N-1}\tilde{x}(r)\mathrm{e}^{\mathrm{j}\frac{2\pi}{N}k(n-r)}\right] \\
&= \sum_{r=0}^{N-1}\tilde{x}(r)\left[\sum_{k=0}^{N-1}\mathrm{e}^{\mathrm{j}\frac{2\pi}{N}k(n-r)}\right] = N\times\tilde{x}(n)
\end{aligned} \tag{7.2-18}
$$

上式中用到复平面单位圆周上均匀分布复数之和的性质，即

$$\sum_{k=0}^{N-1}\mathrm{e}^{\mathrm{j}\frac{2\pi}{N}k(n-r)}=\begin{cases}N, & n=r\\0, & n\neq r\end{cases} \tag{7.2-19}$$

通常简记 $W_N=\mathrm{e}^{-\mathrm{j}\frac{2\pi}{N}}$，并称之为旋转因子。至此，根据式(7.2-17)和式(7.2-18)得 DFS 及其逆变换如下：

$$\begin{cases}\tilde{X}(k) = \mathrm{DFS}[\tilde{x}(n)] = \sum_{n=0}^{N-1} \tilde{x}(n) W_N^{nk} \\ \tilde{x}(n) = \mathrm{IDFS}[\tilde{X}(k)] = \dfrac{1}{N}\sum_{k=0}^{N-1} \tilde{X}(k) W_N^{-kn}\end{cases} \tag{7.2-20}$$

这里顺便再给出离散时间周期信号的功率帕斯瓦尔定理:

$$\begin{aligned} P &= \frac{1}{N}\sum_{n=0}^{N-1} |\tilde{x}(n)|^2 = \frac{1}{N}\sum_{n=0}^{N-1} \tilde{x}(n)\, \tilde{x}^*(n) \\ &= \frac{1}{N}\sum_{n=0}^{N-1} \tilde{x}(n)\left[\frac{1}{N}\sum_{k=0}^{N-1} \tilde{X}^*(k) W_N^{kn}\right] \\ &= \frac{1}{N^2}\sum_{k=0}^{N-1} \tilde{X}^*(k)\left[\sum_{n=0}^{N-1} \tilde{x}(n) W_N^{kn}\right] = \frac{1}{N^2}\sum_{k=0}^{N-1} |\tilde{X}(k)|^2 \end{aligned}$$

即

$$\frac{1}{N}\sum_{n=0}^{N-1} |\tilde{x}(n)|^2 = \sum_{k=0}^{N-1} \frac{1}{N^2} |\tilde{X}(k)|^2 \tag{7.2-21}$$

式(7.2-21)左边表示离散时间周期信号的时域平均功率,它等于右边频域主值区间$[0,N-1]$上各次谐波功率的总和,称$\frac{1}{N^2}|\tilde{X}(k)|^2$为离散时间周期信号的功率幅度谱,单位为$U^2$。显然,DFS 与 FS 一样它们的功率谱表示的都是幅度谱,而不是密度谱。

比较式(7.2-15)与式(7.2-20)的正变换部分,可知,如果$x(n)$是$\tilde{x}(n)$在主值区间上的N点序列,则下列关系式成立

$$X(\mathrm{e}^{\mathrm{j}\omega}) = \sum_{n=-\infty}^{\infty} x(n)\mathrm{e}^{-\mathrm{j}\omega n} = \sum_{n=0}^{N-1} x(n)\mathrm{e}^{-\mathrm{j}\omega n}\Big|_{\omega = k\frac{2\pi}{N}} \xleftrightarrow{=} \sum_{n=0}^{N-1} \tilde{x}(n) W_N^{nk} = \tilde{X}(k)$$

即

$$\tilde{X}(k) = X(\mathrm{e}^{\mathrm{j}\omega})\Big|_{\omega = k\frac{2\pi}{N}}$$

因此,也可以将有限长N点序列经周期延拓后的 DFS 看作是该N点序列的 DTFT 在频域上的采样,且频域采样间隔为$2\pi/N$。

7.2.5 四种傅里叶分析小结

容易看出,前面几小节对四种形式信号的傅里叶变换的介绍是按照如图 7.2-6 所示的顺序逐步展开的。

下面从整体上再作进一步总结,如图 7.2-7 所示。首先,从离散性和周期性上看具有如下特点。

(1) 时域连续非周期对应频域非周期连续(CTFT)。

(2) 时域离散对应频域周期性(DTFT 和 DFS),反之频域离散对应时域周期性(FS 和 DFS);相反,时域连续必然频域非周期(FS 和 CTFT),而频域连续必然时域非周期(CTFT 和 DTFT)。

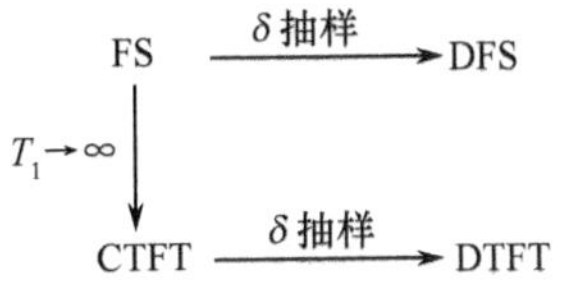

图 7.2-6 四种傅里叶变换的介绍顺序

（3）时域离散周期对应频域周期离散(DFS)。

（4）FS 和 DFS 在时域中为周期信号（功率信号）对应频域离散且为功率幅度谱，而 CTFT 和 DTFT 在时域中为非周期信号（能量信号）对应频域连续且为能量密度谱。

（5）不论是在时域还是在频域呈现周期性，在进行傅里叶正/反变换或能量/功率帕斯瓦尔定理计算时，仅需取一个周期作积分或求和；否则，需在无穷区间上积分或求和。

上述性质(1)～(3)是由傅里叶正反变换的对称性（或称为对偶性）决定的。

其次，从时域信号是否有限时长对应频域宽度是否有限带宽的角度看，还具有这一重要特征：时宽有限对应频宽无限，反之频宽有限对应时宽无限。所以说，实际信号的时宽和带宽之积一般总是无限的（理想的冲激、直流和正弦信号除外）。

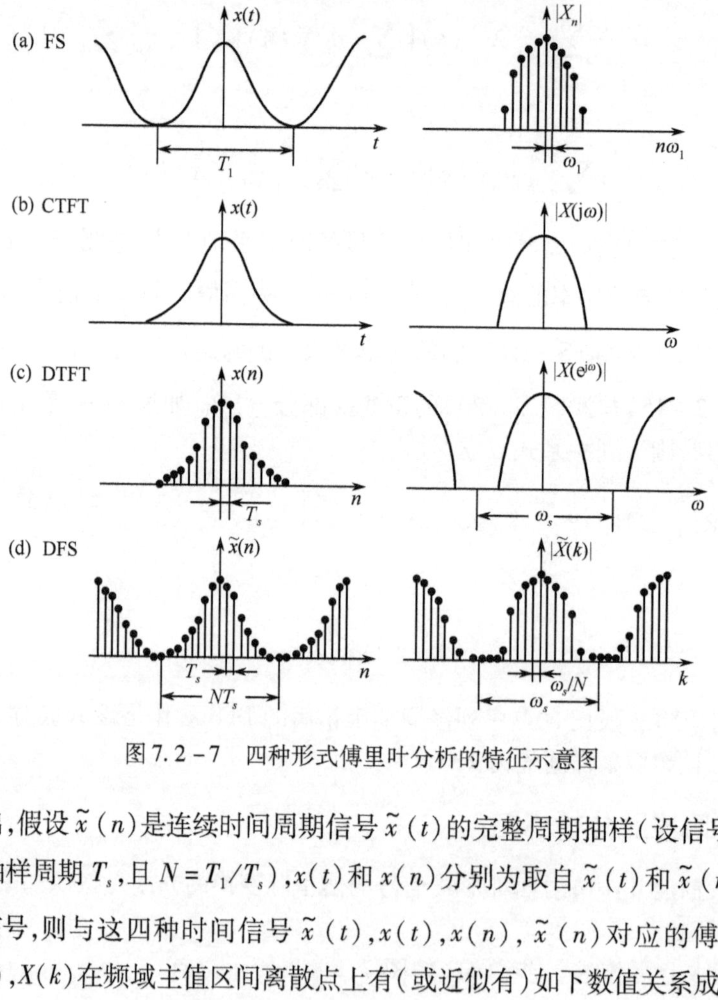

图 7.2－7　四种形式傅里叶分析的特征示意图

最后指出，假设 $\tilde{x}(n)$ 是连续时间周期信号 $\tilde{x}(t)$ 的完整周期抽样（设信号 $\tilde{x}(t)$ 的周期 T_1，$\tilde{x}(n)$ 的抽样周期 T_s，且 $N=T_1/T_s$），$x(t)$ 和 $x(n)$ 分别为取自 $\tilde{x}(t)$ 和 $\tilde{x}(n)$ 主值区间上的有限时长信号，则与这四种时间信号 $\tilde{x}(t)$，$x(t)$，$x(n)$，$\tilde{x}(n)$ 对应的傅里叶变换 X_k，$X(\mathrm{j}\omega)$，$X(\mathrm{e}^{\mathrm{j}\omega})$，$X(k)$ 在频域主值区间离散点上有（或近似有）如下数值关系成立：

$$X_k(\mathrm{FS})=\frac{X(\mathrm{j}\omega)\Big|_{\omega=k\omega_1}}{T_1}(\mathrm{CTFT})=\frac{X(\mathrm{e}^{\mathrm{j}\omega})\Big|_{\omega=k\frac{2\pi}{N}}}{N}(\mathrm{DTFT})=\frac{\tilde{X}(k)}{N}(\mathrm{DFS})$$

(7.2－22)

由于已知 $X_k(\mathrm{FS})$ 明确表示正弦波的幅值，再根据该关系式，有助于理解其他三种傅里叶变换的物理含义。

7.3 离散傅里叶变换

7.3.1 离散傅里叶变换(DFT)

从7.2节介绍可知,FS、CTFT和DTFT三种变换都存在时域或频域连续的问题,不利于计算机分析和处理,而只有DFS在时域和频域都是离散的,唯一的缺憾是DFS在时宽和频宽上都是无限的。但是,由于DFS时域和频域周期性的特点,只要在时域或频域上各截取一个周期序列即可通过周期延拓推知整个序列。因此,定义在一个周期内且通常取主值区间$[0,N-1]$上的DFS变换关系为离散傅里叶变换(Discrete Fourier Transform, DFT),即

$$\begin{cases} X(k) = \mathrm{DFT}[x(n)] = \sum_{n=0}^{N-1} x(n) W_N^{nk}, & 0 \leqslant k \leqslant N-1 \\ x(n) = \mathrm{IDFT}[X(k)] = \dfrac{1}{N}\sum_{k=0}^{N-1} X(k) W_N^{-kn}, & 0 \leqslant n \leqslant N-1 \end{cases} \tag{7.3-1}$$

显然DFT并不是一种新的傅里叶变换形式,它实际上来源于DFS,只不过在时域和频域上各取一个周期而已。需要注意的是,虽然DFS和DFT在形式上完全相同,但是意义上是有差别的,DFT及其逆变换反映的仅仅是两个有限长序列之间的数学变换关系,其实用物理意义需通过DFS来解释,所以,不能从DFT定义中得出时域有限长序列(有限时宽)对应频域有限长序列(有限频宽)这一错误结论。

实际工作中进行信号分析时,对原始连续时间信号抽样往往是等间隔的并且离散抽样信号总是有限时长的。为了获得原始连续时间信号的频谱特性,在满足采样定理的条件下,可假想着对有限抽样信号进行时间上的周期延拓,使之变为时域上的离散周期序列,再对该序列的主值区间作DFS变换,得到周期离散频谱的主值区间频谱,以及周期延拓后的所有频谱。这一过程实际计算时恰好可使用DFT变换算法来实现,将得到与DFS同样多的频谱信息,因此,所谓的DFT频谱也就是有限时长连续时间信号的离散化和周期延拓后的信号频谱,但只需在频谱主值区间内计算和取值。

设$\boldsymbol{X}$和$\boldsymbol{x}$分别为由频域序列$X(k)$和时域序列$x(n)$构成的列向量,即

$$\boldsymbol{X} = \begin{bmatrix} X(0) \\ X(1) \\ X(2) \\ \vdots \\ X(N-1) \end{bmatrix}, \quad \boldsymbol{x} = \begin{bmatrix} x(0) \\ x(1) \\ x(2) \\ \vdots \\ x(N-1) \end{bmatrix}$$

根据式(7.3-1),DFT及其逆变换可以改写成线性变换的形式:

$$\begin{cases} \boldsymbol{X} = \boldsymbol{W}_N \boldsymbol{x} \\ \boldsymbol{x} = \widehat{\boldsymbol{W}}_N \boldsymbol{X} \end{cases} \tag{7.3-2}$$

式中:线性变换矩阵分别为

$$\boldsymbol{W}_N=\begin{bmatrix} W_N^0 & W_N^0 & W_N^0 & \cdots & W_N^0 \\ W_N^0 & W_N^1 & W_N^2 & \cdots & W_N^{N-1} \\ W_N^0 & W_N^2 & W_N^4 & \cdots & W_N^{2(N-1)} \\ \vdots & \vdots & \vdots & & \vdots \\ W_N^0 & W_N^{N-1} & W_N^{2(N-1)} & \cdots & W_N^{(N-1)(N-1)} \end{bmatrix} \quad \text{即} \quad (\boldsymbol{W}_N)_{mn}=W_N^{(m-1)(n-1)}$$

$$\widehat{\boldsymbol{W}}_N=\frac{1}{N}\begin{bmatrix} W_N^0 & W_N^0 & W_N^0 & \cdots & W_N^0 \\ W_N^0 & W_N^{-1} & W_N^{-2} & \cdots & W_N^{-(N-1)} \\ W_N^0 & W_N^{-2} & W_N^{-4} & \cdots & W_N^{-2(N-1)} \\ \vdots & \vdots & \vdots & & \vdots \\ W_N^0 & W_N^{-(N-1)} & W_N^{-2(N-1)} & \cdots & W_N^{-(N-1)(N-1)} \end{bmatrix} \quad \text{即} \quad (\widehat{\boldsymbol{W}}_N)_{mn}=\frac{1}{N}W_N^{-(m-1)(n-1)}$$

注意到 $\boldsymbol{W}_N$ 和 $\widehat{\boldsymbol{W}}_N$ 都是对称阵(即 $\boldsymbol{W}_N=\boldsymbol{W}_N^{\mathrm{T}}$ 而非酉对称 $\boldsymbol{W}_N\neq\boldsymbol{W}_N^{\mathrm{H}}$),还容易验证关系式 $\widehat{\boldsymbol{W}}_N=\boldsymbol{W}_N^{\mathrm{H}}/N$ 成立。若记矩阵 $\boldsymbol{W}_N$ 的第 n 列为$(\boldsymbol{W}_N)_n$,由式(7.2-19)可得

$$\sum_{k=0}^{N-1}\mathrm{e}^{\mathrm{j}\frac{2\pi}{N}k(n-r)} = \sum_{k=0}^{N-1}\mathrm{e}^{\mathrm{j}\frac{2\pi}{N}kn}[\mathrm{e}^{\mathrm{j}\frac{2\pi}{N}kr}]^* = \sum_{k=0}^{N-1}(W_N^{kn})^{\mathrm{H}}W_N^{kr}$$

$$=(\boldsymbol{W}_N)_n^{\mathrm{H}}(\boldsymbol{W}_N)_r=\begin{cases}N, & n=r\\ 0, & n\neq r\end{cases}$$

这说明,$\boldsymbol{W}_N$ 和 $\widehat{\boldsymbol{W}}_N$ 均是正交的变换矩阵,它们是连接信号时域空间坐标 $\boldsymbol{x}$ 与频域空间坐标 $\boldsymbol{X}$ 的桥梁,所以也可将 DFT 和 IDFT 看作是离散时间信号矢量在两种空间之间的坐标变换算法,但注意长度存在 N 倍的伸缩。

不妨在 DFT 频域外暂时补充频谱点 $X(N)=X(0)$,分析一下 DFT 频谱的对称性。当 $x(n)$是实序列时,计算如下:

$$X(N-k)=\sum_{n=0}^{N-1}x(n)W_N^{n(N-k)}=\sum_{n=0}^{N-1}x(n)W_N^{-nk}W_N^{nN}=\sum_{n=0}^{N-1}x(n)W_N^{-nk}\mathrm{e}^{-\mathrm{j}2n\pi}$$

$$=\sum_{n=0}^{N-1}x(n)W_N^{-nk}=[\sum_{n=0}^{N-1}x(n)W_N^{nk}]^*=X^*(k)$$

可见不论 N 是奇数还是偶数,DFT 频谱值在 $0\sim N$ 范围内相对于横坐标 $N/2$ 是共轭对称的。

【例 7.3-1】 计算 4 点序列 $x(n)=[0\quad 1\quad 1\quad 0]^{\mathrm{T}}$ 的 DFT 变换。

解:由序列点数 $N=4$,得旋转因子 $W_4=\mathrm{e}^{-\mathrm{j}\frac{2\pi}{N}}=-\mathrm{j}$,根据式(7.3-2)计算

$$\begin{bmatrix}X(0)\\X(1)\\X(2)\\X(3)\end{bmatrix}=\begin{bmatrix}W_4^0 & W_4^0 & W_4^0 & W_4^0\\ W_4^0 & W_4^1 & W_4^2 & W_4^3\\ W_4^0 & W_4^2 & W_4^4 & W_4^6\\ W_4^0 & W_4^3 & W_4^6 & W_4^9\end{bmatrix}\begin{bmatrix}x(0)\\x(1)\\x(2)\\x(3)\end{bmatrix}=\begin{bmatrix}1 & 1 & 1 & 1\\ 1 & -\mathrm{j} & -1 & \mathrm{j}\\ 1 & -1 & 1 & -1\\ 1 & \mathrm{j} & -1 & -\mathrm{j}\end{bmatrix}\begin{bmatrix}0\\1\\1\\0\end{bmatrix}=\begin{bmatrix}2\\-1-\mathrm{j}\\0\\-1+\mathrm{j}\end{bmatrix}$$

再作图 $k\dfrac{2\pi}{N}-|X(k)|$,结果见图 7.2-5 中符号"○",据图或通过比较 DTFT

式(7.2－15)与 DFT 式(7.3－1)的正变换,可以看出,N 点序列的 DTFT 变换 $X(e^{j\omega})$ 与该序列的 DFT 变换 $X(k)$ 之间存在关系 $X(k)=X(e^{j\omega})\Big|_{\omega=k\frac{2\pi}{N}}$,$(k=0,1,\cdots,N-1)$。因此,可以将 DFT 频谱看作是有限长序列的 DTFT 在频域主值区间上的采样,相应的,能量帕斯瓦尔定理式(7.2－16)或功率帕斯瓦尔定理式(7.2－21)改写成有限长序列的能量帕斯瓦尔定理:

$$E=\sum_{n=0}^{N-1}|x(n)|^2=\sum_{k=0}^{N-1}\frac{1}{N}|X(k)|^2 \qquad (7.3-3)$$

式(7.3－3)左边表示有限长序列的时域总能量,它等于右边频域各次谐波能量的总和,称$\frac{1}{N}|X(k)|^2$ 为有限长序列的能量幅度谱,单位 $U^2\cdot s$。

从矩阵变换的表示方法式(7.3－2)容易看出,除了构造矩阵 $\boldsymbol{W}_N$ 的运算量外,计算 N 点序列 DFT 的每一个频域值 $X(k)$ 都需要做 N 次复数乘法和 $N-1$ 次复数加法,因此要获得频域整个向量 $\boldsymbol{X}$ 共需 N^2 次复数乘法和 $N(N-1)$ 次复数加法,其中 1 次复数乘法需 4 次实数乘法和 2 次实数加法,1 次复数加法需 2 次实数加法。随着序列长度 N 的增大,计算量将急剧增加,比如当 $N=1024$ 时,复数乘法运算多达 1 百万次,这么大的计算量不利于对信号作实时处理。20 世纪 60 年代,两位学者 Cooley 和 Tukey 提出了一种 DFT 快速算法,它所需的运算量约为 $(N\log_2 N)/2$ 次复数乘法和 $N\log_2 N$ 次复数加法,极大推动了 DFT 在各方面的应用。除 Cooley 和 Tukey 外,还有其他学者相继研究了许多种旨在减少 DFT 运算量的改进算法,一般将这些快速算法统称为快速傅里叶变换(Fast Fourier Transform,FFT)算法。FFT 也不是一种新的傅里叶变换方法,而仅仅是为了减小 DFT 运算量而提出的一种快速计算策略。当然,对于事后信号处理和分析而言,譬如在惯性器件性能分析等场合常常是事后的,运算量大小并不是关键问题,因此这里不打算对 FFT 算法作过多的介绍,有兴趣的读者可参考数字信号处理有关书籍。

7.3.2 各种傅里叶分析中频域与实际信号频率之间的对应关系

(1) 在 FS 中,X_n 表示第 n 条谱线的频谱,对应实际信号的频率为周期信号基波频率的 n 倍,即为 $n\omega_1$。

(2) 在 CTFT 中,$X(j\omega)$ 为实际连续时间信号在 ω 频率处的频谱值。

(3) 在 DTFT 中,$X(e^{j\omega})$ 是周期为 2π 的周期频谱,考虑到对连续时间信号进行等间隔 T_s 冲激抽样后,频谱以 $\omega_s=2\pi/T_s$ 为周期重复,所以 $X(e^{j\omega})$ 在 2π 点的频率对应连续时间信号的 ω_s 点频率,即 $X(e^{j\omega})$ 在 ω 点的频率对应实际信号在 $\omega\times\omega_s/(2\pi)=\omega f_s=\omega/T_s$ 处的频率。显然,在 $X(e^{j\omega})$ 中 2π 频率看作是 0 频率的重复,都属于低频频谱(直流),而 π 处是高频频谱,它与实际频率 $\pi/T_s=\omega_s/2$ 对应。

(4) 在 DFS 中,$\tilde{X}(k)$ 的周期为 N,而连续时间周期信号经等间隔 T_s 冲激抽样后,频谱以 $\omega_s=2\pi/T_s$ 为周期重复,所以第 N 序号频谱 $\tilde{X}(N)$ 对应实际连续时间信号的 ω_s 频率,并且每两相邻序号频谱之间的间隔为 ω_s/N,也称 ω_s/N 为 DFS 的频率分辨率。$\tilde{X}(k)$ 对应实际连续时间信号的频率为 $k\omega_s/N$。

(5) DFT 的频谱序号与实际信号频率之间的对应关系和上述 DFS 分析的结论完全相同。从频率分辨率公式 $\omega_s/N=2\pi/T_1$ 知，欲提高 DFT 分辨率，其一是当抽样频率 ω_s 不变时提高数据样本长度 N；其二是当数据样本长度 N 不变时并且在满足抽样条件下降低抽样频率 ω_s，即等效于增大抽样周期 T_s。事实上，这两种方法都相当于增加了用于分析的连续时间信号的总时宽 T_1，所以频谱分辨率最终还是受限于总时宽，频率分辨率 $2\pi/T_1$ 采用赫兹单位表示时为 $1/T_1$(Hz)，此即为时宽的倒数。

最后介绍一下 DFT 频谱分析的应用。在进行惯性器件采样数据分析时，为了确定是否隐含周期项或确定周期项的幅度大小，常常采用频谱分析方法，一般对相频特性不太感兴趣，而主要关注其幅频特性。综合前面傅里叶变换的理论，现假设惯性器件采样频率 f_s，对 N 点采样数据作傅里叶分析，基本步骤如下：

(1) 对 N 点采样数据 $x(n)$ 作 DFT 变换，获得 $X(k)$。

(2) 取序号 $0\sim[N/2]$ 的频谱数据计算频谱幅值 $|X(k)|$，其中符号 $[\cdot]$ 表示取整。

(3) 将所有的频谱幅值都除以 N，然后除 0 序号幅值外其余幅值再乘以 2，即双边频谱化为单边频谱，画出幅频特性图。

(4) 幅频特性图的横坐标谱线频率依次标注为 kf_s/N，$(k=0\sim[N/2])$，单位 Hz。

(5) 纵坐标直接对应惯性器件在相应频率上的谐波幅值(半波峰值)，幅值单位与时域采样数据的单位完全一致，特别地，在零频率处正好表示惯性器件的直流分量大小，这由式(7.3-2)中 $\boldsymbol{W}_N$ 的第一行元素全为 1 也可看出 $X(0)$ 是序列 $x(n)$ 的累加和，再除以 N 即为序列 $x(n)$ 的均值。

【例 7.3-2】 以下给出信号频谱分析的 Matlab 仿真程序，其中假设信号采样频率 $f_s=100$Hz、采样点数 $N=100$，采样序列 $x(n)$ 中包含直流、正弦 10Hz 和正弦 33Hz 三种成分，它们的幅值分别为 1.1、1.0 和 0.5。信号及其频谱分析结果如图 7.3-1 所示，从频谱图中可以明显看出三个峰值，它们与预设的信号参数完全一致。

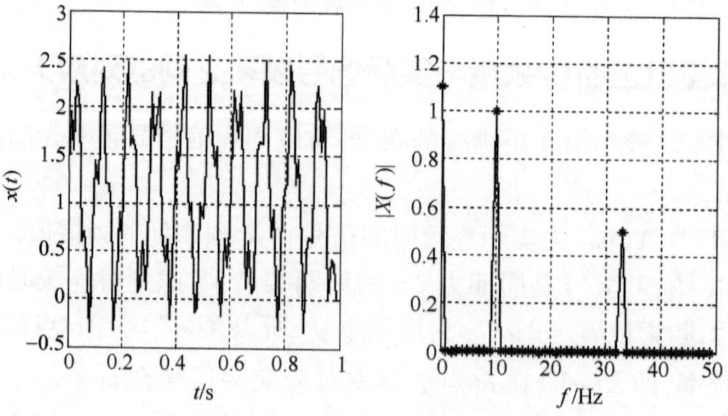

图 7.3-1　信号及其频谱分析

```
fs = 100; % 采样频率
N = 100; % 数据长度
t=[0:(N-1)]*1/fs;
xn = 1.1 + 1.0*sin(2*pi*10*t) + 0.5*sin(2*pi*33*t+30*pi/180); % 数据序列
Xk = abs(fft(xn,N));
```

```
N2 = fix(N/2);
subplot(1,2,1), plot(t,xn); grid on
xlabel('t / s'); ylabel('x( n )');
subplot(1,2,2), plot([0:N2]*fs/N, [Xk(1), 2*Xk(2:N2+1)]/N, '-*'); grid on
xlabel('f / Hz'); ylabel('|x(f)|');
```

值得注意的是,采用 FFT 算法时常常要求采样数据点数为 2 的幂次方倍,当点数不满足要求时,若先通过补零方式再进行 FFT 运算,将导致幅频特性图上的绝对幅值读数(如直流分量)与实际信号不符。

7.4 功率谱及其估计

7.4.1 功率谱的概念

根据 7.2 节的介绍知,FS 和 DFS 变换针对的是周期性的功率信号,它们的频谱为离散的幅度谱,功率谱也应当是离散的功率幅度谱(在引入冲激函数后功率密度谱是冲激谱);绝对可积/可和的信号是能量信号,经 CTFT 或 DTFT 变换之后给出的是能量密度谱,而功率密度谱恒为零。因此,周期性确定信号的功率谱为幅度谱,能量信号的功率谱为零,习惯上所指的功率谱是功率密度谱的简称(Power Spectral Density, PSD),主要以零均值平稳随机信号为研究对象,它是一种统计平均的概念。

功率谱表示的是单位频带内信号平均功率随频率的变化情况,保留了频谱的幅度信息,但是却丢失了相位信息,频谱不同的信号其功率谱是有可能相同的,所以,反过来由频域功率谱不能重构时域原始信号,存在多义性。

对于随机信号,这里主要研究各态遍历的平稳时间序列 $x(n)$,显然,它的能量无限属于功率信号,$x(n)$ 的双边截尾信号定义为

$$x_N(n) = \begin{cases} x(n), & |n| \leqslant N \\ 0, & |n| > N \end{cases} \tag{7.4-1}$$

此截尾信号的 DTFT 变换为

$$X(\mathrm{e}^{\mathrm{j}\omega}, N) = \mathrm{DTFT}[x_N(n)] = \sum_{n=-\infty}^{\infty} x_N(n)\mathrm{e}^{-\mathrm{j}\omega n} = \sum_{n=-N}^{N} x(n)\mathrm{e}^{-\mathrm{j}\omega n}$$

由离散时间信号的能量帕斯瓦尔定理式(7.2-16),可得

$$E = \sum_{n=-N}^{N} |x_N(n)|^2 = \frac{1}{2\pi}\int_{-\pi}^{\pi} |X(\mathrm{e}^{\mathrm{j}\omega}, N)|^2 \mathrm{d}\omega$$

将上式两边同时除以 $2N+1$,并令 $N\to\infty$,得

$$\lim_{N\to\infty}\frac{1}{2N+1}\sum_{n=-N}^{N} |x_N(n)|^2 = \frac{1}{2\pi}\int_{-\pi}^{\pi} \lim_{N\to\infty}\frac{1}{2N+1} |X(\mathrm{e}^{\mathrm{j}\omega}, N)|^2 \mathrm{d}\omega \tag{7.4-2}$$

式(7.4-2)左边表示离散时间信号 $x(n)$ 的时域平均功率,而右边被积函数具有"密度"含义,称为信号 $x(n)$ 的频域功率密度谱,记为

$$S_x(\omega) = \lim_{N\to\infty}\frac{1}{2N+1}|X(\mathrm{e}^{\mathrm{j}\omega}, N)|^2 \tag{7.4-3}$$

时间序列的功率谱 $S_x(\omega)$ 是 ω 的连续函数,它表示随机信号平均功率关于频率的分

布，频率 ω 的取值范围是 $[-\pi,\pi]$。

对于实际物理信号，当采样频率为 f_s 时，对应频率取值范围 $f\in[-f_s/2,f_s/2]$。由于 $\omega=2\pi f/f_s$，$S_x(\omega)$ 也是 f 的函数，可记为 $S_x(f)$，从而式(7.4－2)能够改写为

$$P=\frac{1}{2\pi}\int_{-\pi}^{\pi}S_x(f)\,\mathrm{d}(2\pi f/f_s)=\int_{-f_s/2}^{f_s/2}\frac{S_x(f)}{f_s}\mathrm{d}f \tag{7.4-4}$$

由式(7.4－4)的被积函数知，实际信号的功率谱大小在数值上应为 $S_x(f)/f_s$，且单位是 U^2/Hz，表示每 1Hz 频带上的信号功率大小。特别地，当 $f_s=1$ 或 $T_s=1$ 时，$S_x(f)$ $(f\in[-1/2,1/2])$ 即为采样周期归一化后序列的功率谱。

此外，通过时间序列 $x(n)$ 的自相关函数 $R_x(n)$ 计算 DTFT 变换，可得

$$\begin{aligned}\mathrm{DTFT}[R_x(n)]&=\lim_{N\to\infty}\frac{1}{2N+1}\sum_{n=-\infty}^{\infty}\Big[\sum_{k=-N}^{N}x(k)x(k+n)\Big]\mathrm{e}^{-\mathrm{j}\omega n}\\&=\lim_{N\to\infty}\frac{1}{2N+1}\sum_{k=-N}^{N}x(k)\mathrm{e}^{\mathrm{j}\omega k}\sum_{n=-\infty}^{\infty}x(k+n)\mathrm{e}^{-\mathrm{j}\omega(k+n)}\\&=\lim_{N\to\infty}\frac{1}{2N+1}X^*(\mathrm{e}^{\mathrm{j}\omega},N)X(\mathrm{e}^{\mathrm{j}\omega},N)\\&=\lim_{N\to\infty}\frac{1}{2N+1}|X(\mathrm{e}^{\mathrm{j}\omega},N)|^2\end{aligned} \tag{7.4-5}$$

比较式(7.4－3)和式(7.4－5)发现它们是完全相等的，因此，时间序列 $x(n)$ 的功率谱还可以通过它的自相关函数计算，即有 $S_x(\omega)=\mathrm{DTFT}[R_x(n)]$。可以证明，当自相关函数绝对可积时，零均值平稳时间序列的自相关函数与该序列的功率谱之间构成 DTFT 变换对，即

$$\begin{cases}S_x(\omega)=\mathrm{DTFT}[R_x(n)]=\sum_{n=-\infty}^{\infty}R_x(n)\mathrm{e}^{-\mathrm{j}\omega n}\\R_x(n)=\mathrm{IDTFT}[S_x(\omega)]=\dfrac{1}{2\pi}\int_{-\pi}^{\pi}S_x(\omega)\mathrm{e}^{\mathrm{j}\omega n}\mathrm{d}\omega\end{cases} \tag{7.4-6}$$

这便是平稳时间序列的维纳—辛钦定理（Wiener-Khintchine Theorem），它揭示了随机信号时域统计规律（自相关函数）与频域统计规律（功率谱）之间的关系，是分析随机信号的重要工具。若在式(7.4－6)的后一式中令 $n=0$，则有 $R_x(0)=\frac{1}{2\pi}\int_{-\pi}^{\pi}S_x(\omega)\mathrm{d}\omega$，这也从频域角度验证了自相关函数 $R_x(0)$ 表示信号的平均功率，它正好等于功率谱 $S_x(\omega)$ 在频域区间 $[-\pi,\pi]$ 上的总和。

不难看出，实信号的自相关函数和功率谱都是实偶函数，利用欧拉公式可对式(7.4－6)作进一步的简化计算，即有

$$\begin{cases}S_x(\omega)=\sum_{n=-\infty}^{\infty}R_x(n)\mathrm{e}^{-\mathrm{j}\omega n}=\sum_{n=-\infty}^{\infty}R_x(n)[\cos(\omega n)-\mathrm{j}\sin(\omega n)]\\\qquad\quad=R_x(0)+2\sum_{n=1}^{\infty}R_x(n)\cos(\omega n)\\R_x(n)=\dfrac{1}{2\pi}\int_{-\pi}^{\pi}S_x(\omega)\mathrm{e}^{\mathrm{j}\omega n}\mathrm{d}\omega=\dfrac{1}{2\pi}\int_{-\pi}^{\pi}S_x(\omega)[\cos(\omega n)+\mathrm{j}\sin(\omega n)]\mathrm{d}\omega\\\qquad\quad=\dfrac{1}{\pi}\int_{0}^{\pi}S_x(\omega)\cos(\omega n)\mathrm{d}\omega\end{cases} \tag{7.4-7}$$

众所周知，高斯白噪声序列 $w(n) \sim WN(0,\sigma_w^2)$ 的自相关函数为

$$R_w(n)=\begin{cases}\sigma_w^2, & n=0\\ 0, & n\neq 0\end{cases}$$

根据式(7.4-6)中的正变换有

$$S_w(\omega)=\sum_{n=-\infty}^{\infty}R_w(n)\mathrm{e}^{-\mathrm{j}\omega n}=R_w(0)\mathrm{e}^{-\mathrm{j}\omega\times 0}=R_w(0)=\sigma_w^2$$

由此可见，高斯白噪声序列的功率谱为常值，上式揭示了高斯白噪声序列功率谱与其方差之间的数值相等关系。但对于实际物理系统的采样白噪声样值序列，当采样频率为 f_s 时，根据式(7.4-4)知实际功率谱大小应为 $S_w(f)/f_s=\sigma_w^2/f_s$。假设有两个白噪声序列，即使它们的方差相同或时域平均功率相等，均为 σ_w^2，则采样频率越高者其功率谱在频率轴上被展开得越宽致使功率谱幅值越小。特别地，当 $f_s\to\infty$ 时，有 $\sigma_w^2/f_s\to 0$；但反过来看，若 σ_w^2/f 取有限的数值(但非无穷小)，则当 $f_s\to\infty$ ($T_s\to 0$)时，有 $\sigma_w^2\to\infty$，这时序列 $w(n)$ 表现为上下随机跳变且幅值为无穷大的噪声，它的平均功率 σ_w^2 将变得无穷大，这正是理想的连续时间白噪声模型，在现实系统中是不存在的。因此，实际采样白噪声序列的采样频率 f_s(上限频率或带宽)总是有限的。

【例 7.4-1】 对于一阶马尔可夫过程 AR(1)：$x(n)=ax(n-1)+w(n)$，其中白噪声 $w(n)\sim WN(0,\sigma_w^2)$，且已知 AR(1)的自相关函数为 $R_x(n)=R_x(0)a^{|n|}$，其中 $R_x(0)>0$，$|a|<1$，$n=0,\pm1,\pm2,\cdots$，试求该 AR(1)过程的功率谱。

解：根据维纳—辛钦定理式(7.4-6)，得

$$S_x(\omega)=\sum_{n=-\infty}^{\infty}R_x(0)a^{|n|}\mathrm{e}^{-\mathrm{j}\omega n}=R_x(0)\left(\sum_{n=-\infty}^{0}a^{-n}\mathrm{e}^{-\mathrm{j}\omega n}+\sum_{n=0}^{\infty}a^{n}\mathrm{e}^{-\mathrm{j}\omega n}-1\right)$$

$$=R_x(0)\left(\frac{1}{1-a\mathrm{e}^{\mathrm{j}\omega}}+\frac{1}{1-a\mathrm{e}^{-\mathrm{j}\omega}}-1\right)=R_x(0)\frac{1-a^2}{1+a^2-2a\cos\omega}$$

显然，$S_x(\omega)$ 是角频率 $\omega\in[-\pi,\pi]$ 的实函数。当 $a>0$ 时 $S_x(\omega)$ 的图形如图 7.4-1 所示(图中只给出了关于频率轴的正半平面部分)，可见该功率谱的低频分量丰富而高频分量较少，此外，还不难求得在 $\omega=0$ 处功率谱取最大值 $S_x(0)=R_x(0)\dfrac{1+a}{1-a}$，而在 $\omega=\pi$ 处取最小值 $S_x(\pi)=R_x(0)\dfrac{1-a}{1+a}$。

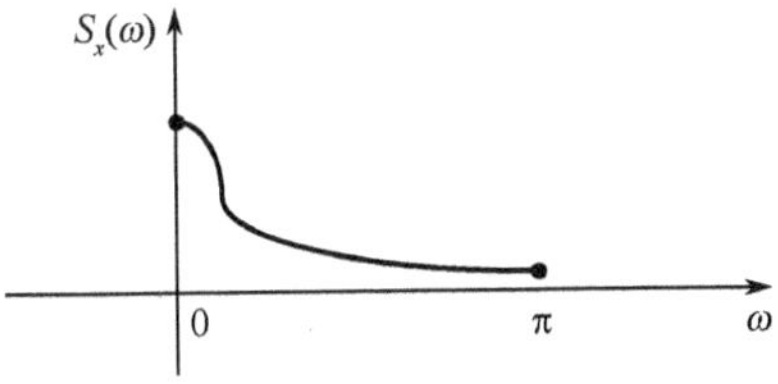

图 7.4-1　AR(1)的功率谱($a>0$)

特别地，当参数 $a=0$ 时，AR(1)过程退化为白噪声序列，在上述式中功率谱将变为常值，即恒有 $S_x(\omega)=R_x(0)$；而当 $a=1$ 时，AR(1)变成随机游走过程，它不再是平稳的随机过程，不存在传统意义下的功率谱。

7.4.2　功率谱估计

1. 功率谱估计方法

根据功率谱的定义和维纳—辛钦定理，给出了两种计算随机信号功率谱的方法。由于实际获取的信号总是一个有限长的样本序列，不妨记为 $x(n)$ $(0\leqslant n\leqslant N-1)$，因此只能通过观测样本给出随机信号理论功率谱的一个估计。

由于有限长序列的 DTFT 变换 $X(e^{j\omega})$ 与该序列的 DFT 变换 $X(k)$ 之间存在频域采样关系 $X(k)=X(e^{j\omega})\Big|_{\omega=k\frac{2\pi}{N}}$，因此，根据功率谱定义式(7.4－3)并去除求极限过程，得第一种估计功率谱的方法，即先对 N 点样本序列 $x(n)$ 作 DFT 变换，然后求幅频特性 $|X(k)|$ 的平方，再除以样本点数 N，所得结果即为连续功率谱 $S_x(\omega)$ 在对应离散点 $k\frac{2\pi}{N}$ 处的估计值 $\hat{S}_x(k)$，用公式表示为

$$\hat{S}_x(k)=\frac{1}{N}|X(k)|^2 \tag{7.4-8}$$

比较式(7.2－21)与式(7.4－8)发现，它们的区别在于 $|\tilde{X}(k)|^2/N^2$ 用来表示确定信号的各次谐波功率幅度，而 $|X(k)|^2/N$ 用于估计平稳随机序列的功率密度，两者之间的数值大小正好相差 N 倍。

从实际工程中获得的有限长数据序列，往往同时包含确定性成分（如常值项和周期项）和随机成分。为分析确定性成分须采用式(7.2－21)的功率幅度谱分析方法，这时随机部分的功率幅度将随数据长度增加而成比例地减小并趋于零，但确定性成分变化不大；而为分析随机成分须采用式(7.4－8)的功率密度谱分析方法，这时确定性部分的功率密度将随数据长度增加而成比例地变大并趋于无穷，但是随机部分的功率谱会逐渐稳定和收敛。因此，通过改变数据长度进行功率密度谱分析，亦容易发现随机信号中隐含的确定性成分。

在概念上还需注意以下区别：幅度谱只在离散频率处有值，非离散处为零，计算时域平均功率时采用求和算法；而 DFT 算法给出的是连续密度谱在离散频率处的采样值，欲求非离散处的密度值需作插值处理，计算时域平均功率时理论上应采用积分算法。

根据维纳—辛钦定理，第二种估计功率谱的方法是先估计出信号的自相关函数 $\hat{R}_x(n)$，再对它作 DFT 变换，公式如下：

$$\begin{cases}\hat{R}_x(n)=\dfrac{1}{N}\sum_{k=0}^{N-|n|-1}x(k)x(k+n) \\ \hat{S}_x(k)=\mathrm{DFT}[\hat{R}_x(n)]\end{cases}\quad -(N-1)\leqslant n\leqslant N-1 \tag{7.4-9}$$

通常称前述第一种估计功率谱的方法为周期图法，称第二种方法为相关函数法，这两种方法共同的优点是计算简便，物理意义明确，但是它们也存在明显的缺陷，即谱估计的分辨率低，方差性能不好（跳动大），特别在采样数据长度比较短时尤为明显，究其原因是在进行 DFT 变换时隐含着数据周期性重复外推的假设，而如果采取其他外推方式可能更加合理，为此研究者们提出了大量的改进方法，有兴趣的读者可参考信号处理有关书籍。

2. 功率谱的表示

在估计出功率谱之后，为了直观显示，往往要求绘制出频率 ω － 功率谱 $S_x(\omega)$ 二维图形。根据实际信号的物理意义，横坐标频率轴的单位一般为 Hz，而纵坐标功率谱的单位是 U^2/Hz，这样绘制出的图形变为 $f-S_x(f)/f_s$。但由于 DFT 计算给出的是离散频率处的功率谱，即第 k 条谱线代表实际信号在 kf_s/N 频率处的功率谱，因此功率谱估计给出的图形是 $kf_s/N-S_x(k)/f_s$，$k=0\sim N-1$。此外，与 7.3 节频谱表示方法类似，通常只需绘制出前 $0\sim[N/2]$ 条谱线，并将除 0 外的 $1\sim[N/2]$ 条谱线值都乘以 2 以表示单边物理功率谱。

当随机信号中混有周期性分量时，功率谱估计的功率幅值变化范围可能很大，特别在

与周期分量对应的频率处会出现较大的尖峰，如果功率谱图的纵坐标直接采用十进制表示，容易掩盖其他较小幅值成分功率谱特征的表现，所以功率谱图的纵坐标常常采用对数坐标来表示。

【例 7.4－2】 假设某信号的表达式为 $x(n)=1+5\sin(2\pi f_1 nT_s)+3\sin(2\pi f_2 nT_s)+w(n)$，其中频率 $f_1=20\text{Hz}$、$f_2=25\text{Hz}$，采样频率 $f_s=1/T_s=200\text{Hz}$，白噪声 $w(n)\sim WN(0,0.1^2)$。图 7.4－2 是对该信号进行功率谱估计的结果，图中虚线为周期图法和相关函数法的功率谱估计曲线，两者完全重合；实线是直接调用 Matlab 中 psd( ) 函数的估计曲线，由于psd( ) 函数采用了改进的周期图法，它的功率谱估计精度和分辨率比其他两种方法要稍好一些。相关的Matlab仿真程序可参见附录 D。

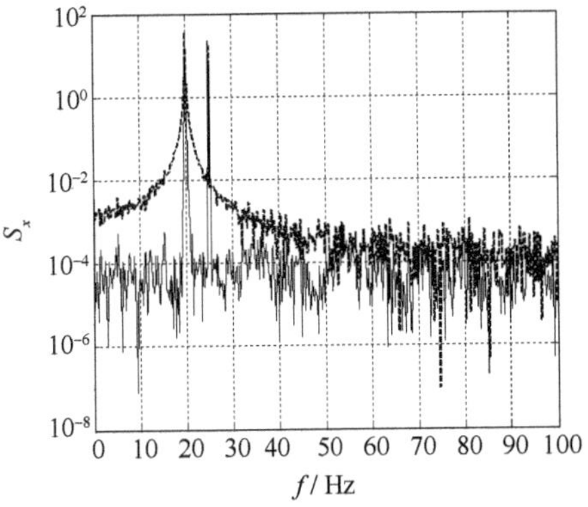

图 7.4－2　某信号的功率谱估计

【例 7.4－3】 放置在某试验台上的光纤陀螺角速率采样序列 $x(n)$ 及其单边物理功率谱如图 7.4－3 所示（图(a)仅给出前 100 点的角速率序列），其中采样频率 $f_s=400\text{Hz}$，采样点数 $N=1024$，试对该功率谱图进行分析。

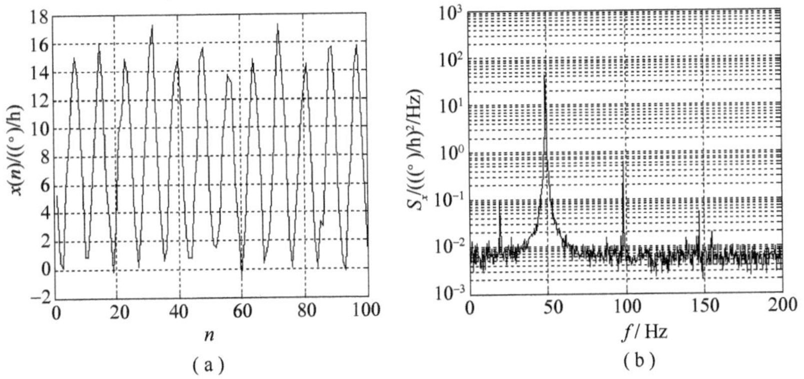

图 7.4－3　光纤陀螺角速率及其功率谱

解：从功率谱图中可以看出，约在 50Hz 附近有一明显的功率谱尖峰 $S_{50\text{Hz}}=40((°)/\text{h})^2/\text{Hz}$，它是由确定性正弦信号引起的，根据式(7.4－8)和实际信号功率谱的含义，得

$$S_{50\text{Hz}}=2\times\frac{|X(k)|^2/N}{f_s}$$

注意，图中给出的是单边功率谱，所以上式需乘以 2（除了直流 0 频率外）。又由于在

DFT 变换中，$|X(k)|$除以 N 后表示的是复信号幅值，所以 50Hz 正弦实信号的幅值为

$$a_{50\text{Hz}} = 2\frac{|X(k)|}{N} = 2\frac{\sqrt{NS_{50\text{Hz}}f_s/2}}{N} = \sqrt{\frac{2S_{50\text{Hz}}f_s}{N}} = \sqrt{\frac{2\times40\times400}{1024}} = 5.6((°)/\text{h})$$

由于功率谱中不含信号的相位信息，因此无法利用功率谱获得该正弦信号的初始相位。

若从另一角度分析，通过比较式(7.2-21)和式(7.4-8)，容易发现功率密度与功率幅度之间正好相差 N 倍，由此可得双边功率幅度 $S_{50\text{Hz}}f_s/(2N)$，它也就是复信号的均方值，将其开方再乘以 2 便得正弦实信号的幅值 $a_{50\text{Hz}}$，这与前述计算结果完全一致。

此外，从采样序列图 $x(n)$ 中可以看出正弦幅度为 6(°)/h～8(°)/h，它与采用功率谱图精确计算的正弦幅值 5.6(°)/h 之间存在一些差别，这可能是由于旁瓣干扰和噪声影响造成的，使得采样序列图直接读数比较粗略，特别在信噪比很微弱时序列图读数更不可靠。

除周期分量外，从功率谱图 7.4-3(b)中还可以看出它存在比较平直的频谱段，其值约为 $S_w = 0.005((°)/\text{h})^2/\text{Hz}$，这主要是由白噪声引起的，根据单边功率谱与白噪声方差之间的关系 $S_w = 2\sigma_w^2/f_s$，计算该光纤陀螺的等效角速率白噪声均方差为

$$\sigma_w = \sqrt{\frac{S_w f_s}{2}} = \sqrt{\frac{0.005\times400}{2}} \approx 1.0((°)/\text{h})$$

7.4.3 频谱分析方法小结

最后，将频谱分析方法的主要公式和适用对象总结见表 7.4-1。

表 7.4-1 频谱分析方法总结

分析法	变换对	帕斯瓦尔定理	频域能量或功率	适用
FS	$\begin{cases} X_n = \frac{1}{T_1}\int_{-T_1/2}^{T_1/2} x(t)e^{-jn\omega_1 t}dt \\ x(t) = \sum_{n=-\infty}^{\infty} X_n e^{jn\omega_1 t} \end{cases}$	$\frac{1}{T_1}\int_{-T_1/2}^{T_1/2} x^2(t)dt = \sum_{n=-\infty}^{\infty} \|X_n\|^2$	$\|X_n\|^2$（功率幅度）	确定信号
CTFT	$\begin{cases} X(j\omega) = \int_{-\infty}^{\infty} x(t)e^{-j\omega t}dt \\ x(t) = \frac{1}{2\pi}\int_{-\infty}^{\infty} X(j\omega)e^{j\omega t}d\omega \end{cases}$	$\int_{-\infty}^{\infty} \|x(t)\|^2 dt = \frac{1}{2\pi}\int_{-\infty}^{\infty} \|X(j\omega)\|^2 d\omega$	$\frac{1}{2\pi}\|X(j\omega)\|^2$（能量密度）	
DTFT	$\begin{cases} X(e^{j\omega}) = \sum_{n=-\infty}^{\infty} x(n)e^{-j\omega n} \\ x(n) = \frac{1}{2\pi}\int_{-\pi}^{\pi} X(e^{j\omega})e^{j\omega n}d\omega \end{cases}$	$\sum_{n=-\infty}^{\infty} \|x(n)\|^2 = \frac{1}{2\pi}\int_{-\pi}^{\pi} \|X(e^{j\omega})\|^2 d\omega$	$\frac{1}{2\pi}\|X(e^{j\omega})\|^2$（能量密度）	
DFS	$\begin{cases} \widetilde{X}(k) = \sum_{n=0}^{N-1} \widetilde{x}(n)W_N^{nk} \\ \widetilde{x}(n) = \frac{1}{N}\sum_{k=0}^{N-1} \widetilde{X}(k)W_N^{-kn} \end{cases}$	$\frac{1}{N}\sum_{n=0}^{N-1} \|\widetilde{x}(n)\|^2 = \sum_{k=0}^{N-1} \frac{1}{N^2}\|\widetilde{X}(k)\|^2$	$\frac{1}{N^2}\|\widetilde{X}(k)\|^2$（功率幅度）	
DFT	$\begin{cases} X(k) = \sum_{n=0}^{N-1} x(n)W^{-nk} \\ x(n) = \frac{1}{N}\sum_{k=0}^{N-1} X(k)W^{nk} \end{cases}$	$\sum_{n=0}^{N-1} \|x(n)\|^2 = \sum_{k=0}^{N-1} \frac{1}{N}\|X(k)\|^2$	$\frac{1}{N}\|X(k)\|^2$（能量幅度）	
PSD	$\begin{cases} S_x(\omega) = \sum_{n=-\infty}^{\infty} R_x(n)e^{-j\omega n} \\ R_x(n) = \frac{1}{2\pi}\int_{-\pi}^{\pi} S_x(\omega)e^{-j\omega n}d\omega \end{cases}$	—	$\frac{1}{N}\|X(k)\|^2$（功率密度）	随机序列

第 8 章　阿仑(Allan)方差分析

在统计学中描述随机变量的两个经典参数是均值和方差，早期在定量表征原子钟的频率稳定度时采用的就是经典方差方法。但是，1966 年学者 D. W. Allan 在分析铯原子频标的频率稳定度时发现经典方差随着测量时间的增长而发散，为了解决该问题，提出了一种新的评定方法，后来称为阿仑方差(Allan Variance, AVAR)分析法。1971 年，电气和电子工程师协会(Institute of Electrical and Electronics Engineers, IEEE)正式推荐 Allan 方差作为频率稳定度的时域分析方法。由于惯性器件也具有振荡器的特征，Allan 方差分析也被广泛应用于惯性器件的随机误差建模，在《IEEE Std 647 – 1995 Standard Specification Format Guide and Test Procedure for Single-Axis Laser Gyros》标准中将 Allan 方差方法引入了激光陀螺的建模分析。

随机信号 Allan 方差的物理意义及应用在本质上来源于它与功率谱之间的关系，为了加深理解，有必要先介绍一下频域中线性功率谱模型的概念。

8.1　功率谱的幂律模型

首先说明的是，本节内容与连续时间随机过程关系密切，但是关于连续时间随机过程的严格定义和分析涉及随机过程微积分等较多知识，这里不打算深入探讨，后续的有些推导过程不是太严格，只是为了方便对概念和结论的理解。

8.1.1　连续时间白噪声模型

大家都知道，离散时间高斯白噪声序列 $w(n) \sim WN(0,\sigma_w^2)$ 的功率谱在频率区间 $[-\pi,\pi]$ 上为常值 S_w，或对应实际物理频率区间 $[-f_s/2, f_s/2]$ 上幅值为 S_w/f_s；而数学上定义的连续时间白噪声 $w(t)$，它在整个频率轴 $f \in (-\infty,\infty)$ 上的功率谱都为常值 S_{wt}。由连续时间随机过程的维纳—辛钦定理，得白噪声 $w(t)$ 的自相关函数为

$$R_{wt}(\tau) = \frac{1}{2\pi}\int_{-\infty}^{\infty} S_{wt}e^{j\omega\tau}d\omega = \int_{-\infty}^{\infty} S_{wt}e^{j2\pi f\tau}df = S_{wt}\delta(\tau) \qquad (8.1-1)$$

式中：$\delta(\tau)$ 是狄拉克冲激函数。可见，连续时间白噪声仅在 $\tau = 0$ 时自相关且取值无穷大，而无论错开间隔多么近，在其他任何间隔时间下均不相关，实际上也可以将此性质作为白噪声的时域定义。$R_{wt}(0) = \infty$ 意味着连续时间白噪声的平均功率为无穷大，这不满足宽平稳过程方差有限的规定，但可以指出它属于严平稳过程。连续时间白噪声只能从频域功率谱或时域自相关函数的角度进行抽象定义，不可能在时域二维平面上确切地绘制出它的任何一个样本图像。

理想连续时间白噪声的平均功率无穷大，这在实际物理系统上是不可实现的，现实中

的噪声总是有限功率和有限带宽的。

例如，电阻热噪声的功率谱理论计算公式为

$$S = 2kTR \tag{8.1-2}$$

式中：k 为玻耳兹曼常数(1.38×10^{-23} J/K)；T 为绝对温度(K)；R 为电阻值(Ω)，实际电阻热噪声的带宽很宽但终归是有限的，从下限零频率到上限频率达 $f_H = 10^{13}$ Hz，即带宽 $B = 10^{13}$ Hz。假设温度 $T = 300$K，阻值 $R = 1$kΩ，则可计算得电阻热噪声电压的均方根值为

$$\begin{aligned} U &= \sqrt{R_{wt}(0)} = \sqrt{\int_0^{f_H} S \mathrm{d}f} = \sqrt{2kTRB} \\ &= \sqrt{2 \times 1.38 \times 10^{-23} \times 300 \times 10^3 \times 10^{13}} \approx 9 \text{ mV} \end{aligned}$$

然而，常用高频电子线路的带宽仅为 $B_r = 10^9$ Hz 量级，远远小于电阻热噪声的带宽，当上述均方根值9mV 的电阻热噪声通过带宽为 B_r 的电子线路后，输出电压的均方根值为 $U_r = U\sqrt{B_r/B} = \sqrt{2kTRB_r} = 0.09$mV，其输出效果完全等效于理想白噪声通过同样带宽高频线路的输出。就如同通过竖直狭缝观察一条横放着的杆子一样，可以将杆子想象成是无限长的，完全不影响观测结果。

在实际系统中，如果信号处理环节的带宽远远小于噪声源的带宽，则可以对宽带噪声源的功率谱进行合理扩展，力求建立简单的噪声模型，以简化系统分析。因此，数学上定义的白噪声是实际物理系统在感兴趣频段上平直功率谱外推后的理想化建模，理想白噪声模型只有与有限带宽的信号处理系统相结合才具有实际意义。

8.1.2 白噪声的随机微积分

对于确定性的连续时间信号 $x(t)$ 及其傅里叶变换 $X(\mathrm{j}f)$，即 $X(\mathrm{j}f) = \mathrm{CTFT}[x(t)]$，根据时域微分或积分性质，可得微分信号 $x'(t)$ 或积分信号 $\int_{-\infty}^{t} x(\tau)\mathrm{d}\tau$ 的傅里叶变换为

$$\mathrm{CTFT}[x'(t)] = \mathrm{j}2\pi f \cdot X(\mathrm{j}f) \tag{8.1-3}$$

$$\mathrm{CTFT}\left[\int_{-\infty}^{t} x(\tau)\mathrm{d}\tau\right] = \pi X(0)\delta(f) + \frac{1}{\mathrm{j}2\pi f}X(\mathrm{j}f) \overset{X(0)=0}{=} \frac{1}{\mathrm{j}2\pi f}X(\mathrm{j}f) \tag{8.1-4}$$

显然，微分或积分运算均为线性变换运算，可将运算结果看作是原信号经过线性系统后的输出。以微分运算为例，它的信号传递如图 8.1-1 所示，其中系统函数为 $H(\mathrm{j}f) = \mathrm{j}2\pi f$。

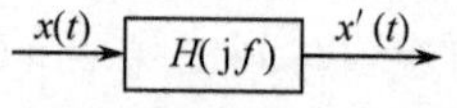

图 8.1-1　信号微分运算

如果将随机信号作为线性系统 $H(\mathrm{j}f)$ 的输入，假设输入信号和输出信号的功率谱分别为 $S_I(f)$ 和 $S_O(f)$，根据随机过程通过线性系统的性质，有如下功率谱关系式成立：

$$S_O(f) = |H(\mathrm{j}f)|^2 S_I(f) \tag{8.1-5}$$

如果将白噪声 $w(t)$ 输入微分线性系统 $H(\mathrm{j}f) = \mathrm{j}2\pi f$（在数学上严格来说白噪声不可微，这里仅是形式上的），从式(8.1-5)可得系统输出随机微分信号的功率谱为

$$S_{w'}(f) = (2\pi f)^2 S_{wt} \tag{8.1-6}$$

同理，白噪声通过积分系统后的随机积分信号功率谱为

$$S_{\int wt}(f) = (2\pi f)^{-2} S_{wt} \tag{8.1-7}$$

容易看出，微分系统具有高通滤波器特性，白噪声随机微分后，高频分量增强，低频分量减弱直至直流分量为零；积分系统具有低通滤波器特性，低频分量增强而高频分量减弱。

显然，白噪声的随机微分或积分的功率谱也都是不可积的，因此，它们也都不是平稳随机过程。理论上白噪声的随机积分称为维纳过程或布朗运动，这种连续时间过程是随机游走序列当采样时间趋于零时的极限，维纳过程的方差函数也随流逝的时间成比例地增长。

前面从连续时间白噪声出发，经过一次随机微分或积分，分别得到了与f^2或f^{-2}成比例的功率谱。如果对白噪声进行k次随机微分或积分，所得功率谱将具有幂次$S_k = A_k f^{2k}$($k=0, \pm 1, \pm 2, \cdots$)形式。若绘制出$f-S$的双对数图形（或称为log-log图）：$\log_{10} S_k = \log_{10} A_k + 2k\log_{10} f$，则它是斜率为$2k$的线性功率谱。那么，实际物理系统中，除了斜率为$2k$的功率谱外，是否还存在斜率为其他值的功率谱呢？答案是肯定的。实验表明，在晶体管电压和振荡器抖动等大量电子设备中普遍存在着所谓的$1/f$噪声，这些噪声的功率谱在某些低频段内呈现$1/f^{\alpha}$规律变化，通常α取0.8～1.5，即$1/f$噪声的$f-S$双对数图形斜率为$-\alpha$，如果将该频段作双边延伸便得理想化的$1/f$噪声模型。当然，很难从白噪声常规随机微分和积分的时域角度来想象和理解$1/f$噪声是如何形成的，有关$1/f$噪声的产生原理与时频变换关系涉及分数阶导数和积分，甚至分形数学等较深的专门知识，这里不打算详细介绍。暂且将功率谱斜率为$2k$和$-\alpha$等噪声统称为线性谱噪声，为了简化和分析方便在$1/f$噪声中常取$\alpha=1$。

图8.1-2分别给出了当$\alpha=-2,-1,0,1,2$时几种斜率功率谱的一个仿真样本序列$x(n)$，以及相应的功率谱估计曲线，其中f^0噪声即为白噪声序列，f^{-2}噪声是白噪声序列的累加（即随机游走序列），f^2噪声是白噪声序列的差分，f^{-1}噪声和f^1噪声的生成过程相对复杂一些。

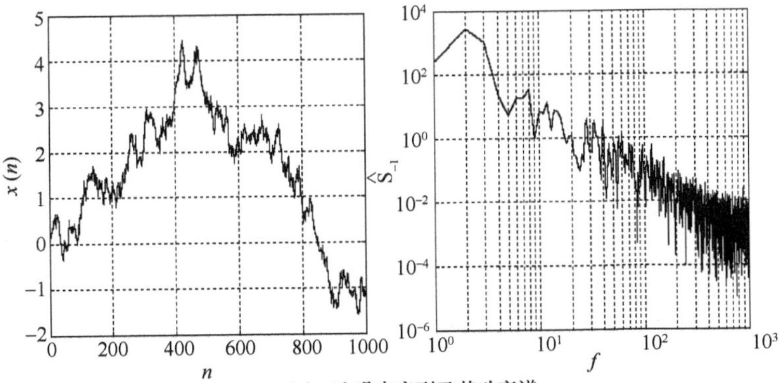

(a) f^{-2} 噪声序列及其功率谱

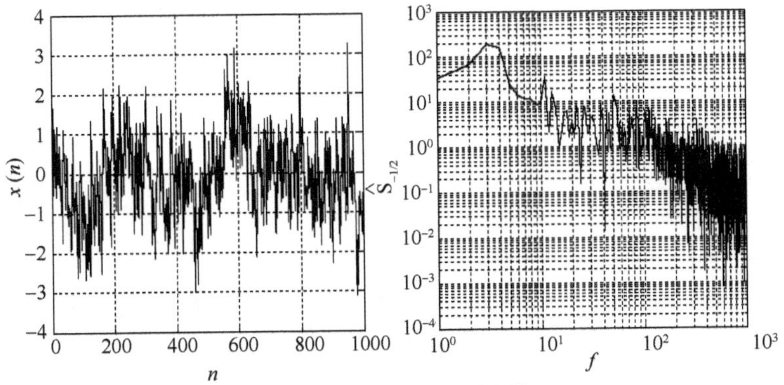

(b) f^{-1} 噪声序列及其功率谱

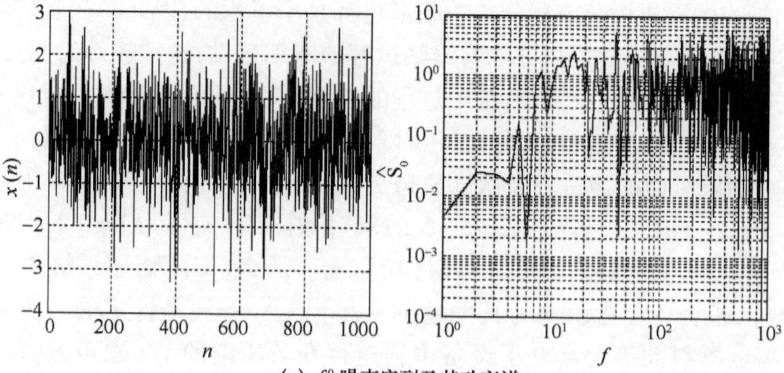

(c) f^0 噪声序列及其功率谱

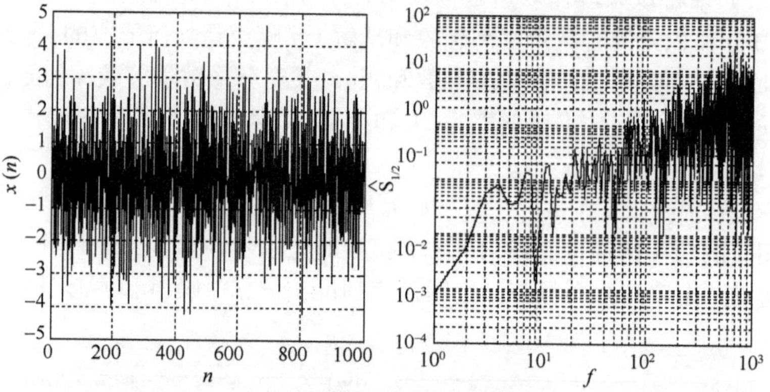

(d) f^1 噪声序列及其功率谱

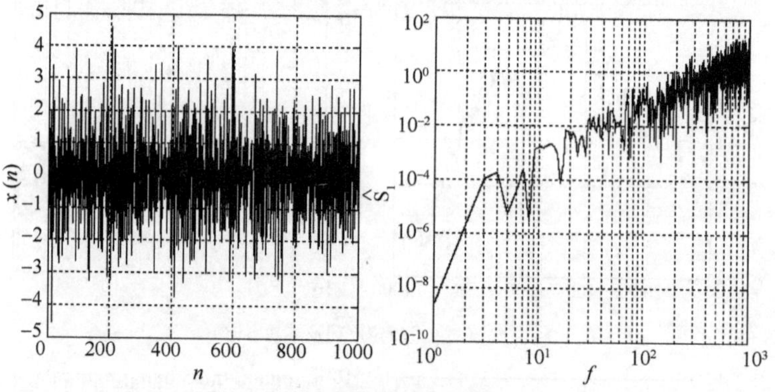

(e) f^2 噪声序列及其功率谱

图 8.1-2　几种幂律谱序列的仿真及其功率谱

8.1.3　幂律谱模型

不难知道，如果若干个随机过程 X_α 之间相互独立且设总和 $X = \sum X_\alpha$，则有 $\mathrm{PSD}[X] = \sum \mathrm{PSD}[X_\alpha]$。若 X_α 为线性功率谱，即 $\mathrm{PSD}[X_\alpha] = h_\alpha f^\alpha$，则随机过程 X 的总功率谱 S 可表示为

$$S = \sum h_\alpha f^\alpha \tag{8.1-8}$$

式中:α 为某一线性功率谱的斜率;h_α为与斜率为 α 的线性功率谱大小有关的参数,上述功率谱模型即称为幂律谱模型。实际应用中 α 的常见取值是 -2, -1,0,1,2,如果每一种噪声都是宽频带无限延伸的,那么 $f-S$ 曲线必定是中间凹下而两边翘起的图形,它必定是不可积的。对式(8.1-8)的两边同时取对数得

$$\log_{10}S = \log_{10}\left(\sum h_\alpha f^\alpha\right) \approx \sum\left(\log_{10}h_\alpha + \alpha\log_{10}f\right), f_{\alpha L} < f < f_{\alpha H} \tag{8.1-9}$$

因此,可将 $f-S$ 双对数曲线近似看作是由多段不同斜率线段首尾连接合成的,如图 8.1-3 所示。

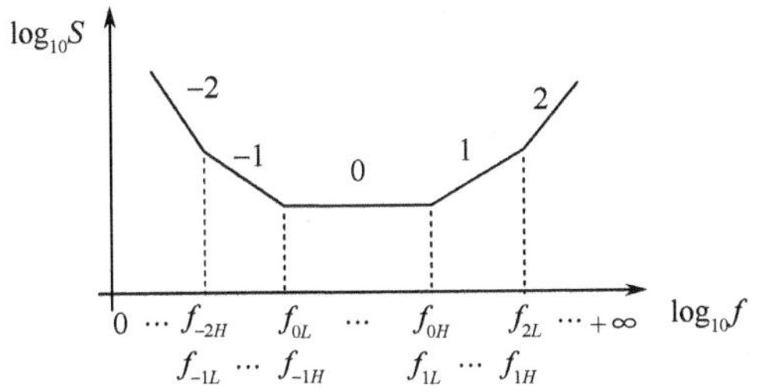

图 8.1-3 线性功率谱近似合成

针对某一系统或器件,如果在较宽频率范围内对其输出作详细的功率谱测试,可能会发现在不同频率段上功率谱呈现出不同的斜率,这些分段的不同斜率的功率谱便可以看作是由多个相互独立的理想线性谱噪声叠加组成的。图 8.1-4 是几种理想幂律谱噪声的功率谱双对数曲线图,包括离散白噪声、白噪声求和、白噪声差分,以及前述三种不相关噪声之和,分别对应长虚线、短虚线、点画线和实线。图 8.1-4(a)中实线具有较明显的三段斜率;而在图 8.1-4(b)中由于白噪声分量太小,导致实线的零斜率部分很短,从而难以从实线中辨识出白噪声分量。值得注意的是,在实线的不同斜率噪声过渡的倒角处,容易错误判断为具有新类型的噪声。

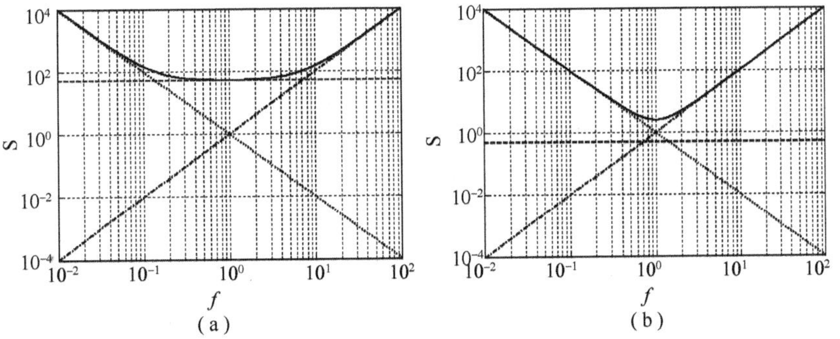

图 8.1-4 噪声功率谱图

不同的功率谱斜率 α 及相应频段幅值参数 h_α往往与器件的某些性能参数相关,通过测量实际器件的功率谱并进行特征辨识,再根据一定的模型便可估计出相应的性能参数,因此功率谱分析是器件性能分析甚至改进的重要工具。当然,从图 8.1-4 中也可知,如果某一斜率的功率谱所占比重太大,必然会影响到其他斜率功率谱的表现,从而只能获得影响器件性能的主要参数估计。

理论上,连续时间平稳随机过程的功率谱是可积的,并且总可以用有理真分式表示或

精确逼近，而理想幂律谱不可积，所以与幂律谱对应的随机过程必定是非平稳的。然而，实际应用中，基于离散采样和有限长序列给出的功率谱必定是可积的，因为功率谱估计值都是有限值（含零频率处）并且离散化导致最高频率为有限的$f_s/2$。所以，理想幂律谱模型也是实际物理系统功率谱外推后的理想化建模。

8.2 频率稳定度测量和 Allan 方差概念

时间是最基本的物理量之一，其计量精度直接关系到其他导出量的测量精度，如惯性测试中的陀螺漂移等。

以下举例说明一些常用时间频率测量的精度。普通机械手表的误差约为 ±30s/日（相对精度 3×10^{-4}），石英手表的误差约为 ±0.5s/日（精度 6×10^{-6}）。石英晶体振荡器是高精度和高稳定度的振荡器，在各类电子振荡电路中有着广泛的应用，它主要分为 4 类：普通晶体振荡器（SPXO）、电压控制式晶体振荡器（VCXO）、温度补偿式晶体振荡器（TCXO）和恒温控制式晶体振荡器（OCXO）。它们对应的大致频率精度范围见表 8.2－1。

表 8.2－1　各种石英晶体振荡器的频率精度

SPXO	VCXO	TCXO	OCXO
$10^{-5}\sim10^{-4}$	$10^{-6}\sim10^{-5}$	$10^{-7}\sim10^{-6}$	$10^{-11}\sim10^{-8}$

众所周知，原子钟是目前最为精密的频率基准源（或称频标），它通过原子的能级跃迁振动频率来实现稳频。例如，商品化的铯原子钟 HP 5071A 的稳定度为 5×10^{-13}。当前，实验室型激光冷却铯喷泉频标稳定度已达到了10^{-15}，未来的频标准确度可望达到10^{-18}。天文观测表明，一些毫秒脉冲星的一年周期稳定性与原子钟相当，达到 $10^{-14}\sim10^{-15}$，但长期稳定性有望超过原子钟。

在对各种时间或频标精度有个大致了解之后，下面从频标稳定性分析入手介绍 Allan 方差的定义。

频标输出的准周期信号通用模型为

$$u(t)=[A_0+A(t)]\sin[2\pi\nu_0 t+\phi(t)] \tag{8.2－1}$$

式中：A_0、ν_0分别为信号输出的理想幅值和标称频率；$A(t)$、$\phi(t)$分别为幅值起伏和相位抖动，标称频率单位为 Hz，相位抖动单位为 rad。一般情况下 $A(t)\ll A_0$，在确定频率时可以忽略 $A(t)$的影响，则信号的瞬时频率为相位对时间的导数，即

$$\nu(t)=\frac{1}{2\pi}\cdot\frac{\mathrm{d}[2\pi\nu_0 t+\phi(t)]}{\mathrm{d}t}=\nu_0+\frac{1}{2\pi}\cdot\frac{\mathrm{d}\phi(t)}{\mathrm{d}t} \tag{8.2－2}$$

定义瞬时相对频率偏差：

$$y(t)=\frac{\nu(t)-\nu_0}{\nu_0}=\frac{1}{2\pi\nu_0}\cdot\frac{\mathrm{d}\phi(t)}{\mathrm{d}t} \tag{8.2－3}$$

此即为相对频率稳定度的参考量，$\phi(t)$和 $y(t)$都是连续时间随机过程。

8.2.1 频域测量间接法

假设 $y(t)$和 $\phi(t)$的功率谱密度分别为

$$S_y(f)=\mathrm{PSD}[y(t)],\qquad S_\phi(f)=\mathrm{PSD}[\phi(t)] \tag{8.2-4}$$

实践中$S_y(f)$难于直接测量，而易于测量的是相位起伏$\phi(t)$的谱密度$S_\phi(f)$。测量时借助于检相器（或混频器），将信号$u(t)$与高精度基准频标参考信号$u_R(t)=A_0\sin(2\pi\nu_0 t)$作为检相器的输入，令检相器输出电压与两输入信号的相位差成正比，再使用频谱分析仪可从检相器输出电压信号中测量出相位差的谱密度$S_\phi(f)$，如图8.2－1所示，最后通过计算法获得$S_y(f)$。

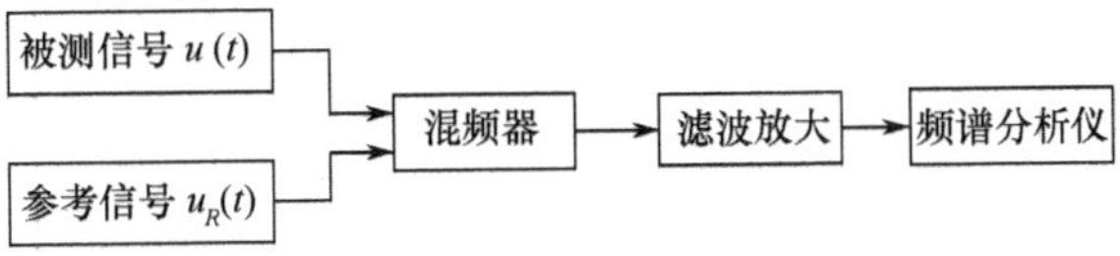

图8.2－1　相位起伏的功率谱分析原理

为了从$S_\phi(f)$计算$S_y(f)$，根据随机信号$x(t)$功率谱的比例和微分关系：

$$\begin{cases}\mathrm{PSD}[ax(t)]=a^2\mathrm{PSD}[x(t)]\\ \mathrm{PSD}[\frac{\mathrm{d}x(t)}{\mathrm{d}t}]=(2\pi f)^2\mathrm{PSD}[x(t)]\end{cases} \tag{8.2-5}$$

可得

$$\begin{aligned}S_y(f)&=\mathrm{PSD}[\frac{1}{2\pi\nu_0}\cdot\frac{\mathrm{d}\phi(t)}{\mathrm{d}t}]\\&=\left(\frac{1}{2\pi\nu_0}\right)^2\cdot(2\pi f)^2\cdot\mathrm{PSD}[\phi(t)]=\left(\frac{f}{\nu_0}\right)^2S_\phi(f)\end{aligned} \tag{8.2-6}$$

如果$y(t)$是零均值和平稳的，根据方差与功率谱密度之间的关系，有经典方差

$$\sigma_y^2=\int_{-\infty}^{\infty}S_y(f)\mathrm{d}f=2\int_0^{\infty}S_y(f)\mathrm{d}f \tag{8.2-7}$$

以上就是传统从频域入手间接测量和计算频标频率稳定性的方法，但是这里存在两个问题：一是频谱分析仪的带宽有限，不能测得$S_\phi(f)$极低和极高频率的功率谱；二是$S_y(f)$往往是非平稳的，使得式(8.2－7)的积分可能不存在。一般的频谱分析仪最低测量频率只能达到0.1Hz，对应取样时间为10s，而以陀螺仪为例，其角度随机游走表现时间往往在10s以上，零偏不稳定性的表现时间更长，因此使用频谱分析仪测量功率谱无法确定陀螺随机漂移中的低频误差。

8.2.2　时域测量经典方差法

频标频率偏差的起伏情况如图8.2－2所示，通常无法测得频率的瞬时偏差值$y(t)$，而只能测得一段时间$[t_i,t_i+\tau]$内的平均值$y_i(\tau)$，即

$$y_i(\tau)=\frac{1}{\tau}\int_{t_i}^{t_i+\tau}y(t)\mathrm{d}t \tag{8.2-8}$$

图8.2－2中τ为平均时间，也就是平均频率的取样时间，$T=t_{i+1}-t_i$为取样间隔，若$T=\tau$，则称为无间隔取样，这时$t_{i+1}-t_i=\tau$。

当无间隔取样时，有

$$y_i^2(\tau)=\frac{1}{\tau}\int_{t_i}^{t_i+\tau}y(t)\mathrm{d}t\cdot\frac{1}{\tau}\int_{t_i}^{t_i+\tau}y(t')\mathrm{d}t'$$

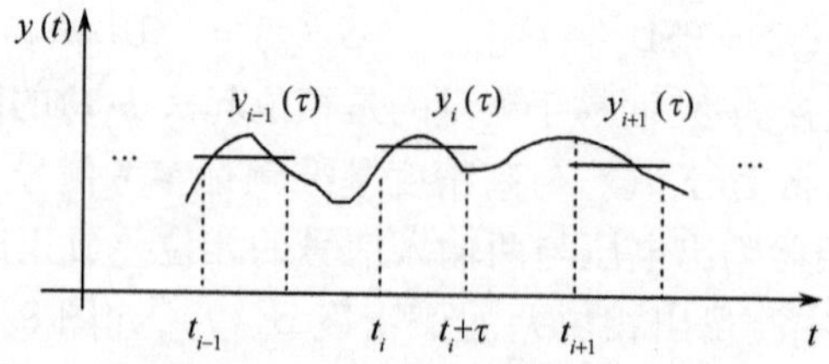

图 8.2-2　平均频率偏差起伏

$$= \frac{1}{\tau^2}\int_{t_i}^{t_i+\tau}\left[\int_{t_i}^{t_i+\tau} y(t)\,\mathrm{d}t\right] y(t')\,\mathrm{d}t' = \frac{1}{\tau^2}\int_{t_i}^{t_i+\tau}\int_{t_i}^{t_i+\tau} y(t)y(t')\,\mathrm{d}t\mathrm{d}t' \qquad (8.2-9)$$

对式(8.2-9)两边同时取时间统计平均,记时间平均 $\langle y(t)\rangle = \lim\limits_{T\to\infty}\frac{1}{2T}\int_{-T}^{T} y(t)\,\mathrm{d}t$ 或 $\langle y_i\rangle = \lim\limits_{N\to\infty}\frac{1}{2N+1}\sum_{i=-N}^{N} y_i$,则得

$$\langle y_i^2(\tau)\rangle = \left\langle \frac{1}{\tau^2}\int_{t_i}^{t_i+\tau}\int_{t_i}^{t_i+\tau} y(t)y(t')\,\mathrm{d}t\mathrm{d}t' \right\rangle$$

$$= \frac{1}{\tau^2}\int_{t_i}^{t_i+\tau}\int_{t_i}^{t_i+\tau} \langle y(t)y(t')\rangle\,\mathrm{d}t\mathrm{d}t' \qquad (8.2-10)$$

式(8.2-10)中第二个等号前后交换运算次序成立的条件是 $y(t)$ 为平稳过程。由于 $\langle y(t)y(t')\rangle$ 表示 $y(t)$ 与 $y(t')$ 之间的相关函数,即 $R_y(t,t') = \langle y(t)y(t')\rangle$,又根据自相关函数与功率谱之间的关系:

$$R_y(t,t') = \int_{-\infty}^{\infty} S_y(f)\,\mathrm{e}^{\mathrm{j}2\pi f(t'-t)}\,\mathrm{d}f$$

可得

$$\langle y_i^2(\tau)\rangle = \frac{1}{\tau^2}\int_{t_i}^{t_i+\tau}\int_{t_i}^{t_i+\tau}\int_{-\infty}^{\infty} S_y(f)\,\mathrm{e}^{\mathrm{j}2\pi f(t'-t)}\,\mathrm{d}f\mathrm{d}t\mathrm{d}t'$$

$$= \frac{1}{\tau^2}\int_{-\infty}^{\infty} S_y(f)\left[\int_{t_i}^{t_i+\tau}\int_{t_i}^{t_i+\tau} \mathrm{e}^{\mathrm{j}2\pi f(t'-t)}\,\mathrm{d}t\mathrm{d}t'\right]\mathrm{d}f \qquad (8.2-11)$$

其中

$$\int_{t_i}^{t_i+\tau}\int_{t_i}^{t_i+\tau} \mathrm{e}^{\mathrm{j}2\pi f(t'-t)}\,\mathrm{d}t\mathrm{d}t' = \int_{t_i}^{t_i+\tau} \mathrm{e}^{\mathrm{j}2\pi f t'}\,\mathrm{d}t' \times \int_{t_i}^{t_i+\tau} \mathrm{e}^{-\mathrm{j}2\pi f t}\,\mathrm{d}t$$

$$= \frac{\mathrm{e}^{\mathrm{j}2\pi f(t_i+\tau)} - \mathrm{e}^{\mathrm{j}2\pi f t_i}}{\mathrm{j}2\pi f} \times \frac{\mathrm{e}^{-\mathrm{j}2\pi f(t_i+\tau)} - \mathrm{e}^{-\mathrm{j}2\pi f t_i}}{-\mathrm{j}2\pi f} = \frac{2 - (\mathrm{e}^{\mathrm{j}2\pi f\tau} + \mathrm{e}^{-\mathrm{j}2\pi f\tau})}{4(\pi f)^2}$$

$$= \frac{2 - 2\cos(2\pi f\tau)}{4(\pi f)^2} = \frac{\sin^2(\pi f\tau)}{(\pi f)^2}$$

所以有

$$\langle y_i^2(\tau)\rangle = \int_{-\infty}^{\infty} S_y(f)\,\frac{\sin^2(\pi f\tau)}{(\pi f\tau)^2}\,\mathrm{d}f \qquad (8.2-12)$$

再根据实信号功率谱的偶对称性,还可得

$$\langle y_i^2(\tau)\rangle = 2\int_{0}^{\infty} S_y(f)\,\frac{\sin^2(\pi f\tau)}{(\pi f\tau)^2}\,\mathrm{d}f \qquad (8.2-13)$$

为了揭示式(8.2-13)的含义,现假设有一线性系统,它的频率特性为

$$H(\mathrm{j}f)=\frac{\sin(\pi f\tau)}{\pi f\tau}=\mathrm{Sa}(\pi f\tau) \tag{8.2-14}$$

此即抽样传递函数,$\mathrm{Sa}(\pi f\tau)$具有低通滤波器特性,取样平均时间 τ 越长,则通频带越窄,如图 8.2-3 所示,但是系统 $H(\mathrm{j}f)=\mathrm{Sa}(\pi f\tau)$是非因果系统,它在物理上不可实时实现。根据连续时间信号的傅里叶变换(CTFT)公式,容易看出 $H(\mathrm{j}f)$是如图 8.2-4 所示矩形波信号 $h(t)$的频域变换。

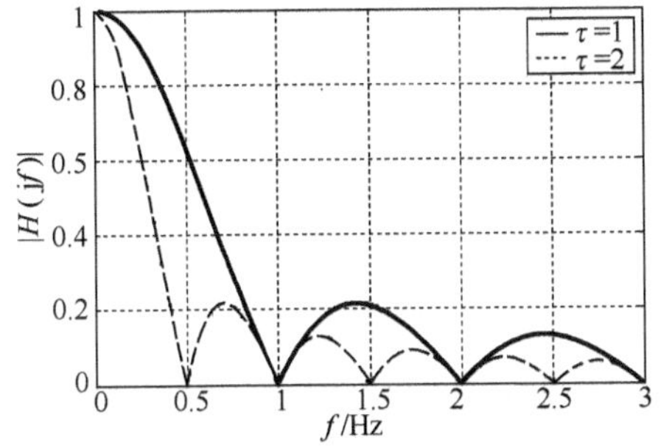

图 8.2-3　$\mathrm{Sa}(\pi f\tau)$的幅频特性

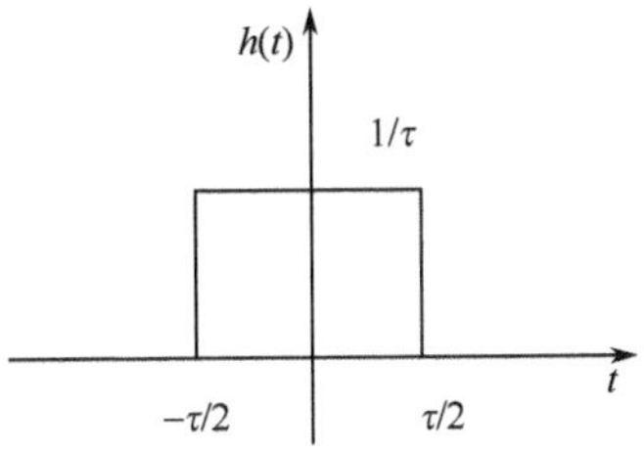

图 8.2-4　矩形波函数 $h(t)$

由前面的分析可以看出,平均时间为 τ 的时域经典方差$\langle y_i^2(\tau)\rangle$表示频率偏差信号 $y(t)$通过滤波器 $H(\mathrm{j}f)$后的平均功率输出,也就是输出的自相关函数 $R_y(0)$,即

$$R_y(0)=\langle y_i^2(\tau)\rangle=2\int_0^{\infty}S_y(f)\,|\,H(\mathrm{j}f)\,|^2\mathrm{d}f$$

比较式(8.2-7)和式(8.2-13)易知,频域测量法的方差 σ_y^2即为$\langle y_i^2(\tau)\rangle$中当 $\tau=0$ 时的特例,此时矩形脉冲 $h(t)=\delta(t)$(或 $H(\mathrm{j}f)=1$),$\tau=0$ 表示对频率进行瞬时采样。

8.2.3　时域测量 Allan 方差法

若 $y(t)$非平稳,例如含有趋势项(均值时变但方差定常)或表现为维纳过程,这时 $y_i(\tau)$也将包含趋势项或表现为随机游走过程。如果把平稳随机过程的功率谱概念推广至非平稳过程,则非平稳信号 $y(t)$的功率谱 $S_y(f)$在零频率附近为无穷大,且不可积;$y(t)$通过 $\mathrm{Sa}(\pi f\tau)$之后的经典方差$\langle y_i^2(\tau)\rangle$亦将趋于无穷,因此,对于非平稳频标,不能再使用经典方差的方法来表示频率稳定性。

现定义 Allan 方差如下:

$$\sigma_y^2(\tau)=\frac{1}{2}\langle[y_{i+1}(\tau)-y_i(\tau)]^2\rangle \tag{8.2-15}$$

虽然$\langle y_i^2(\tau)\rangle$不一定存在,但从形式上可将式(8.2-15)展开为

$$\begin{aligned}\sigma_y^2(\tau)&=\frac{1}{2}[\langle y_{i+1}^2(\tau)\rangle+\langle y_i^2(\tau)\rangle-2\langle y_{i+1}(\tau)y_i(\tau)\rangle]\\&=\langle y_i^2(\tau)\rangle-\langle y_{i+1}(\tau)y_i(\tau)\rangle\end{aligned} \tag{8.2-16}$$

这里假设方差不随时间变化,即有$\langle y_{i+1}^2(\tau)\rangle=\langle y_i^2(\tau)\rangle$,另外参考式(8.2-11),得

$$\langle y_i(\tau)y_{i+1}(\tau)\rangle=\frac{1}{\tau^2}\int_{-\infty}^{\infty}S_y(f)\left[\int_{t_i}^{t_i+\tau}\int_{t_{i+1}}^{t_{i+1}+\tau}\mathrm{e}^{\mathrm{j}2\pi f(t'-t)}\mathrm{d}t\mathrm{d}t'\right]\mathrm{d}f$$

其中

$$\int_{t_i}^{t_i+\tau}\int_{t_{i+1}}^{t_{i+1}+\tau}\mathrm{e}^{\mathrm{j}2\pi f(t'-t)}\mathrm{d}t\mathrm{d}t' = \int_{t_i}^{t_i+\tau}\int_{t_{i+1}}^{t_{i+1}+\tau}\mathrm{e}^{\mathrm{j}2\pi f\tau}\mathrm{e}^{\mathrm{j}2\pi f[t'-(t+\tau)]}\mathrm{d}t\mathrm{d}t' = \frac{\sin^2(\pi f\tau)}{(\pi f)^2}\mathrm{e}^{\mathrm{j}2\pi f\tau}$$

所以式(8.2-16)可化为

$$\begin{aligned}\sigma_y^2(\tau) &= \int_{-\infty}^{\infty} S_y(f)\frac{\sin^2(\pi f\tau)}{(\pi f\tau)^2}(1-\mathrm{e}^{\mathrm{j}2\pi f\tau})\mathrm{d}f \\ &= 2\int_{-\infty}^{\infty} S_y(f)\frac{\sin^4(\pi f\tau)}{(\pi f\tau)^2}\mathrm{d}f - \mathrm{j}\int_{-\infty}^{\infty} S_y(f)\frac{\sin^2(\pi f\tau)\sin(2\pi f\tau)}{(\pi f\tau)^2}\mathrm{d}f\end{aligned}$$

因为通常情况下 $y(t)$ 是实信号,从定义式(8.2-15)可知 $\sigma_y^2(\tau)$ 也是实函数,所以上式的虚部必定为0;从另一角度也可以获得同样的结果,即实信号 $y(t)$ 对应的功率谱 $S_y(f)$ 为偶函数,则上式虚数部分的被积函数关于原点中心对称,因此有 $\int_{-\infty}^{\infty} S_y(f)\frac{\sin^2(\pi f\tau)\sin(2\pi f\tau)}{(\pi f\tau)^2}\mathrm{d}f = 0$,简化之后得

$$\sigma_y^2(\tau) = 2\int_{-\infty}^{\infty} S_y(f)\frac{\sin^4(\pi f\tau)}{(\pi f\tau)^2}\mathrm{d}f = 4\int_0^{\infty} S_y(f)\frac{\sin^4(\pi f\tau)}{(\pi f\tau)^2}\mathrm{d}f \qquad (8.2-17)$$

同样,为了直观解释式(8.2-17)的含义,现对如图8.2-5所示的矩形脉冲偶 $h_A(t)$ 作傅里叶变换(CTFT),得

$$\begin{aligned}H_A(\mathrm{j}f) &= \mathrm{CTFT}[h_A(t)] = \int_{-\tau}^{0}\left(-\frac{1}{\sqrt{2}\tau}\right)\mathrm{e}^{-\mathrm{j}\omega t}\mathrm{d}t + \int_0^{\tau}\frac{1}{\sqrt{2}\tau}\mathrm{e}^{-\mathrm{j}\omega t}\mathrm{d}t \\ &= \frac{1}{\mathrm{j}\omega\sqrt{2}\tau}(1-\mathrm{e}^{\mathrm{j}\omega\tau}) + \frac{1}{-\mathrm{j}\omega\sqrt{2}\tau}(\mathrm{e}^{-\mathrm{j}\omega\tau}-1) \\ &= -\frac{1}{\mathrm{j}\omega\sqrt{2}\tau}(\mathrm{e}^{\mathrm{j}\omega\tau}+\mathrm{e}^{-\mathrm{j}\omega\tau}-2) = -\mathrm{j}\sqrt{2}\frac{\sin^2(\pi f\tau)}{(\pi f\tau)}\end{aligned} \qquad (8.2-18)$$

由图8.2-5计算矩形脉冲偶 $h_A(t)$ 的时域能量为 $E=2\cdot\left(\frac{1}{\sqrt{2}\tau}\right)^2\cdot\tau=1/\tau$,而由式(8.2-18)得矩形脉冲偶的频域能量为 $E = \int_{-\infty}^{+\infty}|H_A(\mathrm{j}f)|^2\mathrm{d}f = \int_{-\infty}^{+\infty}\left|-\mathrm{j}\sqrt{2}\frac{\sin^2(\pi f\tau)}{(\pi f\tau)}\right|^2\mathrm{d}f = 4\int_0^{+\infty}\frac{\sin^4(\pi f\tau)}{(\pi f\tau)^2}\mathrm{d}f$,根据帕斯瓦尔定理易知

$$\int_0^{+\infty}\frac{\sin^4(\pi f\tau)}{(\pi f\tau)^2}\mathrm{d}f = \frac{1}{4\tau}$$

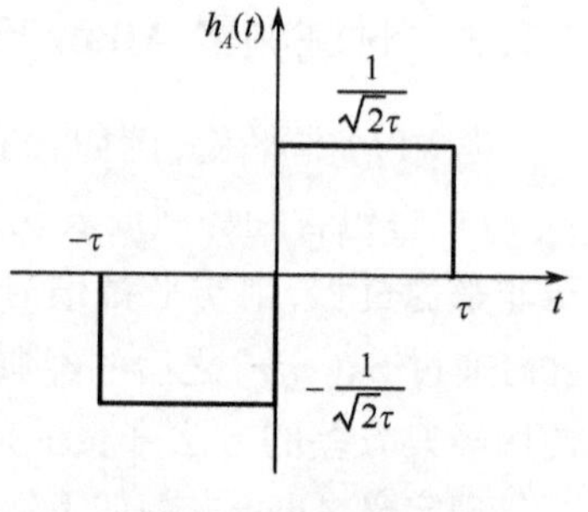

图8.2-5 矩形脉冲偶 $h_A(t)$

比较式(8.2-17)和式(8.2-18),有 $\sigma_y^2(\tau) = 2\int_0^{\infty} S_y(f)|H_A(\mathrm{j}f)|^2\mathrm{d}f$,因此Allan方差可以看成是信号 $y(t)$ 通过滤波器 $H_A(\mathrm{j}f)$ 后的平均功率输出,称 $H_A(\mathrm{j}f)$ 为Allan方差滤波器,$h_A(t)$ 是滤波器的冲激响应函数,它也是非因果的。

可将 $H_A(\mathrm{j}f)$ 作如下分解:

$$H_A(\mathrm{j}f) = H_1(\mathrm{j}f)\cdot H_2(\mathrm{j}f) = \mathrm{Sa}(\pi f\tau)\times[-\mathrm{j}\sqrt{2}\sin(\pi f\tau)]$$

式中:$H_1(\mathrm{j}f)=\mathrm{Sa}(\pi f\tau)$ 是低通滤波器,而 $H_2(\mathrm{j}f) = -\mathrm{j}\sqrt{2}\sin(\pi f\tau)$ 是带通的,则两级滤波

器串联 $H_1(jf)\cdot H_2(jf)$ 是一个带通滤波器，取样时间 τ 决定了通带特性。另外，根据式(8.2－15)的时域定义形式也可获得类似的认识：均值取样 $y_i(\tau)$ 表示信号先经过一个低通滤波器，而差分 $y_{i+1}(\tau)-y_i(\tau)$ 表示再进行高通滤波处理，所以 Allan 方差计算的实质就是使信号通过一个带通滤波器，再做某种时间统计平均〈[·]^2〉，该信号处理过程如图8.2－6所示。

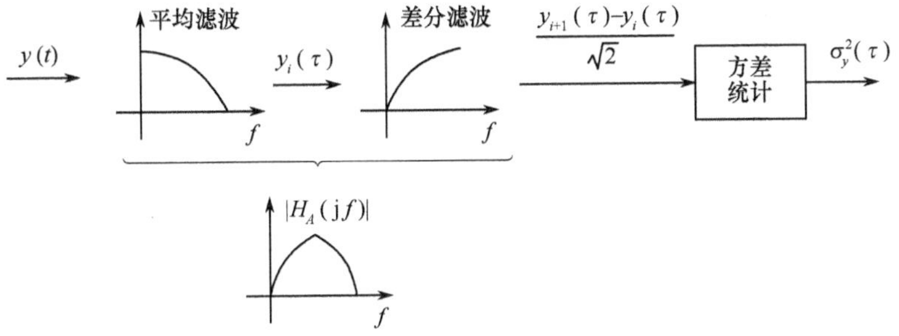

图 8.2－6　Allan 方差的信号处理过程

在经典方差分析中，抽样函数 $\mathrm{Sa}(x)=\sin(x)/x$ 起着重要的作用，它是偶对称的，函数 $\mathrm{Sa}(x)$ 在0处取最大值1，且积分 $\int_0^\infty |\mathrm{Sa}(x)|^2\mathrm{d}x=\pi/2$。与之类似，在 Allan 方差分析中函数 $\mathrm{Al}(x)=\sin^2(x)/x$ 也发挥着非常重要的作用，以下简要分析它的特点。

首先，$\mathrm{Al}(x)$ 是奇函数，它在区间[0，∞)上的图形如图8.2－7(a)中实线所示。若令 $\mathrm{dAl}(x)/\mathrm{d}x=0$，得 $\sin(x)[\tan(x)-2x]=0$，易知 $x=k\pi$ 时 $\mathrm{Al}(x)$ 取极小值0；而在满足方程 $\tan(x)=2x$ 的点处取极大值，经计算在 $x\approx1.171$ 处取最大值约为0.725。若对 $\mathrm{Al}(x)$ 沿 x 轴方向缩放，当 $n=2,4$ 时，$\mathrm{Al}(nx)$ 的图像参见图中点画线和虚线，积分 $\int_0^\infty |\mathrm{Al}(nx)|^2\mathrm{d}x=\pi/(4n)$。如果仅对 $\mathrm{Al}(nx)$ 图像的 x 轴取对数坐标，即使 n 取不同值，$\mathrm{Al}(nx)$ 图形之间的形状也始终保持不变，仅存在平移关系，如图8.2－7(b)所示。

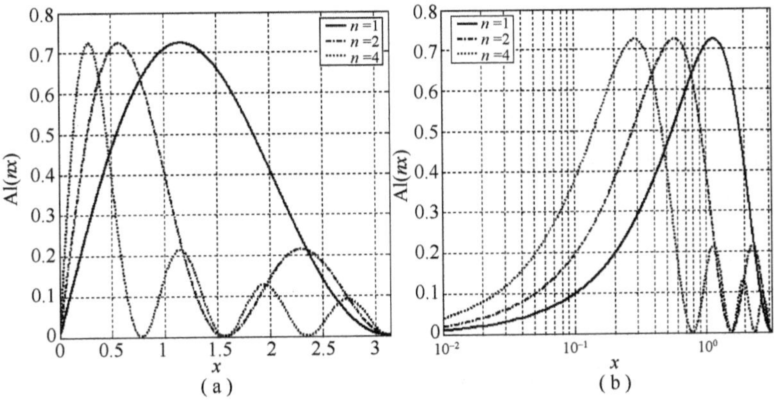

图 8.2－7　函数 Al(nx)的图形

根据积分式(8.2－13)和式(8.2－17)，对于常值功率谱为 S_{wt} 的连续时间白噪声，当平均时间 τ 相同时，经典方差和 Allan 方差是相等的，即

$$\langle y_i^2(\tau)\rangle = 2\int_0^{\infty} S_y(f)\mid H(\mathrm{j}f)\mid^2 \mathrm{d}f = 2\int_0^{\infty} S_{wt}\frac{\sin^2(\pi f\tau)}{(\pi f\tau)^2}\mathrm{d}f = \frac{S_{wt}}{\tau} \tag{8.2-19}$$

$$\sigma_y^2(\tau) = 4\int_0^{\infty} S_y(f)\mid H_A(\mathrm{j}f)\mid^2 \mathrm{d}f = 4\int_0^{\infty} S_{wt}\frac{\sin^4(\pi f\tau)}{(\pi f\tau)^2}\mathrm{d}f = \frac{S_{wt}}{\tau} \tag{8.2-20}$$

但对于某些非平稳随机过程，当它的经典方差发散时，其 Allan 方差却是存在的，这是 Allan 方差分析方法的优势。由函数 $\mathrm{Al}^2(x)=\sin^4(x)/x^2$ 可知，当 $x\to 0_+$ 时，$\mathrm{Al}^2(x)\approx x^2$ 趋于二阶无穷小；而当 $x\to+\infty$ 时，$\mathrm{Al}^2(x)\leqslant 1/x^2$ 亦趋于二阶无穷小。所以，$\mathrm{Al}^2(\pi f\tau)$ 与幂律谱 $f^{\alpha}(-2\leqslant\alpha<2)$ 相乘之后再积分是收敛的，然而经典方差的 $\mathrm{Sa}^2(\pi f\tau)$ 对幂律谱中 α 的选择范围更小，仅对应 $0\leqslant\alpha<2$ 时才收敛。

时间序列分析属于信号的时域分析法（或称相关分析法），频谱/功率谱分析是频域分析法。本节建立了 Allan 方差与功率谱之间的关系，Allan 方差是一种对功率谱进行加权之后的自相关，加权函数为 $|H_A(\mathrm{j}f)|^2$，并且只研究在信号时移 $t-t'=0$ 处的自相关（或方差）$R_y(t-t')=R_y(0)$，即

$$\sigma_y^2(\tau) = R_y(t-t') = \int_{-\infty}^{\infty} 2\frac{\sin^4(\pi f\tau)}{(\pi f\tau)^2}S(f)\mathrm{e}^{\mathrm{j}2\pi f(t-t')}\mathrm{d}f,\quad t-t'=0$$

通常也将 $|H_A(\mathrm{j}f)|^2$ 称为频域窗函数，取样时间 τ 决定了窗函数的窗口宽度和位置，τ 越大，则窗口宽度越小，并且窗口位置越集中于低频段，经过调整 τ 的大小即可关注或分割出不同的频率成分，有利于对功率谱进行更加细致和深入的分析。因此，也可以将 Allan 方差分析看作是一种从频域回归时域的特殊的时域分析方法。与功率谱分析相比，尤其在数据量很大时，通过式（8.2－15）直接进行 Allan 方差分析的突出优点是计算量小。

8.3 陀螺随机漂移误差的 Allan 方差分析

陀螺随机漂移误差的 Allan 方差分析，就是将陀螺输出的角速率误差信号，输入一系列不同频域带通参数 τ 的 Allan 方差滤波器，得到一组滤波输出即 Allan 方差 $\sigma_A^2(\tau)$，一般还需绘制出 $\tau-\sigma_A^2(\tau)$ 双对数曲线便于直观显示。为了从 Allan 方差特性曲线中挖掘出反映陀螺性能的参数，必须先建立功率谱与 Allan 方差之间的定性和定量关系。由于 Allan方差滤波器在零频率处是截止的，因此基座的常值角速率干扰并不影响 Allan 方差的计算结果，但基座变角速率会引起额外的功率谱分量，如果不能消除将会影响陀螺 Allan方差性能参数分析的准确性。

8.3.1 各种噪声源及其 Allan 方差

认识幂律谱中各种斜率噪声通过 Allan 方差滤波器后的特征是进行 Allan 方差分析以及辨识随机误差中各项参数的基础，为此，以式（8.2－17）为纽带，先介绍各种噪声源幂律谱与 Allan 方差之间的对应关系。

1. 量化噪声（Quantization Noise，QN）

量化噪声是一切量化操作所固有的噪声，只要进行数字量化编码采样，传感器输出的理想值与量化值之间就必然会存在微小的差别，量化噪声代表了传感器检测的最小分辨率水平。

以角增量输出激光陀螺为例来说明角度量化噪声，假设量化当量为Δ(比如0.932(″)/脉冲)，采样频率$f_s=1/\tau_0$。对于“四舍五入”型量化噪声，常常视其为服从均匀分布的零均值白噪声且易知其方差(或平均功率)为$\Delta^2/12$，该白噪声功率谱在$f=-f_s/2\sim f_s/2$上为常值，根据信号时域方差与频域功率谱积分面积相等原则，得角度量化噪声的功率谱密度为

$$S_\Delta(f)=\frac{\Delta^2/12}{f_s}=\tau_0Q^2 \tag{8.3-1}$$

式中：记量化噪声系数$Q=\Delta/\sqrt{12}$，此即均匀分布的均方根值(Root Mean Square，RMS)。根据随机微分公式(8.1-6)，得角速率的功率谱为

$$S_\Omega(f)=\tau_0Q^2(2\pi f)^2 \tag{8.3-2}$$

再将它代入式(8.2-17)得

$$\sigma_{QN}^2(\tau)=4\int_0^\infty\tau_0Q^2(2\pi f)^2\frac{\sin^4(\pi f\tau)}{(\pi f\tau)^2}\mathrm{d}f=\frac{16\tau_0Q^2}{\pi\tau^3}\int_0^\infty\sin^4(\pi f\tau)\mathrm{d}(\pi f\tau)$$

显然上式在全频段[0，+∞)上是不可积的，但是，实际计算Allan方差时，由于采样序列的离散化和有限长N点的特点，导致角速率功率谱的最低频率和最高频率是有限的，即$f=f_s/N\sim f_s/2$，当N比较大时可近似为$f=0\sim f_s/2$。因此，若令$x=\pi f\tau$，上式可改写为

$$\sigma_{QN}^2(\tau)\approx\frac{16\tau_0Q^2}{\pi\tau^3}\int_0^{\pi f_s\tau/2}\sin^4x\mathrm{d}x=\frac{16\tau_0Q^2}{\pi\tau^3}\left[\frac{3}{8}x-\frac{1}{4}\sin2x+\frac{1}{32}\sin4x\right]_0^{\pi f_s\tau/2}$$

由离散序列计算Allan方差，通常取平均时间(数据分组时间或简称簇时间)为$\tau=M\tau_0$甚至$\tau=2^{M-1}\tau_0(M=1,2,3,\cdots)$，这时有$\left[-\frac{1}{4}\sin2x+\frac{1}{32}\sin4x\right]_0^{\pi f_s\tau/2}=0$，所以进一步得

$$\sigma_{QN}^2(\tau)=\frac{16\tau_0Q^2}{\pi\tau^3}\left[\frac{3}{8}x\right]_0^{\pi f_s\tau/2}=\frac{16\tau_0Q^2}{\pi\tau^3}\left(\frac{3}{8}\pi f_s\tau/2-0\right)=\frac{3Q^2}{\tau^2} \tag{8.3-3}$$

对式(8.3-3)的两边同时取对数，再整理得

$$\log_{10}\sigma_{QN}(\tau)=\log_{10}\sqrt{3}Q-\log_{10}\tau$$

由此可见，在Allan方差$\tau-\sigma_{QN}(\tau)$双对数图上，量化噪声对应的斜率为-1，它(或延长线)与$\tau=1$交点的纵坐标读数为$\sqrt{3}Q$(或$\Delta/2$)，如图8.3-1所示。

由于Allan方差滤波器在零频率处是截止的，上述Allan方差分析的结论对于舍入型的非零均值量化噪声也是适用的。

这里补充说明一下，如果类比于经典方差，严格意义上应该称$\sigma(\tau)$为Allan标准差，而称$\sigma^2(\tau)$为Allan方差，但习惯上常常直接称$\sigma(\tau)$为Allan方差，以后在不引起歧义的情况下所说的Allan方差亦指$\sigma(\tau)$。

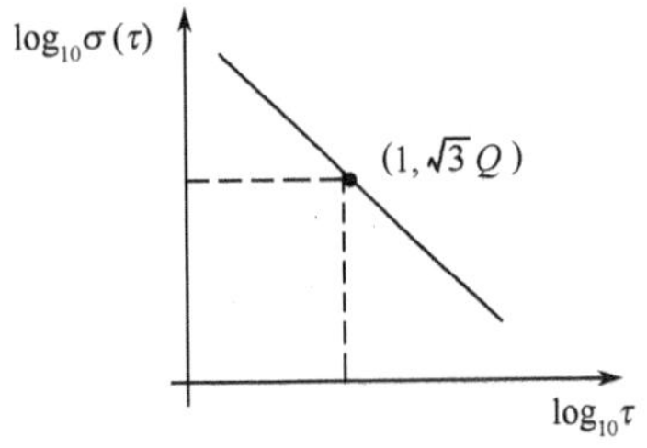

图8.3-1 角度量化噪声的Allan方差

前面假设量化噪声为白噪声，但这是有条件的，一般要求被采样的连续时间信号变化比较剧烈，在每两相邻采样时刻信号的变化远大于一个量化当量Δ；反之，如果信号变化比较平缓(极端如直流信号)或者采样周期太短，则前后采样时刻的量化误差之间往往是

相关的，这时量化噪声不再具有典型的白噪声特性而是呈现低频特性。实际物理系统的量化噪声往往具有短时相关性，平直的功率谱不可能延伸至无穷频率，使用 Allan 方差分析量化噪声时采样频率必须设置得合理，并非越高越好。因此，虽然只是看似简单的量化噪声，但值得深入研究的问题还不少，学者 Bernard Widrow 和 Istvan Kollar 于 2008 年出版了一本长达 700 多页的学术专著《Quantization Noise》，可供参考。

应当指出，如果陀螺信号在量化前或量化后混入了角度测量宽带白噪声，会对实际 Allan 方差分析的量化噪声系数结果产生一定影响，致使 Allan 方差估计结果大于真实量化噪声系数，所以，若统一将该系数的估计结果称为角度测量白噪声系数更为贴切。

量化噪声具有很宽的带宽，属于高频噪声，在实际应用中可进行低通滤波处理或大部分被导航姿态更新（积分）环节所滤除，因而一般对系统精度的影响不大。

2. 角度随机游走（Angular Random Walk，ARW）

角度随机游走是宽带角速率白噪声积分的结果，即陀螺从零时刻起累积的总角增量误差表现为随机游走，而每一时刻的等效角速率误差表现为白噪声。根据随机过程理论，随机游走是一种独立增量过程，对于陀螺角度随机游走而言“独立增量”的含义便是：角速率白噪声在两相邻采样时刻进行积分（增量），不同时间段的积分值之间互不相关（独立）。

对于角度随机游走，从角速率方面看，其功率谱为常值（白噪声）

$$S_{\Omega}(f) = N^2 \tag{8.3-4}$$

式中：N 也称为角度随机游走系数，将式（8.3-4）代入式（8.2-17）得

$$\sigma_{ARW}^2(\tau) = 4\int_0^{\infty} N^2 \frac{\sin^4(\pi f\tau)}{(\pi f\tau)^2}\mathrm{d}f = \frac{4N^2}{\pi\tau}\int_0^{\infty} \frac{\sin^4(\pi f\tau)}{(\pi f\tau)^2}\mathrm{d}(\pi f\tau) = \frac{N^2}{\tau} \tag{8.3-5}$$

可见，在 $\tau-\sigma_{ARW}(\tau)$ 双对数图上，角度随机游走的斜率为 $-1/2$，它（或延长线）与 $\tau=1$ 的交点纵坐标读数即为角度随机游走系数 N，如图 8.3-2 所示。

相比于传统的机械转子陀螺，角度随机游走误差对光学陀螺的影响一般要大一个数量级，它是限制光学陀螺精度提高的一个重要因素。角度随机游走的存在使得陀螺的累积角增量输出误差的方差随时间线性增长，可参考式（2.5-14）。

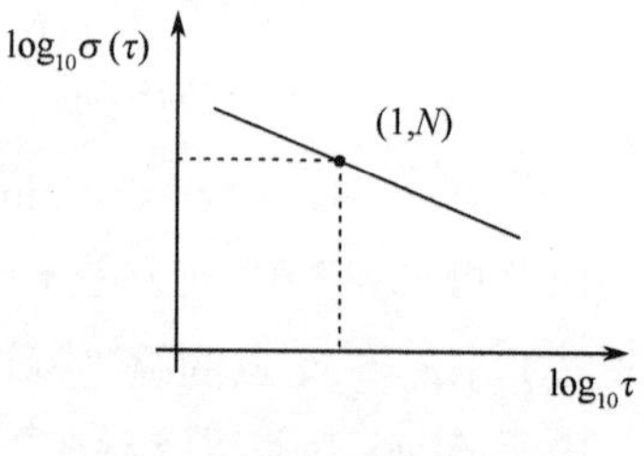

图 8.3-2　角度随机游走的 Allan 方差

前面推导的是连续时间角速率理想白噪声与 Allan 方差的关系，但实际中如果陀螺输出的是角速率信号，且一般进行离散化采样，则角速率噪声总是有限带宽的。根据频谱分析理论，在带限范围内采样频率越低则对应的功率谱幅值 N^2 越大，从而得出的 Allan 方差随机游走系数也会偏大，因此 Allan 方差分析还受角速率采样频率的影响，建议在陀螺带宽内应尽量提高采样频率，比如取两倍的带宽频率，能达到 4 倍 ~6 倍或以上则更佳。然而，如果陀螺输出的是角增量信号，在角增量输出中隐含了积分（平均）过程，则 Allan 方差的角度随机游走系数与采样频率无关。

3. 角速率随机游走（Rate Random Walk，RRW）

角速率随机游走是宽带角加速率白噪声积分的结果，即陀螺角加速率误差表现为白噪声，而角速率误差表现为随机游走。

角加速率的功率谱为

$$S_{\Omega'}(f)=K^2 \tag{8.3-6}$$

式中:K 为角速率随机游走系数,根据随机积分功率谱关系式(8.1-7),得角速率的功率谱为

$$S_{\Omega}(f)=K^2/(2\pi f)^2 \tag{8.3-7}$$

将它代入式(8.2-17)得

$$\begin{aligned}\sigma_{RRW}^2(\tau) &= 4\int_0^{\infty}\frac{K^2}{(2\pi f)^2}\cdot\frac{\sin^4(\pi f\tau)}{(\pi f\tau)^2}\mathrm{d}f\\ &=\frac{K^2\tau}{\pi}\int_0^{\infty}\frac{\sin^4(\pi f\tau)}{(\pi f\tau)^4}\mathrm{d}(\pi f\tau)=\frac{K^2\tau}{3}\end{aligned} \tag{8.3-8}$$

式中:用到积分公式$\int_0^{\infty}\frac{\sin^4(x)}{x^4}\mathrm{d}x=\frac{\pi}{3}$。因此,在$\tau-\sigma_{RRW}(\tau)$双对数图上,角速率随机游走的斜率为1/2,它(或延长线)与$\tau=1$交点的纵坐标读数为$K/\sqrt{3}$,如图8.3-3所示。

4. 零偏不稳定性噪声(Bias Instability,BI)

零偏不稳定性噪声又称为闪变噪声或$1/f$噪声,顾名思义,其功率谱密度与频率成反比,即零偏不稳定性噪声的角速率功率谱为

$$S_{\Omega}(f)=B^2/(2\pi f) \tag{8.3-9}$$

式中:B 为零偏不稳定性系数,将它代入式(8.2-17)得

$$\begin{aligned}\sigma_{BI}^2(\tau) &= 4\int_0^{\infty}\frac{B^2}{2\pi f}\frac{\sin^4(\pi f\tau)}{(\pi f\tau)^2}\mathrm{d}f\\ &=\frac{2B^2}{\pi}\int_0^{\infty}\frac{\sin^4(\pi f\tau)}{(\pi f\tau)^3}\mathrm{d}(\pi f\tau)\approx\frac{4B^2}{9}\end{aligned} \tag{8.3-10}$$

式中:由数值积分法可验证$\int_0^{\infty}\frac{\sin^4(x)}{x^3}\mathrm{d}x\approx\frac{2\pi}{9}$。所以,在$\tau-\sigma_{BI}(\tau)$双对数图上,零偏不稳定性的斜率为0,它(或延长线)与$\tau=1$的交点纵坐标读数为$2B/3$,如图8.3-4所示。

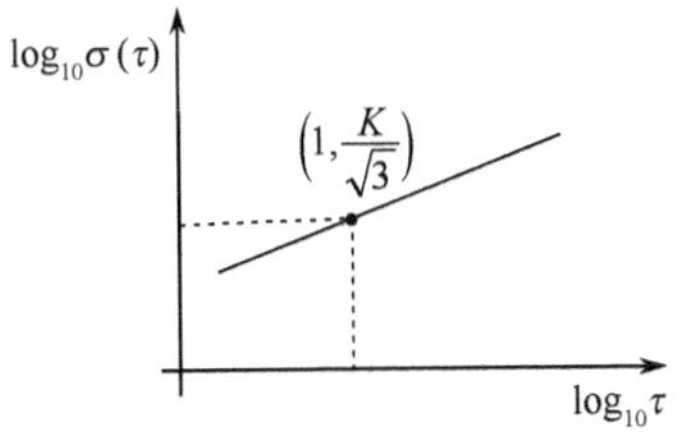

图8.3-3 角速率随机游走的Allan方差

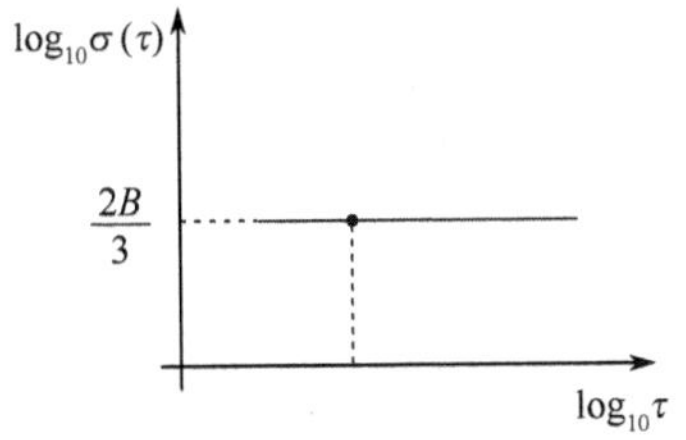

图8.3-4 零偏不稳定性的Allan方差

零偏不稳定性噪声具有低频特性,在陀螺输出中表现为零偏随时间的缓慢波动。

5. 速率斜坡(Rate Ramp,RR)

若陀螺的角速率输出随时间缓慢变化,比如由环境温度引起,假设角速率Ω与测试时间t之间呈线性关系,即

$$\Omega(t)=\Omega(0)+Rt \tag{8.3-11}$$

式中:R 为速率斜坡系数,或通俗地看成常值角加速率误差系数。直接根据Allan方差的定义式(8.2-15)计算,可得

$$y_i(\tau)=\frac{[\Omega(0)+Rt_i]+[\Omega(0)+R(t_i+\tau)]}{2}=\Omega(0)+Rt_i+\frac{R\tau}{2}$$

$$y_{i+1}(\tau)=\frac{[\Omega(0)+R(t_i+\tau)]+[\Omega(0)+R(t_i+2\tau)]}{2}=\Omega(0)+Rt_i+\frac{3R\tau}{2}$$

所以有

$$\sigma_{RR}^2(\tau)=\frac{1}{2}\langle[y_{i+1}(\tau)-y_i(\tau)]^2\rangle=\frac{1}{2}\langle(R\tau)^2\rangle=\frac{R^2\tau^2}{2} \tag{8.3-12}$$

可见,当角速率误差随时间线性变化时,将在 $\tau-\sigma_{RR}(\tau)$ 双对数图上得到斜率为 1 的直线,它(或延长线)与 $\tau=1$ 的交点纵坐标读数为 $R/\sqrt{2}$,如图 8.3-5 所示。

实际上,角速率斜坡更像是一种确定性的误差,而不是随机误差。角速率斜坡常常由系统误差引起,比如环境温度的缓慢变化,通过严格的环境控制或引入补偿机制往往可以降低此类误差。

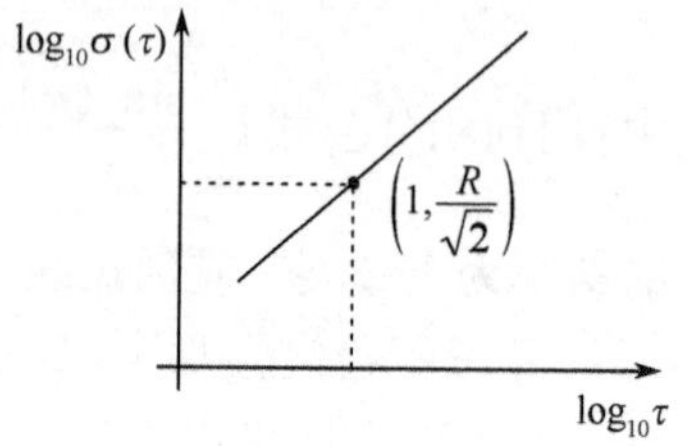

图 8.3-5 角速率斜坡的 Allan 方差

除了确定性的速率斜坡外,还有一种随机噪声也会产生斜率为 1 的 Allan 方差曲线,这种噪声的功率谱与 f^3 成反比,若设

$$S_\Omega(f)=R^2/(2\pi f)^3 \tag{8.3-13}$$

将它代入式(8.2-17)得

$$\sigma_{1/F3}^2(\tau)=4\int_0^\infty\frac{R^2}{(2\pi f)^3}\cdot\frac{\sin^4(\pi f\tau)}{(\pi f\tau)^2}df=\frac{R^2\tau^2}{2\pi}\int_0^\infty\frac{\sin^4(\pi f\tau)}{(\pi f\tau)^5}d(\pi f\tau)$$

式中:被积函数 $\frac{\sin^4(\pi f\tau)}{(\pi f\tau)^5}$ 在 $\pi f\tau>1$ 时迅速趋于零,而当 $\pi f\tau\to0$ 时,它是与 $1/f$ 同阶的无穷大,所以,从理论上看上式在积分下限处是不可积的。数值仿真表明,当 $a\ll1$ 时有 $\int_a^\infty\frac{\sin^4(x)}{x^5}dx\approx-\ln a$ 近似成立。因此,当存在较低的下限频率 f_L 且 $\pi f_L\tau\ll1$ 时,对上式积分得

$$\sigma_{1/F3}^2(\tau)\approx\frac{R^2\tau^2}{2\pi}\int_{\pi f_L\tau}^\infty\frac{\sin^4(\pi f\tau)}{(\pi f\tau)^5}d(\pi f\tau)\approx\frac{-\ln(\pi f_L\tau)R^2\tau^2}{2\pi} \tag{8.3-14}$$

在 $\tau-\sigma_{1/F3}(\tau)$ 双对数图上,$-\ln(\pi f_L\tau)$ 项对曲线的斜率影响甚微,所以,$1/f^3$ 噪声的 Allan 方差斜率也近似为 1。

除 $1/f^3$ 噪声外,若设 $S_\Omega(f)=V^2/(2\pi f)^n\ (n>3)$,将它代入式(8.2-17)得

$$\sigma_{1/Fn}^2(\tau)=4\int_0^\infty\frac{V^2}{(2\pi f)^n}\cdot\frac{\sin^4(\pi f\tau)}{(\pi f\tau)^2}df=\frac{V^2\tau^{n-1}}{2^{n-2}\pi}\int_0^\infty\frac{\sin^4(\pi f\tau)}{(\pi f\tau)^{n+2}}d(\pi f\tau)$$

同样,令其在区间 $[f_L,\infty)$ 上积分,得

$$\sigma_{1/Fn}^2(\tau)\approx\frac{V^2\tau^{n-1}}{2^{n-2}\pi}\int_{\pi f_L\tau}^\infty\frac{1}{x^{n-2}}dx=\frac{V^2\tau^{n-1}}{2^{n-2}\pi}\times\left.\frac{-x^{-(n-3)}}{n-3}\right|_{\pi f_L\tau}^\infty$$

$$=\frac{V^2\tau^{n-1}}{2^{n-2}\pi}\left[0-\frac{-(\pi f_L\tau)^{-(n-3)}}{n-3}\right]=\frac{V^2\tau^2}{(n-3)(2\pi)^{n-2}f_L^{n-3}} \tag{8.3-15}$$

因此,原则上在双对数图中产生斜率为 1 的 Allan 方差的原因有多种,而对于噪声 $S_\Omega(f)=V^2/(2\pi f)^n\ (n>3)$ 而言,Allan 方差的计算值还与下限频率(等效于采样数据的长

度)有关,即数据越长 Allan 方差越大,呈现发散趋势。实际系统中,与 $1/f^n(n\geqslant3)$ 成比例的随机噪声是罕见的,所以斜率为 1 者常常为确定性的速率斜坡误差,为了确保判断可靠还可具体结合信号时域图或功率谱图作进一步分析。

6. 功率谱与频率 f 成正比的噪声

与频率 f 成正比的噪声,设其角速率的功率谱为

$$S_{\Omega}(f)=F\cdot(2\pi f) \tag{8.3-16}$$

暂且称为 f 噪声,F 为噪声系数。将它代入式(8.2-17)得

$$\sigma_F^2(\tau)=4\int_0^{\infty}F\cdot(2\pi f)\cdot\frac{\sin^4(\pi f\tau)}{(\pi f\tau)^2}\mathrm{d}f=\frac{8F}{\pi\tau^2}\int_0^{\infty}\frac{\sin^4(\pi f\tau)}{\pi f\tau}\mathrm{d}(\pi f\tau)$$

分析表明,当 $a\gg1$ 时,积分 $\int_0^a\frac{\sin^4x}{x}\mathrm{d}x\approx\frac{3}{8}(1+\ln a)$ 近似成立。因此,当存在最高频率 f_H 时,得

$$\sigma_F^2(\tau)\approx\frac{8F}{\pi\tau^2}\times\frac{3}{8}[1+\ln(\pi f_H\tau)]=\frac{3F\ln(\mathrm{e}\pi f_H\tau)}{\pi\tau^2} \tag{8.3-17}$$

在 $\tau-\sigma_F(\tau)$ 双对数图上,$\ln(\mathrm{e}\pi f_H\tau)$ 项对曲线的斜率影响甚微,因此该曲线是斜率近似为 -1 的直线,如果 f_H 已知,则该直线(或延长线)与 $\tau=1$ 的交点纵坐标读数为 $\sqrt{3F\ln(\mathrm{e}\pi f_H)/\pi}$。若将 f 噪声与量化噪声比较可以看出,两种噪声在双对数图上的斜率都为 -1,因此使用 Allan 方差分析方法难以将两者区分开。

除了以上介绍的各种噪声源及其对应的 Allan 方差外,还存在指数相关噪声(Exponential Correlation Noise,即马尔可夫噪声)和正弦噪声(Sinusoidal Noise)等,此处就不再一一介绍了。

一些常见主要噪声的功率谱及其与 Allan 方差的对应关系总结见表 8.3-1。

表 8.3-1 常见噪声的功率谱及其与 Allan 方差的对应关系

噪声类型	功率谱 $S_{\Omega}(f)$	Allan 方差 $\sigma_A^2(\tau)$	与 $\tau=1$ 交点纵坐标
量化噪声	$\tau_0Q^2(2\pi f)^2$	$3Q^2/\tau^2$	$\sqrt{3}Q$
f 噪声	$F(2\pi f)$	$\frac{3F\ln(\mathrm{e}\pi f_H\tau)}{\pi\tau^2}$	$\sqrt{3F\ln(\mathrm{e}\pi f_H)/\pi}$
角度随机游走	N^2	N^2/τ	N
零偏不稳定性	$B^2/(2\pi f)$	$4B^2/9$	$2B/3$
角速率随机游走	$K^2/(2\pi f)^2$	$K^2\tau/3$	$K/\sqrt{3}$
速率斜坡	—	$R^2\tau^2/2$	$R/\sqrt{2}$

综合前面分析可以看出,对于幂律谱模型 f^{α},当 $-2\leqslant\alpha<2$ 时 Allan 方差收敛;当 $\alpha=2$ 时须限定频率范围 Allan 方差才存在;当 $\alpha\leqslant-3$ 或 $\alpha>2$ 时 Allan 方差在形式上可以计算但随数据增长或采样频率提高而发散。在实际应用中陀螺随机漂移误差的功率谱一般都满足前两个条件的要求,因此 Allan 方差分析往往是可行的。

除 Allan 方差方法外,还有许多改进的方法可用于陀螺随机漂移误差分析,如修正 Allan 方差、哈达玛方差、总方差、#1 方差、小波方差等,有兴趣的读者可参考相关专业文献资料。

8.3.2 Allan 方差分析方法

1. Allan 方差估计

针对陀螺信号,根据 Allan 方差的定义式(8.2-15)可知,输入的应当是平均角速率序列,角速率平均的间隔时间为 τ。在激光陀螺中输出的往往是角增量序列,进行 Allan 分析之前须先将其等效换算成平均角速率,只需简单除以采样时间间隔 τ_0 即可;但光纤陀螺一般直接输出角速率信号,它表示离散采样点处的角速率值,而非离散点上的角速率未知,理论上无法精确获得采样间隔内的平均角速率,实际应用时只能将离散采样点处的角速率看作是 τ_0 时间段内的平均值,这在采样频率满足香农采样定理的情况下误差很小可忽略,否则会导致 Allan 方差的估算结果偏大。值得注意的是,对于某些型号的光纤陀螺,其内部的信号处理方式可能是先进行高频采样和低通滤波再实施信号抽取和降频输出(这种情况下更像是角增量输出),但这里假设光纤陀螺是瞬时角速率输出的。

经过以上处理,假设获得了一组平均角速率样本序列:

$$\bar{\Omega}_1(\tau_0),\ \bar{\Omega}_2(\tau_0),\ \bar{\Omega}_3(\tau_0),\ \cdots,\ \bar{\Omega}_N(\tau_0)$$

式中:序列输出周期(即取样时间间隔)为 τ_0,由于样本序列的长度总是有限的,因此 Allan 方差计算只能给出理论值的一个估计。

下面给出实现 Allan 方差计算的具体步骤:

(1) 首先计算取样时间为 τ_0 时的 Allan 方差:

$$\hat{\sigma}_A^2(\tau_0) = \frac{1}{2(N-1)}\sum_{k=1}^{N-1}[\bar{\Omega}_{k+1}(\tau_0) - \bar{\Omega}_k(\tau_0)]^2 \tag{8.3-18}$$

(2) 其次将取样时间间隔加倍,记 $\tau_1 = 2^1\tau_0$ 和 $N_1 = [N/2]$([·]表示取整),在相继奇偶序号角速率之间作算术平均,即

$$\bar{\Omega}_k(\tau_1) = \frac{\bar{\Omega}_{2k-1}(\tau_0) + \bar{\Omega}_{2k}(\tau_0)}{2},\quad k = 1,2,3,\cdots,N_1$$

组成新的取样时间间隔为 τ_1 的平均角速率序列,即

$$\bar{\Omega}_1(\tau_1),\ \bar{\Omega}_2(\tau_1),\ \bar{\Omega}_3(\tau_1),\ \cdots,\ \bar{\Omega}_{N_1}(\tau_1)$$

显然新序列的长度减半(但可能相差 1 个数据,下同),计算取样时间为 τ_1 时的 Allan 方差,即

$$\hat{\sigma}_A^2(\tau_1) = \frac{1}{2(N_1-1)}\sum_{k=1}^{N_1-1}[\bar{\Omega}_{k+1}(\tau_1) - \bar{\Omega}_k(\tau_1)]^2 \tag{8.3-19}$$

(3) 再次将取样时间间隔加倍,记 $\tau_2 = 2\tau_1 = 2^2\tau_0$ 和 $N_2 = [N_1/2]$,计算平均角速率,即

$$\bar{\Omega}_k(\tau_2) = \frac{\bar{\Omega}_{2k-1}(\tau_1) + \bar{\Omega}_{2k}(\tau_1)}{2},\quad k = 1,2,3,\cdots,N_2$$

组成新的取样时间间隔为 τ_2 的平均角速率序列,即

$$\bar{\Omega}_1(\tau_2),\ \bar{\Omega}_2(\tau_2),\ \bar{\Omega}_3(\tau_2),\ \cdots,\ \bar{\Omega}_{N_2}(\tau_2)$$

新序列的长度再次减半,计算取样时间为 τ_2 时的 Allan 方差,即

$$\hat{\sigma}_A^2(\tau_2) = \frac{1}{2(N_2-1)}\sum_{k=1}^{N_2-1}[\bar{\Omega}_{k+1}(\tau_2) - \bar{\Omega}_k(\tau_2)]^2 \tag{8.3-20}$$

（4）如此反复将取样时间间隔不断加倍，记 $\tau_L = 2\tau_{L-1} = 2^L\tau_0$ 和 $N_L = [N_{L-1}/2]$，直至最终序列的长度不小于2，得平均角速率序列为

$$\overline{\Omega}_1(\tau_L),\ \cdots,\ \overline{\Omega}_{N_L}(\tau_L)$$

并计算取样时间为 τ_L 时的 Allan 方差，即

$$\hat{\sigma}_A^2(\tau_L) = \frac{1}{2(N_L-1)}\sum_{k=1}^{N_L-1}[\overline{\Omega}_{k+1}(\tau_L) - \overline{\Omega}_k(\tau_L)]^2 \qquad (8.3-21)$$

至此获得一系列的点对 $\tau_i \sim \hat{\sigma}_A^2(\tau_i)$ 或 $\tau_i \sim \hat{\sigma}_A(\tau_i)$，$i=1,2,3,\cdots,L$，完成 Allan 方差估计，并将结果绘制成双对数图。

从上述计算过程可以看出，在 τ_0 基础上取样间隔时间是以2的倍数递增的，即取样时间为2的幂次方倍，而在一般应用中不需计算其他时间间隔上的 Allan 方差值。还容易看出，Allan 方差的计算过程比较简单，并且计算量也不大。本书附录 D 中给出了 Allan 方差计算的 Matlab 示例函数，可供参考和调用。

2. Allan 方差模型

在幂律谱模型分析中曾提到，实际系统输出信号的功率谱不一定是单一斜率的，而可能由几种统计独立的线性功率谱叠加组合而成，若将该总功率谱作为 Allan 方差滤波器的输入，可得总输出的 Allan 方差为

$$\sigma_A^2(\tau) = 4\int_0^\infty \sum h_\alpha f^\alpha \frac{\sin^4(\pi f\tau)}{(\pi f\tau)^2}\mathrm{d}f = \sum 4\int_0^\infty h_\alpha f^\alpha \frac{\sin^4(\pi f\tau)}{(\pi f\tau)^2}\mathrm{d}f$$

假设陀螺随机漂移误差信号的功率谱包含统计独立的量化噪声、角度随机游走、零偏不稳定性和角速率随机游走，并且在时域中还存在确定性的速率斜坡，显然速率斜坡与前几项随机误差也不相关，则陀螺误差的 Allan 方差分析结果可写为

$$\sigma_A^2(\tau) = \sigma_{QN}^2(\tau) + \sigma_{ARW}^2(\tau) + \sigma_{BI}^2(\tau) + \sigma_{RRW}^2(\tau) + \sigma_{RR}^2(\tau) \qquad (8.3-22)$$

再将表8.3-1中第三列值代入式(8.3-22)，得

$$\sigma_A^2(\tau) = \frac{3Q^2}{\tau^2} + \frac{N^2}{\tau} + \frac{4B^2}{9} + \frac{K^2\tau}{3} + \frac{R^2\tau^2}{2} \triangleq \sum_{k=-2}^{2} A_k\tau^k \qquad (8.3-23)$$

理论上，Allan 方差是随机过程一个现实的时间平均，但是由于实际应用时总是基于有限长度样本数据计算的，因而与经典方差估计一样，Allan 方差也可看作是一种估计或统计量，服从一定的概率分布。研究表明，Allan 方差估计 $\hat{\sigma}_A(\tau)$ 的 1σ 均方根误差可近似为（以相对百分比表示）

$$E_A(\tau) = \frac{|\hat{\sigma}_A(\tau) - \sigma_A(\tau)|}{\sigma_A(\tau)} \approx \frac{1}{\sqrt{2(N/M-1)}} \times 100\% \qquad (8.3-24)$$

式中：N 为样本长度；M 为分组数据长度，N/M 为分组数；或者说 $N\tau_0$ 为总数据时间，$\tau = M\tau_0$ 为簇时间（分组时间）。式(8.3-24)表明分组数越少 Allan 方差的估计误差越大，比如当 $N/M=2$ 时 $\sigma_A(\tau)$ 的估计误差约为71%，而当 $N/M=9$ 时估计误差为25%。

考虑估计误差后，由估计值代入式(8.3-23)，改写为

$$\hat{\sigma}_A^2(\tau) = \sum_{k=-2}^{2} A_k\tau^k + \varepsilon_\tau$$

或

$$1 = \sum_{k=-2}^{2} A_k \frac{\tau^k}{\hat{\sigma}_A^2(\tau)} + \varepsilon_\tau^* \qquad (8.3-25)$$

式中：模型误差 ε_τ 的方差近似为 $D(\varepsilon_\tau)=\hat{\sigma}_A^2(\tau)E_A^2(\tau)$，而 $D(\varepsilon_\tau^*)=E_A^2(\tau)$。通过改变簇时间 τ，在获得多个估计值（量测）$\hat{\sigma}_A^2(\tau)$ 的情况下，使用加权最小二乘法进行多元线性回归分析，可确定出各种噪声误差是否显著并估计误差系数 A_k，具体方法不再赘述。

若将式(8.3－23)的两边同时取对数，近似得

$$\log_{10}\sigma_A(\tau)\approx\sum_{k=-2}^{2}\left(\frac{1}{2}\log_{10}A_k+\frac{k}{2}\log_{10}\tau\right),\quad \tau_{k/2L}<\tau<\tau_{k/2H} \tag{8.3-26}$$

可见，与幂律谱的 $f-S$ 双对数曲线类似，也可近似将 Allan 方差的 $\tau-\sigma_A(\tau)$ 双对数曲线看作是由多段不同斜率线段首尾连接合成的，如图 8.3－6 所示。由于时间和频率互为倒数，因而在 $f-S$ 图中出现在频率轴左边的低频误差项将出现在 $\tau-\sigma_A(\tau)$ 图的右边。

实践和经验表明，不同类型的 Allan 方差在 $\tau-\sigma_A(\tau)$ 图上表现的时间轴坐标位置往往不同。例如对于中等精度的激光陀螺，其量化误差通常为秒量级、角度随机游走为几十秒量级、零偏不稳定性为百秒量级、角速率随机游走和速率斜坡在几百秒以上。一般情况下如果陀螺精度越高，Allan 方差曲线总体上也离横轴越近。假设某陀螺的角速率随机游走在 1000 s 表现出来的话，为了使 Allan 方差估计误差小于 25%，数据组数必须取 9 组以上，因此总采样时间至少为 9×1000 s ＝ 2.5 h。当然，对某一特定陀螺的测试数据，其 Allan 方差曲线不一定具有图 8.3－6 所示的典型形式，可能只表现出其中的少数几段，即有些斜率的 Allan 方差不存在或因太小而被其他斜率的较大噪声淹没了，只有在器件上针对主要误差项作了改进和降低后，那些较小的误差才可能会重新突出显现出来。

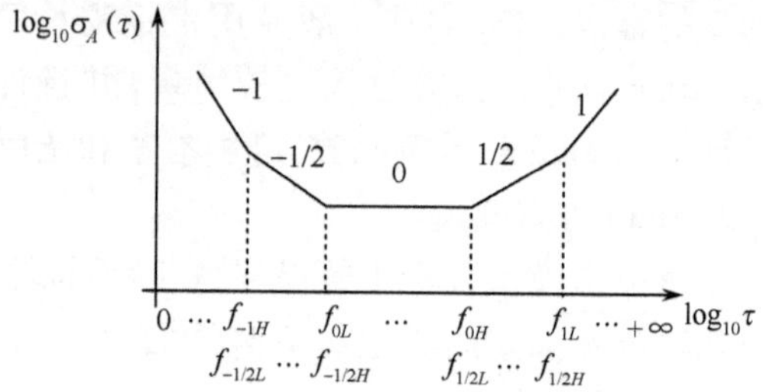

图 8.3－6　典型 Allan 方差的综合曲线

3. 单位换算问题

若按国际单位制，式(8.3－23)中 $\sigma_A(\tau)$ 和 τ 的单位分别取 rad/s 和 s，由此可推知各种噪声系数的单位，即 Q—rad、N— rad/s$^{1/2}$、B— rad/s、K— rad/s$^{3/2}$、R— rad/s^2。然而，习惯上 $\sigma_A(\tau)$ 常以(°)/h 为单位，并且各项误差系数也常使用 ° 和 h 的组合作为单位（除 Q 常为 ″ 外），为了达到该目的，根据换算关系 $1\ \text{rad/s}=\dfrac{180/\pi}{1/3600}$ (°)/h，将式(8.3－23)的两边同时乘以 $\left(\dfrac{180/\pi}{1/3600}\right)^2$，进行如下转换：

$$\sigma_A^2(\tau)\left(\frac{180/\pi}{1/3600}\right)^2=\frac{3(Q\times180/\pi\times3600)^2}{\tau^2}+\frac{\left[N\dfrac{180/\pi}{(1/3600)^{1/2}}\times60\right]^2}{\tau}+\frac{4\left(B\dfrac{180/\pi}{1/3600}\right)^2}{9}+\frac{\left[K\dfrac{180/\pi}{(1/3600)^{3/2}}\times\dfrac{1}{60}\right]^2\tau}{3}+\frac{\left[R\dfrac{180/\pi}{(1/3600)^2}\times\dfrac{1}{3600}\right]^2\tau^2}{2} \tag{8.3-27}$$

通过相应的变量替换：

$$\sigma'_A(\tau)=\sigma_A(\tau)\frac{180/\pi}{1/3600}((°)/\text{h})、Q'=Q\times 180/\pi\times 3600('')$$

$$N'=N\frac{180/\pi}{(1/3600)^{1/2}}((°)/\text{h}^{1/2})、B'=B\frac{180/\pi}{1/3600}((°)/\text{h})$$

$$K'=K\frac{180/\pi}{(1/3600)^{3/2}}((°)/\text{h}^{3/2})、R'=R\frac{180/\pi}{(1/3600)^2}((°)/\text{h}^2)$$

式(8.3-27)改写为

$$\sigma'^2_A(\tau)=\frac{3Q'^2}{\tau^2}+\frac{(60N')^2}{\tau}+\frac{4B'^2}{9}+\frac{(K'/60)^2\tau}{3}+\frac{(R'/3600)^2\tau^2}{2}$$
$$\triangleq\sum_{k=-2}^{2}A'_k\tau^k \qquad (8.3-28)$$

经过单位转换之后,为了表示简洁,一般略去式(8.3-28)中各符号的上角标“′”,这样,各种误差系数以及它们与 A_k 之间的转换关系,总结见表 8.3-2。考虑到各种误差系数表现的簇时间不一样,表中还给出了 $\tau-\sigma_A(\tau)$ 双对数曲线上各斜率的线段(或延长线)在不同 τ 下的纵坐标读数。

表 8.3-2 各种误差系数的习惯单位及其与 A_k 的转换关系

噪声项	误差系数	习惯单位	转换关系	纵坐标读数(斜率,τ=?)
量化噪声	Q	″	$\sqrt{A_{-2}}/\sqrt{3}$	$\sqrt{3}Q(-1,\ \tau=1)$
角度随机游走	N	$(°)/\text{h}^{1/2}$	$\sqrt{A_{-1}}/60$	$6N(-1/2,\ \tau=100)$
零偏不稳定性	B	$(°)/\text{h}$	$3\sqrt{A_0}/2$	$2B/3(0,\ \tau$ 任意)
角速率随机游走	K	$(°)/\text{h}^{3/2}$	$60\sqrt{3A_1}$	$K/(6\sqrt{3})\approx K/10$ $(1/2,\ \tau=100)$
速率斜坡	R	$(°)/\text{h}^2$	$3600\sqrt{2A_2}$	$R/(3.6\sqrt{2})\approx R/5$ $(1,\ \tau=1000)$

8.3.3 Allan 方差分析举例与应用

1. 举例

现有三只不同类型的陀螺,分别是 MEMS 陀螺、光纤陀螺和激光陀螺,它们的标称精度如表 8.3-3 中第二列所列。在室温条件下,将陀螺分别放置在实验室平台上静止不动,上电启动待数据稳定后,按表中第三和四列参数进行数据采集。对各数据作 Allan 方差分析,统一绘制于图 8.3-7,其中实线对应 MEMS 陀螺、点划线为光纤陀螺、虚线为激光陀螺。

表 8.3-3 三种陀螺的 Allan 方差分析数据

陀螺类型	标称精度/((°)/h)	采样方式/周期/ms	总采样时间/h	纵坐标读数/噪声系数				
				Q	N	B	K	R
MEMS 陀螺	50	角速率/10	2	—	50(τ=1)/0.83	30/45	30/300	—
光纤陀螺	1	角速率/5	5	—	0.5/0.083	—	0.2/2	—
激光陀螺	0.01	角增量/5	8	0.3/0.17	—	—	—	—

为了辨识误差类型和参数，一般没有必要通过式(8.3-25)进行过于精确的回归分析，而只需直观地在 Allan 方差图中进行粗略的曲线类型归类和坐标读数，估计出主要误差项和参数。根据图 8.3-7 给出以下分析结果。

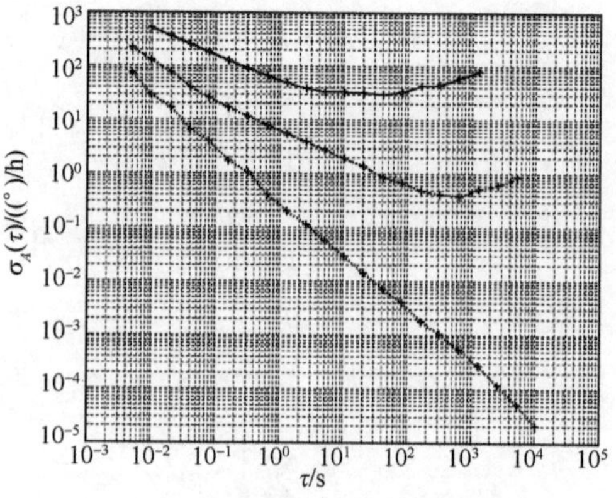

图 8.3-7 陀螺 Allan 方差双对数图

(1) MEMS 陀螺的 Allan 方差双对数曲线表现出较明显的三段：0.01s～1s 之间斜率为 -1/2、5s～100s 斜率为 0 而 100s 以上斜率 1/2，分别对应角度随机游走(即角速率白噪声)、零偏不稳定性和角速率随机游走。

(2) 光纤陀螺的 Allan 方差曲线主要表现为斜率 -1/2(0.005s～200s)和斜率 1/2(1000s 以上)的两段，斜率为 0 时曲线很短，可认为零偏不稳定性影响很小或不存在。

(3) 激光陀螺在整个 Allan 方差曲线上主要表现为斜率 -1 的量化噪声。

按表 8.3-2 中最后一列并从图 8.3-7 上进行粗略读数，各种噪声系数的计算结果如表 8.3-3 右半部分所列。由此例子验证，陀螺精度越高，对应的 Allan 方差曲线应当越靠近横轴(或越低)。

值得说明的是，这里对光纤陀螺和 MEMS 陀螺的角速率采样都没有达到它们的上限带宽频率，如果进一步提高采样频率，则 Allan 方差分析的噪声系数，特别是高频段上的角度随机游走系数，在一定程度上会再降低一些。

2. 应用

不仅是 Allan 方差分析，所有惯性器件测试和数据分析都包含两个重要目的：一是查找影响惯性器件精度的主要误差源，为改进设计和制造服务；二是获取惯性器件误差的建模参数，提高现有产品的实际使用精度。以光纤陀螺为例，理论研究表明：量化噪声与陀螺的数字量化输出有关；角度随机游走噪声主要来源于光路的光子自发辐射，特别是光电探测器和电子器件的高频噪声；速率斜坡与环境温度缓慢变化有关等。所以，在 Allan 方差分析之后，获得各项噪声系数，针对主要误差源并结合物理机理有可能为改进陀螺提供依据。这里不再深入介绍物理和硬件方面的内容，以下主要从误差建模角度说明 Allan 方差分析的意义。

有些应用场合，比如在姿态稳定和跟踪系统中，量化噪声是一种重要的噪声源，一般先采用高速采样方法从总体上降低量化噪声的功率谱幅值，然后通过低通数字滤波器滤除高频段噪声，但是滤波器往往会造成相位延迟和使测量带宽降低，影响系统控制精度甚至稳定性。很明显，陀螺信号通过低通滤波器后，功率谱必然会产生畸变，如再使用 Allan 方差进行量化噪声系数分析，估计结果实际上包含了滤波器幅频特性的影响，它与原始陀螺信号的噪声系数之间存在差别。在短时间应用场合，比如短时姿态控制中，陀螺信号通过低通滤波器后再进行 Allan 方差分析会发现，低通滤波确实可以提高某些性能参数，特别是代表短、中期精度的量化噪声系数甚至角度随机游走系数，但滤波对陀螺中、长期精度的零偏稳定性和速率斜坡影响很小，也就是说，低通滤波对于长期应用场合，比如长时间导航任务，性能改善一般不明显。由此可见，陀螺输出信号作低通滤波或进行所谓的降噪处理对导航应用一般意义不大，而最根本的手段应当是通过深入分析陀螺内部机理，改善设计和工艺，从源头上降低代表中长期精度的低频噪声和误差。如图 8.3－7 所示，通过高频采样和低通滤波可能降低 MEMS 陀螺的角度随机游走噪声，但零偏稳定性和角速率随机游走将成为主要的误差源。

最后，简要介绍一下陀螺随机漂移误差 Allan 方差分析在组合导航系统中的应用。在基于状态空间模型的 Kalman 滤波组合导航系统中，常常假设陀螺随机漂移 ε 的模型为

$$\varepsilon = \varepsilon_b + \varepsilon_r + w_g$$

$$\dot{\varepsilon}_b = 0, \dot{\varepsilon}_r = -\frac{1}{\tau_G}\varepsilon_r + w_r \tag{8.3-29}$$

式中：ε_b为逐次启动漂移（随机常值）；ε_r为马尔可夫过程（慢变漂移）；w_g为白噪声（快变漂移）。对比前面 Allan 方差分析可知，这里 w_g项即为陀螺角度随机游走中的角速率白噪声，而 ε_r为指数相关噪声。实际陀螺的 Allan 方差分析中可能给出多种误差源，理论上，若将所有误差因素都进行建模纳入状态方程，Kalman 滤波效果最好。但是，基于 Allan 方差估计的陀螺模型参数存在一定的误差，况且有些误差源转化为状态方程也非常困难，比如 $1/f$ 噪声。建模中考虑的因素越多状态方程的阶数就越高，滤波计算量将急剧增大，实践还表明高阶状态方程中不准确的模型参数越多就越容易导致数值计算不稳定，估计效果反而变差。因此，在组合导航应用中一般对陀螺建模进行简化处理，只需考虑其中便于处理的主要误差项。

8.3.4 各种数据分析方法比较

前几章介绍了回归分析、时间序列分析和频谱分析等方法。事实上，回归分析也非常适合用于确定性的速率斜坡的存在性判断和参数计算，时间序列分析可应用于指数相关噪声分析，频谱分析更适合用于周期性噪声的分析。因此，就如同专家会诊一样，应当使用多种分析方法对惯性器件误差进行多角度的分析，发挥各种方法的优势，获得更全面和深入的认识。针对陀螺仪角速率测试输出，表 8.3－4 总结了各种分析手段的不同优点，其中“＊”号多者表示适用性强。由表可见，由于 Allan 方差分析通过调节 Allan 方差滤波器带宽，对功率谱进行细致分割，能够识别出多种不同类型的随机过程误差，并定量分离出各项误差系数，具有操作简单和便于计算的突出优点，所以 Allan 方差法是惯性器件随机漂移误差分析的有力工具。

表 8.3－4　各种数据分析方法比较

分析方法	趋势项/速率斜坡	周期项	马尔可夫过程	量化噪声	角速率白噪声/角度随机游走	零偏不稳定性	角加速率白噪声/角速率随机游走
数据时域图	＊＊	＊					
回归分析	＊＊＊						
时间序列分析		＊	＊＊＊				
频谱/PSD 分析		＊＊＊	＊	＊	＊＊		
Allan 方差分析	＊＊＊			＊＊＊	＊＊＊	＊＊＊	＊＊＊

第9章　随机系统的仿真与滤波

在惯性器件和导航系统的研究中,常常涉及惯性器件误差的建模、仿真和滤波估计。惯性器件误差不仅包含确定性误差,还包含随机性误差,尤其对于新型光学惯性器件而言随机误差往往是研究的重点。在现代控制理论中使用状态空间模型(即一阶微分方程组)来描述确定性的控制系统,如果在模型中加入随机激励噪声,则变成了随机控制系统。为了便于计算机数值处理,必须对连续时间随机系统离散化,白噪声在随机系统中扮演着重要的角色。在系统的输出中蕴含着可观测状态的信息,与确定性系统的状态观测器概念类似,对于随机系统而言称之为状态估计器。本章先介绍随机系统微分方程的离散化和白噪声的观测问题,再给出随机系统的状态估计方法,包括卡尔曼(Kalman)滤波、自适应 Kalman 滤波、EKF 滤波和 UKF 滤波等。

9.1　连续时间随机系统的离散化

实际应用中给出的随机系统模型多数是连续型的,为了进行计算机仿真和滤波估计,需要对连续时间系统进行离散化,可借鉴确定性系统的离散化思路,但两者之间并不完全相同,尤其在系统激励输入的离散化等效方面有着重要的区别。

9.1.1　随机系统的离散化方法

对于连续时间线性随机系统(或线性随机微分方程):

$$\dot{\boldsymbol{x}}(t)=\boldsymbol{A}(t)\boldsymbol{x}(t)+\boldsymbol{B}(t)\boldsymbol{w}(t) \tag{9.1-1}$$

式中:$\boldsymbol{A}(t)$,$\boldsymbol{B}(t)$是时间参数 t 的确定性矩阵函数;而 $\boldsymbol{w}(t)$是零均值的高斯白噪声向量,它满足如下统计特性:

$$E[\boldsymbol{w}(t)]=\boldsymbol{0},\quad E[\boldsymbol{w}(t)\boldsymbol{w}^{\mathrm{T}}(\tau)]=\boldsymbol{q}\delta(t-\tau) \tag{9.1-2}$$

其中:$\boldsymbol{q}$ 是白噪声的方差强度矩阵,假设为非负定的常值矩阵;$\delta(t)$是狄拉克冲激函数。

若将式(9.1-1)视为标量方程且令 $\boldsymbol{A}(t)=-1/\tau$,$\boldsymbol{B}(t)=1$,则有

$$\dot{x}(t)=-\frac{1}{\tau}\cdot x(t)+w(t)$$

实际上,这是连续时间一阶马尔可夫过程(后面举例中还将详细介绍)。如果状态 $x(t)$的物理量纲单位为 U,则 $\dot{x}(t)$的单位是 U/s,这也正是噪声 $w(t)$的物理单位,从而易得 $E[w(t)w^{\mathrm{T}}(\tau)]$的单位为$(\mathrm{U/s})^2$,再进一步由 $\delta(t)$的单位 1/s 可推知方差强度 q 的单位是 $\mathrm{U^2/s}$,即$(\mathrm{U/s})^2/\mathrm{Hz}$。本质上,$q$ 就是系统激励白噪声的功率谱大小。此外,还常称 $\sqrt{q}$ 为噪声密度或噪声系数,且习惯上与 $\sqrt{q}$ 对应的单位是 $\mathrm{U/s/\sqrt{Hz}}$。

根据线性随机微分方程的求解理论,式(9.1-1)的解析解为

$$\boldsymbol{x}_k = \boldsymbol{\Phi}_{k/0}\boldsymbol{x}_0 + \int_{t_0}^{t_k}\boldsymbol{\Phi}(t_k,\tau)\boldsymbol{B}(\tau)\boldsymbol{w}(\tau)\mathrm{d}\tau \tag{9.1-3}$$

它与确定性状态方程的解形式完全相同。在式(9.1-3)中,简记 $\boldsymbol{x}_k = \boldsymbol{x}(t_k)$,$(k = 1,2,3,\cdots)$;$\boldsymbol{\Phi}_{k/0} = \boldsymbol{\Phi}(t_k,t_0) \approx \mathrm{e}^{\int_{t_0}^{t_k}\boldsymbol{A}(\tau)\mathrm{d}\tau}$,它是确定性的转移矩阵函数;关于高斯白噪声 $\boldsymbol{w}(\tau)$的线性变换 $\int_{t_0}^{t_k}\boldsymbol{\Phi}(t_k,\tau)\boldsymbol{B}(\tau)\boldsymbol{w}(\tau)\mathrm{d}\tau$ 仍是正态分布的随机向量函数,可使用一、二阶统计特征来描述和等效。特别地,若以时刻 t_{k-1}代替 t_0,则有

$$\boldsymbol{x}_k = \boldsymbol{\Phi}_{k/k-1}\boldsymbol{x}_{k-1} + \boldsymbol{\eta}_{k-1} \tag{9.1-4}$$

式中:$\boldsymbol{\Phi}_{k/k-1} \approx \mathrm{e}^{\int_{t_{k-1}}^{t_k}\boldsymbol{A}(\tau)\mathrm{d}\tau}$ 是一步转移矩阵,根据矩阵积分理论,当 $\boldsymbol{A}(t)$在较短的积分区间$[t_{k-1},t_k]$内变化不太剧烈时,记时间间隔 $T_s = t_k - t_{k-1}$且设 $\boldsymbol{A}(t_{k-1})T_s \ll \boldsymbol{I}$,则近似有

$$\begin{aligned}\boldsymbol{\Phi}_{k/k-1} &\approx \mathrm{e}^{\boldsymbol{A}(t_{k-1})T_s}\\ &= \boldsymbol{I} + \boldsymbol{A}(t_{k-1})T_s + \boldsymbol{A}^2(t_{k-1})\frac{T_s^2}{2!} + \boldsymbol{A}^3(t_{k-1})\frac{T_s^3}{3!} + \cdots \approx \boldsymbol{I} + \boldsymbol{A}(t_{k-1})T_s\end{aligned} \tag{9.1-5}$$

又在式(9.1-4)中记离散化等效高斯白噪声 $\boldsymbol{\eta}_{k-1} = \int_{t_{k-1}}^{t_k}\boldsymbol{\Phi}(t_k,\tau)\boldsymbol{B}(\tau)\boldsymbol{w}(\tau)\mathrm{d}\tau$,以下详细分析 $\boldsymbol{\eta}_{k-1}$ 的一阶和二阶统计特征。

首先是均值,不难得出下式:

$$\begin{aligned}E[\boldsymbol{\eta}_{k-1}] &= E\left[\int_{t_{k-1}}^{t_k}\boldsymbol{\Phi}(t_k,\tau)\boldsymbol{B}(\tau)\boldsymbol{w}(\tau)\mathrm{d}\tau\right]\\ &= \int_{t_{k-1}}^{t_k}\boldsymbol{\Phi}(t_k,\tau)\boldsymbol{B}(\tau)E[\boldsymbol{w}(\tau)]\mathrm{d}\tau = \boldsymbol{0}\end{aligned} \tag{9.1-6}$$

其次,对于二阶统计特征,当 $k \neq j$ 时 $\boldsymbol{\eta}_{k-1}$和 $\boldsymbol{\eta}_{j-1}$的被积函数——噪声 $\boldsymbol{w}(\tau_k)$和 $\boldsymbol{w}(\tau_j)$之间的时间参数互不重叠,因此 $\boldsymbol{\eta}_{k-1}$和 $\boldsymbol{\eta}_{j-1}$之间必然是不相关的,两者之间是独立增量关系,即有

$$E[\boldsymbol{\eta}_{k-1}\boldsymbol{\eta}_{j-1}^{\mathrm{T}}] = \boldsymbol{0},\ k \neq j$$

而当 $k = j$ 时,有

$$\begin{aligned}E[\boldsymbol{\eta}_{k-1}\boldsymbol{\eta}_{k-1}^{\mathrm{T}}] &= E\left\{\int_{t_{k-1}}^{t_k}\boldsymbol{\Phi}(t_k,\tau)\boldsymbol{B}(\tau)\boldsymbol{w}(\tau)\mathrm{d}\tau \cdot \left[\int_{t_{k-1}}^{t_k}\boldsymbol{\Phi}(t_k,s)\boldsymbol{B}(s)\boldsymbol{w}(s)\mathrm{d}s\right]^{\mathrm{T}}\right\}\\ &= E\left[\int_{t_{k-1}}^{t_k}\boldsymbol{\Phi}(t_k,\tau)\boldsymbol{B}(\tau)\boldsymbol{w}(\tau)\int_{t_{k-1}}^{t_k}\boldsymbol{w}^{\mathrm{T}}(s)\boldsymbol{B}^{\mathrm{T}}(s)\boldsymbol{\Phi}^{\mathrm{T}}(t_k,s)\mathrm{d}s\mathrm{d}\tau\right]\\ &= \int_{t_{k-1}}^{t_k}\boldsymbol{\Phi}(t_k,\tau)\boldsymbol{B}(\tau)\int_{t_{k-1}}^{t_k}E[\boldsymbol{w}(\tau)\boldsymbol{w}^{\mathrm{T}}(s)]\boldsymbol{B}^{\mathrm{T}}(s)\boldsymbol{\Phi}^{\mathrm{T}}(t_k,s)\mathrm{d}s\mathrm{d}\tau\\ &= \int_{t_{k-1}}^{t_k}\boldsymbol{\Phi}(t_k,\tau)\boldsymbol{B}(\tau)\int_{t_{k-1}}^{t_k}q\delta(\tau - s)\boldsymbol{B}^{\mathrm{T}}(s)\boldsymbol{\Phi}^{\mathrm{T}}(t_k,s)\mathrm{d}s\mathrm{d}\tau\\ &= \int_{t_{k-1}}^{t_k}\boldsymbol{\Phi}(t_k,\tau)\boldsymbol{B}(\tau)\boldsymbol{q}\boldsymbol{B}^{\mathrm{T}}(\tau)\boldsymbol{\Phi}^{\mathrm{T}}(t_k,\tau)\mathrm{d}\tau\end{aligned}$$

为方便书写,简记 $\boldsymbol{q}_B(t) = \boldsymbol{B}(t)\boldsymbol{q}\boldsymbol{B}^{\mathrm{T}}(t)$,并且假设 $\boldsymbol{B}(\tau)$在区间$[t_{k-1},t_k]$内变化也比较平缓,继续推导有

$$\begin{aligned}E[\boldsymbol{\eta}_{k-1}\boldsymbol{\eta}_{k-1}^{\mathrm{T}}] &= \int_{t_{k-1}}^{t_k}\boldsymbol{\Phi}(t_k,\tau)\boldsymbol{B}(\tau)\boldsymbol{q}\boldsymbol{B}^{\mathrm{T}}(\tau)\boldsymbol{\Phi}^{\mathrm{T}}(t_k,\tau)\mathrm{d}\tau\\ &\approx \int_{t_{k-1}}^{t_k}[\boldsymbol{I} + \boldsymbol{A}(t_{k-1})(t_k - \tau)]\boldsymbol{q}_{\boldsymbol{B}}(t_{k-1})[\boldsymbol{I} + \boldsymbol{A}(t_{k-1})(t_k - \tau)]^{\mathrm{T}}\mathrm{d}\tau\end{aligned}$$

$$= \int_{t_{k-1}}^{t_k} \boldsymbol{q}_B(t_{k-1})\mathrm{d}\tau + \int_{t_{k-1}}^{t_k} \boldsymbol{q}_B(t_{k-1})\boldsymbol{A}^{\mathrm{T}}(t_{k-1})(t_k - \tau)\mathrm{d}\tau$$

$$+ \int_{t_{k-1}}^{t_k} \boldsymbol{A}(t_{k-1})\boldsymbol{q}_B(t_{k-1})(t_k - \tau)\mathrm{d}\tau + \int_{t_{k-1}}^{t_k} \boldsymbol{A}(t_{k-1})q_B(t_{k-1})\boldsymbol{A}^{\mathrm{T}}(t_{k-1})(t_k - \tau)^2\mathrm{d}\tau$$

$$= \boldsymbol{q}_B(t_{k-1})T_s + \frac{1}{2}\boldsymbol{q}_B(t_{k-1})\boldsymbol{A}^{\mathrm{T}}(t_{k-1})T_s^2 + \frac{1}{2}\boldsymbol{A}(t_{k-1})\boldsymbol{q}_B(t_{k-1})T_s^2$$

$$+ \frac{1}{3}\boldsymbol{A}(t_{k-1})\boldsymbol{q}_B(t_{k-1})\boldsymbol{A}^{\mathrm{T}}(t_{k-1})T_s^3$$

$$= \left[\boldsymbol{I} + \frac{1}{2}\boldsymbol{A}(t_{k-1})T_s\right]\cdot[\boldsymbol{q}_B(t_{k-1})T_s]\cdot\left[\boldsymbol{I} + \frac{1}{2}\boldsymbol{A}(t_{k-1})T_s\right]^{\mathrm{T}}$$

$$+ \frac{1}{12}\boldsymbol{A}(t_{k-1})\boldsymbol{q}_B(t_{k-1})\boldsymbol{A}^{\mathrm{T}}(t_{k-1})T_s^3$$

$$\approx \left[\boldsymbol{I} + \frac{1}{2}\boldsymbol{A}(t_{k-1})T_s\right]\cdot[\boldsymbol{q}_B(t_{k-1})T_s]\cdot\left[\boldsymbol{I} + \frac{1}{2}\boldsymbol{A}(t_{k-1})T_s\right]^{\mathrm{T}} \tag{9.1-7}$$

再重新将 $\boldsymbol{q}_B(t_{k-1}) = \boldsymbol{B}(t_{k-1})\boldsymbol{q}\boldsymbol{B}^{\mathrm{T}}(t_{k-1})$ 代入式(9.1-7),则有

$$E[\boldsymbol{\eta}_{k-1}\boldsymbol{\eta}_{k-1}^{\mathrm{T}}] = \left[\boldsymbol{I} + \frac{1}{2}\boldsymbol{A}(t_{k-1})T_s\right]\cdot[\boldsymbol{B}(t_{k-1})\boldsymbol{q}\boldsymbol{B}^{\mathrm{T}}(t_{k-1})T_s]\cdot\left[\boldsymbol{I} + \frac{1}{2}\boldsymbol{A}(t_{k-1})T_s\right]^{\mathrm{T}}$$

$$= \left\{\left[\boldsymbol{I} + \frac{1}{2}\boldsymbol{A}(t_{k-1})T_s\right]\boldsymbol{B}(t_{k-1})\right\}\cdot(\boldsymbol{q}T_s)\cdot\left\{\left[\boldsymbol{I} + \frac{1}{2}\boldsymbol{A}(t_{k-1})T_s\right]\boldsymbol{B}(t_{k-1})\right\}^{\mathrm{T}} \tag{9.1-8}$$

当 $\boldsymbol{A}(t_{k-1})T_s \ll \boldsymbol{I}$ 时,式(9.1-8)还可进一步近似为

$$E[\boldsymbol{\eta}_{k-1}\boldsymbol{\eta}_{k-1}^{\mathrm{T}}] \approx \boldsymbol{B}(t_{k-1})\cdot(\boldsymbol{q}T_s)\cdot\boldsymbol{B}^{\mathrm{T}}(t_{k-1}) \tag{9.1-9}$$

因此,连续时间随机系统式(9.1-1)可进行如下离散化等效:

$$\boldsymbol{x}_k = \boldsymbol{\Phi}_{k/k-1}\boldsymbol{x}_{k-1} + \boldsymbol{B}_{k-1}\boldsymbol{w}_{k-1} \tag{9.1-10}$$

其中

$$\boldsymbol{\Phi}_{k/k-1} \approx \mathrm{e}^{\boldsymbol{A}(t_{k-1})T_s} \approx \boldsymbol{I} + \boldsymbol{A}(t_{k-1})T_s$$

$$\boldsymbol{B}_{k-1} \approx \left[\boldsymbol{I} + \frac{1}{2}\boldsymbol{A}(t_{k-1})T_s\right]\boldsymbol{B}(t_{k-1}) \approx \boldsymbol{B}(t_{k-1})$$

$$E[\boldsymbol{w}_k] = \boldsymbol{0},\quad E[\boldsymbol{w}_k\boldsymbol{w}_j^{\mathrm{T}}] = \boldsymbol{Q}_k\delta_{kj} = (\boldsymbol{q}T_s)\delta_{kj}$$

式中:δ_{kj}是克罗内克样值函数。从上述离散化方程的噪声方差阵 $\boldsymbol{Q}_k$ 表达式中可以得出重要结论:在满足香农采样定理条件下(可简单理解为采样频率大于矩阵 $\boldsymbol{A}(t)$,$\boldsymbol{B}(t)$ 中时变元素最高变化频率的两倍),离散系统等效激励白噪声的方差等于连续时间系统激励白噪声方差强度与离散化周期的乘积,即 $\boldsymbol{Q}_k = \boldsymbol{q}T_s$。注意到 $\sqrt{\boldsymbol{Q}_k}$ 与 $\boldsymbol{x}(t)$ 或 $\boldsymbol{x}_k$ 的物理量纲单位相同,均为 U。

大家都知道,对于确定性的线性系统:

$$\dot{\boldsymbol{x}}(t) = \boldsymbol{A}(t)\boldsymbol{x}(t) + \boldsymbol{B}(t)\boldsymbol{u}(t) \tag{9.1-11}$$

式中:$\boldsymbol{u}(t)$ 是确定性激励输入函数,如果采用一阶差分方法进行近似离散化,得

$$\frac{\boldsymbol{x}(t_k) - \boldsymbol{x}(t_{k-1})}{T_s} = \boldsymbol{A}(t_{k-1})\boldsymbol{x}(t_{k-1}) + \boldsymbol{B}(t_{k-1})\boldsymbol{u}(t_{k-1})$$

整理为

$$\boldsymbol{x}(t_k) = [\boldsymbol{I} + \boldsymbol{A}(t_{k-1})T_s]\boldsymbol{x}(t_{k-1}) + \boldsymbol{B}(t_{k-1})[\boldsymbol{u}(t_{k-1})T_s]$$

或可简记为

$$\boldsymbol{x}_k = \boldsymbol{\Phi}_{k/k-1}\boldsymbol{x}_{k-1} + \boldsymbol{B}_{k-1}\boldsymbol{u}_{k-1} \tag{9.1-12}$$

比较式(9.1-12)和式(9.1-10)可知,确定性系统和随机系统的离散化在形式上完全相同,只不过前者离散输入序列的幅值是连续输入函数幅值与采样时间的乘积,即 $\boldsymbol{u}_{k-1} = \boldsymbol{u}(t_{k-1})T_s$;但在随机系统中与此对应的是激励白噪声的方差关系,即 $\boldsymbol{Q}_k = \boldsymbol{q}T_s$,而不是简单的输入随机序列的幅值关系。

此外,还可将式(9.1-10)改写为

$$\boldsymbol{x}_k = \boldsymbol{\Phi}_{k/k-1}\boldsymbol{x}_{k-1} + \boldsymbol{B}_{k-1}\frac{\boldsymbol{w}_{k-1}}{T_s}T_s \triangleq \boldsymbol{\Phi}_{k/k-1}\boldsymbol{x}_{k-1} + (\boldsymbol{B}_{k-1}T_s)\boldsymbol{w}_{k-1}^*$$

式中:$\boldsymbol{w}_{k-1}^* = \dfrac{\boldsymbol{w}_{k-1}}{T_s} = \dfrac{1}{T_s}\displaystyle\int_{t_{k-1}}^{t_k}\boldsymbol{w}(t)\,\mathrm{d}t$ 表示连续时间白噪声在采样间隔 T_s 内的平均作用,且有 $E[\boldsymbol{w}_k^*] = \boldsymbol{0}$ 和 $E[\boldsymbol{w}_k^*(\boldsymbol{w}_j^*)^{\mathrm{T}}] = \boldsymbol{Q}_k^*\delta_{kj} = (\boldsymbol{q}/T_s)\delta_{kj}$,此处 $\boldsymbol{Q}_k^* = \boldsymbol{q}/T_s$ 正是白噪声时域平均取样的经典方差,可参考第8章的式(8.2-19)。易知 $\sqrt{\boldsymbol{Q}_k^*}$ 与 $\dot{\boldsymbol{x}}(t)$ 的物理单位相同,均为 U/s。这一离散化表示方式在实际应用中也比较常见。

9.1.2 几种典型随机过程的离散化分析

【例 9.1-1】 假设一阶连续时间马尔可夫过程:

$$\dot{x}(t) = -\beta x(t) + w(t) \tag{9.1-13}$$

式中:$\beta \in (0, +\infty)$ 为反相关时间常数;$w(t)$ 为激励高斯白噪声即 $E[w(t)] = 0$、$E[w(t)w^{\mathrm{T}}(\tau)] = q\delta(t-\tau)$,试对该连续时间随机过程进行离散化。

解:若按式(9.1-4)进行离散化,则可得精确的一步转移矩阵和等效噪声方差,分别为

$$\boldsymbol{\Phi}_{k/k-1} = \mathrm{e}^{\int_{t_{k-1}}^{t_k}\boldsymbol{A}(\tau)\mathrm{d}\tau} = \mathrm{e}^{-\beta T_s}$$

$$E[\eta_{k-1}\eta_{k-1}^{\mathrm{T}}] = \int_{t_{k-1}}^{t_k}\mathrm{e}^{-\beta(t_k-\tau)}q\mathrm{e}^{-\beta(t_k-\tau)}\mathrm{d}\tau = \frac{q}{2\beta}(1-\mathrm{e}^{-2\beta T_s}) \tag{9.1-14}$$

另一方面,若按式(9.1-10)计算,则近似得一步转移矩阵和等效噪声方差,分别为

$$\boldsymbol{\Phi}_{k/k-1} = 1 - \beta T_s$$
$$Q_k = qT_s \tag{9.1-15}$$

比较式(9.1-14)和式(9.1-15)易知,后者正是前者关于 βT_s 的泰勒展开式取一阶近似后的结果。为使式(9.1-15)的近似效果好,必须保证 $\beta T_s \ll 1$,一般要求离散化周期 $T_s < 0.1/\beta$。

再进一步分析式(9.1-4),两边同时求方差并考虑到 $k-1$ 时刻的状态 $\boldsymbol{x}_{k-1}$ 与激励噪声 $\boldsymbol{\eta}_{k-1}$ 之间互不相关,可得

$$D[\boldsymbol{x}_k] = D[\boldsymbol{\Phi}_{k/k-1}\boldsymbol{x}_{k-1}] + D[\boldsymbol{\eta}_{k-1}]$$

如果 $\boldsymbol{x}(t)$ 是平稳随机过程,则有 $D[\boldsymbol{x}_k] = D[\boldsymbol{x}_{k-1}] = D[\boldsymbol{x}(t)]$,上式等价于

$$D[\boldsymbol{x}_k] = \boldsymbol{\Phi}_{k/k-1}D[\boldsymbol{x}_k]\boldsymbol{\Phi}_{k/k-1}^{\mathrm{T}} + D[\boldsymbol{\eta}_{k-1}]$$

对于一阶马尔可夫过程,将式(9.1-14)代入上式,得

$$D[x(t)] = \mathrm{e}^{-2\beta T_s}D[x(t)] + \frac{q}{2\beta}(1-\mathrm{e}^{-2\beta T_s})$$

解得

$$D[x(t)]=\frac{q}{2\beta}$$

因此，一阶连续时间马尔可夫过程的自相关函数 $R_x(0)$ 与参数 β、q 之间存在如下关系：

$$R_x(0)=\frac{q}{2\beta} \tag{9.1-16}$$

在惯性器件随机误差的一阶马尔可夫过程建模时，通常给出的是在连续时间模型下的参数 $R_x(0)$ 和 β，根据上述公式能够很容易计算出等效激励噪声的大小 q 和 Q_k，并进行离散化仿真。

【例 9.1-2】 在普通的二阶连续时间随机过程 $\ddot{x}(t)=a\dot{x}(t)+bx(t)+w(t)$ 中，有一类比较特殊的平稳过程，形式如下：

$$\ddot{x}(t)=-2\beta\dot{x}(t)-\beta^2x(t)+w(t) \tag{9.1-17}$$

常称其为二阶马尔可夫过程，其中 $\beta\in(0,+\infty)$ 为反相关时间常数，$w(t)$ 是激励高斯白噪声，即 $E[w(t)]=0$、$E[w(t)w^{\mathrm{T}}(\tau)]=q\delta(t-\tau)$，试对该连续时间过程进行分析。

解：从频域角度研究式(9.1-17)，将它当作一个线性系统，输入信号是 $w(t)$ 而输出信号是 $x(t)$，则相应的系统传递函数为

$$H(s)=\frac{1}{s^2+2\beta s+\beta^2}=\frac{1}{(s+\beta)^2} \tag{9.1-18}$$

根据自动控制原理知识，这是一个二阶临界阻尼系统，可以看成是两个完全相同的一阶阻尼系统的串联，该二阶系统的单位阶跃响应为

$$h(t)=\frac{1}{\beta^2}[1-\mathrm{e}^{-\beta t}(1+\beta t)]$$

响应的稳态值为 $h(\infty)=1/\beta^2$。

类似于一阶阻尼系统，现定义二阶临界阻尼系统在单位阶跃响应下达到输出稳态值的 $1-\mathrm{e}^{-1}\approx63.2\%$ 所需的时间为相关时间常数，令

$$h(\tau)=h(\infty)(1-\mathrm{e}^{-1})$$

即有

$$\frac{1}{\beta^2}[1-\mathrm{e}^{-\beta\tau}(1+\beta\tau)]=\frac{1}{\beta^2}(1-\mathrm{e}^{-1})$$

可求得数值解 $\beta\tau\approx2.146$。因此，二阶临界阻尼系统的相关时间常数定义为

$$\tau\approx\frac{2.146}{\beta} \tag{9.1-19}$$

另外，根据随机信号通过线性系统理论，输出信号 $x(t)$ 的功率谱为

$$S_x(\mathrm{j}\omega)=|H(\mathrm{j}\omega)|^2S_w(\mathrm{j}\omega)=\frac{q}{|(\mathrm{j}\omega+\beta)^2|^2}=\frac{q}{(\omega^2+\beta^2)^2}$$

再由维纳—辛钦定理，得 $x(t)$ 的自相关函数为

$$R_x(0)=\frac{1}{2\pi}\int_{-\infty}^{\infty}S_x(\mathrm{j}\omega)\mathrm{d}\omega=\frac{1}{\pi}\int_0^{\infty}\frac{q}{(\omega^2+\beta^2)^2}\mathrm{d}\omega=\frac{1}{4\beta^3}q \tag{9.1-20}$$

二阶连续时间马尔可夫过程在飞机机翼挠曲变形等场合的建模中经常遇到，通过上

述分析，若已知过程参数——相关时间 τ 和方差 $R_x(0)$（实际应用中给出的也常常是这两个参数），便可很容易得到建模关系式。

若将式（9.1－17）改写成如下状态方程形式：

$$\begin{cases}\dot{x}_1(t)=x_2(t)\\ \dot{x}_2(t)=-2\beta x_2(t)-\beta^2 x_1(t)+w(t)\end{cases}$$

即

$$\begin{bmatrix}\dot{x}_1(t)\\ \dot{x}_2(t)\end{bmatrix}=\begin{bmatrix}0 & 1\\ -\beta^2 & -2\beta\end{bmatrix}\begin{bmatrix}x_1(t)\\ x_2(t)\end{bmatrix}+\begin{bmatrix}0\\ w(t)\end{bmatrix}$$

其中：记 $x_1(t)=x(t)$，根据式（9.1－10）可将上式状态方程离散化为

$$\begin{bmatrix}x_{1,k}\\ x_{2,k}\end{bmatrix}=\begin{bmatrix}1 & T_s\\ -\beta^2 T_s & 1-2\beta T_s\end{bmatrix}\begin{bmatrix}x_{1,k-1}\\ x_{2,k-1}\end{bmatrix}+\begin{bmatrix}0\\ w_{k-1}\end{bmatrix}\quad 且\quad D(w_{k-1})=qT_s$$

或

$$\begin{cases}x_{1,k}=x_{1,k-1}+T_s x_{2,k-1}\\ x_{2,k}=-\beta^2 T_s x_{1,k-1}+(1-2\beta T_s)x_{2,k-1}+w_{k-1}\end{cases}$$

由上式中的第一式得 $x_{2,k-1}=\dfrac{x_{1,k}-x_{1,k-1}}{T_s}$和 $x_{2,k}=\dfrac{x_{1,k+1}-x_{1,k}}{T_s}$，再代入第二式，可得

$$\frac{x_{1,k+1}-x_{1,k}}{T_s}=-\beta^2 T_s x_{1,k-1}+(1-2\beta T_s)\frac{x_{1,k}-x_{1,k-1}}{T_s}+w_{k-1}$$

整理为

$$x_{1,k+1}=2(1-\beta T_s)x_{1,k}-(1-\beta T_s)^2 x_{1,k-1}+T_s w_{k-1}$$

不妨记 $x_k=x_{1,k+1}$，$a_1=2(1-\beta T_s)$，$a_2=-(1-\beta T_s)^2$，$w_k^*=T_s w_{k-1}$，则有

$$x_k=a_1 x_{k-1}+a_2 x_{k-2}+w_k^* \tag{9.1-21}$$

其中：$D(w_k^*)=D(T_s w_{k-2})=T_s^2 D(w_{k-2})=qT_s^3$。由此可见，式（9.1－21）是一个标准的二阶马尔可夫序列 AR（2）模型。

事实上，只要在传递函数式（9.1－18）中代入一阶差分变换公式，即令 $s=\dfrac{z-1}{T_s}$，便得

$$H(z)=\frac{T_s^2}{(z-1+\beta T_s)^2}=\frac{T_s^2}{z^2-2(1-\beta T_s)z+(1-\beta T_s)^2} \tag{9.1-22}$$

亦可获得离散化结果式（9.1－21），但是应当注意对随机激励噪声方差强度的离散化等效，它与确定性系统的输入离散化是有区别的。进一步，根据单输入单输出系统传递函数与状态空间可控标准型之间的转换关系容易证明，n 阶连续时间随机系统离散化后的等效噪声方差强度应为 qT_s^{2n-1}。

【例 9.1－3】假设连续时间随机游走过程（或称维纳过程、布朗运动）：

$$\dot{x}(t)=w(t) \tag{9.1-23}$$

式中：$w(t)$是激励高斯白噪声，即 $E[w(t)]=0$、$E[w(t)w^{\mathrm{T}}(\tau)]=q\delta(t-\tau)$，习惯上还常称 $\sqrt{q}$ 为过程 $x(t)$的随机游走系数。试对该连续时间过程进行离散化处理。

解：若按式(9.1－4)进行离散化，则精确的一步转移矩阵和等效噪声方差分别为

$$\boldsymbol{\Phi}_{k/k-1} = \mathrm{e}^{\int_{t_{k-1}}^{t_k} A(\tau)\mathrm{d}\tau} = \mathrm{e}^0 = 1$$

$$E[\boldsymbol{\eta}_{k-1}\boldsymbol{\eta}_{k-1}^{\mathrm{T}}] = \int_{t_{k-1}}^{t_k} q\mathrm{d}\tau = qT_s$$

所以，维纳过程可离散化为

$$x_k = x_{k-1} + w_{k-1} \tag{9.1-24}$$

式中：$E[w_k]=0, E[w_k w_j^{\mathrm{T}}] = qT_s\delta_{kj}$，显然式(9.1－24)是一个标准的随机游走过程，若将它改写成从0时刻开始累加的形式，得

$$x_k = x_0 + w_{k-1} + w_{k-2} + \cdots + w_0$$

假设过程的初值 $E[x_0]=0, D[x_0]=0$，则有

$$E[x_k]=0$$

$$D[x_k] = D[x_0] + kqT_s = qt_k$$

由此可见，随着时间向前推移，随机游走过程的均值不变(恒为0)，但方差不断增长且与流逝的时间成正比，显然随机游走过程不再是平稳随机过程。

在随机游走过程中，如果假设激励噪声 $q=0$ 和初值 $E[x_0]=0, D[x_0]\neq 0$，则有

$$\dot{x}(t)=0 \tag{9.1-25}$$

$$x_k = x_0 \tag{9.1-26}$$

式中：$E[x_k]=0, D[x_k]=D[x_0]$。这便是随机常值模型，它的特点是每一样本的取值由其初值完全决定。显然，随机常值是一种平稳但非各态遍历的随机过程。

9.2　白噪声的观测和采样

白噪声可分为连续和离散两种形式，连续时间白噪声又可分为理想白噪声(频域带宽无限和时域方差无穷大)和带限白噪声(频域带宽有限且时域方差有限)。实际物理系统的带宽总是有限的，如果某输入带限白噪声的带宽大于系统带宽，则可以将该输入带限噪声等效为理想白噪声，换句话说，理想白噪声只有与低通(或有限带通)系统结合才具有实际物理意义。

从另一个角度看，噪声又可分为激励噪声和观测噪声，前面所说的作为实际物理系统输入或连续时间微分方程输入的是激励噪声，为处理方便通常被等效为连续时间理想白噪声；而以下将要介绍的观测噪声是带限或离散白噪声，它们必须是时域方差有限的。

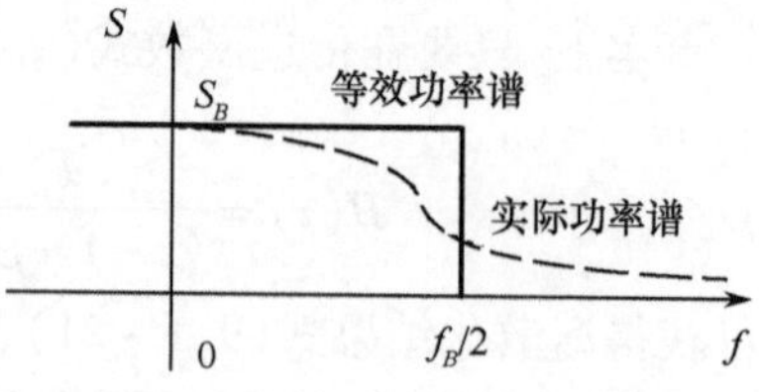

图9.2－1　带限白噪声与等效带宽

实际中，能直接观测或采样到的白噪声都是带限噪声。如图9.2－1所示，假设带限噪声的等效带宽为 f_B，且双边功率谱密度为 S_B，则该噪声的时域平均功率为 $S_B f_B$。

根据维纳—辛钦定理，恰好可以认为该功率谱是某一白噪声序列的功率谱，序列的采样频率同样为 f_B，该白噪声序列的时域平均功率(即方差)为

$$R(0) = S_B f_B \tag{9.2-1}$$

若认为带限白噪声源以频率 f_B 产生方差为 $R(0)$ 的序列，则当观测频率 f_s 低于源序列的带宽 f_B 时，采样序列前后之间仍然不会存在相关性，序列跳变幅值不会随采样频率变化，时域方差亦为 $R(0)$，可将该低频采样序列当作白噪声序列处理，然而由于采样频率降低了使得频域中的功率谱密度增大了 f_B/f_s 倍；但是，如果采样频率高于 f_B，则采样序列前后之间就会存在相关性，序列将不再是白噪声序列，显然，序列方差依旧为 $R(0)$，低频段的功率谱密度并不会随采样频率提高而降低。因此，在带限范围内提高采样频率对降低源噪声的功率谱密度是有益的，但当采样频率高于带宽 f_B 时，效果就不那么显著了。

针对陀螺随机漂移误差，理想化建模时常常假设角速率随机漂移 ε 由三部分组成，表示为

$$\varepsilon = \varepsilon_b + \varepsilon_r + w_g$$

$$\dot{\varepsilon}_b = 0, \dot{\varepsilon}_r = -\frac{1}{\tau_G}\varepsilon_r + w_r \tag{9.2-2}$$

式中：$\varepsilon_b, \varepsilon_r, w_g$ 分别为随机常值漂移、一阶马尔可夫过程和白噪声，后二者代表陀螺随机漂移中的缓变成分和快变成分。需注意，ε_r 是各态遍历的平稳随机过程，而 ε_b 平稳但非各态遍历，w_g 各态遍历但非平稳（严平稳但非宽平稳）。假设 $\varepsilon_b, \varepsilon_r, w_g$ 三者之间相互独立，对于某一个样本（而非随机过程总体），有如下自相关函数（采用时间平均计算法）分解公式：

$$R_\varepsilon(\tau) = R_{\varepsilon b}(\tau) + R_{\varepsilon r}(\tau) + R_{wg}(\tau) \tag{9.2-3}$$

式中：$R_{wg}(\tau) = q_{wg}\delta(\tau) = E[w_g(t)w_g^{\mathrm{T}}(t-\tau)]$ 是冲激函数；$R_{\varepsilon r}(\tau) = R_{\varepsilon r}(0)\mathrm{e}^{-|\tau|/\tau_G}$ 是指数函数；而 $R_{\varepsilon b}(\tau) = \mu^2$，且 μ 是该样本的均值。根据以上分析，可以给出该样本自相关函数 $R_\varepsilon(\tau)$ 在时间轴右半平面的示意图，如图 9.2-2所示，它包含偏值、指数和冲激三部分，是一条复合曲线。

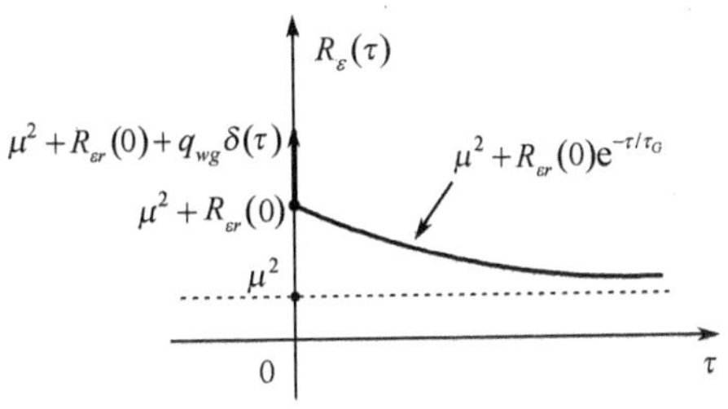

图 9.2-2　陀螺随机漂移的自相关函数

事实上，也可以将式(9.2-2)写成状态空间形式，即

$$\begin{cases}\dot{\boldsymbol{x}}(t) = \boldsymbol{A}(t)\boldsymbol{x}(t) + \boldsymbol{w}(t) \\ y(t) = \boldsymbol{C}(t)\boldsymbol{x}(t) + v(t)\end{cases} \tag{9.2-4}$$

式中：$\boldsymbol{x}(t) = \begin{bmatrix}\varepsilon_b \\ \varepsilon_r\end{bmatrix}$，$\boldsymbol{A}(t) = \begin{bmatrix}0 & 0 \\ 0 & -1/\tau_G\end{bmatrix}$，$\boldsymbol{w}(t) = \begin{bmatrix}0 \\ w_r\end{bmatrix}$，$y(t) = \varepsilon$，$\boldsymbol{C}(t) = [1 \quad 1]$，$v(t) = w_g$，可见 w_r 是系统方程的激励噪声而 w_g 是量测方程的观测噪声。

实际系统中，如果直接对陀螺角速率进行采样，则模型(9.2-2)中的 w_g 是观测白噪声，它必须是带限的；而 w_r 是一阶马尔可夫过程的激励白噪声，可以是理想白噪声模型。

【例 9.2-1】 假设某角速率输出型陀螺包含三种误差：其中随机常值漂移 $\varepsilon_b = 0.1\ (°)/\mathrm{h}(1\sigma)$；白噪声 w_g 的功率谱密度 $N^2 = 0.0001((°)/\mathrm{h})^2/\mathrm{Hz}$，带宽 400 Hz；一阶马尔可夫过程的相关时间 $\tau_G = 50\ \mathrm{s}$，方差 $R(0) = 0.01((°)/\mathrm{h})^2$。则当采样频率小于 400 Hz时，陀螺随机漂移误差的 Matlab 仿真程序见附录 D，运行程序，得陀螺漂移的某一仿真样本及其功率谱如图 9.2-3 所示。

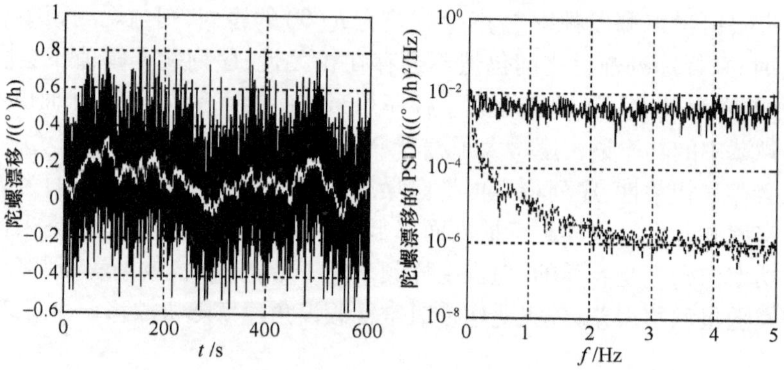

图 9.2-3　陀螺随机漂移仿真

假设利用上述精度的角速率陀螺对某惯性空间单轴稳定平台进行控制，则平台漂移角速率即等于陀螺漂移角速率，而平台控制失准角误差（角度漂移）等于漂移角速率的积分。当陀螺采样频率分别为 10Hz 和 0.1Hz 时，相应的平台角度漂移误差见图 9.2-4 中实线和虚线，由图可见，当采样频率越高时平台角度漂移误差的波动越小或越平滑，这验证了在观测白噪声的带限范围内提高采样频率对系统是有益的。

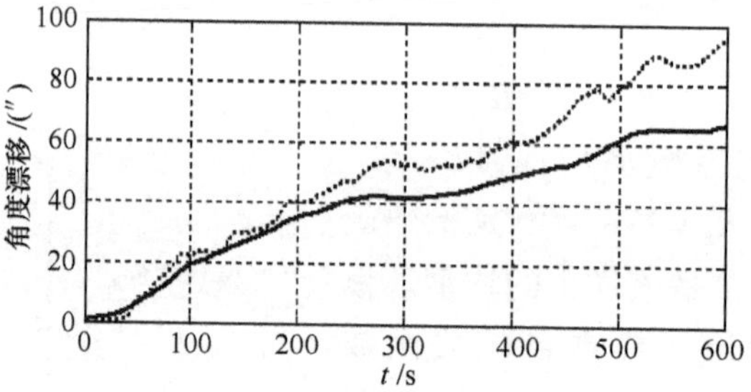

图 9.2-4　单轴稳定平台的角度漂移

以上稳定平台角度漂移波动大小的现象可用如下理论进行解释。

假设有限带宽白噪声的功率谱 S_B 和等效带宽 f_B，当采样频率 f_s 小于 f_B 时，功率谱增大为 $S_s = S_B f_B / f_s$，若再将该采样白噪声通过积分系统，则输出功率谱变为 $(2\pi f)^{-2} S_s$，可见，积分后功率谱高频分量被大大削弱而低频分量获得增强。当积分时间 T 大于采样周期时（即 $T > 1/f_s$ 或 $f_s > 1/T$），可以将积分输出看作是随机游走过程（在 Allan 方差分析章节曾指出“角度随机游走是宽带角速率白噪声积分的结果”，是同一道理）。根据随机游走方差与激励白噪声功率谱的关系且假设输出初始 0 时刻的方差为 0，则经过时间 T 后积分输出的方差为

$$\sigma_{T,f_s}^2 = S_s T = \frac{S_B f_B}{f_s} T \tag{9.2-5}$$

这表明，当采样频率 f_s 小于 f_B 时，积分输出的方差与采样频率 f_s 成反比，并与积分时间 T 成正比。

但是，当采样频率 f_s 大于或等于 f_B 时，白噪声的低频段功率谱密度和有效带宽将不随采样频率的提高而变化，始终为 S_B 和 f_B，这时积分输出的方差取得最小值：

$$\sigma_{T,f_s}^2 = \sigma_{T,f_B}^2 = S_B T = \sigma_{T,\min}^2$$

因此有

$$\frac{\sigma_{T,f_s}^2}{\sigma_{T,\min}^2}=\begin{cases}f_B/f_s, & f_s<f_B\\ 1, & f_s\geqslant f_B\end{cases} \tag{9.2-6}$$

再举一个具体数值的例子以加深理解。比如某角速率输出型光纤陀螺的白噪声功率谱密度为0.001((°)/h)²/Hz，等效带宽1000Hz，若选择采样频率100Hz并进行导航解算，则导航1h后由陀螺白噪声造成的姿态角误差（1σ均方差）为

$$\sqrt{\frac{0.001((°)/\mathrm{h})^2/\mathrm{Hz}\times 1000\mathrm{Hz}}{100\mathrm{Hz}}\times 1\mathrm{h}}=\sqrt{0.01(°)^2/\mathrm{h}/\mathrm{Hz}}=\sqrt{\frac{0.01(°)^2}{3600\mathrm{s}}\times \mathrm{s}}=\frac{0.1}{60}(°)=6''$$

又容易知，量值为0.01(°)/h的陀螺常值漂移在导航1h后会引起姿态角误差0.01(°)/h×1h =36″，所以上述角速率白噪声引起的误差相对较小些，当然，若再降低采样频率的话白噪声引起的相对误差会有所增大。

对于陀螺随机漂移角速率白噪声，功率谱N^2的国际标准单位是(rad/s)²/Hz。当以白噪声作为激励去驱动积分系统时，积分系统的输出为随机游走过程，常将输入激励白噪声的功率谱平方根N称为积分系统的随机游走系数。谈及随机游走系数，往往总是与积分环节联系在一起的。习惯上N^2的单位是((°)/h)²/Hz，而N的单位是$(°)/\sqrt{\mathrm{h}}$，这两种单位之间的转换关系为

$$N^2\cdot((°)/\mathrm{h})^2/\mathrm{Hz}=N^2\cdot((°)/\mathrm{h})^2\cdot(\mathrm{h}/3600)=\left(\frac{N}{60}\cdot(°)/\sqrt{\mathrm{h}}\right)^2$$

或

$$N\cdot(°)/\sqrt{\mathrm{h}}=\sqrt{(60N)^2\cdot((°)/\mathrm{h})^2/\mathrm{Hz}}$$

也就是说，若角速率功率谱密度N^2的单位是((°)/h)²/Hz，则只要将N^2在数值上开方再除以60即得角度随机游走系数N，且单位自动变为$(°)/\sqrt{\mathrm{h}}$；或者说，以$(°)/\sqrt{\mathrm{h}}$为单位的角度随机游走系数N先乘以60后再平方（或先平方后再乘以3600）可得单位为((°)/h)²/Hz的角速率功率谱密度N^2。注意本书中涉及三种符号：方差强度q、功率谱密度S和随机游走系数N，它们以不同概念和从不同角度描述了噪声的大小，相互之间具有确定的转换关系。

最后说明的是，描述角速率输出型陀螺噪声时常用角速率功率谱密度和等效带宽参数，而描述角增量型陀螺噪声时常使用角度随机游走系数参数，两种输出类型陀螺的参数在实际应用中是有差别的，应当区分清楚。例如，在惯导误差连续状态方程的离散化中，需设置平台失准角的角度激励噪声方差Q_k，针对角增量陀螺如果已知角度随机游走系数N，则有$Q_k=N^2T_s$；针对角速率陀螺如果已知角速率功率谱S_B和带宽f_B，并且当惯导更新频率小于陀螺的带宽频率时，则根据式(9.2-5)有$Q_k=S_Bf_BT_s^2$。相关例子可参见附录E中的练习题。

9.3 线性系统的Kalman滤波

如果信号受噪声干扰，为了从量测中恢复出有用信号而又要尽量减少干扰的影响，常常采用滤波器进行信号处理。使用经典滤波器时假定信号和干扰的频率分布不同，通过

设计特定的滤波器带通和带止频段，实现有用信号和干扰的分离。但是，如果干扰的频段很宽，比如白噪声，在有用信号的频段范围内也必然会存在干扰，这时经典滤波器对滤除这部分干扰噪声无能为力。若有用信号和干扰噪声的频带相互重叠，信号处理时通常不再认为有用信号是确定性的，而是带有一定随机性的。对于随机信号不可能进行准确无误差的恢复，只能根据信号和噪声的统计特性，利用数理统计方法进行估计，并且一般采取某种统计准则使估计误差尽可能小。借用经典滤波器的术语，这种针对随机信号的统计估计方法也常常称为滤波器，或称为现代滤波器以区别于经典滤波器，但须注意经典滤波器和现代滤波器之间是有本质区别的。现代滤波器的种类很多，其中卡尔曼（Kalman）滤波是最重要和最常用的一种，1960 年美籍匈牙利数学家 R. E. Kalman 首先提出了该方法。下面从简单的加权平均估计概念入手，逐步过渡到对 Kalman 滤波公式的推导。

9.3.1 最优加权平均估计

假设有两只精度不一样的电压表 M_1 和 M_2，它们的量测误差都服从零均值的正态分布，方差分别为 σ_1^2 和 σ_2^2。若使用这两只表对同一真值为 u 的电压各测量一次，两次测量之间互不影响，读数分别为 u_1 和 u_2。试通过这两次量测估计电压真值。

根据上述说明，用数学式子来描述有

$$\begin{cases} u_1 = u + \varepsilon_1 \\ u_2 = u + \varepsilon_2 \end{cases} \tag{9.3-1}$$

且 $\varepsilon_1 \sim N(0,\sigma_1^2)$，$\varepsilon_2 \sim N(0,\sigma_2^2)$，$E[\varepsilon_1\varepsilon_2]=0$。

为了确定电压真值，最朴素的想法是将这两次电压表的测量值进行简单算术平均（或称等加权平均），作为真值的估计，即

$$\hat{u}_I = \frac{1}{2}(u_1 + u_2) \tag{9.3-2}$$

从统计学观点看，估计 $\hat{u}_I$ 的误差（方差）为

$$D[\hat{u}_I] = D\left[\frac{1}{2}(u_1 + u_2)\right] = \frac{1}{4}(D[u_1] + D[u_2]) = \frac{1}{4}(\sigma_1^2 + \sigma_2^2) \tag{9.3-3}$$

但是，若不按等加权平均处理，而假设电压表 M_1 的权重取为 $1-\alpha$、M_2 的权重为 α，则对真值的估计为

$$\hat{u}_{II} = (1-\alpha)u_1 + \alpha u_2 \tag{9.3-4}$$

此时 $\hat{u}_{II}$ 的估计误差为

$$\begin{aligned} D[\hat{u}_{II}] &= D[(1-\alpha)u_1 + \alpha u_2)] \\ &= (1-\alpha)^2 D[u_1] + \alpha^2 D[u_2] = (1-\alpha)^2\sigma_1^2 + \alpha^2\sigma_2^2 \end{aligned}$$

该式是关于加权因子 α 的二次函数，且存在最小值，令 $\frac{\mathrm{d}D[\hat{u}_{II}]}{\mathrm{d}\alpha}=0$，则有

$$-2(1-\alpha)\sigma_1^2 + 2\alpha\sigma_2^2 = 0$$

容易解得最优加权因子为

$$\alpha = \frac{\sigma_1^2}{\sigma_1^2 + \sigma_2^2} \tag{9.3-5}$$

这表明，在式(9.3-5)条件下，$\hat{u}_{II}$ 的估计误差最小，对应最小误差为

$$D[\hat{u}_{II}]=(1-\alpha)^2\sigma_1^2+\alpha^2\sigma_2^2=\frac{\sigma_1^2\sigma_2^2}{\sigma_1^2+\sigma_2^2} \tag{9.3-6}$$

例如，当 $\sigma_2^2=4\sigma_1^2$时，在简单算术平均法式(9.3-3)中得 $D[\hat{u}_I]=5\sigma_1^2/4$，说明算术平均法估计 $\hat{u}_I$反而比单独用电压表 M_1测量的误差 σ_1^2还大；但是，在最优加权平均法估计 $\hat{u}_{II}$中有权重 $\alpha=1/5$，这时与式(9.3-6)对应的最小误差为 $D[\hat{u}_{II}]=4\sigma_1^2/5$，它比单独使用任何一只表的测量误差都小。

因此，如果考虑不同量测信息源的误差统计特性，对所有可用信息源进行优化组合，有可能获得被测试对象的更准确估计，甚至是在一定准则下的所谓最优估计。这也正是 Kalman 滤波所要解决的问题。

9.3.2 标量 Kalman 滤波

加权平均估计方法仅需建立在量测方程的基础上，但如果被估计对象不能被直接测量，就难以进行有效的估计。到目前为止，状态空间法是刻画系统动力学行为的最有力工具，它建立起了被估计量(内部状态变量)与量测(外部特性)之间的联系，状态空间法不仅适用于确定性的系统，也可应用于随机噪声驱动的随机系统。在确定性系统中状态观测器根据系统输出重构状态，与此相似，在随机系统中 Kalman 滤波器利用可获取的量测输出估计动态系统的内部状态，实质上 Kalman 滤波器就是一种状态估计器。这里先从简单的一维随机系统出发，介绍 Kalman 滤波公式的基本推导思路及其含义。

1. 一维随机系统的状态空间模型与基本假设

假设一维离散随机系统的状态空间模型(状态方程和量测方程)如下：

$$\begin{cases}x_k=\phi_{k/k-1}x_{k-1}+B_{k-1}w_{k-1}\\ y_k=H_kx_k+v_k\end{cases} \tag{9.3-7}$$

式中：x_k是系统状态；y_k是量测；$\phi_{k/k-1}$，B_{k-1}，H_k是已知的系统结构参数；w_{k-1}是状态激励噪声或称为系统噪声，v_k是量测噪声，它们都是零均值的高斯白噪声序列，且两个白噪声之间互不相关，即

$$\begin{cases}E[w_k]=0, & E[w_jw_k^{\mathrm{T}}]=Q_k\delta_{jk}\\ E[v_k]=0, & E[v_jv_k^{\mathrm{T}}]=R_k\delta_{jk}\\ E[w_jv_k^{\mathrm{T}}]=0\end{cases} \tag{9.3-8}$$

一般要求 $Q_k>0$，$R_k>0$。注意，噪声 w_k和 v_k的方差 Q_k和 R_k可以是时变的，系统状态 x_k也可以是非平稳的，甚至可以是发散型的。Kalman 滤波适用于非平稳随机系统的状态估计。

2. Kalman 滤波公式的推导

若通过某种观测手段获得了一个量测样本序列$\{y_k\}$，如何求得系统的状态序列$\{x_k\}$呢？显然，$\{x_k\}$是随机过程的一个轨迹，除非进行直接量测并且不存在任何量测误差，否则就不能由$\{y_k\}$精确地求出$\{x_k\}$，而只能根据某种准则(或指标函数)给出$\{x_k\}$的估计，常用的准则是使估计误差的统计均方值(Mean Square)最小。估计误差的均方值常简称为均方误差(Mean Square Error，MSE)，进一步如果估计误差还是零均值的(即无偏估计)，则均方误差与方差相等，这时最小均方误差估计也称为最小方差估计(Minimum Variance Estimation)。

首先,介绍一些必备的常用记号:

(1) 记 $k-1$ 时刻状态 x_{k-1} 的估计值为 $\hat{x}_{k-1}$,记 $\hat{x}_{k-1}$ 的估计误差为

$$e_{x,k-1}=x_{k-1}-\hat{x}_{k-1} \tag{9.3-9}$$

记状态估计 $\hat{x}_{k-1}$ 的均方误差为

$$P_{x,k-1}=E[e_{x,k-1}e_{x,k-1}^{\mathrm{T}}] \tag{9.3-10}$$

(2) 记状态一步预测 $\hat{x}_{k/k-1}=E[\phi_{k/k-1}\hat{x}_{k-1}+B_{k-1}w_{k-1}]=\phi_{k/k-1}\hat{x}_{k-1}$,记状态一步预测误差:

$$\begin{aligned}e_{x,k/k-1}&=x_k-\hat{x}_{k/k-1}=(\phi_{k/k-1}x_{k-1}+B_{k-1}w_{k-1})-\phi_{k/k-1}\hat{x}_{k-1}\\&=\phi_{k/k-1}(x_{k-1}-\hat{x}_{k-1})+B_{k-1}w_{k-1}=\phi_{k/k-1}e_{x,k-1}+B_{k-1}w_{k-1}\end{aligned} \tag{9.3-11}$$

从时序上容易判断 $e_{x,k-1}$ 和 w_{k-1} 两者之间互不相关,若记状态一步预测 $\hat{x}_{k/k-1}$ 的均方误差为 $P_{x,k/k-1}$,则有

$$P_{x,k/k-1}=E[e_{x,k/k-1}e_{x,k/k-1}^{\mathrm{T}}]=\phi_{k/k-1}^2P_{x,k-1}+B_{k-1}^2Q_{k-1} \tag{9.3-12}$$

(3) 记量测一步预测 $\hat{y}_{k/k-1}=E[H_k\hat{x}_{k/k-1}+v_k]=H_k\hat{x}_{k/k-1}$,记量测一步预测误差:

$$e_{y,k/k-1}=y_k-\hat{y}_{k/k-1}=(H_kx_k+v_k)-H_k\hat{x}_{k/k-1}=H_ke_{x,k/k-1}+v_k \tag{9.3-13}$$

从时序上也不难判断 $e_{x,k/k-1}$ 和 v_k 之间互不相关,若记量测一步预测 $\hat{y}_{k/k-1}$ 的均方误差为 $P_{y,k/k-1}$,则有

$$P_{y,k/k-1}=E[e_{y,k/k-1}e_{y,k/k-1}^{\mathrm{T}}]=H_k^2P_{x,k/k-1}+R_k \tag{9.3-14}$$

(4) 记状态一步预测误差 $e_{x,k/k-1}$ 和量测一步预测误差 $e_{y,k/k-1}$ 之间的二阶混合原点矩:

$$P_{xy,k/k-1}=E[e_{x,k/k-1}e_{y,k/k-1}^{\mathrm{T}}]=E[e_{x,k/k-1}(H_ke_{x,k/k-1}+v_k)^{\mathrm{T}}]=P_{x,k/k-1}H_k \tag{9.3-15}$$

当 $k-1$ 时刻的状态估计 $\hat{x}_{k-1}$ 无偏时,即 $E[e_{x,k-1}]=0$,根据式(9.3-11)和式(9.3-13)有 $E[e_{x,k/k-1}]=E[e_{y,k/k-1}]=0$,所以 $P_{xy,k/k-1}$ 就等于 $e_{x,k/k-1}$ 与 $e_{y,k/k-1}$ 之间二阶混合中心矩(协方差),即有 $P_{xy,k/k-1}=\mathrm{Cov}(e_{x,k/k-1},e_{y,k/k-1})$。

(5) 记 k 时刻状态 x_k 的估计值为 $\hat{x}_k$,记 $\hat{x}_k$ 的估计误差为

$$e_{x,k}=x_k-\hat{x}_k \tag{9.3-16}$$

记状态估计 $\hat{x}_k$ 的均方误差为

$$P_{x,k}=E[e_{x,k}e_{x,k}^{\mathrm{T}}] \tag{9.3-17}$$

假设已经获得了前一时刻($k-1$ 时刻)的状态估计 $\hat{x}_{k-1}$,并且已知它的估计误差均值 $E[e_{x,k-1}]=0$ 和均方误差 $P_{x,k-1}$,当新的量测 y_k 到来时,以下推导当前时刻(k 时刻)的状态估计 $\hat{x}_k$、状态估计误差均值 $E[e_{x,k}]$ 和均方误差 $P_{x,k}$。

一方面,如果不存在系统噪声 w_{k-1},通过式(9.3-7)中的状态方程直接进行状态递推预测,由 $k-1$ 时刻的状态估计值 $\hat{x}_{k-1}$ 即可准确求得 k 时刻的状态估计值 $\hat{x}_k=\phi_{k/k-1}\hat{x}_{k-1}$;另一方面,如果不存在量测噪声 v_k,通过量测方程直接解算亦可准确求得状态估计值 $\hat{x}_k=1/H_k\cdot y_k$。然而由于系统和量测噪声的影响,以上两种估计方法都存在

误差，受前面最优加权平均思路的启发，同样的想法是对这两种途径获得的信息进行加权处理，可能有助于减小估计误差。因此，可令当前 k 时刻状态 x_k 的估计为

$$\hat{x}_k=(1-\alpha_k)\phi_{k/k-1}\hat{x}_{k-1}+\alpha_k\frac{1}{H_k}y_k \tag{9.3-18}$$

式中：α_k 是待定的加权因子。将式(9.3－18)代入式(9.3－16)，得 k 时刻的估计误差为

$$\begin{aligned}e_{x,k}&=x_k-\left[(1-\alpha_k)\phi_{k/k-1}\hat{x}_{k-1}+\alpha_k\frac{1}{H_k}y_k\right]\\&=x_k-\left[(1-\alpha_k)\phi_{k/k-1}\hat{x}_{k-1}+\alpha_k\frac{1}{H_k}(H_kx_k+v_k)\right]\\&=-(1-\alpha_k)\phi_{k/k-1}\hat{x}_{k-1}+(1-\alpha_k)x_k-\alpha_k\frac{1}{H_k}v_k\\&=(1-\alpha_k)e_{x,k/k-1}-\alpha_k\frac{1}{H_k}v_k\end{aligned} \tag{9.3-19}$$

在式(9.3－19)中，由于 $E[e_{x,k-1}]=0$ 和 $E[v_k]=0$，所以有 $E[e_{x,k}]=0$，可知估计 $\hat{x}_k$ 是无偏的；又由于 $e_{x,k/k-1}$ 和 v_k 两者之间不相关，所以状态估计 $\hat{x}_k$ 的均方误差为

$$P_{x,k}=E[e_{x,k}e_{x,k}^{\mathrm{T}}]=(1-\alpha_k)^2P_{x,k/k-1}+\alpha_k^2\frac{1}{H_k^2}R_k \tag{9.3-20}$$

为了使均方误差 $P_{x,k}$ 取最小值，将式(9.3－20)对待定参数 α_k 求导并令其等于零，有

$$\frac{\mathrm{d}P_{x,k}}{\mathrm{d}\alpha_k}=-2(1-\alpha_k)P_{x,k/k-1}+2\alpha_k\frac{1}{H_k^2}R_k=0$$

从上式解得

$$\alpha_k=\frac{H_k^2P_{x,k/k-1}}{H_k^2P_{x,k/k-1}+R_k}=\frac{H_kP_{xy,k/k-1}}{P_{y,k/k-1}} \tag{9.3-21}$$

不难看出，加权因子 α_k 的取值范围是 $\alpha_k\in[0,1]$。参见式(9.3－18)，若加权因子 $\alpha_k=0$，则相当于根据状态方程直接以 $\hat{x}_{k-1}$ 递推估计 $\hat{x}_k$，或者说，在量测缺失情况下只能以这种方式进行状态预测，相应的估计误差为 $P_{x,k/k-1}$；若 $\alpha_k=1$，则相当于由量测直接解算估计 $\hat{x}_k$，这正是传统加权平均估计的做法。当然，这两种极端方法的估计误差都比在式(9.3－21)条件下估计的最小误差更大。

结合式(9.3－21)和式(9.3－12)得

$$\alpha_k=\frac{H_k^2(\phi_{k/k-1}^2P_{x,k-1}+B_{k-1}^2Q_{k-1})}{H_k^2(\phi_{k/k-1}^2P_{x,k-1}+B_{k-1}^2Q_{k-1})+R_k}$$

由此表达式可以看出，如果量测噪声 R_k 越大，表示量测的可靠性低，则加权因子 α_k 越小，这时量测 y_k 对估计 $\hat{x}_k$ 的贡献越小，而 $\hat{x}_{k-1}$ 对估计 $\hat{x}_k$ 的贡献就越大；如果系统噪声 Q_{k-1}（或前一时刻估计误差 $P_{x,k-1}$）越大，表示预测的可靠性低，则 α_k 越大，这时量测 y_k 对估计 $\hat{x}_k$ 的贡献越大，而 $\hat{x}_{k-1}$ 对估计 $\hat{x}_k$ 的贡献就越小。注意到，如果 $R_k,Q_{k-1},P_{x,k-1}$ 三者同时扩大或缩小相同的倍数，对 α_k 的计算结果无任何影响。

进一步，若记 $K_k=\alpha_k/H_k$ 和 $G_k=1-K_kH_k$，则式(9.3－21)、式(9.3－18)和式(9.3－20)经过整理，可写为

$$\begin{cases} K_k = P_{xy,k/k-1}P_{y,k/k-1}^{-1} \\ \hat{x}_k = G_k\hat{x}_{k/k-1} + K_k y_k \\ P_{x,k} = G_k^2 P_{x,k/k-1} + K_k^2 R_k \end{cases} \tag{9.3-22}$$

这便是完整的标量 Kalman 滤波公式，它由一组递推算法组成，主要包含三部分：一是在状态估计均方误差最小准则下求解加权系数；二是线性加权平均状态估计；三是状态估计的均方误差更新，为下一步滤波估计作准备。在 Kalman 滤波中，均方误差 $P_{x,k}$ 代表了状态估计的精度或可靠性，其重要性不亚于状态估计 $\hat{x}_k$ 本身，$P_{x,k}$ 同样是滤波器输出的有机组成部分。

3. Kalman 滤波的典型表示形式

通过改写 Kalman 滤波公式(9.3-22)，还可以整理成以下更加常见的表示形式，并且也具有十分明确的含义。

首先，可将状态估计公式写成“预测 + 校正”的形式：

$$\hat{x}_k = \hat{x}_{k/k-1} + K_k(y_k - \hat{y}_{k/k-1}) \tag{9.3-23}$$

有时将状态预测 $\hat{x}_{k/k-1}$ 和状态估计 $\hat{x}_k$ 分别称为先验估计和后验估计，而将实际量测与量测预测之间的残差 $e_{y,k/k-1} = y_k - \hat{y}_{k/k-1}$ 称为第 k 次量测获得的新息(innovation)。新息即由最近时刻量测携带的关于状态的新信息，用以修正先验估计。因此，式(9.3-23)的直观含义是，利用新息 $e_{y,k/k-1}$ 对先验估计 $\hat{x}_{k/k-1}$ 进行校正得到后验估计 $\hat{x}_k$。K_k 是新息的利用权重系数，习惯上称为 Kalman 滤波增益。显然，若系统噪声 Q_k 越大则增益 K_k 越大，表示先验估计不太准确，新息就利用得越多；而若量测噪声 R_k 越大则增益 K_k 越小，表示先验估计比较准确，新息就利用得越少。

其次，若将式(9.3-22)中的均方误差更新公式展开，整理为

$$\begin{aligned} P_{x,k} &= (1 - K_k H_k)^2 P_{x,k/k-1} + K_k^2 R_k \\ &= (1 - K_k H_k) P_{x,k/k-1} - K_k H_k P_{x,k/k-1} + K_k^2 H_k^2 P_{x,k/k-1} + K_k^2 R_k \\ &= (1 - K_k H_k) P_{x,k/k-1} - K_k P_{xy,k/k-1} + K_k^2 P_{y,k/k-1} \\ &= (1 - K_k H_k) P_{x,k/k-1} \end{aligned} \tag{9.3-24}$$

再将 $H_k P_{x,k/k-1} = P_{xy,k/k-1} = K_k P_{y,k/k-1}$ 代入式(9.3-24)，得

$$P_{x,k} = P_{x,k/k-1} - K_k^2 P_{y,k/k-1} \tag{9.3-25}$$

所以，Kalman 滤波公式常常写成如下经典表示形式：

$$\begin{cases} K_k = P_{xy,k/k-1}P_{y,k/k-1}^{-1} \\ \hat{x}_k = \hat{x}_{k/k-1} + K_k(y_k - \hat{y}_{k/k-1}) \\ P_{x,k} = P_{x,k/k-1} - K_k^2 P_{y,k/k-1} \end{cases} \tag{9.3-26}$$

其中

$$\hat{x}_{k/k-1} = \phi_{k/k-1}\hat{x}_{k-1}、\hat{y}_{k/k-1} = H_k\hat{x}_{k/k-1}$$

$$P_{x,k/k-1} = \phi_{k/k-1}^2 P_{x,k-1} + B_{k-1}^2 Q_{k-1}、P_{y,k/k-1} = H_k^2 P_{x,k/k-1} + R_k、P_{xy,k/k-1} = H_k P_{x,k/k-1}$$

在 Kalman 滤波公式中，习惯上还常将 $\hat{x}_{k/k-1} = \phi_{k/k-1}\hat{x}_{k-1}$ 和 $P_{x,k/k-1} = \phi_{k/k-1}^2 P_{x,k-1} + B_{k-1}^2 Q_{k-1}$ 两个公式一起称为时间更新(或预测过程)，不论量测是否有效，滤波递推的每一时刻都需进行时间更新计算；而剩余的其他所有公式统称为量测更新(或校正过程)，只有量测到来有效时才需计算。

不妨设 $\phi_{k/k-1}\geqslant 1$，从公式 $P_{x,k/k-1}=\phi_{k/k-1}^2P_{x,k-1}+B_{k-1}^2Q_{k-1}$ 中可以明显看出，由于系统噪声 Q_{k-1} 的影响，状态预测的先验估计误差（不确定性）不断变大；而当量测到来时，均方误差更新公式 $P_{x,k}=P_{x,k/k-1}-K_k^2P_{y,k/k-1}$ 显示，经过量测新息校正之后的状态后验估计误差会逐渐变小。因此，Kalman 滤波的状态估计误差在系统噪声和新息的共同作用下进行调整并达到动态平衡，只有持续地提供量测才能够将状态估计误差控制在较低水平上。

若将状态估计式（9.3－23）转换成控制系统结构图，如图 9.3－1 所示。图中将量测 y_k 视为估计器的输入，而将状态估计 $\hat{x}_k$ 视为估计器的输出，显然该估计器是一个时变参数的离散线性系统，据此可知 Kalman 滤波状态估计 $\hat{x}_k$ 是关于量测 $y_1,y_2,\cdots,y_k$ 的线性估计。估计器系统结构参数（最优增益）K_k 和状态估计均方误差 $P_{x,k}$ 的求解流程可以形象绘制成图 9.3－2，其中符号"⊗"表示两个输入信号相乘，由于图中存在信号的乘积和求逆等运算，所以输入 Q_k、R_k 与输出 K_k、$P_{x,k}$ 之间不再是线性关系。

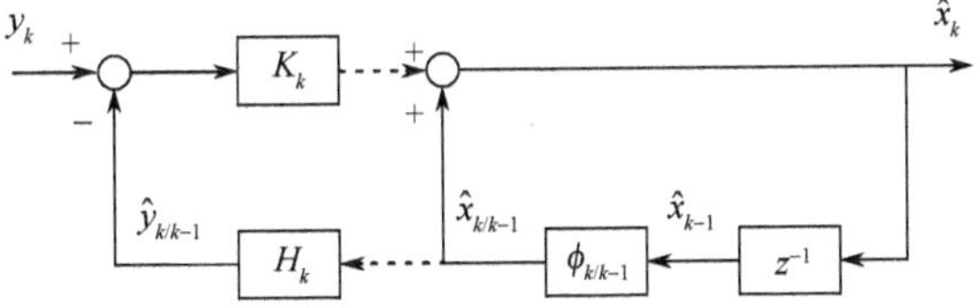

图 9.3－1　Kalman 滤波状态估计器的等效结构图

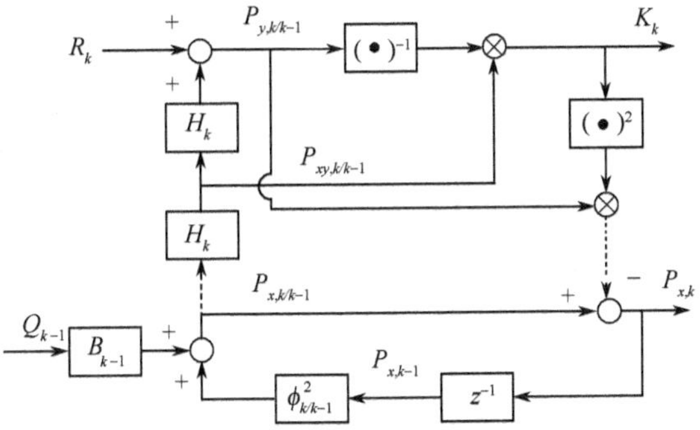

图 9.3－2　Kalman 滤波增益 K_k 和均方误差 $P_{x,k}$ 的求解流程

如果断开图 9.3－1 和图 9.3－2 中的虚线，则图 9.3－1 中的右半部分和图 9.3－2 中的下半部分表示量测缺失情况下的状态递推预测及其均方误差的更新，此即无量测时 Kalman 滤波的时间更新。

从控制系统角度看图 9.3－1 和图 9.3－2，欲启动它们，必须先设置状态初值 $\hat{x}_0$ 和均方误差初值 $P_{x,0}$。一般情况下状态初值 $\hat{x}_0$ 是未知的，所以在 $k=1$ 时刻状态估计 $\hat{x}_1$ 的信息来源主要是量测 y_1，这相当于在加权估计式（9.3－18）中取 $\alpha_1=1$，或者对于式（9.3－21）而言，等效于 $P_{x,1/0}$（或 $P_{x,0}$）取很大的值，比如当满足 $H_1^2\phi_{1/0}^2P_{x,0}\gg R_1$ 时近似有 $\alpha\approx 1$。因此，设置滤波初值的原则是 $P_{x,0}$ 取很大的值，若同时取 $\hat{x}_0=0$，则 $\hat{x}_0$ 完全不影响 $\hat{x}_1$ 的估计。

此外，在式（9.3－22）中若将当前估计 $\hat{x}_k$ 逐步回溯递推展开，可得

$$\begin{aligned}\hat{x}_k &= G_k\phi_{k/k-1}\hat{x}_{k-1}+K_ky_k\\ &= G_k\phi_{k/k-1}(G_{k-1}\phi_{k-1/k-2}\hat{x}_{k-2}+K_{k-1}y_{k-1})+K_ky_k\end{aligned}$$

$$
\begin{aligned}
&= G_k\phi_{k/k-1}G_{k-1}\phi_{k-1/k-2}\hat{x}_{k-2} + (G_k\phi_{k/k-1}K_{k-1}y_{k-1} + K_k y_k) \\
&= G_k\phi_{k/k-1}G_{k-1}\phi_{k-1/k-2}G_{k-2}\phi_{k-2/k-3}\hat{x}_{k-3} + \\
&\quad (G_k\phi_{k/k-1}G_{k-1}\phi_{k-1/k-2}K_{k-2}y_{k-2} + G_k\phi_{k/k-1}K_{k-1}y_{k-1} + K_k y_k) \\
&= \cdots \\
&= G_{\phi k}^{*}\hat{x}_0 + \sum_{i=1}^{k} K_i^{*} y_i
\end{aligned}
\tag{9.3-27}
$$

其中：加权系数为

$$
G_{\phi k}^{*} = \prod_{i=1}^{k} G_i\phi_{i/i-1}, \qquad K_i^{*} = \begin{cases} \left(\prod_{j=i}^{k-1} G_{j+1}\phi_{j+1/j}\right)K_i, & 1 \leqslant i < k \\ K_k, & i = k \end{cases}
$$

如果令初始状态 $\hat{x}_0 = 0$，则式(9.3-27)亦表明当前估计 $\hat{x}_k$ 是既往所有量测 $y_1, y_2, \cdots, y_k$ 的线性组合估计。

4. Kalman 滤波的几何解释

Kalman 滤波公式还可以用几何方式进行形象化的描述，这有助于增强对 Kalman 滤波含义的直观理解。

如图 9.3-3 所示，已知上一时刻的状态估计 $\hat{x}_{k-1}$ 和当前时刻的量测 y_k，若两者之间不共线则可以共同确定一个 $o\eta\xi$ 平面，在此平面基础上建立 $o\eta\xi\gamma$ 空间直角坐标系。$\hat{x}_{k-1}$ 和 y_k 经伸缩（线性变换）之后分别变成 $G_k\phi_{k/k-1}\hat{x}_{k-1}$ 和 $K_k y_k$，再合成为当前时刻的状态估计 $\hat{x}_k$，所以 $\hat{x}_k$ 是 $\hat{x}_{k-1}$ 和 y_k 的线性组合，$\hat{x}_k$ 也必定在 $o\eta\xi$ 平面内。但是，当前时刻的状态真值 x_k 不一定恰好在 $o\eta\xi$ 平面内，只有当估计 $\hat{x}_k$ 等于真值 x_k 在 $o\eta\xi$ 平面上的正交投影时，估计误差 $e_{x,k} = x_k - \hat{x}_k$ 才会最小。实现这一过程的关键在于确定变换系数 K_k（等效于加权平均系数 α_k）。根据以上描述容易看出，估计误差 $e_{x,k}$ 必定同时垂直于 $\hat{x}_{k-1}$ 和 y_k，使用统计术语表示如下：

$$
E[e_{x,k}\hat{x}_{k-1}^{\mathrm{T}}] = 0 \text{ 和 } E[e_{x,k}y_k^{\mathrm{T}}] = 0
$$

实际上，上述几何方式描述的正是 Kalman 滤波（线性最小方差无偏估计）的正交投影性质，即状态 x_k 的最优估计 $\hat{x}_k$ 是 x_k 在由 $\hat{x}_{k-1}$ 和 y_k 构成的线性空间上的正交投影，根据式(9.3-27)可知，$\hat{x}_k$ 也是 x_k 在由 k 时刻之前所有量测构成的量测空间 $\{y_k\}$ 上的正交投影。

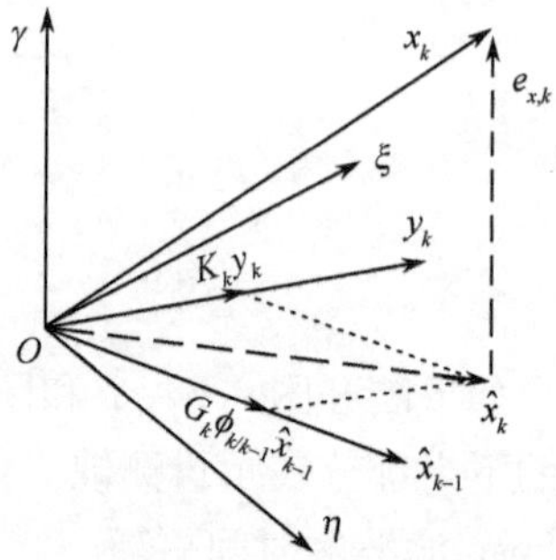

图 9.3-3 Kalman 滤波的几何解释

5. 定常系统的稳态常值增益滤波

假设随机系统状态空间模型式(9.3-7)为定常系统，并且系统噪声和量测噪声都是平稳的，不妨分别将 $\phi_{k/k-1}, B_{k-1}, H_k, Q_k, R_k$ 简记为 ϕ, B, H, Q, R，再对 Kalman 滤波的均方误差更新公式进行下列变换：

$$
\begin{aligned}
P_{x,k} &= (1 - K_k H_k)P_{x,k/k-1} \\
&= \left[1 - \frac{H(\phi^2 P_{x,k-1} + B^2 Q)}{H^2(\phi^2 P_{x,k-1} + B^2 Q) + R}H\right](\phi^2 P_{x,k-1} + B^2 Q) \\
&= \frac{(\phi^2 P_{x,k-1} + B^2 Q)R}{H^2(\phi^2 P_{x,k-1} + B^2 Q) + R}
\end{aligned}
$$

当 $k\to\infty$ 时，令 $P_{x,k}=P_{x,k-1}=P_x$，整理得关于 P_x 的二次方程为

$$H^2\phi^2P_x^2+(H^2B^2Q+R-\phi^2R)P_x-B^2QR=0$$

如果 $H=0$，系统不可观测，无法实现状态估计；如果 $\phi=0$，有 $y_k=Hx_k+v_k=Hw_{k-1}+v_k$，系统状态为白噪声，对其估计没有任何意义，因此以下仅考虑 $H\phi\neq 0$ 的情形。显然，常值项 $B^2QR>0$，从上式求得 P_x 的正实根为

$$P_x=\frac{-(H^2B^2Q+R-\phi^2R)+\sqrt{(H^2B^2Q+R-\phi^2R)^2+4H^2\phi^2B^2QR}}{2H^2\phi^2} \tag{9.3-28}$$

相应的滤波增益为

$$K_{k\to\infty}=P_{xy,k/k-1}P_{y,k/k-1}^{-1}=\frac{H(\phi^2P_x+B^2Q)}{H^2(\phi^2P_x+B^2Q)+R} \tag{9.3-29}$$

由此可见，定常系统的 Kalman 滤波稳定之后，滤波增益也是一个定常值，可简记为 K。

若再简记常值 $G_\phi=(1-KH)\phi$，则稳态增益 Kalman 滤波公式为

$$\hat{x}_k=(1-KH)\phi\,\hat{x}_{k-1}+Ky_k=G_\phi\hat{x}_{k-1}+Ky_k$$

可以将上式改写成离散系统传递函数的形式，即

$$\hat{x}(z)=\frac{K}{1-G_\phi z^{-1}}y(z) \tag{9.3-30}$$

所以稳态增益 Kalman 滤波相当于一个一阶的 IIR 低通滤波器，但这里的滤波器参数是根据噪声的统计特性确定的，且该参数是状态估计均方误差最小准则意义下的最优参数。对于 Kalman 滤波而言，一般不再关注通带、止带和截止频率等与经典滤波器频率有关的概念。

不难证明 $|G_\phi|<1$ 成立，即

$$|G_\phi|=|(1-KH)\phi|=\frac{R|\phi|}{H^2(\phi^2P_x+B^2Q)+R}=\frac{2R|\phi|}{2H^2\phi^2P_x+2(H^2B^2Q+R)}$$

$$=\frac{2R|\phi|}{(H^2B^2Q+R+\phi^2R)+\sqrt{(H^2B^2Q+R-\phi^2R)^2+4H^2\phi^2B^2QR}}<\frac{2R|\phi|}{R(1+\phi^2)}\leqslant 1$$

这表明一阶 IIR 滤波器式(9.3-30)必定是稳定的，亦可说明在式(9.3-27)中随着时间增长有 $G_{\phi k}^{*}\to 0$，所以即使初值 $\hat{x}_0\neq 0$，它对滤波器的影响也会随时间逐渐减弱。

使用稳态增益 Kalman 滤波不必每一时刻都计算滤波增益，其好处是能够大幅降低计算量，但缺点是在滤波起始阶段不能保证状态估计最优并且收敛速度可能比较慢。

9.3.3 向量 Kalman 滤波

对于 n 维的随机系统状态空间模型：

$$\begin{cases}\boldsymbol{x}_k=\boldsymbol{\Phi}_{k/k-1}\boldsymbol{x}_{k-1}+\boldsymbol{B}_{k-1}\boldsymbol{w}_{k-1}\\ \boldsymbol{y}_k=\boldsymbol{H}_k\boldsymbol{x}_k+\boldsymbol{v}_k\end{cases} \tag{9.3-31}$$

式中：$\boldsymbol{x}_k$ 是 $n\times 1$ 维的状态向量；$\boldsymbol{y}_k$ 是 $m\times 1$ 维的量测向量；$\boldsymbol{\Phi}_{k/k-1}$，$\boldsymbol{B}_{k-1}$，$\boldsymbol{H}_k$ 是已知的系统结构参数，分别称为 $n\times n$ 维的状态一步转移矩阵、$n\times l$ 维的系统噪声分配矩阵、$m\times n$ 维的量测矩阵；$\boldsymbol{w}_{k-1}$ 是 $l\times 1$ 维的系统噪声向量，$\boldsymbol{v}_k$ 是 $m\times 1$ 维的量测噪声向量，两者都是零均值的高斯白噪声向量序列，且它们之间互不相关，即满足

$$
\begin{cases}
E[\boldsymbol{w}_k]=\boldsymbol{0}, & E[\boldsymbol{w}_j\boldsymbol{w}_k^{\mathrm{T}}]=\boldsymbol{Q}_k\delta_{jk}\\
E[\boldsymbol{v}_k]=\boldsymbol{0}, & E[\boldsymbol{v}_j\boldsymbol{v}_k^{\mathrm{T}}]=\boldsymbol{R}_k\delta_{jk}\\
E[\boldsymbol{w}_j\boldsymbol{v}_k^{\mathrm{T}}]=\boldsymbol{0}
\end{cases}
\tag{9.3-32}
$$

仿照标量 Kalman 滤波公式的推导思路，可很容易获得向量 Kalman 滤波公式，但是由于在推导过程中需要涉及到矩阵函数求极值问题，在细节上会稍微繁琐一些，这里仅给出推导的关键步骤。

为了便于推导，先给出标量对矩阵求导的两个等式：

$$
\frac{\mathrm{d}}{\mathrm{d}\boldsymbol{X}}[\mathrm{tr}(\boldsymbol{XB})]=\frac{\mathrm{d}}{\mathrm{d}\boldsymbol{X}}[\mathrm{tr}((\boldsymbol{XB})^{\mathrm{T}})]=\boldsymbol{B}^{\mathrm{T}}
\tag{9.3-33}
$$

$$
\frac{\mathrm{d}}{\mathrm{d}\boldsymbol{X}}[\mathrm{tr}(\boldsymbol{XAX}^{\mathrm{T}})]=2\boldsymbol{XA}
\tag{9.3-34}
$$

式中：$\boldsymbol{X}$ 是 $n\times m$ 维矩阵，$\boldsymbol{A}$、$\boldsymbol{B}$ 依次是 $m\times m$ 维和 $m\times n$ 维的常值矩阵且 $\boldsymbol{A}$ 是对称矩阵，运算符 tr(·)表示方阵的迹，即方阵的主对角元素之和。标量对矩阵求导的规则是：标量（分子）分别对矩阵（分母）中的每一个分量求导，组成一个与分母同维数的矩阵。通过矩阵乘法的各元素直接展开不难验证上述两个式子成立，比如

$$
\begin{aligned}
\mathrm{tr}(\boldsymbol{XB}) &= (\boldsymbol{XB})_{11}+(\boldsymbol{XB})_{22}+\cdots+(\boldsymbol{XB})_{nn}\\
&=(X_{11}B_{11}+X_{12}B_{21}+\cdots+X_{1i}B_{i1}+\cdots+X_{1m}B_{m1})+\\
&\quad (X_{21}B_{12}+X_{22}B_{22}+\cdots+X_{2i}B_{i2}+\cdots+X_{2m}B_{m2})+\\
&\quad \cdots+\\
&\quad (X_{n1}B_{1n}+X_{n2}B_{2n}+\cdots+X_{ni}B_{in}+\cdots+X_{nm}B_{mn})
\end{aligned}
$$

立即有

$$
\frac{\mathrm{d}}{\mathrm{d}\boldsymbol{X}}[\mathrm{tr}(\boldsymbol{XB})]=\begin{bmatrix}
B_{11} & B_{21} & \cdots & B_{i1} & \cdots & B_{m1}\\
B_{12} & B_{22} & \cdots & B_{i2} & \cdots & B_{m2}\\
\vdots & \vdots & & \vdots & & \vdots\\
B_{1n} & B_{2n} & \cdots & B_{in} & \cdots & B_{mn}
\end{bmatrix}=\boldsymbol{B}^{\mathrm{T}}
$$

将标量 Kalman 滤波推广为向量情形，状态估计的形式同样设为

$$
\hat{\boldsymbol{x}}_k=\hat{\boldsymbol{x}}_{k/k-1}+\boldsymbol{K}_k(\boldsymbol{y}_k-\hat{\boldsymbol{y}}_{k/k-1})
\tag{9.3-35}
$$

参考式(9.3-19)，得状态估计误差为

$$
\boldsymbol{e}_{x,k}=\boldsymbol{x}_k-\hat{\boldsymbol{x}}_k=(\boldsymbol{I}-\boldsymbol{K}_k\boldsymbol{H}_k)\boldsymbol{e}_{x,k/k-1}-\boldsymbol{K}_k\boldsymbol{v}_k
\tag{9.3-36}
$$

由于 $\boldsymbol{e}_{x,k/k-1}$ 和 $\boldsymbol{v}_k$ 之间不相关，所以状态估计 $\hat{\boldsymbol{x}}_k$ 的均方误差阵为

$$
\begin{aligned}
\boldsymbol{P}_{x,k} &= E[\boldsymbol{e}_{x,k}\boldsymbol{e}_{x,k}^{\mathrm{T}}]=(\boldsymbol{I}-\boldsymbol{K}_k\boldsymbol{H}_k)\boldsymbol{P}_{x,k/k-1}(\boldsymbol{I}-\boldsymbol{K}_k\boldsymbol{H}_k)^{\mathrm{T}}+\boldsymbol{K}_k\boldsymbol{R}_k\boldsymbol{K}_k^{\mathrm{T}}\\
&=\boldsymbol{P}_{x,k/k-1}-\boldsymbol{K}_k\boldsymbol{H}_k\boldsymbol{P}_{x,k/k-1}-(\boldsymbol{K}_k\boldsymbol{H}_k\boldsymbol{P}_{x,k/k-1})^{\mathrm{T}}+\boldsymbol{K}_k(\boldsymbol{H}_k\boldsymbol{P}_{x,k/k-1}\boldsymbol{H}_k^{\mathrm{T}}+\boldsymbol{R}_k)\boldsymbol{K}_k^{\mathrm{T}}
\end{aligned}
\tag{9.3-37}
$$

对于向量 Kalman 滤波最优估计而言，求最佳的均方误差阵 $\boldsymbol{P}_{x,k}$ 的含义就是使所有状态分量估计误差的均方值之和最小，也就是使指标函数 $J(\hat{\boldsymbol{x}}_k)=E[(\boldsymbol{x}_k-\hat{\boldsymbol{x}}_k)^{\mathrm{T}}(\boldsymbol{x}_k-\hat{\boldsymbol{x}}_k)]$ 达到最小。根据均方误差阵的定义 $\boldsymbol{P}_{x,k}=E[(\boldsymbol{x}_k-\hat{\boldsymbol{x}}_k)(\boldsymbol{x}_k-\hat{\boldsymbol{x}}_k)^{\mathrm{T}}]$，可知恰好有 $\mathrm{tr}(\boldsymbol{P}_{x,k})=J(\hat{\boldsymbol{x}}_k)$，所以求解最佳的均方误差阵就等效于求迹 $\mathrm{tr}(\boldsymbol{P}_{x,k})$ 的最小值。为此，对式(9.3-37)的两边先取迹运算符，再对待定参数矩阵 $\boldsymbol{K}_k$ 求导并令其等于 $\boldsymbol{0}$，可得

$$\frac{\mathrm{d}}{\mathrm{d}\boldsymbol{K}_k}[\mathrm{tr}(\boldsymbol{P}_{x,k})] = -2(\boldsymbol{H}_k\boldsymbol{P}_{x,k/k-1})^{\mathrm{T}} + 2\boldsymbol{K}_k(\boldsymbol{H}_k\boldsymbol{P}_{x,k/k-1}\boldsymbol{H}_k^{\mathrm{T}} + \boldsymbol{R}_k) = \boldsymbol{0}$$

考虑到 $\boldsymbol{P}_{x,k/k-1}$ 是对称矩阵，从上式可解得

$$\boldsymbol{K}_k = \boldsymbol{P}_{x,k/k-1}\boldsymbol{H}_k^{\mathrm{T}}(\boldsymbol{H}_k\boldsymbol{P}_{x,k/k-1}\boldsymbol{H}_k^{\mathrm{T}} + \boldsymbol{R}_k)^{-1} \tag{9.3-38}$$

再将式(9.3-38)代入式(9.3-37)得

$$\boldsymbol{P}_{x,k} = (\boldsymbol{I} - \boldsymbol{K}_k\boldsymbol{H}_k)\boldsymbol{P}_{x,k/k-1} \tag{9.3-39}$$

最后，通过一些简单的变换和整理可得向量 Kalman 滤波公式：

$$\begin{cases} \boldsymbol{K}_k = \boldsymbol{P}_{xy,k/k-1}\boldsymbol{P}_{y,k/k-1}^{-1} \\ \hat{\boldsymbol{x}}_k = \hat{\boldsymbol{x}}_{k/k-1} + \boldsymbol{K}_k(\boldsymbol{y}_k - \hat{\boldsymbol{y}}_{k/k-1}) \\ \boldsymbol{P}_{x,k} = \boldsymbol{P}_{x,k/k-1} - \boldsymbol{K}_k\boldsymbol{P}_{y,k/k-1}\boldsymbol{K}_k^{\mathrm{T}} \end{cases} \tag{9.3-40}$$

其中

$$\hat{\boldsymbol{x}}_{k/k-1} = \boldsymbol{\Phi}_{k/k-1}\hat{\boldsymbol{x}}_{k-1}、\hat{\boldsymbol{y}}_{k/k-1} = \boldsymbol{H}_k\hat{\boldsymbol{x}}_{k/k-1}$$
$$\boldsymbol{P}_{x,k/k-1} = \boldsymbol{\Phi}_{k/k-1}\boldsymbol{P}_{x,k-1}\boldsymbol{\Phi}_{k/k-1}^{\mathrm{T}} + \boldsymbol{B}_{k-1}\boldsymbol{Q}_{k-1}\boldsymbol{B}_{k-1}^{\mathrm{T}}$$
$$\boldsymbol{P}_{y,k/k-1} = \boldsymbol{H}_k\boldsymbol{P}_{x,k/k-1}\boldsymbol{H}_k^{\mathrm{T}} + \boldsymbol{R}_k、\boldsymbol{P}_{xy,k/k-1} = \boldsymbol{P}_{x,k/k-1}\boldsymbol{H}_k^{\mathrm{T}}$$

通过对比容易发现，将标量 Kalman 滤波公式推广成向量 Kalman 滤波公式，它们在表达形式上基本相同，还可以将前者看作是后者的特例，但对于后者而言必须保证各矩阵之间乘法运算的维数相容。在向量 Kalman 滤波公式中矩阵 $\boldsymbol{P}_{x,k/k-1}$（$\boldsymbol{P}_{x,k}$ 和 $\boldsymbol{P}_{x,k-1}$）、$\boldsymbol{P}_{y,k/k-1}$、$\boldsymbol{P}_{xy,k/k-1}$（$\boldsymbol{K}_k$）的维数分别是 $n \times n, m \times m, n \times m$，并且其中均方误差阵 $\boldsymbol{P}_{x,k/k-1}$（$\boldsymbol{P}_{x,k}$ 和 $\boldsymbol{P}_{x,k-1}$）、$\boldsymbol{P}_{y,k/k-1}$ 都是正定对称矩阵。

特别地，当 $\boldsymbol{\Phi}_{k/k-1} = \boldsymbol{I}$ 且 $\boldsymbol{Q}_k = \boldsymbol{0}$（或 $\boldsymbol{B}_k = \boldsymbol{0}$）时，状态向量 $\boldsymbol{x}_k$ 变为随机常值向量，不妨直接以 $\boldsymbol{x}_0$ 表示。在这种特殊情况下，系统仅需使用量测方程就能够描述，即

$$\boldsymbol{y}_k = \boldsymbol{H}_k\boldsymbol{x}_0 + \boldsymbol{v}_k \tag{9.3-41}$$

若已知一组量测向量 $\boldsymbol{y}_1, \boldsymbol{y}_2, \cdots, \boldsymbol{y}_k$，欲估计状态 $\boldsymbol{x}_0$，从另一角度看这是一个标准的多元线性回归问题，$\boldsymbol{x}_0$ 即为偏回归系数。除了使用批处理的加权最小二乘法估计外，还可通过对 Kalman 滤波式(9.3-40)进行简化来递推求解 $\boldsymbol{x}_0$，若简记 $\hat{\boldsymbol{x}}_{k-1} = \hat{\boldsymbol{x}}_{k/k-1}$、$\boldsymbol{P}_{x,k-1} = \boldsymbol{P}_{x,k/k-1}$，则有

$$\begin{cases} \boldsymbol{K}_k = \boldsymbol{P}_{xy,k-1}\boldsymbol{P}_{y,k-1}^{-1} \\ \hat{\boldsymbol{x}}_k = \hat{\boldsymbol{x}}_{k-1} + \boldsymbol{K}_k(\boldsymbol{y}_k - \hat{\boldsymbol{y}}_{k-1}) \\ \boldsymbol{P}_{x,k} = \boldsymbol{P}_{x,k-1} - \boldsymbol{K}_k\boldsymbol{P}_{y,k-1}\boldsymbol{K}_k^{\mathrm{T}} \end{cases} \tag{9.3-42}$$

其中

$$\hat{\boldsymbol{y}}_{k-1} = \boldsymbol{H}_k\hat{\boldsymbol{x}}_{k-1}、\boldsymbol{P}_{y,k-1} = \boldsymbol{H}_k\boldsymbol{P}_{x,k-1}\boldsymbol{H}_k^{\mathrm{T}} + \boldsymbol{R}_k、\boldsymbol{P}_{xy,k-1} = \boldsymbol{P}_{x,k-1}\boldsymbol{H}_k^{\mathrm{T}}$$

在上式的均方误差阵更新 $\boldsymbol{P}_{x,k} = \boldsymbol{P}_{x,k-1} - \boldsymbol{K}_k\boldsymbol{P}_{y,k-1}\boldsymbol{K}_k^{\mathrm{T}}$ 中，易知 $\boldsymbol{K}_k\boldsymbol{P}_{y,k-1}\boldsymbol{K}_k^{\mathrm{T}} > 0$，所以随着滤波时间增长，状态估计的均方误差阵 $\boldsymbol{P}_{x,k}$ 会越来越小，或者说 $\hat{\boldsymbol{x}}_k$ 的估计精度会越来越高，当 $k \to \infty$ 时有 $\hat{\boldsymbol{x}}_\infty \to \boldsymbol{x}_0$。常将式(9.3-42)称为递推最小二乘法(Recursive Least Square, RLS)，显然它是 Kalman 滤波的一种特殊情形。值得注意的是，从上述 Kalman 滤波简化推导 RLS 过程中隐含着要求量测噪声的方差阵 $\boldsymbol{R}_k$ 已知，然而在一般的加权最小二乘法中只要求知道每次量测噪声方差阵之间的相对大小，事实上，这两者的要求可以看作是一致的，即在式(9.3-42)中当 $\boldsymbol{R}_k$ 和 $\boldsymbol{P}_{x,k-1}$ 按比例缩放相同倍数后，丝毫不影响滤波增

益 $\boldsymbol{K}_k$ 和状态估计 $\hat{\boldsymbol{x}}_k$ 的计算结果，并且状态估计的均方误差阵 $\boldsymbol{P}_{x,k}$ 也将按同样的比例进行缩放。

对于式(9.3-1)中关于电压测量的例子，若使用 RLS 方法求解，并且取初值 $\hat{u}_0=0$ 和 $P_{u,0}$ 为很大的正实数，则当 $k=1$ 时，有

$$K_1=\frac{P_{u,0}}{P_{u,0}+\sigma_1^2}$$

$$\hat{u}_1=\hat{u}_0+K_1(u_1-\hat{u}_0)=\frac{P_{u,0}}{P_{u,0}+\sigma_1^2}u_1\approx u_1$$

$$P_{u,1}=P_{u,0}-K_1(P_{u,0}+\sigma_1^2)K_1^{\mathrm{T}}=\frac{P_{u,0}}{P_{u,0}+\sigma_1^2}\sigma_1^2\approx\sigma_1^2$$

而当 $k=2$ 时，有

$$K_2=\frac{P_{u,1}}{P_{u,1}+\sigma_2^2}\approx\frac{\sigma_1^2}{\sigma_1^2+\sigma_2^2}$$

$$\hat{u}_2=\hat{u}_1+K_2(u_2-\hat{u}_1)\approx\frac{\sigma_2^2}{\sigma_1^2+\sigma_2^2}u_1+\frac{\sigma_1^2}{\sigma_1^2+\sigma_2^2}u_2$$

$$P_{u,2}=P_{u,1}-K_2(P_{u,1}+\sigma_2^2)K_2^{\mathrm{T}}\approx\frac{\sigma_1^2\sigma_2^2}{\sigma_1^2+\sigma_2^2}$$

这与式(9.3-4)和式(9.3-6)的计算结果是一致的。

综合前述分析可知，Kalman 滤波是一种递推线性最小方差无偏估计，具有许多优点，即利用状态空间模型作为有力工具，采用递推的方法实现状态估计而勿需存储大量的历史量测数据，状态估计是量测的线性组合估计且是状态真值的无偏估计，在均方误差准则下估计误差最小。但是，实际应用中也发现 Kalman 滤波存在一些局限性，研究者们提出了相应的解决措施，主要包括：

(1) 计算量。在实际系统中，一般量测手段所能得到的只是状态的一部分分量，或者是某些分量的线性组合，量测的维数通常不高，最优增益公式中的矩阵求逆 $\boldsymbol{P}_{y,k/k-1}^{-1}$ 的计算量并不大，而 Kalman 滤波计算量最大之处主要集中在状态估计均方误差阵的一步预测，即 $\boldsymbol{\Phi}_{k/k-1}\boldsymbol{P}_{x,k-1}\boldsymbol{\Phi}_{k/k-1}^{\mathrm{T}}$，其乘法次数与状态维数的三次方 n^3 成正比。如果 $\boldsymbol{\Phi}_{k/k-1}$ 是稀疏矩阵，在进行矩阵相乘计算机编程时，宜采用矩阵元素直接展开法而不使用通常的循环程序，直接展开法虽然降低了程序的通用性，但是可以删除大量的零乘操作，对降低计算量非常有效。除此之外，常值增益滤波、降维次优滤波和并行滤波等都是缩短 Kalman 滤波计算时间的常用措施。

(2) 自适应滤波和鲁棒滤波。在进行 Kalman 滤波状态空间建模时，一般对模型的准确度要求比较高，但实际应用中有时很难做到，总或多或少存在一定的建模误差。针对噪声模型不准或时变问题，可以采取自适应滤波的办法，即在滤波的同时实时估计噪声的统计特性，使噪声统计特性跟随实际情况变化；针对系统结构参数建模不准从而容易引起滤波发散的问题，可采用遗忘滤波和鲁棒滤波等办法，通常它们以牺牲滤波精度为代价换取滤波的稳定性或鲁棒性。

(3) 非线性滤波。Kalman 滤波以线性状态空间模型为基础，当模型中出现状态的非线性函数时，学者们提出了扩展卡尔曼滤波(Extended Kalman Filter, EKF)、Unscented 卡

尔曼滤波(Unscented Kalman Filter, UKF)和粒子滤波(Particle Filter, PF)等改进的滤波方法。

以下主要简要介绍一下遗忘滤波的思路,有关自适应滤波和非线性滤波等方法将在后续几节详细讨论。

9.3.4 遗忘滤波

对于随机系统模型式(9.3-31)和式(9.3-32),在某当前滤波的 N 时刻将既往(历史)的噪声方差阵参数重新设置为

$$\begin{cases} E[\boldsymbol{w}_j\boldsymbol{w}_k^{\mathrm{T}}] = s^{N-k+1}\boldsymbol{Q}_k\delta_{jk} \\ E[\boldsymbol{v}_j\boldsymbol{v}_k^{\mathrm{T}}] = s^{N-k}\boldsymbol{R}_k\delta_{jk} \end{cases}, \quad j,k \leqslant N \tag{9.3-43}$$

式中:s 是略大于 1 的实数比例因子,而其他系统模型参数不变。式(9.3-43)的含义是,既往的系统噪声和量测噪声都被以几何级数倍数放大了,即回过头看状态和量测的不确定性逐渐增大了;反过来说,新系统更加强调新近状态和量测的作用。这就是遗忘滤波(或者称为渐消记忆滤波)的噪声模型假设,并且常称比例因子 s 为遗忘因子或渐消记忆因子。

根据 Kalman 滤波公式(9.3-40),不难写出在遗忘滤波噪声模型假设条件下的新的滤波公式:

$$\begin{cases} \boldsymbol{K}_k^N = \boldsymbol{P}_{xy,k/k-1}^N(\boldsymbol{P}_{y,k/k-1}^N)^{-1} \\ \hat{\boldsymbol{x}}_k^N = \hat{\boldsymbol{x}}_{k/k-1}^N + \boldsymbol{K}_k^N(\boldsymbol{y}_k - \hat{\boldsymbol{y}}_{k/k-1}^N) \\ \boldsymbol{P}_{x,k}^N = \boldsymbol{P}_{x,k/k-1}^N - \boldsymbol{K}_k^N\boldsymbol{P}_{y,k/k-1}^N(\boldsymbol{K}_k^N)^{\mathrm{T}} \end{cases} \tag{9.3-44}$$

其中

$$\hat{\boldsymbol{x}}_{k/k-1}^N = \boldsymbol{\Phi}_{k/k-1}\hat{\boldsymbol{x}}_{k-1}^N、\hat{\boldsymbol{y}}_{k/k-1}^N = \boldsymbol{H}_k\hat{\boldsymbol{x}}_{k/k-1}^N$$

$$\boldsymbol{P}_{x,k/k-1}^N = \boldsymbol{\Phi}_{k/k-1}\boldsymbol{P}_{x,k-1}^N\boldsymbol{\Phi}_{k/k-1}^{\mathrm{T}} + \boldsymbol{B}_{k-1}s^{N-k}\boldsymbol{Q}_{k-1}\boldsymbol{B}_{k-1}^{\mathrm{T}}$$

$$\boldsymbol{P}_{y,k/k-1}^N = \boldsymbol{H}_k\boldsymbol{P}_{x,k/k-1}^N\boldsymbol{H}_k^{\mathrm{T}} + s^{N-k}\boldsymbol{R}_k、\boldsymbol{P}_{xy,k/k-1}^N = \boldsymbol{P}_{x,k/k-1}^N\boldsymbol{H}_k^{\mathrm{T}}$$

下面对遗忘滤波公式(9.3-44)作进一步简化。

首先,将均方差阵 $\boldsymbol{P}_{x,k/k-1}^N$、$\boldsymbol{P}_{y,k/k-1}^N$、$\boldsymbol{P}_{xy,k/k-1}^N$ 公式的两边同时乘以因子 $s^{-(N-k)}$,可得

$$s^{-(N-k)}\boldsymbol{P}_{x,k/k-1}^N = \boldsymbol{\Phi}_{k/k-1}s\cdot s^{-[N-(k-1)]}\boldsymbol{P}_{x,k-1}^N\boldsymbol{\Phi}_{k/k-1}^{\mathrm{T}} + \boldsymbol{B}_{k-1}\boldsymbol{Q}_{k-1}\boldsymbol{B}_{k-1}^{\mathrm{T}}$$

$$s^{-(N-k)}\boldsymbol{P}_{y,k/k-1}^N = \boldsymbol{H}_k s^{-(N-k)}\boldsymbol{P}_{x,k/k-1}^N\boldsymbol{H}_k^{\mathrm{T}} + \boldsymbol{R}_k$$

$$s^{-(N-k)}\boldsymbol{P}_{xy,k/k-1}^N = s^{-(N-k)}\boldsymbol{P}_{x,k/k-1}^N\boldsymbol{H}_k^{\mathrm{T}}$$

若简记

$$\boldsymbol{P}_{x,k-1}^* = s^{-[N-(k-1)]}\boldsymbol{P}_{x,k-1}^N、\boldsymbol{P}_{x,k/k-1}^* = s^{-(N-k)}\boldsymbol{P}_{x,k/k-1}^N$$

$$\boldsymbol{P}_{y,k/k-1}^* = s^{-(N-k)}\boldsymbol{P}_{y,k/k-1}^N、\boldsymbol{P}_{xy,k/k-1}^* = s^{-(N-k)}\boldsymbol{P}_{xy,k/k-1}^N$$

则有

$$\boldsymbol{P}_{x,k/k-1}^* = \boldsymbol{\Phi}_{k/k-1}(s\boldsymbol{P}_{x,k-1}^*)\boldsymbol{\Phi}_{k/k-1}^{\mathrm{T}} + \boldsymbol{B}_{k-1}\boldsymbol{Q}_{k-1}\boldsymbol{B}_{k-1}^{\mathrm{T}}$$

$$\boldsymbol{P}_{y,k/k-1}^* = \boldsymbol{H}_k\boldsymbol{P}_{x,k/k-1}^*\boldsymbol{H}_k^{\mathrm{T}} + \boldsymbol{R}_k$$

$$\boldsymbol{P}_{xy,k/k-1}^* = \boldsymbol{P}_{x,k/k-1}^*\boldsymbol{H}_k^{\mathrm{T}}$$

其次,增益矩阵 $\boldsymbol{K}_k^N$ 可改写为

$$\boldsymbol{K}_k^N = \boldsymbol{P}_{xy,k/k-1}^N(\boldsymbol{P}_{y,k/k-1}^N)^{-1} = [s^{-(N-k)}\boldsymbol{P}_{xy,k/k-1}^N][s^{-(N-k)}\boldsymbol{P}_{y,k/k-1}^N]^{-1}$$

$$=\boldsymbol{P}_{xy,k/k-1}^{*}(\boldsymbol{P}_{y,k/k-1}^{*})^{-1}$$

而若将状态估计均方差阵更新公式 $\boldsymbol{P}_{x,k}^{N}=\boldsymbol{P}_{x,k/k-1}^{N}-\boldsymbol{K}_{k}^{N}\boldsymbol{P}_{y,k/k-1}^{N}(\boldsymbol{K}_{k}^{N})^{\mathrm{T}}$ 的两边同时乘以 $s^{-(N-k)}$,则变为

$$s^{-(N-k)}\boldsymbol{P}_{x,k}^{N}=s^{-(N-k)}\boldsymbol{P}_{x,k/k-1}^{N}-\boldsymbol{K}_{k}^{N}[s^{-(N-k)}\boldsymbol{P}_{y,k/k-1}^{N}](\boldsymbol{K}_{k}^{N})^{\mathrm{T}}$$

借用前面的简化记号,上式即为

$$\boldsymbol{P}_{x,k}^{*}=\boldsymbol{P}_{x,k/k-1}^{*}-\boldsymbol{K}_{k}^{N}\boldsymbol{P}_{y,k/k-1}^{*}(\boldsymbol{K}_{k}^{N})^{\mathrm{T}}$$

最后,改记 $\hat{\boldsymbol{x}}_{k-1}^{*}=\hat{\boldsymbol{x}}_{k-1}^{N}$、$\hat{\boldsymbol{x}}_{k}^{*}=\hat{\boldsymbol{x}}_{k}^{N}$、$\hat{\boldsymbol{x}}_{k/k-1}^{*}=\hat{\boldsymbol{x}}_{k/k-1}^{N}$、$\hat{\boldsymbol{y}}_{k/k-1}^{*}=\hat{\boldsymbol{y}}_{k/k-1}^{N}$、$\boldsymbol{K}_{k}^{*}=\boldsymbol{K}_{k}^{N}$,则遗忘滤波公式(9.3-44)变为

$$\begin{cases}\boldsymbol{K}_{k}^{*}=\boldsymbol{P}_{xy,k/k-1}^{*}(\boldsymbol{P}_{y,k/k-1}^{*})^{-1}\\ \hat{\boldsymbol{x}}_{k}^{*}=\hat{\boldsymbol{x}}_{k/k-1}^{*}+\boldsymbol{K}_{k}^{*}(\boldsymbol{y}_{k}-\hat{\boldsymbol{y}}_{k/k-1}^{*})\\ \boldsymbol{P}_{x,k}^{*}=\boldsymbol{P}_{x,k/k-1}^{*}-\boldsymbol{K}_{k}^{*}\boldsymbol{P}_{y,k/k-1}^{*}(\boldsymbol{K}_{k}^{*})^{\mathrm{T}}\end{cases}\tag{9.3-45}$$

其中

$$\hat{\boldsymbol{x}}_{k/k-1}^{*}=\boldsymbol{\Phi}_{k/k-1}\hat{\boldsymbol{x}}_{k-1}^{*}、\hat{\boldsymbol{y}}_{k/k-1}^{*}=\boldsymbol{H}_{k}\hat{\boldsymbol{x}}_{k/k-1}^{*}$$

$$\boldsymbol{P}_{x,k/k-1}^{*}=\boldsymbol{\Phi}_{k/k-1}(s\boldsymbol{P}_{x,k-1}^{*})\boldsymbol{\Phi}_{k/k-1}^{\mathrm{T}}+\boldsymbol{B}_{k-1}\boldsymbol{Q}_{k-1}\boldsymbol{B}_{k-1}^{\mathrm{T}}$$

$$\boldsymbol{P}_{y,k/k-1}^{*}=\boldsymbol{H}_{k}\boldsymbol{P}_{x,k/k-1}^{*}\boldsymbol{H}_{k}^{\mathrm{T}}+\boldsymbol{R}_{k}、\boldsymbol{P}_{xy,k/k-1}^{*}=\boldsymbol{P}_{x,k/k-1}^{*}\boldsymbol{H}_{k}^{\mathrm{T}}$$

由此结果可见,简化后的遗忘滤波公式在形式上与当前时刻 N 无关,并且只需在状态预测均方差阵 $\boldsymbol{P}_{x,k/k-1}^{*}$ 中多乘一个遗忘因子 s,即等效于扩大了状态预测的不确定性,淡忘了既往的估计,而其他公式与 Kalman 滤波公式完全相同。显然,可以将普通 Kalman 滤波看作是遗忘滤波中当 $s=1$ 时的特例,普通 Kalman 滤波综合利用了所有的历史信息;而在遗忘滤波中若 s 越大于 1,则历史信息被遗忘的速度越快。

9.3.5 仿真举例

【**例 9.3-1**】假设某随机系统的状态空间模型如下:

$$\begin{cases}x_{k}=0.95\cdot x_{k-1}+w_{k-1}\\ y_{k}=x_{k}+v_{k}\end{cases}$$

式中:白噪声 $w_k\sim WN(0,1^2)$、$v_k\sim WN(0,3^2)$ 且 w_k 和 v_k 之间不相关,试对该系统进行 Kalman 滤波仿真。

解:该系统的结构参数是定常的,编写 Matlab 仿真程序见附录 D,运行结果如图 9.3-4 所示。图 9.3-4(a)中实线和虚线分别是状态估计均方误差的开方 $\sqrt{P_{x,k}}$ 和滤波增益 K_k,它们很快收敛并趋于稳定值。图 9.3-4(b)中“x”点显示为量测值 y_k,它的跳动幅度比较大;虚线是状态真实值 x_k;实线为 Kalman 滤波状态估计值 $\hat{x}_k$,滤波稳定后状态估计值基本上跟随状态真实值波动,但两者之间始终存在误差,理论上该误差的标准差即为 $\sqrt{P_{x,k}}$。为了对比,图 9.3-4(b)中点画线给出了稳态增益滤波的估计 $\hat{x}_k^*$,该曲线与 Kalman 滤波曲线在起始阶段有些差别,但两者很快就重合了。值得注意的是,相对于状态真实曲线而言,滤波估计曲线总体上存在一定的滞后,这正体现了数字滤波器的相位延迟特点。

【**例 9.3-2**】假设某随机系统的状态空间模型如下:

$$\begin{cases}\boldsymbol{x}_{k}=\boldsymbol{\Phi}_{k/k-1}\boldsymbol{x}_{k-1}+\boldsymbol{w}_{k-1}\\ y_{k}=\boldsymbol{H}_{k}\boldsymbol{x}_{k}+v_{k}\end{cases}$$

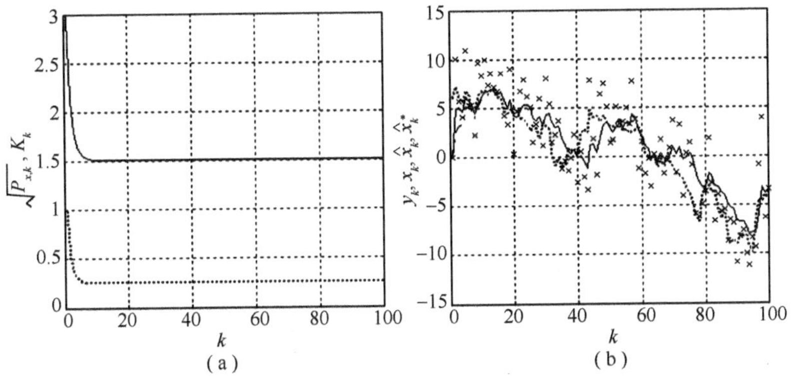

图 9.3－4　Kalman 滤波仿真结果

式中：两维的状态向量 $\boldsymbol{x}_k=\begin{bmatrix}x_{1,k}\\x_{2,k}\end{bmatrix}$，状态一步转移矩阵 $\boldsymbol{\Phi}_{k/k-1}=\begin{bmatrix}0.95&0\\0&1\end{bmatrix}$，量测矩阵 $\boldsymbol{H}_k=[1\quad 0]$，$\boldsymbol{w}_k$ 和 v_k 均是零均值白噪声且两者之间互不相关，噪声方差阵分别为 $E[\boldsymbol{w}_j\boldsymbol{w}_k^{\mathrm{T}}]=\begin{bmatrix}1&0\\0&1\end{bmatrix}\delta_{jk}$ 和 $E[v_jv_k^{\mathrm{T}}]=1\delta_{jk}$。试对该系统进行 Kalman 滤波仿真。

解：在 Kalman 滤波仿真时，设置滤波初始值 $\hat{\boldsymbol{x}}_0=[0\quad 0]^{\mathrm{T}}$、$\boldsymbol{P}_0=\mathrm{diag}([3^2\quad 3^2])$，仿真结果如图 9.3－5 所示，图(a)对应第一状态分量 $x_{1,k}$，图(b)对应第二状态分量 $x_{2,k}$，图中实线为状态误差的均方差，点划线是状态的真实值，虚线是 Kalman 滤波的状态估计。图(a)显示状态估计 $\hat{x}_{1,k}$ 随真实值 $x_{1,k}$ 变化，状态估计的均方误差收敛，该状态分量的滤波估计效果较好；而图(b)显示状态估计 $\hat{x}_{2,k}$ 始终为 0，状态估计的均方误差不仅不收敛反而发散，无法实现状态 $x_{2,k}$ 的滤波估计。

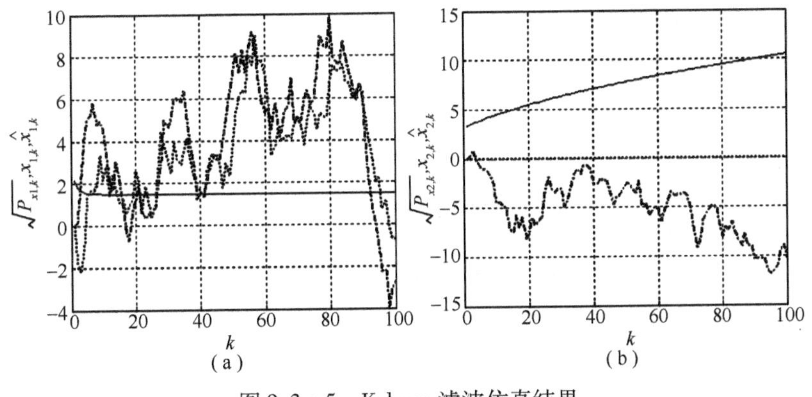

图 9.3－5　Kalman 滤波仿真结果

借鉴确定性系统的可观测性分析方法（更准确的应该使用随机可观测性理论进行分析），可得本例中随机系统的可观测性矩阵为：

$$\boldsymbol{O}=\begin{bmatrix}\boldsymbol{H}_k\\\boldsymbol{H}_k\boldsymbol{\Phi}_{k/k-1}\end{bmatrix}=\begin{bmatrix}1&0\\0.95&0\end{bmatrix}$$

由于 $\mathrm{rank}(\boldsymbol{O})=1$，知该随机系统只有 1 个状态分量是可观测的，由 $\boldsymbol{O}$ 可以看出可观测的就是第一状态分量 $x_{1,k}$，而对于不可观测的第二状态分量 $x_{2,k}$，用 Kalman 滤波不能完成估计。因此,在 Kalman 滤波之前,通常需要先进行系统的可观测性分析,删除不可观测的状态,降维处理后一方面可以降低计算量,另一方面还可以减小不可观测状态对 Kalman 滤波器稳定性造成的负面影响。当然,这里给出的是定常系统的例子,而对于时变系统,要进行可观测性分析还是比较麻烦的。事实上,本例经过可观测性分析后的降维系统正是【例 9.3-1】所示的一维系统。

9.4 自适应 Kalman 滤波

理论上,只有在随机动态系统的结构参数和噪声统计特性参数都准确已知的条件下,标准 Kalman 滤波才能获得状态的最优估计。然而,实际应用中,以上两类参数的获取都或多或少存在一些误差,致使 Kalman 滤波的精度降低,严重时还可能会引起滤波发散。不难理解,随机系统的模型误差往往会影响到其输出,换言之,量测输出中很可能隐含了关于系统模型的某些信息,那么当系统模型参数不够准确时能否根据量测输出对部分参数进行重新估计建模呢?这实质上属于系统辨识问题。1969 年,学者 A. P. Sage 和 G. W. Husa提出了一种自适应滤波算法,在进行状态估计的同时还可以通过量测输出在线实时地估计系统的噪声参数。本节除了介绍 Sage-Husa 自适应 Kalman 滤波外,还介绍了指数渐消记忆自适应算法和基于 Allan 方差的量测噪声方差自适应算法。

9.4.1 Sage-Husa 自适应 Kalman 滤波(SHAKF)

已知离散时间随机线性系统模型:

$$\begin{cases}\boldsymbol{x}_k=\boldsymbol{\Phi}_{k/k-1}\boldsymbol{x}_{k-1}+\boldsymbol{w}_{k-1}\\ \boldsymbol{y}_k=\boldsymbol{H}_k\boldsymbol{x}_k+\boldsymbol{v}_k\end{cases}\tag{9.4-1}$$

式中:$\boldsymbol{w}_k,\boldsymbol{v}_k$分别为 n 维和 m 维的高斯白噪声向量序列:$\boldsymbol{w}_k\sim WN(\boldsymbol{q}_k,\boldsymbol{Q}_k)$,$\boldsymbol{v}_k\sim WN(\boldsymbol{r}_k,\boldsymbol{R}_k)$,这里噪声均值 $\boldsymbol{q}_k$和 $\boldsymbol{r}_k$不一定为零,并且假设两噪声之间互不相关,即有

$$\begin{cases}E[\boldsymbol{w}_k]=\boldsymbol{q}_k,\ \mathrm{Cov}(\boldsymbol{w}_j,\boldsymbol{w}_k)=\boldsymbol{Q}_k\delta_{jk}\\ E[\boldsymbol{v}_k]=\boldsymbol{r}_k,\ \mathrm{Cov}(\boldsymbol{v}_j,\boldsymbol{v}_k)=\boldsymbol{R}_k\delta_{jk}\\ \mathrm{Cov}(\boldsymbol{w}_j,\boldsymbol{v}_k)=\boldsymbol{0}\end{cases}$$

如果高斯白噪声的均值参数 $\boldsymbol{q}_k,\boldsymbol{r}_k$和方差阵参数 $\boldsymbol{Q}_k,\boldsymbol{R}_k$均已知,则除了状态一步预测和量测一步预测稍有差异外,非零均值白噪声系统(9.4-1)的 Kalman 滤波公式与式(9.3-40)基本相同,不妨重写如下:

$$\begin{cases}\boldsymbol{K}_k=\boldsymbol{P}_{xy,k/k-1}\boldsymbol{P}_{y,k/k-1}^{-1}\\ \hat{\boldsymbol{x}}_k=\hat{\boldsymbol{x}}_{k/k-1}+\boldsymbol{K}_k(\boldsymbol{y}_k-\hat{\boldsymbol{y}}_{k/k-1})\\ \boldsymbol{P}_{x,k}=\boldsymbol{P}_{x,k/k-1}-\boldsymbol{K}_k\boldsymbol{P}_{y,k/k-1}\boldsymbol{K}_k^{\mathrm{T}}\end{cases}\tag{9.4-2}$$

其中

$$\hat{\boldsymbol{x}}_{k/k-1}=\boldsymbol{\Phi}_{k/k-1}\hat{\boldsymbol{x}}_{k-1}+\boldsymbol{q}_{k-1}、\hat{\boldsymbol{y}}_{k/k-1}=\boldsymbol{H}_k\hat{\boldsymbol{x}}_{k/k-1}+\boldsymbol{r}_k$$

$$\boldsymbol{P}_{x,k/k-1}=\boldsymbol{\Phi}_{k/k-1}\boldsymbol{P}_{x,k-1}\boldsymbol{\Phi}_{k/k-1}^{\mathrm{T}}+\boldsymbol{Q}_{k-1}、\boldsymbol{P}_{y,k/k-1}=\boldsymbol{H}_k\boldsymbol{P}_{x,k/k-1}\boldsymbol{H}_k^{\mathrm{T}}+\boldsymbol{R}_k、\boldsymbol{P}_{xy,k/k-1}=\boldsymbol{P}_{x,k/k-1}\boldsymbol{H}_k^{\mathrm{T}}$$

但是,如果噪声参数 $\boldsymbol{q}_k,\boldsymbol{Q}_k,\boldsymbol{r}_k,\boldsymbol{R}_k$中的部分或全部未知,就必须或者有可能通过一定的手段,在 Kalman 滤波的过程中同时对它们进行实时估计。当所有的噪声参数都未知

时，估计方法介绍如下。

1. 量测噪声参数 $\boldsymbol{r}_k$，$\boldsymbol{R}_k$ 的估计

首先，由关系式

$$\begin{aligned}\boldsymbol{y}_k-\boldsymbol{H}_k\hat{\boldsymbol{x}}_{k/k-1}&=[\boldsymbol{H}_k(\boldsymbol{\Phi}_{k/k-1}\boldsymbol{x}_{k-1}+\boldsymbol{w}_{k-1})+\boldsymbol{v}_k]-\boldsymbol{H}_k(\boldsymbol{\Phi}_{k/k-1}\hat{\boldsymbol{x}}_{k-1}+\boldsymbol{q}_{k-1})\\&=\boldsymbol{H}_k[\boldsymbol{\Phi}_{k/k-1}(\boldsymbol{x}_{k-1}-\hat{\boldsymbol{x}}_{k-1})+(\boldsymbol{w}_{k-1}-\boldsymbol{q}_{k-1})]+\boldsymbol{v}_k\\&=\boldsymbol{H}_k[\boldsymbol{\Phi}_{k/k-1}\boldsymbol{e}_{x,k-1}+(\boldsymbol{w}_{k-1}-\boldsymbol{q}_{k-1})]+\boldsymbol{v}_k\end{aligned}$$

移项可得

$$\boldsymbol{v}_k=\boldsymbol{y}_k-\boldsymbol{H}_k\hat{\boldsymbol{x}}_{k/k-1}-\boldsymbol{H}_k[\boldsymbol{\Phi}_{k/k-1}\boldsymbol{e}_{x,k-1}+(\boldsymbol{w}_{k-1}-\boldsymbol{q}_{k-1})]$$

在 $k-1$ 时刻，Kalman 滤波的状态估计准确（即状态估计误差 $E[\boldsymbol{e}_{x,k-1}]=0$）并且系统噪声的均值 $\boldsymbol{q}_{k-1}$ 准确的条件下，对上式求数学期望可得量测白噪声的均值为

$$\boldsymbol{r}_k=E[\boldsymbol{v}_k]=E[\boldsymbol{y}_k-\boldsymbol{H}_k\hat{\boldsymbol{x}}_{k/k-1}] \tag{9.4-3}$$

其次，根据量测预测误差（即新息）公式：

$$\boldsymbol{e}_{y,k/k-1}=\boldsymbol{y}_k-\hat{\boldsymbol{y}}_{k/k-1}=\boldsymbol{H}_k\boldsymbol{x}_k+\boldsymbol{v}_k-(\boldsymbol{H}_k\hat{\boldsymbol{x}}_{k/k-1}+\boldsymbol{r}_k)=\boldsymbol{H}_k\boldsymbol{e}_{x,k/k-1}+(\boldsymbol{v}_k-\boldsymbol{r}_k)$$

由于 $\boldsymbol{e}_{x,k/k-1}$ 和 $\boldsymbol{v}_k-\boldsymbol{r}_k$ 的均值都为零，可知 $\boldsymbol{e}_{y,k/k-1}$ 的均值也为零，再考虑到状态一步预测误差 $\boldsymbol{e}_{x,k/k-1}$ 与量测噪声 $\boldsymbol{v}_k-\boldsymbol{r}_k$ 之间互不相关，对上式两边同时求方差，可得

$$E[\boldsymbol{e}_{y,k/k-1}\boldsymbol{e}_{y,k/k-1}^{\mathrm{T}}]=\boldsymbol{H}_k\boldsymbol{P}_{x,k/k-1}\boldsymbol{H}_k^{\mathrm{T}}+\boldsymbol{R}_k$$

经移项，立即得量测噪声的方差阵

$$\boldsymbol{R}_k=E[\boldsymbol{e}_{y,k/k-1}\boldsymbol{e}_{y,k/k-1}^{\mathrm{T}}]-\boldsymbol{H}_k\boldsymbol{P}_{x,k/k-1}\boldsymbol{H}_k^{\mathrm{T}} \tag{9.4-4}$$

2. 状态噪声参数 $\boldsymbol{q}_k$，$\boldsymbol{Q}_k$ 的估计

由 Kalman 滤波的状态估计更新公式

$$\hat{\boldsymbol{x}}_k=\hat{\boldsymbol{x}}_{k/k-1}+\boldsymbol{K}_k\boldsymbol{e}_{y,k/k-1}=\boldsymbol{\Phi}_{k/k-1}\hat{\boldsymbol{x}}_{k-1}+\boldsymbol{q}_{k-1}+\boldsymbol{K}_k\boldsymbol{e}_{y,k/k-1} \tag{9.4-5}$$

进一步展开得

$$\hat{\boldsymbol{x}}_k=\boldsymbol{\Phi}_{k/k-1}\hat{\boldsymbol{x}}_{k-1}+\boldsymbol{q}_{k-1}+\boldsymbol{K}_k\{(\boldsymbol{H}_k\boldsymbol{x}_k+\boldsymbol{v}_k)-[\boldsymbol{H}_k(\boldsymbol{\Phi}_{k/k-1}\hat{\boldsymbol{x}}_{k-1}+\boldsymbol{q}_{k-1})+\boldsymbol{r}_k]\}$$

将上式整理为

$$\boldsymbol{q}_{k-1}=(\boldsymbol{I}-\boldsymbol{K}_k\boldsymbol{H}_k)^{-1}(\hat{\boldsymbol{x}}_k-\boldsymbol{K}_k\boldsymbol{H}_k\boldsymbol{x}_k)-\boldsymbol{\Phi}_{k/k-1}\hat{\boldsymbol{x}}_{k-1}-(\boldsymbol{I}-\boldsymbol{K}_k\boldsymbol{H}_k)^{-1}\boldsymbol{K}_k(\boldsymbol{v}_k-\boldsymbol{r}_k)$$

在 k 时刻，Kalman 滤波的状态估计准确（即 $\hat{\boldsymbol{x}}_k$ 是 $\boldsymbol{x}_k$ 的无偏估计，$E[\hat{\boldsymbol{x}}_k]=E[\boldsymbol{x}_k]$）并且准确已知量测噪声均值 $\boldsymbol{r}_k$（即 $E[\boldsymbol{v}_k-\boldsymbol{r}_k]=0$）的条件下，对上式求数学期望可得系统白噪声的均值为

$$\begin{aligned}\boldsymbol{q}_{k-1}=E[\boldsymbol{w}_{k-1}]&=(\boldsymbol{I}-\boldsymbol{K}_k\boldsymbol{H}_k)^{-1}(E[\hat{\boldsymbol{x}}_k]-\boldsymbol{K}_k\boldsymbol{H}_kE[\boldsymbol{x}_k])-\boldsymbol{\Phi}_{k/k-1}E[\hat{\boldsymbol{x}}_{k-1}]\\&=E[\hat{\boldsymbol{x}}_k-\boldsymbol{\Phi}_{k/k-1}\hat{\boldsymbol{x}}_{k-1}]\end{aligned} \tag{9.4-6}$$

此外，将系统的理论状态方程 $\boldsymbol{x}_k=\boldsymbol{\Phi}_{k/k-1}\boldsymbol{x}_{k-1}+\boldsymbol{w}_{k-1}$ 的两边分别减去状态估计式(9.4-5)的两边，可得

$$(\boldsymbol{x}_k-\hat{\boldsymbol{x}}_k)=\boldsymbol{\Phi}_{k/k-1}(\boldsymbol{x}_{k-1}-\hat{\boldsymbol{x}}_{k-1})+(\boldsymbol{w}_{k-1}-\boldsymbol{q}_{k-1})-\boldsymbol{K}_k\boldsymbol{e}_{y,k/k-1}$$

整理得

$$\boldsymbol{e}_{x,k}+\boldsymbol{K}_k\boldsymbol{e}_{y,k/k-1}=\boldsymbol{\Phi}_{k/k-1}\boldsymbol{e}_{x,k-1}+(\boldsymbol{w}_{k-1}-\boldsymbol{q}_{k-1})$$

考虑到 Kalman 滤波 k 时刻的状态估计误差 $\boldsymbol{e}_{x,k}$ 与新息 $\boldsymbol{e}_{y,k/k-1}$ 之间互不相关，并且 $k-1$ 时刻的状态估计误差 $\boldsymbol{e}_{x,k-1}$ 与系统噪声 $\boldsymbol{w}_{k-1}-\boldsymbol{q}_{k-1}$ 之间也不相关，对上式两边同时求方差，可得

$$\boldsymbol{P}_{x,k}+\boldsymbol{K}_kE[\boldsymbol{e}_{y,k/k-1}\boldsymbol{e}_{y,k/k-1}^T]\boldsymbol{K}_k^{\mathrm{T}}=\boldsymbol{\Phi}_{k/k-1}\boldsymbol{P}_{x,k-1}\boldsymbol{\Phi}_{k/k-1}^{\mathrm{T}}+\boldsymbol{Q}_{k-1}$$

移项整理为

$$\boldsymbol{Q}_{k-1}=\boldsymbol{K}_kE[\boldsymbol{e}_{y,k/k-1}\boldsymbol{e}_{y,k/k-1}^{\mathrm{T}}]\boldsymbol{K}_k^{\mathrm{T}}+\boldsymbol{P}_{x,k}-\boldsymbol{\Phi}_{k/k-1}\boldsymbol{P}_{x,k-1}\boldsymbol{\Phi}_{k/k-1}^{\mathrm{T}} \tag{9.4-7}$$

3. 自适应 Kalman 滤波算法

式(9.4-3)、式(9.4-4)、式(9.4-6)和式(9.4-7)即为噪声参数的求解公式，但是其中涉及对量测、状态估计和新息等进行总体均值处理的问题。实际应用时，在有限时间内的量测总是随机过程的一个有限序列，因此，只能在噪声平稳的条件下以时间平均代替集总平均来估计噪声参数。

当噪声参数 $\boldsymbol{q}_k,\boldsymbol{Q}_k,\boldsymbol{r}_k,\boldsymbol{R}_k$全部为未知常值时，以式(9.4-3)为例，用等加权时间平均作为$\boldsymbol{r}_k$的估计值，有如下递推算法：

$$\begin{aligned}\hat{\boldsymbol{r}}_k&=\frac{1}{k}\sum_{i=1}^{k}(\boldsymbol{y}_i-\boldsymbol{H}_i\hat{\boldsymbol{x}}_{i/i-1})=\frac{1}{k}\left[\sum_{i=1}^{k-1}(\boldsymbol{y}_i-\boldsymbol{H}_i\hat{\boldsymbol{x}}_{i/i-1})+(\boldsymbol{y}_k-\boldsymbol{H}_k\hat{\boldsymbol{x}}_{k/k-1})\right]\\&=\frac{1}{k}[(k-1)\hat{\boldsymbol{r}}_{k-1}+(\boldsymbol{y}_k-\boldsymbol{H}_k\hat{\boldsymbol{x}}_{k/k-1})]=\left(1-\frac{1}{k}\right)\hat{\boldsymbol{r}}_{k-1}+\frac{1}{k}(\boldsymbol{y}_k-\boldsymbol{H}_k\hat{\boldsymbol{x}}_{k/k-1})\end{aligned} \tag{9.4-8}$$

对于式(9.4-4)、式(9.4-6)和式(9.4-7)，同理有

$$\hat{\boldsymbol{R}}_k=\left(1-\frac{1}{k}\right)\hat{\boldsymbol{R}}_{k-1}+\frac{1}{k}(\boldsymbol{e}_{y,k/k-1}\boldsymbol{e}_{y,k/k-1}^{\mathrm{T}}-\boldsymbol{H}_k\boldsymbol{P}_{x,k/k-1}\boldsymbol{H}_k^{\mathrm{T}}) \tag{9.4-9}$$

$$\hat{\boldsymbol{q}}_{k-1}=\left(1-\frac{1}{k}\right)\hat{\boldsymbol{q}}_{k-2}+\frac{1}{k}(\hat{\boldsymbol{x}}_k-\boldsymbol{\Phi}_{k/k-1}\hat{\boldsymbol{x}}_{k-1}) \tag{9.4-10}$$

$$\hat{\boldsymbol{Q}}_{k-1}=\left(1-\frac{1}{k}\right)\hat{\boldsymbol{Q}}_{k-2}+\frac{1}{k}(\boldsymbol{K}_k\boldsymbol{e}_{y,k/k-1}\boldsymbol{e}_{y,k/k-1}^{\mathrm{T}}\boldsymbol{K}_k^{\mathrm{T}}+\boldsymbol{P}_{x,k}-\boldsymbol{\Phi}_{k/k-1}\boldsymbol{P}_{x,k-1}\boldsymbol{\Phi}_{k/k-1}^{\mathrm{T}}) \tag{9.4-11}$$

至此，若将 Kalman 滤波公式(9.4-2)中的噪声参数 $\boldsymbol{q}_k,\boldsymbol{Q}_k,\boldsymbol{r}_k,\boldsymbol{R}_k$用估计值 $\hat{\boldsymbol{q}}_k,\hat{\boldsymbol{q}}_k,\hat{\boldsymbol{r}}_k$，$\hat{\boldsymbol{R}}_k$代替，由式(9.4-2)和式(9.4-8)~式(9.4-11)一起就共同构成了噪声参数为未知常值时的 Sage-Husa 自适应 Kalman 滤波(Sage-Husa Adaptive Kalman Filter, SHAKF)。

4. 噪声参数自适应估计的有效性分析

从理论上说，Kalman 滤波要求噪声参数事先准确已知；但是前面在推导自适应滤波的量测噪声均值参数 $\boldsymbol{r}_k$ 的过程中，假设 $k-1$ 时刻的 Kalman 滤波估计是无偏的(误差 $E[\boldsymbol{e}_{x,k-1}]=0$)并且 $\boldsymbol{q}_{k-1}$准确已知；在求解 $\boldsymbol{R}_k$时假设 $\boldsymbol{r}_k$准确已知；在推导状态噪声均值参数 $\boldsymbol{q}_k$的估计时，假设k 时刻的 Kalman 滤波估计是无偏的(误差 $E[\boldsymbol{e}_{x,k}]=0$)并且 $\boldsymbol{r}_k$准确已知；在求解 $\boldsymbol{Q}_k$时假设 $\boldsymbol{q}_k$准确已知。可见，上述诸参数之间是相互耦合和制约的，如果其中某处出现干扰偏差，就可能影响到其他环节并进一步相互影响，甚至使估计结果恶化导致噪声方差阵失去非负定性和滤波发散。

实际上，自适应滤波算法是否有效还跟随机系统的结构参数有关，应具体问题具体分析。普遍的原则是，系统的未知噪声参数越多，滤波越容易发散，所以应尽可能减少未知噪声参数的数目。多数情况下，系统噪声由系统内部机理决定，噪声参数相对比较稳定，应尽量事先精确测试和建模；而量测噪声主要由外部环境造成，容易发生变化，还存在一定的不可预知性。因此，通常只对量测噪声进行自适应处理，有利于保证系统滤波的稳定性。

易知，当状态噪声均值和量测噪声均值都为非零常值时，可以把它们当作随机常值看

待。若对原随机系统式(9.4-1)进行状态扩维处理,可建立含 $2n+m$ 个状态的新系统:

$$\begin{cases}\begin{bmatrix}\boldsymbol{x}_k\\\boldsymbol{q}_k\\\boldsymbol{r}_k\end{bmatrix}=\begin{bmatrix}\boldsymbol{\Phi}_{k/k-1}&\boldsymbol{I}_n&\boldsymbol{0}\\\boldsymbol{0}&\boldsymbol{I}_n&\boldsymbol{0}\\\boldsymbol{0}&\boldsymbol{0}&\boldsymbol{I}_m\end{bmatrix}\begin{bmatrix}\boldsymbol{x}_{k-1}\\\boldsymbol{q}_{k-1}\\\boldsymbol{r}_{k-1}\end{bmatrix}+\begin{bmatrix}\boldsymbol{I}_n\\\boldsymbol{0}\\\boldsymbol{0}\end{bmatrix}\boldsymbol{w}_{k-1}^*\\\boldsymbol{y}_k=[\boldsymbol{H}_k\quad\boldsymbol{0}\quad\boldsymbol{I}_m]\begin{bmatrix}\boldsymbol{x}_k\\\boldsymbol{q}_k\\\boldsymbol{r}_k\end{bmatrix}+\boldsymbol{v}_k^*\end{cases}\tag{9.4-12}$$

式中:$\boldsymbol{w}_k^*$,$\boldsymbol{v}_k^*$ 变成了零均值的高斯白噪声,即 $\boldsymbol{w}_k^*\sim WN(\boldsymbol{0},\boldsymbol{Q}_k)$,$\boldsymbol{v}_k^*\sim WN(\boldsymbol{0},\boldsymbol{R}_k)$。

状态扩维之后更易于进行系统的可观测性分析,以确定哪些噪声的均值参数是可观测的。进一步地,若系统式(9.4-12)的结构参数亦是定常的,为书写简便分别将 $\boldsymbol{\Phi}_{k/k-1}$,$\boldsymbol{H}_k$记为 $\boldsymbol{\Phi}$,$\boldsymbol{H}$,则该系统的可观测性矩阵为

$$\boldsymbol{O}=\begin{bmatrix}\boldsymbol{H}&\boldsymbol{0}&\boldsymbol{I}_m\\\boldsymbol{H\Phi}&\boldsymbol{H}&\boldsymbol{I}_m\\\boldsymbol{H\Phi}^2&\boldsymbol{H}(\boldsymbol{\Phi}+\boldsymbol{I}_n)&\boldsymbol{I}_m\end{bmatrix}\tag{9.4-13}$$

不妨假设原系统(9.4-1)的状态维数大于或等于量测维数(即 $n\geqslant m$,实际中多数情况下是成立的),记 $\boldsymbol{I}_m^*=[\boldsymbol{I}_m\quad\boldsymbol{0}_{m\times(n-m)}]$,并引入

$$\boldsymbol{O}^*=\begin{bmatrix}\boldsymbol{H}&\boldsymbol{0}&\boldsymbol{I}_m^*\\\boldsymbol{H\Phi}&\boldsymbol{H}&\boldsymbol{I}_m^*\\\boldsymbol{H\Phi}^2&\boldsymbol{H}(\boldsymbol{\Phi}+\boldsymbol{I}_n)&\boldsymbol{I}_m^*\end{bmatrix}$$

显然有 $\mathrm{rank}(\boldsymbol{O})=\mathrm{rank}(\boldsymbol{O}^*)$,并且不难验证在 $\boldsymbol{O}^*$ 的分块矩阵中满足"第 3 行 = 第 2 行 × $(\boldsymbol{\Phi}+\boldsymbol{I}_n)$ - 第 1 行 × $\boldsymbol{\Phi}$",即状态扩维新系统的可观测性矩阵 $\boldsymbol{O}$ 的秩最大不会超过 $2m$。所以当 $2m<2n+m$(即 $m<2n$)时,状态扩维新系统必定是不完全可观测的,这表明不再适合于将原系统的噪声参数 $\boldsymbol{q}_k$,$\boldsymbol{r}_k$全部列入自适应估计算法。

当然,若原系统的结构参数 $\boldsymbol{\Phi}_{k/k-1}$,$\boldsymbol{H}_k$是时变的,由于系统结构参数的不断变化,就有可能使新系统(9.4-12)成为完全可观测的,但这必须结合具体问题才能进行更深入的分析。

前面主要讨论了噪声均值的可观测性问题,然而,若要对噪声方差阵的自适应估计有效性进行分析,将是非常困难的。此处仅举个简单的例子,用来说明可能无法根据量测 y_k同时估计出噪声方差 Q 和 R。一维定常系统如下:

$$\begin{cases}x_k=x_{k-1}+w_{k-1}\\y_k=x_k+v_k\end{cases}\tag{9.4-14}$$

式中:w_k,v_k都是零均值的高斯白噪声,即 $w_k\sim WN(0,Q)$,$v_k\sim WN(0,R)$;Q 和 R 均是未知常值,很明显该系统的状态是一随机游走过程。

暂且假设由 SHAKF 可以准确地估计出噪声方差 Q 和 R,则当滤波稳定时根据稳态常值增益滤波式(9.3-28)有状态的均方误差:

$$P_x=\frac{-Q+\sqrt{Q^2+4QR}}{2}\tag{9.4-15}$$

另一方面,将量测预测的均方误差简记为 P_y,假设 P_y 是已知量,则有

$$P_y = E[e_{y,k/k-1}e_{y,k/k-1}^{\mathrm{T}}] = H^2 P_{x,k/k-1} + R$$
$$= H^2\phi^2(P_{x,k-1} + Q) + R = P_x + Q + R \tag{9.4-16}$$

将式(9.4-15)代入式(9.4-16),整理得

$$(P_y - R)^2 = P_y Q$$

考虑到 $P_y > R$,解得

$$R = P_y - \sqrt{P_y Q} \text{ 或者 } Q = (P_y - R)^2/P_y \tag{9.4-17}$$

这说明,在量测预测的均方误差 $P_y = E[e_{y,k/k-1}\mathrm{e}_{y,k/k-1}^{\mathrm{T}}]$ 确定已知的条件下,所有满足上式的 Q 和 R 都可以作为 SHAKF 的估计结果,即 Q 和 R 存在多值性,或者说 SHAKF 算法式(9.4-4)和式(9.4-7)实质上无法在 Q 和 R 均未知时将两者准确分离开。

9.4.2 指数渐消记忆 SHAKF

噪声参数等加权时间平均自适应估计式(9.4-8)~式(9.4-11)的优点是,当已知噪声参数为固定常值时,在估计有效和收敛的前提下,随着时间的增长,噪声参数的估计必定会越来越准确。但是,如果实际噪声参数在缓慢变化(弱非平稳),希望估计值也能随之发生变化,为此提出指数渐消记忆 SHAKF 方法。

1. 指数渐消记忆加权平均算法

首先,有如下因式分解公式成立:

$$1 - b^k = (1-b)(1 + b + b^2 + \cdots + b^{k-1}),\ k = 1,2,3,\cdots$$

当 $0 < b < 1$ 时,通过上式移项得

$$\frac{1-b}{1-b^k}(1 + b + b^2 + \cdots + b^{k-1}) = 1$$

若记

$$\beta_{k,i} = \frac{1-b}{1-b^k}b^{k-i},\quad i = 1,2,\cdots,k \tag{9.4-18}$$

则显然有

$$\beta_{k,i-1} = b \cdot \beta_{k,i} \quad \text{和} \quad \sum\nolimits_{i=1}^{k}\beta_{k,i} = 1$$

假设某一输出 y_k 在 k 时刻是输入序列 $x_1,x_2,\cdots,x_k$ 的加权平均,即有

$$y_k = \beta_{k,1}x_1 + \beta_{k,2}x_2 + \cdots + \beta_{k,k-1}x_{k-1} + \beta_{k,k}x_k = \sum\nolimits_{i=1}^{k}\beta_{k,i}x_i \tag{9.4-19}$$

从式(9.4-18)中加权系数 $\beta_{k,i}$ 的定义可以看出,式(9.4-19)中陈旧数据的利用率以 b 的指数次方衰减,所以习惯上称这种加权平均法为指数渐消记忆加权平均。指数渐消记忆加权平均方法强调了新近数据的作用,而对陈旧数据的作用渐渐遗忘,相应地,还经常称底数 b 为遗忘因子或渐消记忆因子。

同理,对于 $k-1$ 时刻的输出 y_{k-1} 有

$$y_{k-1} = \beta_{k-1,1}x_1 + \beta_{k-1,2}x_2 + \cdots + \beta_{k-1,k-2}x_{k-2} + \beta_{k-1,k-1}x_{k-1} = \sum\nolimits_{i=1}^{k-1}\beta_{k-1,i}x_i$$

为了方便应用,将式(9.4-19)改写成递推形式,可得

$$y_k = \sum\nolimits_{i=1}^{k}\beta_{k,i}x_i = \sum\nolimits_{i=1}^{k-1}\beta_{k,i}x_i + \beta_{k,k}x_k$$

$$= \sum_{i=1}^{k-1} \frac{1-b}{1-b^k} b^{k-i} x_i + \beta_{k,k} x_k = \frac{(1-b^{k-1})b}{1-b^k} \sum_{i=1}^{k-1} \frac{1-b}{1-b^{k-1}} b^{k-1-i} x_i + \beta_{k,k} x_k$$

$$= \frac{(1-b^k)-(1-b)}{1-b^k} \sum_{i=1}^{k-1} \beta_{k-1,i} x_i + \beta_{k,k} x_k = (1-\beta_{k,k}) y_{k-1} + \beta_{k,k} x_k \tag{9.4-20}$$

不妨将 $\beta_{k,k}$ 简记为 β_k，则有 β_k 的递推公式

$$\beta_{k+1} = \frac{1-b}{1-b^{k+1}} = \frac{1-b}{1-b+b(1-b^k)} = \frac{(1-b)/(1-b^k)}{(1-b)/(1-b^k)+b} = \frac{\beta_k}{\beta_k+b} \tag{9.4-21}$$

并且初始值取为 $\beta_1 = 1$。所以，指数渐消记忆加权平均的递推公式为

$$\begin{cases} y_k = (1-\beta_k) y_{k-1} + \beta_k x_k, & y_0 \text{任意} \\ \beta_{k+1} = \dfrac{\beta_k}{\beta_k + b}, & \beta_1 = 1 \end{cases} \tag{9.4-22}$$

显然，随着时间的不断增长，当 $0<b<1$ 和 k 充分大时，近似有 $\beta_k \approx 1-b$，则式(9.4-22)中 y_k 的递推公式可简化为

$$y_k = b y_{k-1} + (1-b) x_k \tag{9.4-23}$$

事实上，这正是一阶 IIR 数字滤波器的递归表示形式，反过来看，可以将一阶 IIR 数字滤波器视为指数渐消记忆加权平均算法的稳态形式。若根据式(9.4-23)回溯递推也容易看出，它对陈旧数据的利用率以 b 的指数次方衰减。由数字滤波器的特性可知，加权平均法的估计值(估计均值)必定存在滞后效应，即相位延迟，估计值并不能及时反映输入均值的变化。通常取 $b=0.9 \sim 0.999$，若令 $b=\mathrm{e}^{-1/\tau}$，则近似有 $b \approx 1-1/\tau$，实际使用时根据输入序列 $\{x_k\}$ 的均值变化平缓程度(等效于相关时间 τ)便可确定出合适的 b 值。

值得指出的是，还存在以下几种特殊的加权平均情形：① 当 $\beta_1=1, b=1$ 时，有 $\beta_k = 1/k$，式(9.4-22)就是等加权平均法，平滑效果最强；② 当 $\beta_1=1, b=0$ 时，有 $\beta_k=1$，此时 y_k 完全依赖于当前输入 x_k，不存在平滑作用；③ 当直接取 $\beta_1=0$ 而 $b \neq 0$ 时，根据式(9.4-21)有 $\beta_k=0$，从而有 $y_k = y_{k-1} = \cdots = y_0$，即 y_k 仅取决于其初值 y_0，这时输出完全不受输入的影响。

2. 指数渐消记忆 SHAKF

若用 β_k 替换式(9.4-8)~式(9.4-11)中的 $1/k$，便可得到指数渐消记忆 SHAKF。但是，考虑到四种噪声参数 $\boldsymbol{q}_k, \boldsymbol{Q}_k, \boldsymbol{r}_k, \boldsymbol{R}_k$ 的变化平缓程度不一定相同，并且每种噪声向量下的每一个分量的变化平缓程度也不一定相同，所以对待每一个噪声分量宜用特定的遗忘因子，若记遗忘因子矩阵为

$$\boldsymbol{\beta}_k^r = \mathrm{diag}([\beta_k^{r1} \quad \beta_k^{r2} \quad \cdots \quad \beta_k^{rm}])$$
$$\boldsymbol{\beta}_k^R = \mathrm{diag}([\beta_k^{R1} \quad \beta_k^{R2} \quad \cdots \quad \beta_k^{Rm}])$$
$$\boldsymbol{\beta}_k^q = \mathrm{diag}([\beta_k^{q1} \quad \beta_k^{q2} \quad \cdots \quad \beta_k^{qn}])$$
$$\boldsymbol{\beta}_k^Q = \mathrm{diag}([\beta_k^{Q1} \quad \beta_k^{Q2} \quad \cdots \quad \beta_k^{Qn}])$$

则有噪声参数的指数渐消记忆算法：

$$\hat{\boldsymbol{r}}_k = (\boldsymbol{I} - \boldsymbol{\beta}_k^r) \hat{\boldsymbol{r}}_{k-1} + \boldsymbol{\beta}_k^r (\boldsymbol{y}_k - \boldsymbol{H}_k \hat{\boldsymbol{x}}_{k/k-1}) \tag{9.4-24}$$

$$\hat{\boldsymbol{R}}_k = \sqrt{\boldsymbol{I} - \boldsymbol{\beta}_k^R}\, \hat{\boldsymbol{R}}_{k-1} \sqrt{\boldsymbol{I} - \boldsymbol{\beta}_k^R} + \sqrt{\boldsymbol{\beta}_k^R} (\boldsymbol{e}_{y,k/k-1} \boldsymbol{e}_{y,k/k-1}^{\mathrm{T}} - \boldsymbol{H}_k \boldsymbol{P}_{x,k/k-1} \boldsymbol{H}_k^{\mathrm{T}}) \sqrt{\boldsymbol{\beta}_k^R} \tag{9.4-25}$$

$$\hat{\boldsymbol{q}}_{k-1} = (\boldsymbol{I} - \boldsymbol{\beta}_k^q)\hat{\boldsymbol{q}}_{k-2} + \boldsymbol{\beta}_k^q(\hat{\boldsymbol{x}}_k - \boldsymbol{\Phi}_{k/k-1}\hat{\boldsymbol{x}}_{k-1}) \tag{9.4-26}$$

$$\begin{aligned}\hat{\boldsymbol{Q}}_{k-1} = & \sqrt{\boldsymbol{I} - \boldsymbol{\beta}_k^Q}\hat{\boldsymbol{Q}}_{k-2}\sqrt{\boldsymbol{I} - \boldsymbol{\beta}_k^Q} \\ & + \sqrt{\boldsymbol{\beta}_k^Q}(\boldsymbol{K}_k\boldsymbol{e}_{y,k/k-1}\boldsymbol{e}_{y,k/k-1}^{\mathrm{T}}\boldsymbol{K}_k^{\mathrm{T}} + \boldsymbol{P}_{x,k} - \boldsymbol{\Phi}_{k/k-1}\boldsymbol{P}_{x,k-1}\boldsymbol{\Phi}_{k/k-1}^{\mathrm{T}})\sqrt{\boldsymbol{\beta}_k^Q}\end{aligned} \tag{9.4-27}$$

而 Kalman 滤波公式同式(9.4-2)。特别地,当设置其中的某一个分量的初值 $\beta_1^* = 0$ 时,则表示对应的噪声参数分量是已知的定常值,即不再对它作自适应估计。

9.4.3 基于 Allan 方差的量测噪声方差自适应算法

Kalman 滤波公式的推导和 SHAKF 噪声参数自适应估计算法的推导都是直接在时域上进行的,实质上隐含着 Kalman 滤波状态估计与噪声参数自适应估计之间的内在联系性和相互耦合性,因而容易造成滤波器的不稳定。如果换个角度从频域上分析,系统状态是激励白噪声 $\boldsymbol{w}_k$ 的累加(或积分),系统噪声传播至量测时主要表现为低频噪声(如随机游走),高频段分量不断衰减;而量测白噪声 $\boldsymbol{v}_k$ 直接作用于量测输出,表现为宽带噪声。因此,通过对量测输出的频带分割就有可能分离出量测噪声参数。由于 Allan 方差滤波器是带通滤波器,可以滤除部分低频段噪声,而对于宽频白噪声,其 Allan 方差恰好就等于白噪声的方差,所以 Allan 方差分析法为估计量测白噪声的方差参数提供了一种可行的途径。

为了简化分析,这里认为量测噪声向量的各个分量之间是不相关的,实际应用中常常也是这么处理的。对量测向量的每一个分量进行 Allan 方差分析,但一般只需计算取样间隔为最短采样时间 τ_0 时的 Allan 方差,这等效于分析高频分量频谱,将 Allan 方差的估计公式(8.3-18)改写成如下递推形式:

$$\begin{aligned}\hat{R}_k &= \frac{1}{2(k-1)}\sum_{i=2}^{k}(y_i - y_{i-1})^2 = \frac{1}{2(k-1)}\left[\sum_{i=2}^{k-1}(y_i - y_{i-1})^2 + (y_k - y_{k-1})^2\right] \\ &= \frac{k-2}{k-1}\left[\frac{1}{2(k-2)}\sum_{i=2}^{k-1}(y_i - y_{i-1})^2\right] + \frac{1}{2(k-1)}(y_k - y_{k-1})^2 \\ &= \left(1 - \frac{1}{k-1}\right)\hat{R}_{k-1} + \frac{1}{2(k-1)}(y_k - y_{k-1})^2\end{aligned} \tag{9.4-28}$$

式中:$k = 2,3,4,\cdots$;初始值 $\hat{R}_1$ 任意。类似地,若采用渐消记忆算法进行估计,则有

$$\hat{R}_k = (1 - \beta_{k-1})\hat{R}_{k-1} + \frac{1}{2}\beta_{k-1}(y_k - y_{k-1})^2 \tag{9.4-29}$$

这便是基于 Allan 方差的量测噪声方差自适应算法,在该方法中量测噪声方差的估计过程与 Kalman 滤波过程完全相互独立,因而能有效降低 Kalman 滤波发散的风险。

9.4.4 仿真举例

【**例 9.4-1**】假设简单的一维定常随机系统模型

$$\begin{cases} x_k = \phi x_{k-1} + w_{k-1} \\ y_k = x_k + v_k \end{cases}$$

式中:w_k, v_k 都是非零均值高斯白噪声,即 $w_k \sim WN(q_k, Q_k)$,$v_k \sim WN(r_k, R_k)$,试对该系统进行分析和仿真。

解：如果 q_k，r_k是常值，按照式(9.4－12)进行状态扩维，得

$$\begin{cases}\begin{bmatrix}x_k\\q_k\\r_k\end{bmatrix}=\begin{bmatrix}\phi & 1 & 0\\0 & 1 & 0\\0 & 0 & 1\end{bmatrix}\begin{bmatrix}x_{k-1}\\q_{k-1}\\r_{k-1}\end{bmatrix}+\begin{bmatrix}1\\0\\0\end{bmatrix}w_{k-1}^*\\ y_k=\begin{bmatrix}1 & 0 & 1\end{bmatrix}\begin{bmatrix}x_k\\q_k\\r_k\end{bmatrix}+v_k^*\end{cases}$$

式中：w_k^*，v_k^*是零均值白噪声。状态扩维系统的可观测性矩阵为

$$\boldsymbol{O}=\begin{bmatrix}\boldsymbol{H}\\\boldsymbol{H\Phi}\\\boldsymbol{H\Phi}^2\end{bmatrix}=\begin{bmatrix}1 & 0 & 1\\\phi & 1 & 1\\\phi^2 & \phi+1 & 1\end{bmatrix}$$

很明显有 rank($\boldsymbol{O}$)＝2，它小于状态扩维系统的维数 3，所以状态扩维系统是不完全可观测的。从可观测性矩阵 $\boldsymbol{O}$ 的第 1、2 行不难看出，可观测的状态组合是 x_k+r_k和 $\phi x_k+q_k+r_k$，或者简化为 x_k+r_k和$(\phi-1)x_k+q_k$，所以 x_k，q_k，r_k三者中没有一个状态是能够单独分离的。

综合前面的分析，能够进行自适应估计的噪声参数主要归结为系统噪声的均值和量测噪声的方差，这里对前者采用 SHAKF 方法而后者采用 Allan 方差方法。在系统噪声方差和量测噪声均值都已知的情况下进行了仿真，仿真结果如图 9.4－1 所示，其中(a)中“x”对应测量值，虚线对应状态的真实值，实线对应状态的滤波估计值；(b)中虚线为系统

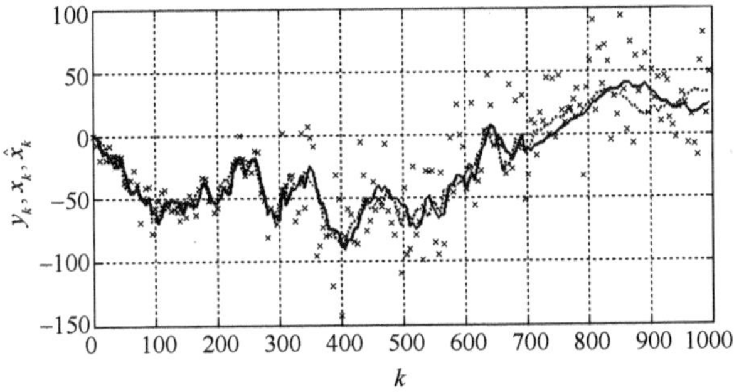

(a)量测、状态及状态估计

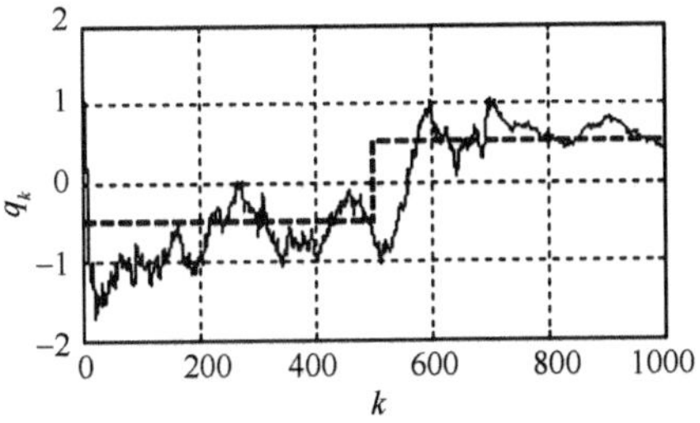

(b)系统噪声均值及其自适应估计

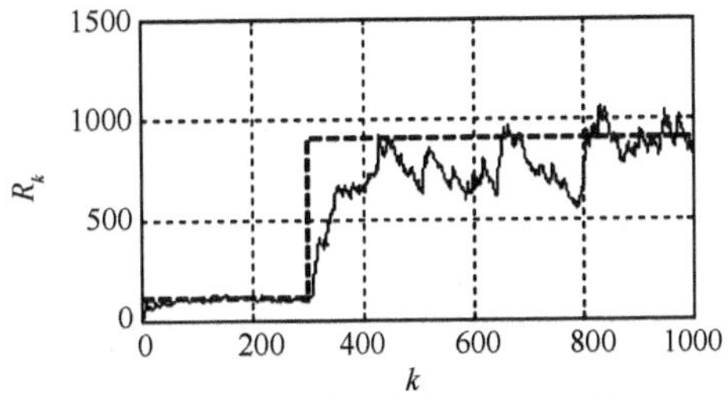

(c)量测噪声方差及其自适应估计

图 9.4－1 自适应 Kalman 滤波仿真

噪声均值的真值,真值在 $k=500$ 时有跳变,实线对应 SHAKF 法的自适应估计值,它基本能够跟随真实值的变化,但存在一定的滞后;(c)中虚线为量测噪声方差的真值,在 $k=300$ 时有跳变,实线对应 Allan 方差法的自适应估计值,它也能够跟踪真实值的变化,但也存在一定的过渡过程。

本例的仿真程序详见附录 D,读者可对其修改,能够得到以下几点重要结论:①若仅对量测噪声方差进行 SHAKF 自适应估计,效果与 Allan 方差方法相当;②若对系统噪声方差和量测噪声方差同时进行 SHAKF 估计,结果极易发散,但如果结合系统噪声方差 SHAKF 估计和量测噪声方差 Allan 方差估计,结果不发散;③量测噪声均值无法自适应估计,系统噪声方差的自适应估计精度较差。

9.5 非线性系统的 EKF 滤波

在许多实际问题中,遇到的系统模型都是非线性的。要精确求解非线性估计问题一般是十分困难的,其难点主要在于准确建立概率分布的非线性传递关系。常用的解决办法是先进行模型的局部线性化近似,再利用前面已经得到的关于线性系统的 Kalman 滤波公式,这一方法便是非线性系统的扩展卡尔曼滤波(Extended Kalman Filter,EKF),或称为广义卡尔曼滤波。下面首先给出雅可比(Jacobian)矩阵的概念,它在非线性系统的线性化过程中发挥着重要的作用。

9.5.1 雅可比矩阵

假设由 n 个自变量组成向量 $\boldsymbol{x}=[x_1, x_2, \cdots, x_n]^{\mathrm{T}}$,由 m 个因变量组成向量 $\boldsymbol{y}=[y_1, y_2, \cdots, y_m]^{\mathrm{T}}$,两者之间的非线性向量函数 $\boldsymbol{y}=\boldsymbol{f}(\boldsymbol{x})$ 的具体形式为

$$\begin{cases} y_1 = f_1(x_1, x_2, \cdots, x_n) \\ y_2 = f_2(x_1, x_2, \cdots, x_n) \\ \vdots \\ y_m = f_m(x_1, x_2, \cdots, x_n) \end{cases} \tag{9.5-1}$$

雅可比矩阵定义为

$$\frac{\partial \boldsymbol{f}(\boldsymbol{x})}{\partial \boldsymbol{x}^{\mathrm{T}}} = \begin{bmatrix} \frac{\partial f_1}{\partial x_1} & \frac{\partial f_1}{\partial x_2} & \cdots & \frac{\partial f_1}{\partial x_n} \\ \frac{\partial f_2}{\partial x_1} & \frac{\partial f_2}{\partial x_2} & \cdots & \frac{\partial f_2}{\partial x_n} \\ \vdots & \vdots & & \vdots \\ \frac{\partial f_m}{\partial x_1} & \frac{\partial f_m}{\partial x_2} & \cdots & \frac{\partial f_m}{\partial x_n} \end{bmatrix} \tag{9.5-2}$$

由此可见,雅可比矩阵是由每一个非线性函数对每一个自变量求一阶偏导数并按一定规律排列构成的,其维数是 $m \times n$。从几何角度上看,雅可比矩阵是一元函数斜率或多元函数梯度概念的推广。

9.5.2 EKF 滤波

针对离散时间非线性系统：

$$\begin{cases} \boldsymbol{x}_k = \boldsymbol{f}(\boldsymbol{x}_{k-1}) + \boldsymbol{B}_{k-1}\boldsymbol{w}_{k-1} \\ \boldsymbol{y}_k = \boldsymbol{h}(\boldsymbol{x}_k) + \boldsymbol{v}_k \end{cases} \tag{9.5-3}$$

式中：$\boldsymbol{f}(\cdot)$和$\boldsymbol{h}(\cdot)$均为时间参数离散而状态连续的非线性向量函数，其他符号的含义同式(9.3-31)。当然，$\boldsymbol{f}(\cdot)$可以是时变的向量函数，即函数中存在着随时刻k改变的参数，更具普遍性的表示方法是$\boldsymbol{f}(\boldsymbol{x}_k,k)$，但后面为了简便，依然记作$\boldsymbol{f}(\boldsymbol{x}_k)$，对于$\boldsymbol{h}(\cdot)$也同样理解和处理。注意到，非线性系统式(9.5-3)的噪声与状态之间的关系是"求和"，常称为加性噪声，它代表了一大类常见的非线性系统。

为了叙述方便，首先引入以下记号。

若已知$k-1$时刻状态$\boldsymbol{x}_{k-1}$的一个参考值(或称为名义值、标称值)$\boldsymbol{x}_{k-1}^n$，并且该参考值与真实值之间的偏差记为

$$\Delta\boldsymbol{x}_{k-1} = \boldsymbol{x}_{k-1} - \boldsymbol{x}_{k-1}^n \tag{9.5-4}$$

在忽略系统噪声影响时，直接通过状态方程可对k时刻的状态进行预测，即

$$\boldsymbol{x}_{k/k-1}^n = \boldsymbol{f}(\boldsymbol{x}_{k-1}^n) \tag{9.5-5}$$

状态预测的偏差记为

$$\Delta\boldsymbol{x}_k = \boldsymbol{x}_k - \boldsymbol{x}_{k/k-1}^n \tag{9.5-6}$$

同样忽略量测噪声的影响，利用量测方程可对量测进行预测，即

$$\boldsymbol{y}_{k/k-1}^n = \boldsymbol{h}(\boldsymbol{x}_{k/k-1}^n) \tag{9.5-7}$$

量测预测的偏差记为

$$\Delta\boldsymbol{y}_k = \boldsymbol{y}_k - \boldsymbol{y}_{k/k-1}^n \tag{9.5-8}$$

现将系统式(9.5-3)中的状态非线性函数$\boldsymbol{f}(\cdot)$在$k-1$时刻的参考值$\boldsymbol{x}_{k-1}^n$邻域附近展开成泰勒级数并取一阶近似，得

$$\boldsymbol{x}_k \approx \boldsymbol{f}(\boldsymbol{x}_{k-1}^n) + \left.\frac{\partial \boldsymbol{f}(\boldsymbol{x}_{k-1})}{\partial \boldsymbol{x}_{k-1}^{\mathrm{T}}}\right|_{\boldsymbol{x}_{k-1}=\boldsymbol{x}_{k-1}^n}(\boldsymbol{x}_{k-1} - \boldsymbol{x}_{k-1}^n) + \boldsymbol{B}_{k-1}\boldsymbol{w}_{k-1} \tag{9.5-9}$$

若简记状态方程中的雅可比矩阵为

$$\boldsymbol{\Phi}_{k/k-1}^n = \left.\frac{\partial \boldsymbol{f}(\boldsymbol{x}_{k-1})}{\partial \boldsymbol{x}_{k-1}^{\mathrm{T}}}\right|_{\boldsymbol{x}_{k-1}=\boldsymbol{x}_{k-1}^n}$$

则式(9.5-9)可改写为

$$\boldsymbol{x}_k - \boldsymbol{f}(\boldsymbol{x}_{k-1}^n) \approx \boldsymbol{\Phi}_{k/k-1}^n(\boldsymbol{x}_{k-1} - \boldsymbol{x}_{k-1}^n) + \boldsymbol{B}_{k-1}\boldsymbol{w}_{k-1}$$

即

$$\Delta\boldsymbol{x}_k = \boldsymbol{\Phi}_{k/k-1}^n\Delta\boldsymbol{x}_{k-1} + \boldsymbol{B}_{k-1}\boldsymbol{w}_{k-1} \tag{9.5-10}$$

同理，若将系统式(9.5-3)中的量测非线性函数$\boldsymbol{h}(\cdot)$在参考状态预测$\boldsymbol{x}_{k/k-1}^n$附近展开成泰勒级数并取一阶近似，得

$$\boldsymbol{y}_k \approx \boldsymbol{h}(\boldsymbol{x}_{k/k-1}^n) + \left.\frac{\partial \boldsymbol{h}(\boldsymbol{x}_k)}{\partial \boldsymbol{x}_k^{\mathrm{T}}}\right|_{\boldsymbol{x}_k=\boldsymbol{x}_{k/k-1}^n}(\boldsymbol{x}_k - \boldsymbol{x}_{k/k-1}^n) + \boldsymbol{v}_k \tag{9.5-11}$$

再简记量测方程中的雅可比矩阵

$$\boldsymbol{H}_k^n = \frac{\partial \boldsymbol{h}(\boldsymbol{x}_k)}{\partial \boldsymbol{x}_k^{\mathrm{T}}}\bigg|_{\boldsymbol{x}_k=\boldsymbol{x}_{k/k-1}^n}$$

则式(9.5－11)可简写为

$$\Delta \boldsymbol{y}_k = \boldsymbol{H}_k^n \Delta \boldsymbol{x}_k + \boldsymbol{v}_k \tag{9.5-12}$$

若分别将偏差量 $\Delta\boldsymbol{x}_k$ 和 $\Delta\boldsymbol{y}_k$ 当作新的状态和量测，则式(9.5－10)和式(9.5－12)就构成了一个新的系统，并且恰好是线性的，可直接应用线性 Kalman 滤波方法进行偏差状态估计，其中状态更新公式为

$$\Delta\hat{\boldsymbol{x}}_k = \boldsymbol{\Phi}_{k/k-1}^n \Delta\hat{\boldsymbol{x}}_{k-1} + \boldsymbol{K}_k^n(\Delta\boldsymbol{y}_k - \boldsymbol{H}_k^n \boldsymbol{\Phi}_{k/k-1}^n \Delta\hat{\boldsymbol{x}}_{k-1}) \tag{9.5-13}$$

根据式(9.5－4)和式(9.5－6)知偏差量的估计应满足如下关系：

$$\Delta\hat{\boldsymbol{x}}_{k-1} = \hat{\boldsymbol{x}}_{k-1} - \boldsymbol{x}_{k-1}^n$$

$$\Delta\hat{\boldsymbol{x}}_k = \hat{\boldsymbol{x}}_k - \boldsymbol{x}_{k/k-1}^n$$

再将它们代入式(9.5－13)并整理得

$$\hat{\boldsymbol{x}}_k = \boldsymbol{x}_{k/k-1}^n + \boldsymbol{K}_k^n(\boldsymbol{y}_k - \boldsymbol{y}_{k/k-1}^n) + (\boldsymbol{I} - \boldsymbol{K}_k^n \boldsymbol{H}_k^n)\boldsymbol{\Phi}_{k/k-1}^n(\hat{\boldsymbol{x}}_{k-1} - \boldsymbol{x}_{k-1}^n)$$

显然，当 $k-1$ 时刻的参考值 $\boldsymbol{x}_{k-1}^n$ 取为最优估计 $\hat{\boldsymbol{x}}_{k-1}$ 时，正好可以消除上面等式右边第三项的影响。因此，省略所有符号的右上角标识"n"，得到完整的 EKF 滤波公式：

$$\begin{cases} \boldsymbol{K}_k = \boldsymbol{P}_{xy,k/k-1}\boldsymbol{P}_{y,k/k-1}^{-1} \\ \hat{\boldsymbol{x}}_k = \hat{\boldsymbol{x}}_{k/k-1} + \boldsymbol{K}_k(\boldsymbol{y}_k - \hat{\boldsymbol{y}}_{k/k-1}) \\ \boldsymbol{P}_{x,k} = \boldsymbol{P}_{x,k/k-1} - \boldsymbol{K}_k \boldsymbol{P}_{y,k/k-1}\boldsymbol{K}_k^{\mathrm{T}} \end{cases} \tag{9.5-14}$$

其中

$$\hat{\boldsymbol{x}}_{k/k-1} = \boldsymbol{f}(\hat{\boldsymbol{x}}_{k-1})、\hat{\boldsymbol{y}}_{k/k-1} = \boldsymbol{h}(\hat{\boldsymbol{x}}_{k/k-1})$$

$$\boldsymbol{\Phi}_{k/k-1} = \frac{\partial \boldsymbol{f}(\boldsymbol{x}_{k-1})}{\partial \boldsymbol{x}_{k-1}^{\mathrm{T}}}\bigg|_{\boldsymbol{x}_{k-1}=\hat{\boldsymbol{x}}_{k-1}}、\boldsymbol{H}_k = \frac{\partial \boldsymbol{h}(\boldsymbol{x}_k)}{\partial \boldsymbol{x}_k^{\mathrm{T}}}\bigg|_{\boldsymbol{x}_k=\hat{\boldsymbol{x}}_{k/k-1}}$$

$$\boldsymbol{P}_{x,k/k-1} = \boldsymbol{\Phi}_{k/k-1}\boldsymbol{P}_{x,k-1}\boldsymbol{\Phi}_{k/k-1}^{\mathrm{T}} + \boldsymbol{B}_{k-1}\boldsymbol{Q}_{k-1}\boldsymbol{B}_{k-1}^{\mathrm{T}}$$

$$\boldsymbol{P}_{y,k/k-1} = \boldsymbol{H}_k \boldsymbol{P}_{x,k/k-1}\boldsymbol{H}_k^{\mathrm{T}} + \boldsymbol{R}_k、\boldsymbol{P}_{xy,k/k-1} = \boldsymbol{P}_{x,k/k-1}\boldsymbol{H}_k^{\mathrm{T}}$$

比较线性 Kalman 滤波式(9.3－40)和非线性 EKF 滤波式(9.5－14)，可以看出，EKF 滤波的主要不同之处体现在：①为了提高预测精度，直接通过非线性方程进行状态和量测预测，而不使用一阶线性近似外推预测；②利用雅可比矩阵作为状态一步转移矩阵和量测矩阵进行均方误差阵更新。易知，线性函数的雅克比矩阵就等于其一步转移矩阵，因此线性 Kalman 滤波可以看作是非线性 EKF 滤波的特殊情形，但反过来，非线性 EKF 滤波拓宽了线性 Kalman 滤波的应用范围。

值得注意的是，在前述 EKF 推导过程中，由于对非线性系统的状态转移矩阵和量测矩阵进行了一阶线性近似处理（即雅可比矩阵），并且认为 $k-1$ 时刻的参考状态可取得最优估计值（即令 $\boldsymbol{x}_{k-1}^n = \hat{\boldsymbol{x}}_{k-1}$），所以 EKF 滤波是求解非线性估计问题的一种近似方法，或称为次优滤波方法。一般情况下 EKF 滤波对状态初值的选取敏感，特别当系统的非线性比较强烈或者存在多个极值点时，如果初值选取不合适可能会导致滤波收敛缓慢，甚至容易引起滤波发散，得不到正确的状态估计值。

9.5.3 直接滤波与间接滤波

现有比式(9.5－3)更一般化的非线性随机系统，其形式为

$$\begin{cases}\boldsymbol{x}_k=\boldsymbol{g}(\boldsymbol{x}_{k-1},\boldsymbol{w}_{k-1})\\ \boldsymbol{y}_k=\boldsymbol{j}(\boldsymbol{x}_k,\boldsymbol{v}_k)\end{cases}\tag{9.5-15}$$

式中：$\boldsymbol{g}(\cdot)$和$\boldsymbol{j}(\cdot)$均是非线性的向量函数，其他符号的含义同式(9.5－3)。如果原始系统式(9.5－15)可以分解为两部分，一是不含噪声的确定性的标称子系统：

$$\begin{cases}\boldsymbol{x}_k^n=\boldsymbol{g}(\boldsymbol{x}_{k-1}^n,\boldsymbol{0})\\ \boldsymbol{y}_k^n=\boldsymbol{j}(\boldsymbol{x}_k^n,\boldsymbol{0})\end{cases}\tag{9.5-16}$$

二是含随机噪声的误差子系统：

$$\begin{cases}\Delta\boldsymbol{x}_k=\boldsymbol{f}(\Delta\boldsymbol{x}_{k-1})+\boldsymbol{B}_{k-1}\boldsymbol{w}_{k-1}\\ \Delta\boldsymbol{y}_k=\boldsymbol{h}(\Delta\boldsymbol{x}_k)+\boldsymbol{v}_k\end{cases}\tag{9.5-17}$$

并且上述三者的状态(或量测)之间具有如下关系：

$$\begin{cases}\boldsymbol{x}_k=\boldsymbol{x}_k^n\oplus\Delta\boldsymbol{x}_k\\ \boldsymbol{y}_k=\boldsymbol{y}_k^n\oplus\Delta\boldsymbol{y}_k\end{cases}\tag{9.5-18}$$

式中：符号“$\oplus$”在形式上表示“求和”关系，它即可以表示简单的向量算术和，也可以表示其他更复杂的运算(比如捷联惯导系统中姿态四元数与数学平台失准角之间的关系)，注意$\boldsymbol{x}_k,\boldsymbol{x}_k^n,\Delta\boldsymbol{x}_k$(或$\boldsymbol{y}_k,\boldsymbol{y}_k^n,\Delta\boldsymbol{y}_k$)三者之间的维数不一定相同，需根据具体问题而定。

若直接对原始非线性随机系统式(9.5－15)进行滤波则称为直接滤波，即由量测$\boldsymbol{y}_k$直接估计状态$\boldsymbol{x}_k$，可采用EKF等非线性滤波方法；而若根据系统分解，先利用标称子系统式(9.5－16)递推计算$\boldsymbol{x}_k^n$和$\boldsymbol{y}_k^n$，并通过误差子系统式(9.5－17)利用误差信号$\Delta\boldsymbol{y}_k=\boldsymbol{y}_k\ominus\boldsymbol{y}_k^n$滤波估计误差状态$\Delta\hat{\boldsymbol{x}}_k$，再整合状态估计$\hat{\boldsymbol{x}}_k=\boldsymbol{x}_k^n\oplus\Delta\hat{\boldsymbol{x}}_k$，则称这种间接估计原始系统状态的方法为间接滤波。当然，作为非线性系统的特殊情形，线性系统也可以采用间接滤波方法。为了理解方便，以下以线性系统为例来详细讨论间接滤波方法。

对于线性随机系统：

$$\begin{cases}\boldsymbol{x}_k=\boldsymbol{\Phi}_{k/k-1}\boldsymbol{x}_{k-1}+\boldsymbol{B}_{k-1}\boldsymbol{w}_{k-1}\\ \boldsymbol{y}_k=\boldsymbol{H}_k\boldsymbol{x}_k+\boldsymbol{v}_k\end{cases}\tag{9.5-19}$$

与其相应的标称子系统和误差子系统分别为

$$\begin{cases}\boldsymbol{x}_k^n=\boldsymbol{\Phi}_{k/k-1}\boldsymbol{x}_{k-1}^n\\ \boldsymbol{y}_k^n=\boldsymbol{H}_k\boldsymbol{x}_k^n\end{cases}\tag{9.5-20}$$

$$\begin{cases}\Delta\boldsymbol{x}_k=\boldsymbol{\Phi}_{k/k-1}\Delta\boldsymbol{x}_{k-1}+\boldsymbol{B}_{k-1}\boldsymbol{w}_{k-1}\\ \Delta\boldsymbol{y}_k=\boldsymbol{H}_k\Delta\boldsymbol{x}_k+\boldsymbol{v}_k\end{cases}\tag{9.5-21}$$

并且有

$$\begin{cases}\boldsymbol{x}_k=\boldsymbol{x}_k^n+\Delta\boldsymbol{x}_k\\ \boldsymbol{y}_k=\boldsymbol{y}_k^n+\Delta\boldsymbol{y}_k\end{cases}\tag{9.5-22}$$

根据以上几个关系式，不难绘制出间接滤波的示意方框图，如图9.5－1所示，其中“Kalman滤波”部分仅给出了误差子系统的状态更新，而未给出它的状态估计均方差阵更新。图中标称子系统是完全自治的，即不受Kalman滤波的影响。

结合式(9.5－19)～式(9.5－22)和图9.5－1继续进行分析。

如果在$k-1$时刻利用某一已知的校正向量$\boldsymbol{b}_{k-1}$对原标称子系统的状态$\boldsymbol{x}_{k-1}^n$进行校正，即令

$$x_{k-1}^{n*}=x_{k-1}^{n}+b_{k-1} \tag{9.5-23}$$

则新的标称子系统变为

$$\begin{cases} x_k^{n*}=\boldsymbol{\Phi}_{k/k-1}x_{k-1}^{n*} \\ y_k^{n*}=H_k x_k^{n*} \end{cases} \tag{9.5-24}$$

相应地，新的误差子系统变为

$$\begin{cases} \Delta x_k^{*}=\boldsymbol{\Phi}_{k/k-1}\Delta x_{k-1}^{*}+B_{k-1}w_{k-1} \\ \Delta y_k^{*}=H_k\Delta x_k^{*}+v_k \end{cases} \tag{9.5-25}$$

其中

$$\Delta x_{k-1}^{*}=x_{k-1}-x_{k-1}^{n*}=x_{k-1}-(x_{k-1}^{n}+b_{k-1})=\Delta x_{k-1}-b_{k-1} \tag{9.5-26}$$

$$\Delta y_k^{*}=y_k-y_k^{n*}=y_k-H_k\boldsymbol{\Phi}_{k/k-1}(x_{k-1}^{n}+b_{k-1})=\Delta y_k-H_k\boldsymbol{\Phi}_{k/k-1}b_{k-1} \tag{9.5-27}$$

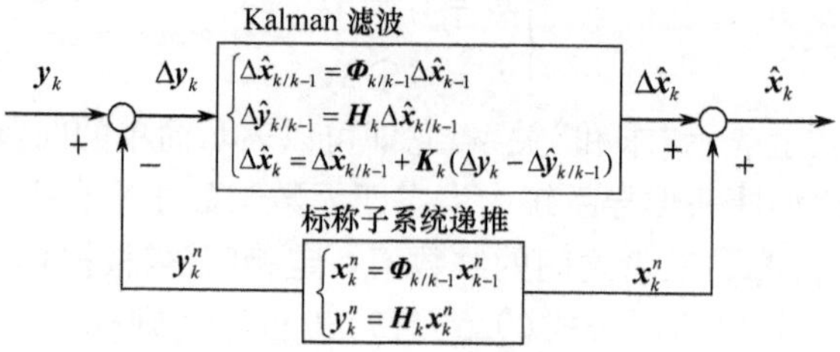

图 9.5－1　线性系统的间接 Kalman 滤波

若已知原误差子系统式(9.5－21)在 $k-1$ 时刻的状态估计 $\Delta\hat{x}_{k-1}$，并同样利用向量 b_{k-1}进行状态估计校正，令

$$\Delta\hat{x}_{k-1}^{*}=\Delta\hat{x}_{k-1}-b_{k-1} \tag{9.5-28}$$

则新误差子系统式(9.5－25)的 Kalman 滤波状态更新为

$$\begin{cases} \Delta\hat{x}_{k/k-1}^{*}=\boldsymbol{\Phi}_{k/k-1}\Delta\hat{x}_{k-1}^{*} \\ \Delta\hat{y}_{k/k-1}^{*}=H_k\Delta\hat{x}_{k/k-1}^{*} \\ \Delta\hat{x}_k^{*}=\Delta\hat{x}_{k/k-1}^{*}+K_k^{*}(\Delta y_k^{*}-\Delta\hat{y}_{k/k-1}^{*}) \end{cases} \tag{9.5-29}$$

而对于新误差子系统的均方误差阵更新，在 $k-1$ 时刻其状态估计均方误差阵为

$$\begin{aligned} P_{\Delta x^*,k-1} &= E[(\Delta x_{k-1}^{*}-\Delta\hat{x}_{k-1}^{*})(\Delta x_{k-1}^{*}-\Delta\hat{x}_{k-1}^{*})^{\mathrm{T}}] \\ &= E\{[(\Delta x_{k-1}-b_{k-1})-(\Delta\hat{x}_{k-1}-b_{k-1})][(\Delta x_{k-1}-b_{k-1})-(\Delta\hat{x}_{k-1}-b_{k-1})]^{\mathrm{T}}\} \\ &= E[(\Delta x_{k-1}-\Delta\hat{x}_{k-1})(\Delta x_{k-1}-\Delta\hat{x}_{k-1})^{\mathrm{T}}]=P_{\Delta x,k-1} \end{aligned} \tag{9.5-30}$$

此外式(9.5－25)还显示，新误差子系统的系统噪声和量测噪声统计特性均不变，所以状态校正不会影响新误差子系统的滤波增益 K_k^{*} 计算和均方差阵 $P_{\Delta x^*,k}$ 更新，即有 $K_k^{*}=K_k$ 和 $P_{\Delta x^*,k}=P_{\Delta x,k}$。

若利用新标称子系统的状态 x_k^{n*} 和新误差子系统的状态估计 $\Delta\hat{x}_k^{*}$ 构造原系统(9.5－19)的状态估计 $\hat{x}_k^{*}$，可得

$$\begin{aligned} \hat{x}_k^{*} &= x_k^{n*}+\Delta\hat{x}_k^{*}=x_k^{n*}+\Delta\hat{x}_{k/k-1}^{*}+K_k^{*}(\Delta y_k^{*}-\Delta\hat{y}_{k/k-1}^{*}) \\ &= \boldsymbol{\Phi}_{k/k-1}(x_{k-1}^{n}+b_{k-1})+\boldsymbol{\Phi}_{k/k-1}(\Delta\hat{x}_{k-1}-b_{k-1}) \\ &\quad +K_k^{*}[\Delta y_k-H_k\boldsymbol{\Phi}_{k/k-1}b_{k-1}-H_k\boldsymbol{\Phi}_{k/k-1}(\Delta\hat{x}_{k-1}-b_{k-1})] \\ &= x_k^{n}+\Delta\hat{x}_{k/k-1}+K_k(\Delta y_k-\Delta\hat{y}_{k/k-1})=x_k^{n}+\Delta\hat{x}_k=\hat{x}_k \end{aligned} \tag{9.5-31}$$

式(9.5-31)表明,在 $k-1$ 时刻利用校正量 $\boldsymbol{b}_{k-1}$ 对标称子系统状态 $\boldsymbol{x}_{k-1}^{n}$ 进行正向校正,同时对误差子系统状态估计 $\Delta\hat{\boldsymbol{x}}_{k-1}$ 进行负向校正,校正方法分别见式(9.5-23)和式(9.5-28),最终结果完全不影响系统在 k 时刻的状态估计 $\hat{\boldsymbol{x}}_k$,即有 $\hat{\boldsymbol{x}}_k^{*}=\hat{\boldsymbol{x}}_k$。

特别地,若取校正向量

$$\boldsymbol{b}_{k-1}=\boldsymbol{D}_{k-1}\Delta\hat{\boldsymbol{x}}_{k-1} \tag{9.5-32}$$

式中:校正系数矩阵定义为

$$\boldsymbol{D}_{k-1}=\mathrm{diag}([d_{k-1,1} \quad d_{k-1,2} \quad \cdots \quad d_{k-1,n}]),\ 0\leqslant d_{k-1,i}\leqslant 1 \tag{9.5-33}$$

则经过校正之后的间接 Kalman 滤波方框图如图 9.5-2 所示。作为特殊情形,如果校正系数矩阵 $\boldsymbol{D}_{k-1}=\boldsymbol{0}$ 则表示不需校正,如果再取标称状态初值 $\boldsymbol{x}_0^n=\boldsymbol{0}$,则在标称子系统中 $\boldsymbol{x}_k^n$ 和 $\boldsymbol{y}_k^n$ 都始终为零,图 9.5-2 也就变成了直接滤波方法,由此也容易得出结论,线性系统的直接滤波与间接滤波结果完全一致;如果校正系数矩阵 $\boldsymbol{D}_{k-1}=\boldsymbol{I}$,则误差子系统的 Kalman 滤波状态更新将变得非常简单,它立即退化为 $\Delta\hat{\boldsymbol{x}}_k=\boldsymbol{K}_k\Delta\boldsymbol{y}_k$。一般情况下当 $0<d_{k-1,i}<1$ 时,表示利用误差子系统的状态估计对标称子系统的状态进行部分校正,如果滤波器收敛则误差状态会因不断被校正而逐渐衰减至零附近,相应地,标称状态将逐渐逼近于真实状态,$d_{k-1,i}$ 的取值越小,则衰减或逼近的速度就越慢。

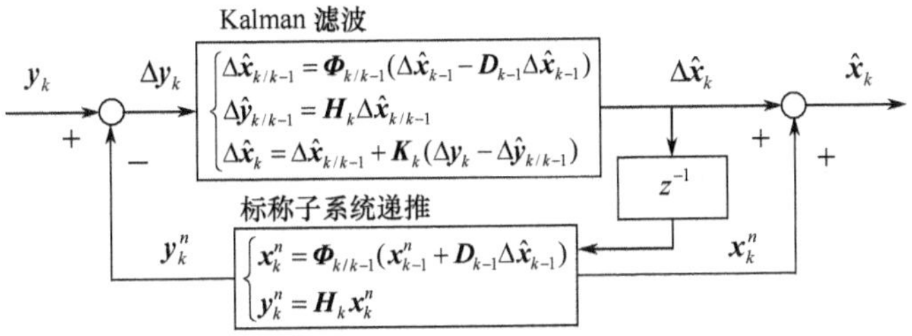

图 9.5-2 间接 Kalman 滤波的校正

实际上,引入间接滤波方法的主要意图在于解决非线性系统的估计问题或提高估计精度。如果原始系统式(9.5-15)的非线性比较强烈,但经过系统分解之后,误差子系统式(9.5-17)的非线性减弱了,则使用 EKF 滤波有利于降低泰勒级数展开高阶截断误差,甚至有时误差子系统还可近似简化成线性系统,可直接使用标准 Kalman 滤波方法进行估计。从前面的线性系统间接滤波和校正的思想还容易看出,对于非线性系统,通过间接滤波和校正可使误差状态变为小量,有利于保持误差子系统的弱非线性甚至线性。显然,当误差子系统的某一状态分量可观测性比较弱时,在校正时与其对应的校正系数 $d_{k-1,i}$ 应当选择得适当小,以降低误差子系统在 Kalman 滤波暂态过程中状态估计剧烈波动的不利影响,否则,对于非线性系统而言,滤波校正的过渡阶段可能会降低标称子系统的精度,进而可能影响误差子系统描述的准确性,容易造成滤波发散。

最后指出,如果非线性系统分解后的误差子系统是线性的或近似线性的,并且使用校正系数矩阵 $\boldsymbol{D}_{k-1}=\boldsymbol{I}$ 进行校正,不难验证间接滤波方法实际上就等价于 EKF 滤波方法。当然,间接滤波的误差子系统还可以是非线性的,所以间接滤波比 EKF 滤波的应用范围更广。

9.5.4 仿真举例

【例 9.5-1】 如图 9.5-3 所示,从空中水平抛出的物体,初始水平速度 $v_{x,0}$,初始位置坐标(x_0,y_0)。物体受重力 g 和空气阻尼力影响(阻尼力大小与速度平方成正比、方向相反,阻尼系数为 ρ);此外,还存在不确定的零均值白噪声干扰力 δa_x 和 δa_y。假设在坐标原点处有一观测设备,可获得距离 r 和角度 α,量测误差分别为 δr 和 $\delta\alpha$。试对该系统进行建模、仿真和 EKF 滤波估计(参数大小自行设定)。

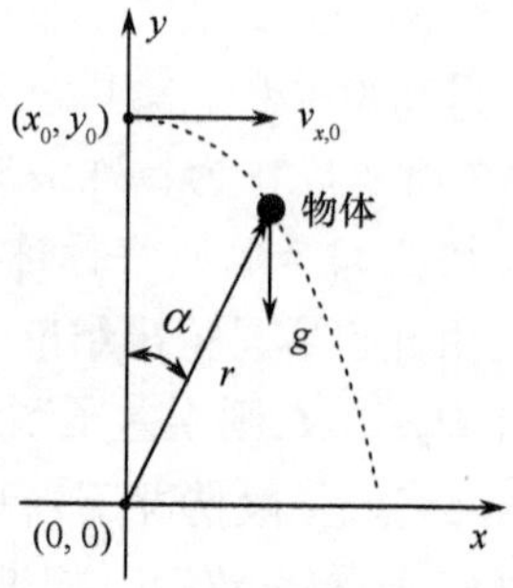

图 9.5－3 物体运动示意图

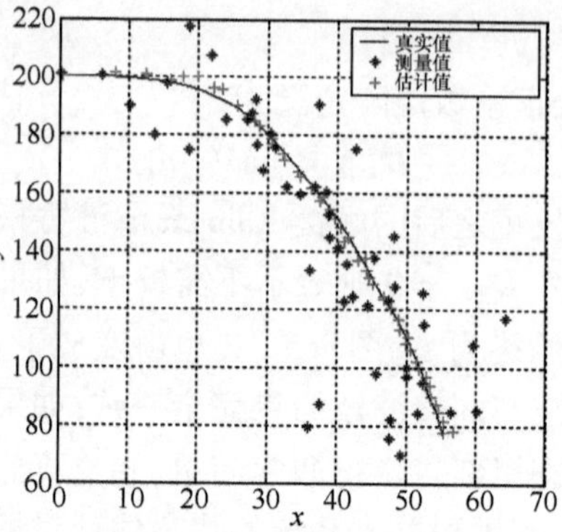

图 9.5－4 仿真结果

解:(1) 根据题目描述,系统采用微分方程建模如下:

状态方程:

$$\boldsymbol{f}(\boldsymbol{x}):\begin{cases}\dot{x}=v_x\\ \dot{v}_x=-\rho v_x^2+\delta a_x\\ \dot{y}=v_y\\ \dot{v}_y=\rho v_y^2-g+\delta a_y\end{cases}$$

量测方程:

$$\boldsymbol{h}(\boldsymbol{x}):\begin{cases}r=\sqrt{x^2+y^2}+\delta r\\ \alpha=\arctan(x/y)+\delta\alpha\end{cases}$$

显然,这是一个非线性系统,状态方程和量测方程都是非线性的,需要采用 EKF 滤波方法进行状态估计。

(2) 假设离散化周期为 T_s,直接利用简单的一阶差分法进行离散化,得

$$\boldsymbol{f}(\boldsymbol{x}_{k-1}):\begin{cases}x_k=x_{k-1}+v_{x,k-1}T_s\\ v_{x,k}=v_{x,k-1}-\rho v_{x,k-1}^2T_s+\delta a_{x,k-1}\\ y_k=y_{k-1}+v_{y,k-1}T_s\\ v_{y,k}=v_{y,k-1}+(\rho v_{y,k-1}^2-g)T_s+\delta a_{y,k-1}\end{cases}$$

$$\boldsymbol{h}(\boldsymbol{x}_k):\begin{cases}r_k=\sqrt{x_k^2+y_k^2}+\delta r_k\\ \alpha_k=\arctan(x_k/y_k)+\delta\alpha_k\end{cases}$$

式中:状态噪声 $\delta a_{x,k-1}$,$\delta a_{y,k-1}$ 和量测噪声 δr_k,$\delta\alpha_k$ 按本章前两节的方法进行离散化等效。

(3) 选取系统的状态向量 $\boldsymbol{x}_k=[x_k \quad v_{x,k} \quad y_k \quad v_{y,k}]^{\mathrm{T}}$,量测向量 $\boldsymbol{y}_k=[r_k \quad \alpha_k]^{\mathrm{T}}$,可求得状态方程雅可比矩阵和量测方程雅可比矩阵分别为

$$\frac{\partial\boldsymbol{f}(\boldsymbol{x}_{k-1})}{\partial\boldsymbol{x}_{k-1}^{\mathrm{T}}}=\begin{bmatrix}1 & T_s & 0 & 0\\ 0 & 1-2\rho v_{x,k-1}T_s & 0 & 0\\ 0 & 0 & 1 & T_s\\ 0 & 0 & 0 & 1+2\rho v_{y,k-1}T_s\end{bmatrix}$$

$$\frac{\partial \boldsymbol{h}(\boldsymbol{x}_k)}{\partial \boldsymbol{x}_k^{\mathrm{T}}} = \begin{bmatrix} \dfrac{x_k}{\sqrt{x_k^2+y_k^2}} & 0 & \dfrac{y_k}{\sqrt{x_k^2+y_k^2}} & 0 \\ \dfrac{1/y_k}{1+(x_k/y_k)^2} & 0 & \dfrac{-x_k/y_k^2}{1+(x_k/y_k)^2} & 0 \end{bmatrix} = \begin{bmatrix} \dfrac{x_k}{r_k} & 0 & \dfrac{y_k}{r_k} & 0 \\ \dfrac{y_k}{r_k^2} & 0 & \dfrac{-x_k}{r_k^2} & 0 \end{bmatrix}$$

（4）Matlab 仿真程序详见附录 D，仿真结果如图 9.5－4 所示。仿真图显示，受噪声影响量测的跳变比较大，但经过 EKF 滤波后，估计曲线（点“＋”）与真实曲线（实线）吻合得比较好。

9.6　非线性系统的 UKF 滤波

1995 年，英国牛津大学的学者 S. J. Julier 和 J. K. Uhlmann 首次提出了 UKF 滤波（Unscented Kalman Filter）算法，其后又得到美国学者 E. A. Wan 和 R. van der Merwe 等人的进一步发展。在有些情况下，特别是当非线性函数的表达形式比较复杂时，近似非线性函数输出的概率分布比近似非线性函数更容易，与 EKF 中的非线性函数泰勒级数展开后的一阶线性化近似的处理思路不同，UKF 通过一种称为 UT（Unscented Transformation）的非线性变换方法直接进行非线性函数的状态及其方差阵传播，避免了非线性函数线性化近似过程中复杂的 Jacobian 矩阵的求解。但是总体上 UKF 仍然采用标准的 Kalman 滤波框架。UT 变换通过精心选取少量的采样点来近似非线性函数的概率分布，计算量较小。与 UT 变换类似，还有一种近似非线性函数概率分布的方法是随机采样的蒙特卡洛方法，它需要生成大量的采样点。在计算机仿真中，蒙特卡洛方法的应用也比较多，并且对解决某些复杂问题还是十分有效的，以下先作个简单的介绍。

9.6.1　蒙特卡洛仿真

早在 17 世纪，人们就知道了用事件发生的“频率”来确定事件的“概率”。1777 年，法国数学家蒲丰（Comte de Buffon）提出著名的 Buffon 投针实验用来近似计算圆周率 π，这是人工随机试验的典型例子，历史上还一些人也进行了类似的实验，结果见表 9.6－1。

表 9.6－1　π 的随机实验值

实验者	年份	投针次数	π 的实验值
沃尔弗（Wolf）	1850	5000	3.1596
斯密思（Smith）	1855	3204	3.1553
福克斯（Fox）	1894	1120	3.1419
拉查里尼（Lazzarini）	1901	3408	3.1415929*
*：因精度过高，有人质疑该实验的真实性			

20 世纪 40 年代，由于电子计算机的出现，借助计算机可以实现大量的随机抽样试验，为利用随机试验方法解决实际问题提供了便捷。非常具代表性的例子是，美国在第二次世界大战期间研制原子弹的“曼哈顿计划”中，为了解决核裂变物质的中子随机扩散问题，数学家冯·诺伊曼（Von Neumann）和乌拉姆（Stanislaw Marein Ulam）等人提出的随机模拟方法，出于保密的缘故，当时给这种方法起了一个代号叫蒙特卡洛。蒙特卡洛

(Monte Carlo)本是摩纳哥的一个赌城的名字,用赌城的名字作为随机模拟方法的名称,既反映了该方法的部分内涵,又具有一定神秘性和便于记忆,因而很快就得到人们的普遍接受。目前这一方法已经广泛地运用到了数学、物理、管理、生物遗传、社会科学等众多领域,并显示出了特殊的优越性。

蒙特卡洛仿真方法(MC)又称为随机取样法或统计模拟法,它是以概率统计为理论基础并利用随机数的统计规律来进行计算和模拟的方法,通过大量的简单的重复抽样和计算来解决问题,它既可应用于数值计算,也可用于模拟仿真。以下通过几个例子来说明该方法的基本原理和特点。

【例 9.6-1】大家都知道,单位圆围成的面积为 π,若以圆心为原点建立平面直角坐标系,则它在第一象限内的面积为 π/4,即有

$$\int_0^1\int_0^{\sqrt{1-y^2}} 1\cdot \mathrm{d}x\mathrm{d}y = \pi/4$$

试用蒙特卡洛仿真方法估计 π 的值。

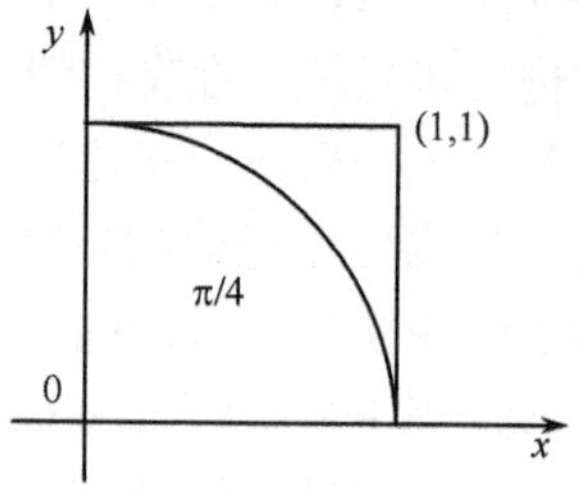

图 9.6-1 圆周率的 MC 仿真示意图

解:如图 9.6-1 所示,采用 MC 仿真时,在[0,1]区间上生成平均分布的两列随机数(抽样点或粒子)x_i和 y_i,统计满足条件 $x_i^2+y_i^2<1$ 的点数,计算它与单位正方形内总点数的比值,再乘以 4 之后即为 π 的估计值。利用 Matlab 编写的仿真语句和结果如下:

```
>> n = 1000000; % 总粒子数
>> p = unifrnd(0,1,2,n); % 均匀分布函数
>> PI = 4 * sum(sum(p.^2) <1)/n
PI = 3.141092
```

MC 仿真还常常用来近似求解复杂的数值积分问题,特别是高维积分问题,只要能够用数学语言描述积分的边界条件,都可以应用该方法。以简单的一维定积分问题 $S=\int_a^b f(x)\mathrm{d}x$ 为例(为说明简单此处不妨设 $f(x)\geqslant 0$),可以作一个包含 $y=f(x)$ 的矩形,使矩形的底边宽 $l=b-a$ 而高 $h\geqslant f_{\max}$,假如在该矩形内等几率填满了采样点,则 $f(x)$ 与 x 轴所包围的点数与总点数之比就是该定积分 S 与矩形面积 hl 之比。按照这一思路很容易求解高维积分问题。

【例 9.6-2】在单位球体内偏离中心 0.25 的位置挖去一个半径为 0.25 的柱体,如图 9.6-2 所示,试求该球体剩余部分的体积。

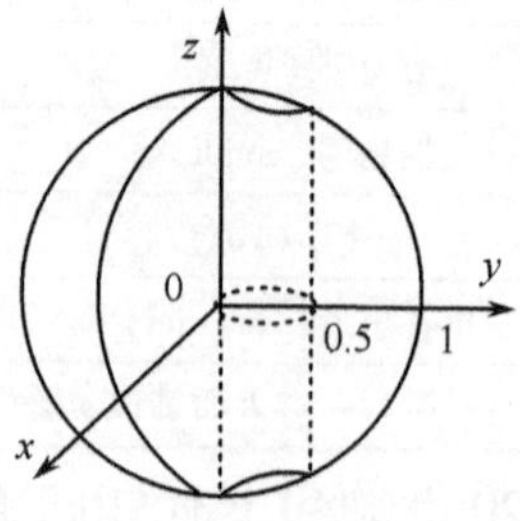

图 9.6-2 球体剩余部分的体积

解:利用理论积分法精确求解这一问题还是有一定难度的,而用 Matlab 进行仿真相对比较简单,仿真语句和近似计算结果如下:

```
>> n = 100000;
>> p = unifrnd(-1,1,3,n);
>> V = 2^3 * sum(sum(p.^2) <1&(p(1,:).^2 + (p(2,:) -0.25).^2) >0.25^2)/n
V = 3.812905
```

MC 仿真一般只能用于近似计算,计算误差 ε 与粒子数的平方根$\sqrt{n}$成反比,即

$$\varepsilon \propto 1/\sqrt{n}$$

或者说 MC 仿真的收敛速度为 $O(n^{-1/2})$，与一般数值方法相比很慢，因此 MC 仿真通常不能用于解决精确度要求很高的问题。但是，与其他数值方法相比，MC 仿真的收敛速度与问题的维数无关，对高维数问题具有更好的适应性。

最后再介绍一下 MC 仿真在随机向量概率分布的非线性传播中的应用。若已知随机向量 $\boldsymbol{x}$ 的分布，欲求 $\boldsymbol{y}=\boldsymbol{f}(\boldsymbol{x})$ 的分布，通常只有在函数表达形式比较简单的情况下才能使用解析方法求得 $\boldsymbol{y}$ 的分布，多数情况下求解过程非常复杂甚至不存在解析解。原理上，MC 仿真可以对任何形式的随机分布进行非线性传播并生成新形式的随机分布，但是最常见和易于处理的随机输入还是正态分布，既便如此，如果传播函数是非线性的，随机输出也将很难保证正态分布性。这里仅使用 MC 仿真模拟非线性输入输出的一、二阶统计特性。

【例 9.6-3】 假设二维随机向量的非线性变换关系 $\boldsymbol{y}=\boldsymbol{f}(\boldsymbol{x})$，写成分量形式具体为

$$\begin{cases} y_1=(x_1-1)\cdot(x_2-0.2) \\ y_2=-(x_1-1)^2 \end{cases}$$

其中：输入 $\boldsymbol{x}=[x_1\ x_2]^{\mathrm{T}}$、输出 $\boldsymbol{y}=[y_1\ y_2]^{\mathrm{T}}$，已知输入 $\boldsymbol{x}$ 服从零均值的二维正态分布且方差阵 $E[\boldsymbol{x}\boldsymbol{x}^{\mathrm{T}}]=\begin{bmatrix} 1 & 0.42 \\ 0.42 & 2 \end{bmatrix}$，试对该非线性变换进行 MC 仿真。

解：先随机生成 500 个二维粒子，再对每个粒子实施非线性变换，仿真结果如图 9.6-3中细点“·”所示，并且图中实线椭圆给出了变换前后粒子的均方差椭圆，图(b)点“×”是变换后粒子的均值。显然，图(b)的概率密度很难用准确的数学公式来描述。

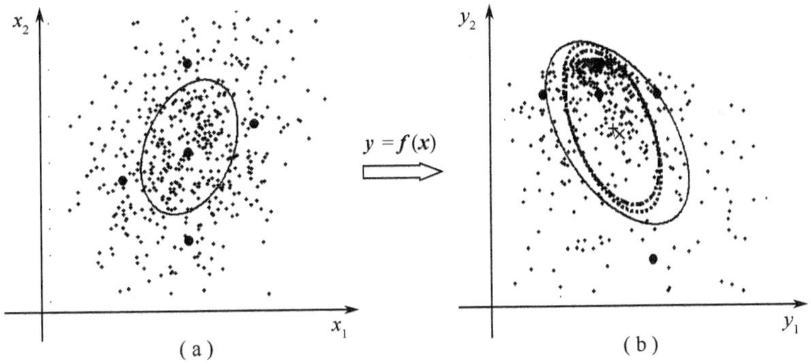

图 9.6-3　非线性函数分布的传播

9.6.2　UT 变换

采用 MC 仿真进行随机向量概率分布函数传播的最主要缺点是，随机生成粒子时存在很大的盲目性，必须产生数量众多的粒子才能满足一定的精度要求，特别在函数表达形式复杂时计算量巨大，而且在函数传播后也很难获得输出分布的精确数学描述表达式。UT 变换仅需在随机自变量空间选取少量的特征点（特殊的抽样点或粒子，在 UT 变换中也常称为 Sigma 点），通过非线性函数传播后获得同样数目的响应特征点，再利用这些响应特征点预测输出函数的分布，并且也往往只需近似计算一、二阶统计特性。因此，对于

非线性系统而言,UT 变换的原理决定了 UKF 滤波只是一种近似的次优滤波方法。下面从线性变换的均值和方差阵传播关系入手,介绍非线性函数的 UT 变换,更加直观和易于理解。

1. 线性函数的 UT 变换

假设随机向量的线性变换关系:

$$\boldsymbol{y} = \boldsymbol{F}\boldsymbol{x} \tag{9.6-1}$$

式中:$\boldsymbol{x}$ 是服从正态分布的 n 维随机输入向量;$\boldsymbol{y}$ 是 m 维随机输出向量;$\boldsymbol{F}$ 是 $m\times n$ 维转移矩阵。再假设输入 $\boldsymbol{x}$ 的均值 $\bar{\boldsymbol{x}}$ 和方差阵 $\boldsymbol{P}_x$ 已知,即

$$\begin{cases}\bar{\boldsymbol{x}} = E[\boldsymbol{x}] \\ \boldsymbol{P}_x = E[(\boldsymbol{x}-\bar{\boldsymbol{x}})(\boldsymbol{x}-\bar{\boldsymbol{x}})^{\mathrm{T}}]\end{cases} \tag{9.6-2}$$

由 9.3 节的线性系统 Kalman 滤波理论或直接由统计理论可知,输出 $\boldsymbol{y}$ 的均值 $\bar{\boldsymbol{y}}$、方差阵 $\boldsymbol{P}_y$ 以及输入和输出之间的协方差阵 $\boldsymbol{P}_{xy}$ 分别为

$$\begin{cases}\bar{\boldsymbol{y}} = \boldsymbol{F}\bar{\boldsymbol{x}} \\ \boldsymbol{P}_y = \boldsymbol{F}\boldsymbol{P}_x\boldsymbol{F}^{\mathrm{T}} \\ \boldsymbol{P}_{xy} = \boldsymbol{P}_x\boldsymbol{F}^{\mathrm{T}}\end{cases} \tag{9.6-3}$$

下面再用另外一种形式来表示 $\bar{\boldsymbol{y}}$、$\boldsymbol{P}_y$ 和 $\boldsymbol{P}_{xy}$。

首先,由于 $\boldsymbol{P}_x$ 是正定对称阵,所以总可以进行矩阵的三角分解,即必定存在下三角矩阵 $\boldsymbol{A}$ 使得 $\boldsymbol{P}_x=\boldsymbol{A}\boldsymbol{A}^{\mathrm{T}}$ 成立,以下记 $\sqrt{\boldsymbol{P}_x}=\boldsymbol{A}$,并简记 $(*)_i$ 为矩阵"$*$"的第 i 列列向量,则有

$$\boldsymbol{P}_x = \sqrt{\boldsymbol{P}_x}\sqrt{\boldsymbol{P}_x}^{\mathrm{T}} = \sum\nolimits_{i=1}^{n}(\sqrt{\boldsymbol{P}_x})_i(\sqrt{\boldsymbol{P}_x})_i^{\mathrm{T}} \tag{9.6-4}$$

对于离散型随机向量,如果将式(9.6-2)近似成有限个(n 个)Sigma 抽样点的估计形式,得

$$\begin{cases}\bar{\boldsymbol{x}} = \lim\limits_{k\to\infty}\dfrac{1}{k}\sum\nolimits_{i=1}^{k}\boldsymbol{\chi}_i \approx \dfrac{1}{n}\sum\nolimits_{i=1}^{n}\boldsymbol{\chi}_i \\ \boldsymbol{P}_x = \lim\limits_{k\to\infty}\dfrac{1}{k}\sum\nolimits_{i=1}^{k}(\boldsymbol{\chi}_i-\bar{\boldsymbol{x}})(\boldsymbol{\chi}_i-\bar{\boldsymbol{x}})^{\mathrm{T}} \approx \dfrac{1}{n}\sum\nolimits_{i=1}^{n}(\boldsymbol{\chi}_i-\bar{\boldsymbol{x}})(\boldsymbol{\chi}_i-\bar{\boldsymbol{x}})^{\mathrm{T}}\end{cases} \tag{9.6-5}$$

式中:$\boldsymbol{\chi}_i$ 表示第 i 个 Sigma 点。

比较式(9.6-4)和式(9.6-5)中的方差阵,发现它们在表示形式上极其相似,如果特意选取

$$\frac{1}{\sqrt{n}}(\boldsymbol{\chi}_i-\bar{\boldsymbol{x}}) = \pm(\sqrt{\boldsymbol{P}_x})_i$$

移项便可求得

$$\boldsymbol{\chi}_i = \bar{\boldsymbol{x}} \pm (\sqrt{n\boldsymbol{P}_x})_i \tag{9.6-6}$$

习惯上常记 Sigma 点 $\boldsymbol{\chi}_i$ 组成的矩阵:

$$\boldsymbol{\chi} = [\boldsymbol{\chi}_1 \quad \boldsymbol{\chi}_2 \quad \cdots \quad \boldsymbol{\chi}_{2n}] = \left[[\bar{\boldsymbol{x}}]_n + \sqrt{n\boldsymbol{P}_x} \quad [\bar{\boldsymbol{x}}]_n - \sqrt{n\boldsymbol{P}_x}\right] \tag{9.6-7}$$

式中:$[\bar{\boldsymbol{x}}]_n$ 表示由列向量 $\bar{\boldsymbol{x}}$ 按列重复 n 次构成的 $n\times n$ 维的矩阵。在式(9.6-6)中共有 $2n$ 个 Sigma 点并且它们关于均值 $\bar{\boldsymbol{x}}$ 对称分布,若重新采用这些扩展的 $2n$ 个 Sigma 点来表示随机输入向量 $\boldsymbol{x}$ 的均值 $\bar{\boldsymbol{x}}$ 和方差阵 $\boldsymbol{P}_x$,则恰好有

$$\begin{cases}\bar{\boldsymbol{x}} = \dfrac{1}{2n}\sum_{i=1}^{2n}\boldsymbol{\chi}_i \\ \boldsymbol{P}_x = \dfrac{1}{2n}\sum_{i=1}^{2n}(\boldsymbol{\chi}_i - \bar{\boldsymbol{x}})(\boldsymbol{\chi}_i - \bar{\boldsymbol{x}})^{\mathrm{T}}\end{cases} \tag{9.6-8}$$

式(9.6-7)和式(9.6-8)便是通过 Sigma 点来描述输入随机向量均值和方差阵的方法，而且即使是有限个抽样点，它也能够精确地捕获输入 $\boldsymbol{x}$ 的一、二阶统计特性。

其次，将每一个输入 Sigma 点 $\boldsymbol{\chi}_i$ 代入线性变换关系 $\boldsymbol{y}=\boldsymbol{F}\boldsymbol{x}$，可得输出 Sigma 点 $\boldsymbol{\eta}_i=\boldsymbol{F}\boldsymbol{\chi}_i$，并且由 $2n$ 个输出 $\boldsymbol{\eta}_i$ 可构成如下输出 Sigma 点矩阵：

$$\boldsymbol{\eta}=[\boldsymbol{\eta}_1 \quad \boldsymbol{\eta}_2 \quad \cdots \quad \boldsymbol{\eta}_{2n}]=\left[[\boldsymbol{F}\bar{\boldsymbol{x}}]_n+\boldsymbol{F}\sqrt{n\boldsymbol{P}_x} \quad [\boldsymbol{F}\bar{\boldsymbol{x}}]_n-\boldsymbol{F}\sqrt{n\boldsymbol{P}_x}\right] \tag{9.6-9}$$

最后，由 $\boldsymbol{\chi}$ 和 $\boldsymbol{\eta}$ 计算均值 $\bar{\boldsymbol{y}}$、方差阵 $\boldsymbol{P}_y$ 及协方差阵 $\boldsymbol{P}_{xy}$，得

$$\begin{cases}\bar{\boldsymbol{y}} = \dfrac{1}{2n}\sum_{i=1}^{2n}\boldsymbol{\eta}_i = \dfrac{1}{2n}\sum_{i=1}^{2n}\boldsymbol{F}\bar{\boldsymbol{x}} = \boldsymbol{F}\bar{\boldsymbol{x}} \\ \boldsymbol{P}_y = \dfrac{1}{2n}\sum_{i=1}^{2n}(\boldsymbol{\eta}_i-\bar{\boldsymbol{y}})(\boldsymbol{\eta}_i-\bar{\boldsymbol{y}})^{\mathrm{T}} = \dfrac{1}{2n}\sum_{i=1}^{2n}(\boldsymbol{F}\sqrt{n\boldsymbol{P}_x})_i(\boldsymbol{F}\sqrt{n\boldsymbol{P}_x})_i^{\mathrm{T}} = \boldsymbol{F}\boldsymbol{P}_x\boldsymbol{F}^{\mathrm{T}} \\ \boldsymbol{P}_{xy} = \dfrac{1}{2n}\sum_{i=1}^{2n}(\boldsymbol{\chi}_i-\bar{\boldsymbol{x}})(\boldsymbol{\eta}_i-\bar{\boldsymbol{y}})^{\mathrm{T}} = \dfrac{1}{2n}\sum_{i=1}^{2n}(\sqrt{n\boldsymbol{P}_x})_i(\boldsymbol{F}\sqrt{n\boldsymbol{P}_x})_i^{\mathrm{T}} = \boldsymbol{P}_x\boldsymbol{F}^{\mathrm{T}}\end{cases} \tag{9.6-10}$$

该结果与式(9.6-3)完全一致。至此，得到了通过有限个 Sigma 点进行随机变量统计特性线性传播的基本方法，并且也同样精确地捕获了输出 $\boldsymbol{y}$ 的一、二阶统计特性。

2. 非线性函数的 UT 变换

借鉴上述概率统计特性线性传播的思路，将其方法推广应用于非线性函数：

$$\boldsymbol{y}=\boldsymbol{f}(\boldsymbol{x}) \tag{9.6-11}$$

可得

$$\begin{cases}\boldsymbol{\chi} = \left[[\bar{\boldsymbol{x}}]_n+\sqrt{n\boldsymbol{P}_x} \quad [\bar{\boldsymbol{x}}]_n-\sqrt{n\boldsymbol{P}_x}\right] \\ \boldsymbol{\eta}_i = \boldsymbol{f}(\boldsymbol{\chi}_i) \\ \bar{\boldsymbol{y}} \approx 1/(2n)\cdot\sum_{i=1}^{2n}\boldsymbol{\eta}_i \\ \boldsymbol{P}_y \approx 1/(2n)\cdot\sum_{i=1}^{2n}(\boldsymbol{\eta}_i-\bar{\boldsymbol{y}})(\boldsymbol{\eta}_i-\bar{\boldsymbol{y}})^{\mathrm{T}} \\ \boldsymbol{P}_{xy} \approx 1/(2n)\cdot\sum_{i=1}^{2n}(\boldsymbol{\chi}_i-\bar{\boldsymbol{x}})(\boldsymbol{\eta}_i-\bar{\boldsymbol{y}})^{\mathrm{T}}\end{cases} \tag{9.6-12}$$

这便是非线性函数 UT 变换（或称为推广线性 UT 变换）的基本公式，注意到，式(9.6-12)中后三个式子对于非线性函数在一般情况下只能近似成立。尽管 UT 变换与 MC 仿真随机变量函数传播的方法有些类似，但是它们有着本质上的区别，即 UT 变换的 Sigma 点并不是随机抽取的，而是根据输入的均值 $\bar{\boldsymbol{x}}$ 和方差阵 $\boldsymbol{P}_x$，并通过精心设计的特殊算法而获得的。

若对非线性函数作泰勒级数展开并忽略高阶项，近似为线性函数，再进行随机变量的线性变换，其结果将与式(9.6-12)完全相同，但是，如果非线性函数的表达形式复杂，求解泰勒级数一阶 Jacobian 矩阵往往会比较困难。因此，无需求导计算 Jacobian 矩阵是 UT 变换的一大优点。当然，UT 变换中的方差阵三角分解在一定程度上增加了该算法的计算量。

实际应用时，一般在式(9.6-12)的基础上再添加一个输入均值抽样点$\boldsymbol{\chi}_0=\bar{\boldsymbol{x}}$，并修正各Sigma点的加权系数以进一步优化性能，得到精度更高和更具普遍性的改进非线性UT变换，结果如下：

$$\begin{cases}\boldsymbol{\chi}=\begin{bmatrix}\bar{\boldsymbol{x}} & [\bar{\boldsymbol{x}}]_n+\gamma\sqrt{\boldsymbol{P}_x} & [\bar{\boldsymbol{x}}]_n-\gamma\sqrt{\boldsymbol{P}_x}\end{bmatrix}\\ \boldsymbol{\eta}_i=\boldsymbol{f}(\boldsymbol{\chi}_i)\\ \bar{\boldsymbol{y}}=\sum_{i=0}^{2n}W_i^m\boldsymbol{\eta}_i\\ \boldsymbol{P}_y=\sum_{i=0}^{2n}W_i^c(\boldsymbol{\eta}_i-\bar{\boldsymbol{y}})(\boldsymbol{\eta}_i-\bar{\boldsymbol{y}})^{\mathrm{T}}\\ \boldsymbol{P}_{xy}=\sum_{i=0}^{2n}W_i^c(\boldsymbol{\chi}_i-\bar{\boldsymbol{x}})(\boldsymbol{\eta}_i-\bar{\boldsymbol{y}})^{\mathrm{T}}\end{cases}\tag{9.6-13}$$

式中：各加权系数的计算公式为

$$\begin{cases}\lambda=\alpha^2(n+\kappa)-n\\ \gamma=\sqrt{n+\lambda}\\ W_0^m=\lambda/\gamma^2\\ W_0^c=W_0^m+(1-\alpha^2+\beta)\\ W_i^m=W_i^c=1/(2\gamma^2)\quad(i=1,2,\cdots,2n)\end{cases}\tag{9.6-14}$$

其中：α用于控制Sigma点在其均值$\bar{\boldsymbol{x}}$附近的分布情况，调整α的值可调节Sigma点与$\bar{\boldsymbol{x}}$的距离，通常选取为一个小的正值，以避免非线性严重时的非局部性效应影响，一般选择$10^{-4}\leqslant\alpha\leqslant1$，典型情况下可取$\alpha=10^{-3}$；$\kappa$是一比例因子，在状态估计时可直接设置为0；$\beta\geqslant0$是另一比例因子，考虑随机输入$\boldsymbol{x}$的先验分布信息，调节$\beta$有望提高输出方差阵的传播估计精度，对于高斯分布型输入β的最优值为2。理论分析表明，改进非线性UT变换的输出均值具有二阶精度，而方差阵具有三阶精度，优于泰勒级数展开再线性化的统计特性传播精度。

注意到，不论α和κ取何值，输出均值的加权系数之和$\sum_{i=0}^{2n}W_i^m=1$，但方差阵的加权系数之和$\sum_{i=0}^{2n}W_i^c=2-\alpha^2+\beta$一般不为1。当$\alpha=10^{-3}$，$\kappa=0$时，$\gamma=\alpha\sqrt{n}$是一个比较小的值，这说明式(9.6-13)中的Sigma点离均值$\bar{\boldsymbol{x}}$比较近，有利于减小非线性函数的非局部性效应影响。当然，式(9.6-13)也完全适用于线性变换，特别当$\alpha=1,\kappa=0,\beta=0$时，有$\lambda=0,\gamma=\sqrt{n},W_0^c=W_0^m=0,W_i^m=W_i^c=1/(2n)$，改进非线性UT变换式(9.6-13)就退化成了推广线性UT变换式(9.6-12)，线性函数的统计特性传播不存在非局部性效应问题。

作为例子，图9.6-3中的粗点“·”给出了当$\alpha=1,\kappa=0,\beta=0$时的推广线性UT变换输入和输出的Sigma点，利用输出Sigma点计算的均值和均方差椭圆分别如图(b)中点“+”和点划线椭圆所示；而当$\alpha=10^{-3},\kappa=0,\beta=2$时，改进UT变换的均方差椭圆见图(b)中虚线椭圆，均值几乎与推广线性UT变换的均值重合。由图可见，改进UT变换具有比推广线性UT变换稍高的精度，UT变换的均值和均方差椭圆与MC仿真的结果都比较接近，说明了UT变换是合理可行的。完整的Matlab仿真程序见附录D。

9.6.3 UKF滤波

将式(9.5-3)所示的离散时间非线性系统重写为

$$\begin{cases} \boldsymbol{x}_k = \boldsymbol{f}(\boldsymbol{x}_{k-1}) + \boldsymbol{B}_{k-1}\boldsymbol{w}_{k-1} \\ \boldsymbol{y}_k = \boldsymbol{h}(\boldsymbol{x}_k) + \boldsymbol{v}_k \end{cases} \tag{9.6-15}$$

式中:各有关参数的含义及一些假设条件此处不再重复。UKF 滤波的基本框架与 EKF 滤波式(9.5-14)完全一样,亦重写为

$$\begin{cases} \boldsymbol{K}_k = \boldsymbol{P}_{xy,k/k-1}\boldsymbol{P}_{y,k/k-1}^{-1} \\ \hat{\boldsymbol{x}}_k = \hat{\boldsymbol{x}}_{k/k-1} + \boldsymbol{K}_k(\boldsymbol{y}_k - \hat{\boldsymbol{y}}_{k/k-1}) \\ \boldsymbol{P}_{x,k} = \boldsymbol{P}_{x,k/k-1} - \boldsymbol{K}_k\boldsymbol{P}_{y,k/k-1}\boldsymbol{K}_k^{\mathrm{T}} \end{cases} \tag{9.6-16}$$

而与 EKF 的主要区别在于 UKF 使用 UT 变换进行状态预测和量测预测。若将式(9.6-13)中的输入均值 $\bar{\boldsymbol{x}}$ 替换成状态估计值 $\hat{\boldsymbol{x}}$,则输出 $\boldsymbol{y}$ 的均值和方差阵就相应地变成了输出的估计值和均方值误差矩阵(均方差阵),UKF 中将用到如下两个 UT 变换。

(1) 状态预测 UT 变换:

$$\begin{cases} \boldsymbol{\chi}_{k-1} = \left[\hat{\boldsymbol{x}}_{k-1} \quad [\hat{\boldsymbol{x}}_{k-1}]_n + \gamma\sqrt{\boldsymbol{P}_{x,k-1}} \quad [\hat{\boldsymbol{x}}_{k-1}]_n - \gamma\sqrt{\boldsymbol{P}_{x,k-1}}\right] \\ \boldsymbol{\chi}_{i,k/k-1}^{*} = \boldsymbol{f}(\boldsymbol{\chi}_{i,k-1}) \\ \hat{\boldsymbol{x}}_{k/k-1} = \sum_{i=0}^{2n} W_i^m \boldsymbol{\chi}_{i,k/k-1}^{*} \\ \boldsymbol{P}_{x,k/k-1} = \sum_{i=0}^{2n} W_i^c (\boldsymbol{\chi}_{i,k/k-1}^{*} - \hat{\boldsymbol{x}}_{k/k-1})(\boldsymbol{\chi}_{i,k/k-1}^{*} - \hat{\boldsymbol{x}}_{k/k-1})^{\mathrm{T}} + \boldsymbol{B}_{k-1}\boldsymbol{Q}_{k-1}\boldsymbol{B}_{k-1}^{\mathrm{T}} \end{cases} \tag{9.6-17}$$

(2) 量测预测 UT 变换:

$$\begin{cases} \boldsymbol{\chi}_{k/k-1} = \left[\hat{\boldsymbol{x}}_{k/k-1} \quad [\hat{\boldsymbol{x}}_{k/k-1}]_n + \gamma\sqrt{\boldsymbol{P}_{x,k/k-1}} \quad [\hat{\boldsymbol{x}}_{k/k-1}]_n - \gamma\sqrt{\boldsymbol{P}_{x,k/k-1}}\right] \\ \boldsymbol{\eta}_{i,k/k-1} = \boldsymbol{h}(\boldsymbol{\chi}_{i,k/k-1}) \\ \hat{\boldsymbol{y}}_{k/k-1} = \sum_{i=0}^{2n} W_i^m \boldsymbol{\eta}_{i,k/k-1} \\ \boldsymbol{P}_{y,k/k-1} = \sum_{i=0}^{2n} W_i^c (\boldsymbol{\eta}_{i,k/k-1} - \hat{\boldsymbol{y}}_{k/k-1})(\boldsymbol{\eta}_{i,k/k-1} - \hat{\boldsymbol{y}}_{k/k-1})^{\mathrm{T}} + \boldsymbol{R}_k \\ \boldsymbol{P}_{xy,k/k-1} = \sum_{i=0}^{2n} W_i^c (\boldsymbol{\chi}_{i,k/k-1} - \hat{\boldsymbol{x}}_{k/k-1})(\boldsymbol{\eta}_{i,k/k-1} - \hat{\boldsymbol{y}}_{k/k-1})^{\mathrm{T}} \end{cases} \tag{9.6-18}$$

可以指出的是,根据状态方程和量测方程非线性强弱的不同,式(9.6-17)和式(9.6-18)中使用的 UT 变换参数 α 可以不相同。

特别地,当系统式(9.6-15)的状态方程为线性时(假设为 $\boldsymbol{x}_k = \boldsymbol{\Phi}_{k/k-1}\boldsymbol{x}_{k-1} + \boldsymbol{B}_{k-1}\boldsymbol{w}_{k-1}$),为了降低计算量,式(9.6-17)可等价简化为

$$\begin{cases} \hat{\boldsymbol{x}}_{k/k-1} = \boldsymbol{\Phi}_{k/k-1}\hat{\boldsymbol{x}}_{k-1} \\ \boldsymbol{P}_{x,k/k-1} = \boldsymbol{\Phi}_{k/k-1}\boldsymbol{P}_{x,k/k-1}\boldsymbol{\Phi}_{k/k-1}^{\mathrm{T}} + \boldsymbol{B}_{k-1}\boldsymbol{Q}_{k-1}\boldsymbol{B}_{k-1}^{\mathrm{T}} \end{cases} \tag{9.6-19}$$

而当式(9.6-15)的量测方程为线性时(假设为 $\boldsymbol{y}_k = \boldsymbol{H}_k\boldsymbol{x}_k + \boldsymbol{v}_k$),式(9.6-18)可等价简化为

$$\begin{cases} \hat{\boldsymbol{y}}_{k/k-1} = \boldsymbol{H}_k\hat{\boldsymbol{x}}_{k/k-1} \\ \boldsymbol{P}_{y,k/k-1} = \boldsymbol{H}_k\boldsymbol{P}_{x,k/k-1}\boldsymbol{H}_k^{\mathrm{T}} + \boldsymbol{R}_k \\ \boldsymbol{P}_{xy,k/k-1} = \boldsymbol{P}_{x,k/k-1}\boldsymbol{H}_k^{\mathrm{T}} \end{cases} \tag{9.6-20}$$

由此可见，UKF 滤波也适用于线性系统，对于线性系统而言，UKF 滤波与 Kalman 滤波的结果完全相同，但使用前者无谓的增加了三角分解的计算量。

【例 9.6-4】 假设简单的一维非线性随机系统：

$$\begin{cases} x_k = \sin(x_{k-1}) + w_{k-1} \\ y_k = \begin{cases} x_k + v_k, & x_k > 0 \\ 2x_k + v_k, & x_k \leqslant 0 \end{cases} \end{cases}$$

式中：$w_k \sim WN(0, 0.1^2)$，$v_k \sim WN(0, 0.3^2)$，试对该系统进行 UKF 滤波仿真。

解：该系统的量测在 $x_k = 0$ 点处不可导，因此不宜应用需要泰勒级数展开求导的 EKF 滤波算法，但是这并不妨碍 UKF 滤波的使用。Matlab 仿真程序详见附录 D。仿真结果如图 9.6-4 所示，图中虚线为状态真实值 x_k、"×"点为量测值 y_k、实线为 UKF 滤波状态估计值 $\hat{x}_k$，由图显示，估计值较好地跟随了真实值的变化，滤波结果正确。

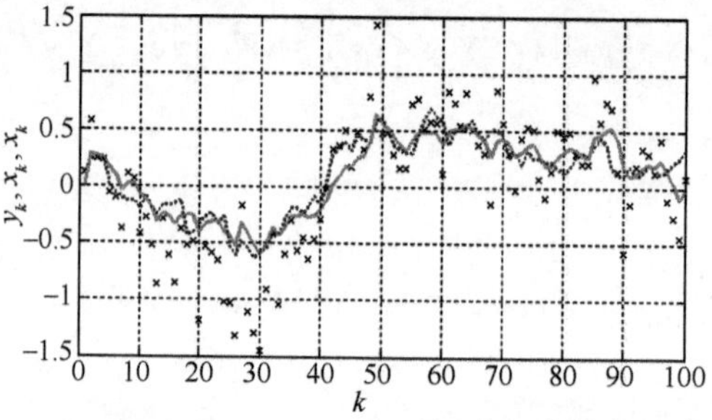

图 9.6-4 非线性系统 UKF 滤波仿真

值得说明的是，UKF 滤波并不能适用于所有的非线性系统，即不具有普适性，并且 UKF 滤波的收敛性在理论上也难以证明，或者很难给出滤波的收敛性条件。UKF 滤波的有效性常常需根据实际问题、经验和仿真来辅助或综合判断。

下面举一个简单的 UKF 滤波失效的例子，假设系统如下：

$$\begin{cases} x_k = x_{k-1} + w_{k-1} \\ y_k = x_k^2 + v_k \end{cases}$$

显然，该系统的状态方程表示的是一随机游走过程，它是线性的，而量测方程是非线性的。滤波时一般选择状态估计初始值：

$$\hat{x}_0 = 0$$

根据式(9.6-19)得状态一步预测为

$$\hat{x}_{1/0} = \hat{x}_0 = 0$$

根据式(9.6-18)中的第一式构造量测 UT 变换的 Sigma 点：

$$\boldsymbol{\chi}_{1/0} = [\hat{x}_{1/0} \quad \hat{x}_{1/0} + \gamma\sqrt{P_{x,1/0}} \quad \hat{x}_{1/0} - \gamma\sqrt{P_{x,1/0}}] = [0 \quad \gamma\sqrt{P_{x,1/0}} \quad -\gamma\sqrt{P_{x,1/0}}]$$

由第二式量测方程进行 Sigma 点传播 $\eta_{i,1/0} = \chi_{i,1/0}^2$，得

$$\boldsymbol{\eta}_{1/0} = [0 \quad \gamma^2 P_{x,1/0} \quad \gamma^2 P_{x,1/0}]$$

由第五式计算协方差阵，得

$$P_{xy,1/0} = W_0^c \cdot 0 + W_1^c \cdot \gamma\sqrt{P_{x,1/0}}(\gamma^2 P_{x,1/0} - \hat{y}_{1/0}) + W_2^c \cdot (-\gamma\sqrt{P_{x,1/0}})(\gamma^2 P_{x,1/0} - \hat{y}_{1/0}) = 0$$

根据式(9.6-16)中的第一式计算 Kalman 滤波增益：

$$K_1 = P_{xy,1/0} P_{y,1/0}^{-1} = 0$$

再进行状态估计更新：

$$\hat{x}_1 = \hat{x}_{1/0} + K_1 (y_1 - \hat{y}_{1/0}) = \hat{x}_{1/0} = 0$$

依此类推，恒有

$$\hat{x}_2 = \hat{x}_3 = \hat{x}_4 = \cdots = 0$$

因此，UKF 无法实现该系统的正确滤波估计。

实际上不难看出，本例的量测方程 $y_k = x_k^2$ 恰好关于状态初值 $\hat{x}_0 = 0$ 偶对称，从线性回归观点分析，当自变量（即 UT 变换的输入 Sigma 点）的取值关于 $\hat{x}_0 = 0$ 偶对称时，函数 $y_k = x_k^2$ 的输入输出之间不存在线性相关关系，或者说样本相关系数 $r = 0$，这等价于 UT 变换的 $P_{xy} = 0$，因而滤波增益 $K = 0$，使得滤波递推失去量测的修正作用，始终没有滤波效果。据此可进一步推知，不论是一维还是多维系统，只要量测方程在某一时刻关于状态估计值偶对称，UKF 滤波就会失效。

第10章 惯性导航系统的标定技术

惯性测量组合(Inertial Measurement Unit,IMU)是构成惯性导航系统的核心硬件基础,它以陀螺和加速度计为基本的惯性测量元件。如果每个惯性元件都是单轴的,即只有一个测量输入轴,则为了实现三维空间中的全方向测量和导航目的,IMU至少应当包含三只陀螺和三只加速度计。将惯性元件安装到IMU基座上时,由于基座支架加工的垂直度误差,以及惯性元件的真实输入基准轴与理想输入轴之间存在失准角误差,使得IMU中三只陀螺或三只加速度计的实际输入轴组成的坐标系是一个非直角坐标系。然而,提供给惯性导航解算的数据应该是在统一直角坐标系下表示的角速度和比力矢量,为了实现从非直角坐标系到直角坐标系的测量转换,必须在前述章节的单表元件级测试之后再进行IMU组合级测试,常将与组合级相关的惯性测试与数据处理过程称为IMU标定、标校或校准。10.1节~10.4节重点介绍捷联惯性测量组合(Strapdown IMU,SIMU)标定的基本原理和方法,最后在10.5节讨论平台惯导系统自标定的主要思路。

10.1 直角坐标系、斜坐标系及相互投影变换关系

SIMU标定的主要任务是将在非直角坐标系下的惯性元件输入测量转换至直角坐标系,作为预备知识,本节先简要介绍一下这两种坐标系,以及它们之间的斜交投影和正交投影变换关系。

10.1.1 简单的二维平面情形

假设OX_bY_b是二维平面上的一个直角坐标系,简记为b系,两坐标轴之间相互垂直;而OX_aY_a是同一平面上的非直角坐标系,简记为a系,也称为斜坐标系,两坐标轴之间一般不相互垂直,但必须保证不相互平行,当然直角坐标系可看作是斜坐标系的一个特例。再假设两坐标系原点相同,如图10.1-1所示。

若用$\boldsymbol{i}_a$,$\boldsymbol{j}_a$表示a系轴向的单位矢量,而$\boldsymbol{i}_b$,$\boldsymbol{j}_b$表示b系轴向的单位矢量,则a系OX_a轴的单位矢量$\boldsymbol{i}_a$在直角坐标系b系坐标轴上的正交投影大小分别为$\boldsymbol{i}_a\cdot\boldsymbol{i}_b$和$\boldsymbol{i}_a\cdot\boldsymbol{j}_b$,因此$\boldsymbol{i}_a$可用$b$系轴向的单位矢量表示,即

$$\boldsymbol{i}_a=(\boldsymbol{i}_a\cdot\boldsymbol{i}_b)\boldsymbol{i}_b+(\boldsymbol{i}_a\cdot\boldsymbol{j}_b)\boldsymbol{j}_b \tag{10.1-1}$$

同理,$\boldsymbol{j}_a$亦可用b系轴向的单位矢量表示为

$$\boldsymbol{j}_a=(\boldsymbol{j}_a\cdot\boldsymbol{i}_b)\boldsymbol{i}_b+(\boldsymbol{j}_a\cdot\boldsymbol{j}_b)\boldsymbol{j}_b \tag{10.1-2}$$

将式(10.1-1)和式(10.1-2)写成矩阵的形式:

$$[\boldsymbol{i}_a\quad\boldsymbol{j}_a]=[\boldsymbol{i}_b\quad\boldsymbol{j}_b]\begin{bmatrix}\boldsymbol{i}_a\cdot\boldsymbol{i}_b & \boldsymbol{j}_a\cdot\boldsymbol{i}_b\\ \boldsymbol{i}_a\cdot\boldsymbol{j}_b & \boldsymbol{j}_a\cdot\boldsymbol{j}_b\end{bmatrix}\text{ 或 }\begin{bmatrix}\boldsymbol{i}_a\\ \boldsymbol{j}_a\end{bmatrix}=\begin{bmatrix}\boldsymbol{i}_a\cdot\boldsymbol{i}_b & \boldsymbol{i}_a\cdot\boldsymbol{j}_b\\ \boldsymbol{j}_a\cdot\boldsymbol{i}_b & \boldsymbol{j}_a\cdot\boldsymbol{j}_b\end{bmatrix}\begin{bmatrix}\boldsymbol{i}_b\\ \boldsymbol{j}_b\end{bmatrix} \tag{10.1-3}$$

根据线性代数知识,式(10.1-3)便是从 b 系到 a 系的基变换公式,若记 $\boldsymbol{P}$ 为过渡矩阵,则有

$$\boldsymbol{P}=\begin{bmatrix}\boldsymbol{i}_a\cdot\boldsymbol{i}_b & \boldsymbol{j}_a\cdot\boldsymbol{i}_b\\ \boldsymbol{i}_a\cdot\boldsymbol{j}_b & \boldsymbol{j}_a\cdot\boldsymbol{j}_b\end{bmatrix}\quad 或 \quad \boldsymbol{P}^{\mathrm{T}}=\begin{bmatrix}\boldsymbol{i}_a\cdot\boldsymbol{i}_b & \boldsymbol{i}_a\cdot\boldsymbol{j}_b\\ \boldsymbol{j}_a\cdot\boldsymbol{i}_b & \boldsymbol{j}_a\cdot\boldsymbol{j}_b\end{bmatrix} \tag{10.1-4}$$

或者说,$\boldsymbol{P}^{\mathrm{T}}$ 是从 b 系到 a 系的基变换矩阵,由此可得从 b 系到 a 系的坐标变换矩阵:

$$\boldsymbol{C}_b^a=\boldsymbol{P}^{-1} \tag{10.1-5}$$

或者从 a 系到 b 系的坐标变换矩阵:

$$\boldsymbol{C}_a^b=\boldsymbol{P} \tag{10.1-6}$$

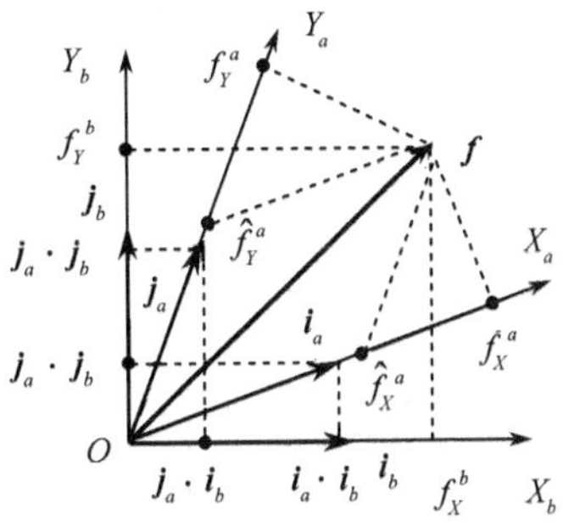

图 10.1-1 二维平面上的直角坐标系与斜坐标系

同样地,如图 10.1-1 所示,假设有一矢量 $\boldsymbol{f}$,在直角坐标系 b 系下的坐标为 f_X^b,f_Y^b,在斜坐标系 a 系下的坐标为 $\hat{f}_X^a$,$\hat{f}_Y^a$,前者是直角坐标系中的正交投影,而后者是斜坐标系中的斜交投影,斜交投影满足平行四边形合成法则,当然直角坐标系下的正交投影也可以看作是一种特殊的斜交投影。显然,有以下关系式成立:

$$[f_X^b \quad f_Y^b]\begin{bmatrix}\boldsymbol{i}_b\\ \boldsymbol{j}_b\end{bmatrix}=\boldsymbol{f}=[\hat{f}_X^a \quad \hat{f}_Y^a]\begin{bmatrix}\boldsymbol{i}_a\\ \boldsymbol{j}_a\end{bmatrix}=[\hat{f}_X^a \quad \hat{f}_Y^a]\boldsymbol{P}^{\mathrm{T}}\begin{bmatrix}\boldsymbol{i}_b\\ \boldsymbol{j}_b\end{bmatrix}$$

若记坐标矢量 $\boldsymbol{f}^b=[f_X^b \quad f_Y^b]^{\mathrm{T}}$,$\hat{\boldsymbol{f}}^a=[\hat{f}_X^a \quad \hat{f}_Y^a]^{\mathrm{T}}$,从上式可得

$$(\boldsymbol{f}^b)^{\mathrm{T}}=(\hat{\boldsymbol{f}}^a)^{\mathrm{T}}\boldsymbol{P}^{\mathrm{T}}$$

再将其两边转置并考虑到式(10.1-6),得

$$\boldsymbol{f}^b=\boldsymbol{C}_a^b\hat{\boldsymbol{f}}^a \tag{10.1-7}$$

式(10.1-7)移项立即得

$$\hat{\boldsymbol{f}}^a=(\boldsymbol{C}_a^b)^{-1}\boldsymbol{f}^b=\boldsymbol{C}_b^a\boldsymbol{f}^b \tag{10.1-8}$$

式(10.1-7)和式(10.1-8)恰好显示了式(10.1-5)和式(10.1-6)中的坐标变换矩阵 $\boldsymbol{C}_a^b$ 和 $\boldsymbol{C}_b^a$ 的含义。由于 a 系是斜坐标系,因而 $\boldsymbol{C}_a^b$ 一般不是正交矩阵;然而 b 系是正交坐标系,所以 $\boldsymbol{C}_a^b$ 的每一个列向量必定是单位向量,这一性质可直接根据坐标轴投影构成的矩阵展开式(10.1-4)进行验证。必须注意,也正因为 a 系是斜坐标系,虽然总有 $\boldsymbol{C}_a^b=(\boldsymbol{C}_b^a)^{-1}$ 成立,但一般情况下 $\boldsymbol{C}_a^b\neq(\boldsymbol{C}_b^a)^{\mathrm{T}}$。总之,从斜坐标系到直角坐标系的坐标变换矩阵的最主要特点是:每个列向量的模值为 1,而行向量的模值一般不为 1。特别地,当 a 系也是正交坐标系时,有 $\boldsymbol{P}^{\mathrm{T}}=\boldsymbol{P}^{-1}=\boldsymbol{C}_b^a$ 成立,即基变换矩阵与坐标变换矩阵相等。

除了在斜坐标系下的斜交投影外,再次参见图 10.1-1,矢量 $\boldsymbol{f}$ 在斜坐标系轴 $\boldsymbol{i}_a$ 下还可作正交投影,得

$$f_X^a=\boldsymbol{i}_a\cdot\boldsymbol{f} \tag{10.1-9}$$

将式(10.1-1)代入式(10.1-9),整理得

$$\begin{aligned}f_X^a&=[(\boldsymbol{i}_a\cdot\boldsymbol{i}_b)\boldsymbol{i}_b+(\boldsymbol{i}_a\cdot\boldsymbol{j}_b)\boldsymbol{j}_b]\cdot\boldsymbol{f}\\&=(\boldsymbol{i}_a\cdot\boldsymbol{i}_b)(\boldsymbol{i}_b\cdot\boldsymbol{f})+(\boldsymbol{i}_a\cdot\boldsymbol{j}_b)(\boldsymbol{j}_b\cdot\boldsymbol{f})\\&=(\boldsymbol{i}_a\cdot\boldsymbol{i}_b)f_X^b+(\boldsymbol{i}_a\cdot\boldsymbol{j}_b)f_Y^b\end{aligned} \tag{10.1-10}$$

同理，可得 $\boldsymbol{f}$ 在 $\boldsymbol{j}_a$ 下的正交投影：

$$f_Y^a = \boldsymbol{j}_a \cdot \boldsymbol{f} = (\boldsymbol{j}_a \cdot \boldsymbol{i}_b) f_X^b + (\boldsymbol{j}_a \cdot \boldsymbol{j}_b) f_Y^b \tag{10.1-11}$$

将式(10.1-10)和式(10.1-11)合并写成矩阵的形式如下：

$$\begin{bmatrix} f_X^a \\ f_Y^a \end{bmatrix} = \begin{bmatrix} \boldsymbol{i}_a \cdot \boldsymbol{i}_b & \boldsymbol{i}_a \cdot \boldsymbol{j}_b \\ \boldsymbol{j}_a \cdot \boldsymbol{i}_b & \boldsymbol{j}_a \cdot \boldsymbol{j}_b \end{bmatrix} \begin{bmatrix} f_X^b \\ f_Y^b \end{bmatrix} \tag{10.1-12}$$

若再记矢量 $\boldsymbol{f}^a = [f_X^a \quad f_Y^a]^{\mathrm{T}}$，并考虑到式(10.1-6)，则可得

$$\boldsymbol{f}^a = (\boldsymbol{C}_a^b)^{\mathrm{T}} \boldsymbol{f}^b \tag{10.1-13}$$

或者容易得

$$\boldsymbol{f}^b = [(\boldsymbol{C}_a^b)^{\mathrm{T}}]^{-1} \boldsymbol{f}^a = (\boldsymbol{C}_b^a)^{\mathrm{T}} \boldsymbol{f}^a \tag{10.1-14}$$

需要说明的是，在斜坐标系下的正交投影矢量 $\boldsymbol{f}^a = [f_X^a \quad f_Y^a]^{\mathrm{T}}$ 中，一般不能将 f_X^a，f_Y^a 称为坐标，因为矢量 $\boldsymbol{f}$ 与其在斜坐标系下的正交投影之间不再符合平行四边形合成法则，即

$$\boldsymbol{f} \neq [f_X^a \quad f_Y^a] \begin{bmatrix} \boldsymbol{i}_a \\ \boldsymbol{j}_a \end{bmatrix} = f_X^a \boldsymbol{i}_a + f_Y^a \boldsymbol{j}_a$$

比较式(10.1-8)与式(10.1-13)(或式(10.1-7)与式(10.1-14))，应注意到，前者是斜交—斜交投影变换(也就是线性代数中常见的坐标变换关系)，而后者是正交—正交投影变换。当把矢量 $\boldsymbol{f}$ 看作是原点所受的比力时，假设有两只加速度计且它们的输入轴分别沿斜坐标系的 OX_a 和 OY_a 轴方向，则这两只加速度计敏感到的比力大小分别是 f_X^a 和 f_Y^a，而不是 $\widehat{f}_X^a$ 和 $\widehat{f}_Y^a$，换句话说，加速度计测量值需要用正交投影进行分解，而非斜交投影。这是本节引入正交投影及其变换的主要原因。幸运的是，从前面分析可知，正交—正交投影变换矩阵 $(\boldsymbol{C}_a^b)^{\mathrm{T}}$ 容易通过坐标变换矩阵 $\boldsymbol{C}_b^a$ 获得，即先求逆后再转置。特别当 a 系也是直角坐标系时 $\boldsymbol{C}_b^a$ 是单位正交阵，有 $(\boldsymbol{C}_a^b)^{\mathrm{T}} = \boldsymbol{C}_b^a$ 成立，这时两种投影的变换矩阵完全相同。

10.1.2 三维空间情形

现将 b 系和 a 系扩充至三维空间中的直角坐标系和斜坐标系，如图 10.1-2 所示。

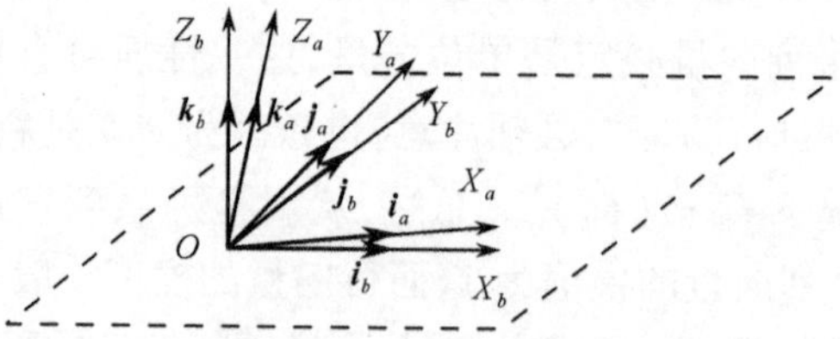

图 10.1-2 三维空间中的直角坐标系与斜坐标系

若用 $\boldsymbol{i}_a$，$\boldsymbol{j}_a$，$\boldsymbol{k}_a$ 分别表示 a 系轴向的单位矢量，而 $\boldsymbol{i}_b$，$\boldsymbol{j}_b$，$\boldsymbol{k}_b$ 表示 b 系轴向的单位矢量，类似于二维平面情形，不难得到从 b 系到 a 系的基变换公式：

$$\begin{bmatrix} \boldsymbol{i}_a \\ \boldsymbol{j}_a \\ \boldsymbol{k}_a \end{bmatrix} = \begin{bmatrix} \boldsymbol{i}_a \cdot \boldsymbol{i}_b & \boldsymbol{i}_a \cdot \boldsymbol{j}_b & \boldsymbol{i}_a \cdot \boldsymbol{k}_b \\ \boldsymbol{j}_a \cdot \boldsymbol{i}_b & \boldsymbol{j}_a \cdot \boldsymbol{j}_b & \boldsymbol{j}_a \cdot \boldsymbol{k}_b \\ \boldsymbol{k}_a \cdot \boldsymbol{i}_b & \boldsymbol{k}_a \cdot \boldsymbol{j}_b & \boldsymbol{k}_a \cdot \boldsymbol{k}_b \end{bmatrix} \begin{bmatrix} \boldsymbol{i}_b \\ \boldsymbol{j}_b \\ \boldsymbol{k}_b \end{bmatrix} \tag{10.1-15}$$

并且有从 a 系到 b 系的坐标变换矩阵：

$$\boldsymbol{C}_a^b=\begin{bmatrix}\boldsymbol{i}_a\cdot\boldsymbol{i}_b & \boldsymbol{j}_a\cdot\boldsymbol{i}_b & \boldsymbol{k}_a\cdot\boldsymbol{i}_b\\ \boldsymbol{i}_a\cdot\boldsymbol{j}_b & \boldsymbol{j}_a\cdot\boldsymbol{j}_b & \boldsymbol{k}_a\cdot\boldsymbol{j}_b\\ \boldsymbol{i}_a\cdot\boldsymbol{k}_b & \boldsymbol{j}_a\cdot\boldsymbol{k}_b & \boldsymbol{k}_a\cdot\boldsymbol{k}_b\end{bmatrix} \tag{10.1-16}$$

当然，这里 $\boldsymbol{C}_a^b$一般也不是正交矩阵，但它的主要特点依然是每一个列向量都是单位向量。

对于三维空间中的比力变换，若设 $\boldsymbol{f}^a=[f_X^a\quad f_Y^a\quad f_Z^a]^{\mathrm{T}}$、$\boldsymbol{f}^b=[f_X^b\quad f_Y^b\quad f_Z^b]^{\mathrm{T}}$ 分别是 a 系和 b 系下的正交投影矢量，同理有

$$\boldsymbol{f}^a=(\boldsymbol{C}_a^b)^{\mathrm{T}}\boldsymbol{f}^b \quad 和 \quad \boldsymbol{f}^b=(\boldsymbol{C}_b^a)^{\mathrm{T}}\boldsymbol{f}^a \tag{10.1-17}$$

10.2 陀螺和加速度计的标定模型

记 SIMU 坐标系为 $OX_bY_bZ_b$，即 b 系。假设 SIMU 中陀螺和加速度计无冗余安装，即由三只单轴加速度计和三只单轴陀螺构成，并暂且假设三只加速度计输入轴或三只陀螺输入轴相交于一点。由三只加速度计输入轴组成坐标系 $OX_aY_aZ_a$，简记为 a 系；而由三只陀螺输入轴组成坐标系 $OX_gY_gZ_g$，简记为 g 系，一般 a 系和 g 系均不是正交坐标系。本节主要针对加速度计数学模型的繁简，并考虑杆臂效应等因素，推导几种常用的加速度计标定模型，最后给出陀螺的线性标定模型。

10.2.1 加速度计线性标定模型

假设加速度计的静态输入输出数学模型为式(2.4-14)，重写为

$$E_m=K_{m1}(K_{m0}+a_{mi}),\quad m=X,Y,Z \tag{10.2-1}$$

若将三只加速度计的模型合在一起写成矢量的形式，得

$$\boldsymbol{N}_A=\boldsymbol{K}_1(\nabla^a+\boldsymbol{f}^a) \tag{10.2-2}$$

式中：记 $\boldsymbol{N}_A=\begin{bmatrix}E_X\\E_Y\\E_Z\end{bmatrix}$，$\boldsymbol{K}_1=\mathrm{diag}\left(\begin{bmatrix}K_{X1}\\K_{Y1}\\K_{Z1}\end{bmatrix}\right)$，$\nabla^a=\begin{bmatrix}K_{X0}\\K_{Y0}\\K_{Z0}\end{bmatrix}$，$\boldsymbol{f}^a=\begin{bmatrix}a_{Xi}\\a_{Yi}\\a_{Zi}\end{bmatrix}$。式(10.2-2)经移项，整理得

$$\boldsymbol{f}^a=\boldsymbol{K}_1^{-1}\boldsymbol{N}_A-\nabla^a \tag{10.2-3}$$

若把 $\boldsymbol{f}^a$看作是某比力矢量在斜坐标系 a 系下的正交投影（注意不能当作斜交投影或坐标矢量），将式(10.2-3)的两边同时左乘 $(\boldsymbol{C}_b^a)^{\mathrm{T}}$，可得

$$(\boldsymbol{C}_b^a)^{\mathrm{T}}\boldsymbol{f}^a=(\boldsymbol{C}_b^a)^{\mathrm{T}}(\boldsymbol{K}_1^{-1}\boldsymbol{N}_A-\nabla^a)=[\boldsymbol{K}_1(\boldsymbol{C}_a^b)^{\mathrm{T}}]^{-1}\boldsymbol{N}_A-(\boldsymbol{C}_b^a)^{\mathrm{T}}\nabla^a \tag{10.2-4}$$

此处 $\boldsymbol{C}_a^b$是从 a 系至 b 系的坐标变换矩阵，亦称为加速度计的安装矩阵，它的第 m 列向量 $\boldsymbol{C}_a^b(:,m)$ 表示 m 加速度计在 b 系中的指向。再记 $\boldsymbol{f}^b=(\boldsymbol{C}_b^a)^{\mathrm{T}}\boldsymbol{f}^a$、$\nabla^b=(\boldsymbol{C}_b^a)^{\mathrm{T}}\nabla^a$ 和

$$\boldsymbol{K}_A=[\boldsymbol{K}_1(\boldsymbol{C}_a^b)^{\mathrm{T}}]^{-1} \tag{10.2-5}$$

则式(10.2-4)可简写为

$$\boldsymbol{f}^b=\boldsymbol{K}_A\boldsymbol{N}_A-\nabla^b \tag{10.2-6}$$

称式(10.2-6)为加速度计的线性标定模型，$\boldsymbol{K}_A$ 为刻度系数矩阵，∇^b 为等效偏值。由此

可见，通过标定模型和加速度计的实时采样数据 $\boldsymbol{N}_A$，可计算获得 SIMU 正交坐标系 b 系下的比力输出 $\boldsymbol{f}^b$。参考式(10.2-5)和式(10.1-16)，刻度系数矩阵之逆阵可展开为

$$\boldsymbol{K}_A^{-1}=\boldsymbol{K}_1(\boldsymbol{C}_a^b)^{\mathrm{T}}=\begin{bmatrix} K_{X1}C_a^b(1,1) & K_{X1}C_a^b(2,1) & K_{X1}C_a^b(3,1) \\ K_{Y1}C_a^b(1,2) & K_{Y1}C_a^b(2,2) & K_{Y1}C_a^b(3,2) \\ K_{Z1}C_a^b(1,3) & K_{Z1}C_a^b(2,3) & K_{Z1}C_a^b(3,3) \end{bmatrix} \quad (10.2-7)$$

式中：$C_a^b(i,j)\ (i,j=1,2,3)$是矩阵 $\boldsymbol{C}_a^b$的第 i 行 j 列元素。

如果已知加速度计的静态输入输出数学模型式(10.2-1)中的所有参数和安装矩阵 $\boldsymbol{C}_a^b$，则可很容易获得标定模型式(10.2-6)。但是，通常情况下难以直接利用几何方法精确测定加速度计输入轴的指向，也就得不到安装矩阵 $\boldsymbol{C}_a^b$，而必须通过 10.3 节介绍的测试方法求取标定模型。

反过来看，如果已知加速度计的标定模型参数 $\boldsymbol{K}_A$，∇^b，通过式(10.2-7)易知 $\boldsymbol{K}_A^{-1}$的第 i 行的模值为 K_{m1}($i=1,2,3$ 分别对应 $m=X,Y,Z$)，并且若将 $\boldsymbol{K}_A^{-1}$的第 i 行分别除以 K_{m1} 再转置，可立即得安装矩阵 $\boldsymbol{C}_a^b$，此外还有 $\nabla^a=[(\boldsymbol{C}_b^a)^{\mathrm{T}}]^{-1}\nabla^b=(\boldsymbol{C}_a^b)^{\mathrm{T}}\nabla^b$。因此，从标定模型可以反推计算出加速度计的静态输入输出数学模型和安装矩阵 $\boldsymbol{C}_a^b$。

10.2.2 加速度计二次非线性标定模型

在给出二次非线性标定模型之前，先简要介绍一下二次非线性方程的迭代解法。

若加速度计的二次非线性静态输入输出数学模型为

$$E=K_1(K_0+a_i+K_2a_i^2) \quad (10.2-8)$$

当已知加速度计的模型参数 K_0，K_1，K_2和采样值 E 时，直接采用二次方程求根公式求解，理论上有两个根：

$$a_{i+}=\frac{-1+\sqrt{1-4K_2(K_0-E/K_1)}}{2K_2},\quad a_{i-}=\frac{-1-\sqrt{1-4K_2(K_0-E/K_1)}}{2K_2}$$

但是，实际模型中参数 K_2一般很小(如 $50\mu g/g^2$)，在加速度计的测量范围内，式(10.2-8)可近似为线性的 $E\approx K_1(K_0+a_i)$，这时二次方程的两个根中只有与$a_i\approx E/K_1-K_0$接近的比力解算值才符合实际，不难看出 a_{i+}为所需结果而 a_{i-}不符合要求。

除上述求根公式外，从采样 E 中求解比力值 a_i 也常用迭代法，步骤如下：

第 1 步：先计算线性近似初始值

$$a_{i(0)}=\frac{E}{K_1}-K_0$$

第 2 步：再迭代修正

$$a_{i(k+1)}=\frac{E}{K_1}-K_0-K_2a_{i(k)}^2=a_{i(0)}-K_2a_{i(k)}^2,\quad k=0,1,2,\cdots$$

一般情况下，迭代 2 次 ~ 3 次就可以获得很高的数值解算精度。例如，假设 $K_0=1$ mg、$K_1=1.2$ mA/g、$K_2=50$ $\mu g/g^2$ 且比力真值 $a_i=10$ g，由式(10.2-8)计算得 $E=12.0072$ mA；反过来，若已知 $E=12.0072$ mA 再迭代计算 a_i，可得 $a_{i(0)}=10.005$ g、$a_{i(1)}=9.99999499875$ g、$a_{i(2)}=10.0000000050012$ g、$a_{i(3)}=9.999999999995$ g，由此可见，与真值相比迭代 1 次的误差为 $5\times10^{-6}g$，迭代 2 次的误差为 $5\times10^{-9}g$，容易满足惯性

级 SIMU 的计算精度要求。迭代法无需开方运算，在减小计算量方面是有优势的。

同理，若加速度计的数学模型为高次（三次及以上）模型时，也可采取在线性近似初始值基础上再进行迭代的计算方法，不再赘述。

为了后续叙述方便，暂且定义矢量的乘方运算 $\boldsymbol{V}^{(n)}$，它表示对矢量中的每个元素同时作 n 次乘方。现将形如式(10.2－8)的加速度计静态输入输出数学模型的三个轴合并在一起写成矢量的形式，得

$$\boldsymbol{N}_A=\boldsymbol{K}_1[\nabla^a+\boldsymbol{f}^a+\boldsymbol{K}_2(\boldsymbol{f}^a)^{(2)}] \tag{10.2-9}$$

式中：$\boldsymbol{K}_2=\mathrm{diag}([K_{X2}\quad K_{Y2}\quad K_{Z2}]^{\mathrm{T}})$。将式(10.2－9)的两边同时左乘$(\boldsymbol{C}_b^a)^{\mathrm{T}}\boldsymbol{K}_1^{-1}$，并移项整理，得

$$\begin{aligned}(\boldsymbol{C}_b^a)^{\mathrm{T}}\boldsymbol{f}^a&=(\boldsymbol{C}_b^a)^{\mathrm{T}}[\boldsymbol{K}_1^{-1}\boldsymbol{N}_A-\nabla^a-\boldsymbol{K}_2(\boldsymbol{f}^a)^{(2)}]\\&=[\boldsymbol{K}_1(\boldsymbol{C}_a^b)]^{-1}\boldsymbol{N}_A-(\boldsymbol{C}_b^a)^{\mathrm{T}}\nabla^a-[(\boldsymbol{C}_b^a)^{\mathrm{T}}\boldsymbol{K}_2](\boldsymbol{f}^a)^{(2)}\end{aligned}$$

将$\boldsymbol{f}^a=(\boldsymbol{C}_a^b)^{\mathrm{T}}\boldsymbol{f}^b$代入上式右端最后一项，并使用与式(10.2－6)相同的记号，上式可简写为

$$\boldsymbol{f}^b=\boldsymbol{K}_A\boldsymbol{N}_A-\nabla^b-[(\boldsymbol{C}_b^a)^{\mathrm{T}}\boldsymbol{K}_2][(\boldsymbol{C}_a^b)^{\mathrm{T}}\boldsymbol{f}^b]^{(2)} \tag{10.2-10}$$

这便是加速度计的二次非线性标定模型。当各加速度计的输入轴与 SIMU 的 b 系对应坐标轴接近平行时，近似有 $\boldsymbol{C}_b^a\approx\boldsymbol{C}_a^b\approx\boldsymbol{I}$，且 $\boldsymbol{K}_2$一般为小量，这时式(10.2－10)可近似为

$$\boldsymbol{f}^b=\boldsymbol{K}_A\boldsymbol{N}_A-\nabla^b-\boldsymbol{K}_2(\boldsymbol{f}^b)^{(2)} \tag{10.2-11}$$

若已知各加速度计的数学模型参数和安装矩阵 $\boldsymbol{C}_a^b$，也可采用迭代法求解比力$\boldsymbol{f}^b$，其步骤如下：

第 1 步：计算线性近似初始值

$$\boldsymbol{f}_{(0)}^b=\boldsymbol{K}_A\boldsymbol{N}_A-\nabla^b$$

第 2 步：迭代修正

$$\boldsymbol{f}_{(k+1)}^b=\boldsymbol{f}_{(0)}^b-[(\boldsymbol{C}_b^a)^{\mathrm{T}}\boldsymbol{K}_2][(\boldsymbol{C}_a^b)^{\mathrm{T}}\boldsymbol{f}_{(k)}^b]^{(2)}\quad 或\quad \boldsymbol{f}_{(k+1)}^b=\boldsymbol{f}_{(0)}^b-\boldsymbol{K}_2(\boldsymbol{f}_{(k)}^b)^{(2)}$$

直至满意的计算精度。

10.2.3　考虑失准角的加速度计标定模型

若加速度计的静态输入输出数学模型为

$$E_m=K_{m1}(K_{m0}+a_{mi}+K_{m2}a_{mi}^2+\delta_{mo}a_{mp}-\delta_{mp}a_{mo}) \tag{10.2-12}$$

记加速度计 $m(m=X,Y,Z)$的测量坐标系 $OI_mO_mP_m$与 SIMU 的 b 系之间的转换关系矩阵为 $\boldsymbol{C}_b^m$，显然 $\boldsymbol{C}_b^m$表示两正交坐标系之间的变换，它是单位正交阵，再记

$$\boldsymbol{\delta}_m=[1\quad -\delta_{mp}\quad \delta_{mo}]\quad 和\quad \boldsymbol{f}^m=[a_{mi}\quad a_{mo}\quad a_{mp}]^{\mathrm{T}}$$

则有

$$\boldsymbol{f}^m=\boldsymbol{C}_b^m\boldsymbol{f}^b\quad 和\quad a_{mi}=f_X^m=\boldsymbol{C}_b^m(1,:)\boldsymbol{f}^b$$

式中：$\boldsymbol{C}_b^m(i,:)(i=1,2,3)$表示矩阵 $\boldsymbol{C}_b^m$的第 i 行向量，因此式(10.2－12)又可写为

$$\begin{aligned}E_m&=K_{m1}(K_{m0}+\boldsymbol{\delta}_m\boldsymbol{f}^m+K_{m2}a_{mi}^2)\\&=K_{m1}\{K_{m0}+\boldsymbol{\delta}_m\boldsymbol{C}_b^m\boldsymbol{f}^b+K_{m2}[\boldsymbol{C}_b^m(1,:)\boldsymbol{f}^b]^{(2)}\}\end{aligned} \tag{10.2-13}$$

将 SIMU 中三只加速度计的模型合并在一起，写成矢量的形式为

$$\boldsymbol{N}_A=\boldsymbol{K}_1[\nabla^a+\boldsymbol{A}\boldsymbol{f}^b+\boldsymbol{K}_2(\boldsymbol{A}_1\boldsymbol{f}^b)^{(2)}] \tag{10.2-14}$$

其中：$\boldsymbol{A}=\begin{bmatrix}\boldsymbol{\delta}_X\boldsymbol{C}_b^X\\\boldsymbol{\delta}_Y\boldsymbol{C}_b^Y\\\boldsymbol{\delta}_Z\boldsymbol{C}_b^Z\end{bmatrix}$，$\boldsymbol{A}_1=\begin{bmatrix}\boldsymbol{C}_b^X(1,:)\\\boldsymbol{C}_b^Y(1,:)\\\boldsymbol{C}_b^Z(1,:)\end{bmatrix}$。若记三只加速度计的输入轴共同构成斜坐标系 a 系，则 $\boldsymbol{A}_1^{\mathrm{T}}$表示由 a 系至 b 系的坐标变换矩阵，相当于前述的 $\boldsymbol{C}_a^b$，因此 $\boldsymbol{A}_1$ 中每一个行向量的模值都为 1。将式(10.2－14)移项整理，得

$$\boldsymbol{f}^b=(\boldsymbol{K}_1\boldsymbol{A})^{-1}\boldsymbol{N}_A-\boldsymbol{A}^{-1}\nabla^a-(\boldsymbol{A}^{-1}\boldsymbol{K}_2)(\boldsymbol{A}_1\boldsymbol{f}^b)^{(2)} \tag{10.2-15}$$

再记 $\boldsymbol{K}_A=(\boldsymbol{K}_1\boldsymbol{A})^{-1}$，$\nabla^b=\boldsymbol{A}^{-1}\nabla^a$，则式(10.2－15)可简写为

$$\boldsymbol{f}^b=\boldsymbol{K}_A\boldsymbol{N}_A-\nabla^b-(\boldsymbol{A}^{-1}\boldsymbol{K}_2)(\boldsymbol{A}_1\boldsymbol{f}^b)^{(2)} \tag{10.2-16}$$

这便是加速度计的静态数学模型为二次非线性且存在失准角时的标定模型。

如果已知加速度计的数学模型参数和转换矩阵 $\boldsymbol{C}_b^m$，则可直接获得标定模型。但是，若已知标定模型，却往往无法反向精确求解出加速度计的数学模型参数和 $\boldsymbol{C}_b^m$。一般情况下失准角 δ_{mo}，δ_{mp}为小量，可近似 $\delta_m\approx[1\quad 0\quad 0]$，因此有

$$\boldsymbol{K}_A^{-1}=\boldsymbol{K}_1\boldsymbol{A}\approx\boldsymbol{K}_1\boldsymbol{A}_1=\begin{bmatrix}K_{X1}A_1(1,1) & K_{X1}A_1(1,2) & K_{X1}A_1(1,3)\\K_{Y1}A_1(2,1) & K_{Y1}A_1(2,2) & K_{Y1}A_1(2,3)\\K_{Z1}A_1(3,1) & K_{Z1}A_1(3,2) & K_{Z1}A_1(3,3)\end{bmatrix} \tag{10.2-17}$$

即若已知 $\boldsymbol{K}_A$，则 $\boldsymbol{K}_A^{-1}$的行向量的模值近似为 $\boldsymbol{K}_{m1}$，将 $\boldsymbol{K}_A^{-1}$的每个行向量除以 K_{m1}后可得矩阵 $\boldsymbol{A}_1$。当 δ_{mo}，δ_{mp}为小量时，式(10.2－16)还可近似为

$$\boldsymbol{f}^b=\boldsymbol{K}_A\boldsymbol{N}_A-\nabla^b-(\boldsymbol{A}_1^{-1}\boldsymbol{K}_2)(\boldsymbol{A}_1\boldsymbol{f}^b)^{(2)} \tag{10.2-18}$$

式(10.2－18)与式(10.2－10)在形式上是完全相同的。

事实上，根据式(3.3－14)知，加速度计的失准角与安装误差角之间是无法通过测试方法分离的，因此在加速度计标定时通常将它们一起等效为安装误差角，标定结果综合反映在安装矩阵 $\boldsymbol{C}_a^b$ 中。

10.2.4 考虑杆臂的加速度计标定模型

在实际 SIMU 中，加速度计是具有一定大小的实体元件，不可能将三只加速度计都安装在 SIMU 坐标系的原点处，因此每只加速度计的敏感测量点是互不相同的。SIMU 坐标系原点至各加速度计测量点的连线矢量构成一组杆臂，如图 10.2－1 所示。三只加速度计的安装测量点位置分别以 A_X，A_Y，A_Z表示，$\boldsymbol{r}_X$，$\boldsymbol{r}_Y$，$\boldsymbol{r}_Z$为各加速度计的杆臂矢量，图中还给出了 A_X加速度计的测量坐标系 $OI_XO_XP_X$(另两只省略)。

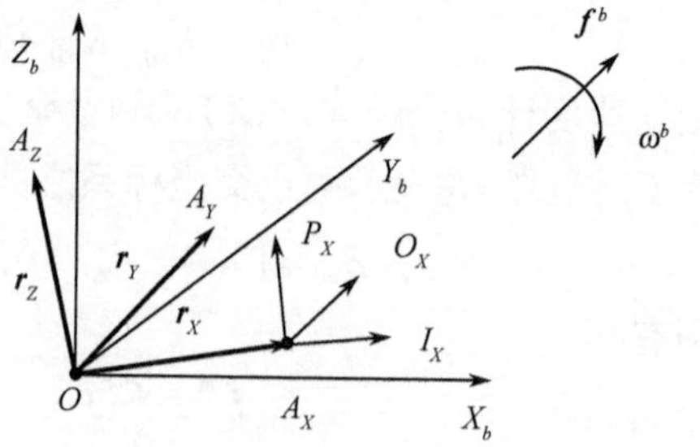

图 10.2－1　加速度计的安装位置及杆臂

在线运动和角运动同时存在的环境下，假设 SIMU 的角速度为 $\boldsymbol{\omega}^b$、比力为 $\boldsymbol{f}_O^b$(为 SIMU 坐标系原点 O 处值)。坐标系可视为刚体，其上每一点的角速度完全相同，但因转动影响，空间各点受力一般不同。以加速度计 A_X为例，不难知道 A_X点的比力 $\boldsymbol{f}_X^b$与原点处的比力 $\boldsymbol{f}_O^b$之间的关系为

$$\boldsymbol{f}_X^b=\boldsymbol{f}_O^b+\dot{\boldsymbol{\omega}}^b\times\boldsymbol{r}_X^b+\boldsymbol{\omega}^b\times(\boldsymbol{\omega}^b\times\boldsymbol{r}_X^b) \tag{10.2-19}$$

式中：$\dot{\boldsymbol{\omega}}^b\times\boldsymbol{r}_X^b$和$\boldsymbol{\omega}^b\times(\boldsymbol{\omega}^b\times\boldsymbol{r}_X^b)=(\boldsymbol{\omega}^b\times)^2\boldsymbol{r}_X^b$分别表示$A_X$点相对于$O$点的切向加速度和法向加速度。将式(10.2-19)向$OI_XO_XP_X$坐标系投影，得

$$\boldsymbol{f}_X^X=\boldsymbol{C}_b^X\boldsymbol{f}_X^b=\boldsymbol{C}_b^X\boldsymbol{f}_O^b+\boldsymbol{C}_b^X\boldsymbol{G}_\omega\boldsymbol{r}_X^b \tag{10.2-20}$$

这里记$\boldsymbol{G}_\omega=(\dot{\boldsymbol{\omega}}^b\times)+(\boldsymbol{\omega}^b\times)^2$，它可由陀螺测量提供。当存在角运动时，如果不考虑加速度计的动态测量误差，将式(10.2-20)代入式(10.2-13)，得

$$\begin{aligned}E_m&=K_{m1}(K_{m0}+\boldsymbol{\delta}_m\boldsymbol{f}_m^m+K_{m2}a_{mi}^2)\\&\approx K_{m1}\{K_{m0}+\boldsymbol{\delta}_m\boldsymbol{C}_b^m\boldsymbol{f}_O^b+\boldsymbol{\delta}_m\boldsymbol{C}_b^m\boldsymbol{G}_\omega\boldsymbol{r}_m^b+K_{m2}[\boldsymbol{C}_b^m(1,:)\boldsymbol{f}_O^b]^{(2)}\}\end{aligned} \tag{10.2-21}$$

在式(10.2-21)右端最后一项中进行了近似，即可以忽略杆臂效应对加速度计二次非线性项的影响。再将三只加速度计的模型合在一起，写成矢量的形式为

$$\boldsymbol{N}_A=\boldsymbol{K}_1[\nabla^a+\boldsymbol{A}\boldsymbol{f}^b+\boldsymbol{f}_\omega+\boldsymbol{K}_2(\boldsymbol{A}_1\boldsymbol{f}^b)^{(2)}] \tag{10.2-22}$$

其中：$\boldsymbol{f}_\omega=\begin{bmatrix}\boldsymbol{\delta}_X\boldsymbol{C}_b^X\boldsymbol{G}_\omega\boldsymbol{r}_X^b\\\boldsymbol{\delta}_Y\boldsymbol{C}_b^Y\boldsymbol{G}_\omega\boldsymbol{r}_Y^b\\\boldsymbol{\delta}_Z\boldsymbol{C}_b^Z\boldsymbol{G}_\omega\boldsymbol{r}_Z^b\end{bmatrix}\approx\begin{bmatrix}\boldsymbol{C}_b^X(1,:)\boldsymbol{G}_\omega\boldsymbol{r}_X^b\\\boldsymbol{C}_b^Y(1,:)\boldsymbol{G}_\omega\boldsymbol{r}_Y^b\\\boldsymbol{C}_b^Z(1,:)\boldsymbol{G}_\omega\boldsymbol{r}_Z^b\end{bmatrix}$称为杆臂效应补偿项，式(10.2-22)移项整理，得

$$\begin{aligned}\boldsymbol{f}^b&=\boldsymbol{K}_A\boldsymbol{N}_A-\nabla^b-(\boldsymbol{A}^{-1}\boldsymbol{K}_2)(\boldsymbol{A}_1\boldsymbol{f}^b)^{(2)}-\boldsymbol{A}^{-1}\boldsymbol{f}_\omega\\&\approx\boldsymbol{K}_A\boldsymbol{N}_A-\nabla^b-(\boldsymbol{A}_1^{-1}\boldsymbol{K}_2)(\boldsymbol{A}_1\boldsymbol{f}^b)^{(2)}-\boldsymbol{A}_1^{-1}\boldsymbol{f}_\omega\end{aligned} \tag{10.2-23}$$

10.2.5 考虑动态误差的加速度计标定模型

加速度计的动态误差数学模型如式(2.4-11)，不难理解，将SIMU中三只加速度计的误差模型合并在一起，可写成如下矢量形式：

$$\delta\boldsymbol{a}_I=\boldsymbol{h}(\boldsymbol{\omega}^b,\dot{\boldsymbol{\omega}}^b,\boldsymbol{f}^b,\boldsymbol{A})$$

式里：$\boldsymbol{h}(\cdot)$是一矢量函数，同理可采用迭代方法给出标定模型：

$$\begin{aligned}\boldsymbol{f}^b&=\boldsymbol{K}_A\boldsymbol{N}_A-\nabla^b-(\boldsymbol{A}^{-1}\boldsymbol{K}_2)(\boldsymbol{A}_1\boldsymbol{f}^b)^{(2)}-\boldsymbol{A}^{-1}\boldsymbol{f}_\omega-\boldsymbol{A}^{-1}\delta\boldsymbol{a}_I\\&\approx\boldsymbol{K}_A\boldsymbol{N}_A-\nabla^b-(\boldsymbol{A}_1^{-1}\boldsymbol{K}_2)(\boldsymbol{A}_1\boldsymbol{f}^b)^{(2)}-\boldsymbol{A}_1^{-1}\boldsymbol{f}_\omega-\boldsymbol{A}_1^{-1}\delta\boldsymbol{a}_I\end{aligned} \tag{10.2-24}$$

至此，逐步由简到繁，给出了加速度计的五种标定模型，分别为式(10.2-6)、式(10.2-11)、式(10.2-18)、式(10.2-23)和式(10.2-24)，依次考虑的因素越多，模型越复杂，可以将后一模型看作是前一模型的推广。在后四种模型中，由加速度计采样值$\boldsymbol{N}_A$到SIMU坐标系比力$\boldsymbol{f}^b$的计算步骤都是相同的，即先以线性模型计算近似初值，再使用迭代方法作精确修正。

10.2.6 陀螺标定模型

这里直接给出陀螺的线性标定模型。在捷联惯导系统中，常选用激光陀螺或光纤陀螺，相对于传统的机械转子陀螺而言，光学陀螺具有标度因数线性度好、动态和静态误差小等优点，一般可简单建模如下：

$$\frac{N_m}{K_m}=\omega_{mi}+\varepsilon_m,\quad m=X,Y,Z \tag{10.2-25}$$

其中：$N_m,K_m,\omega_{mi},\varepsilon_m$分别表示陀螺的采样输出、标度因数、沿输入轴的理想角速率输入、

零位漂移误差。假设三只陀螺输入轴一起构成斜坐标系 g 系，从 g 系至 b 系的变换矩阵为 $\boldsymbol{C}_g^b$（即陀螺安装矩阵），则类似于加速度计的线性标定模型式（10.2－6），容易获得陀螺的标定模型：

$$\boldsymbol{\omega}^b = \boldsymbol{K}_G\boldsymbol{N}_G - \boldsymbol{\varepsilon}^b \tag{10.2-26}$$

其中：$\boldsymbol{K}_G = [\boldsymbol{K}(\boldsymbol{C}_g^b)^{\mathrm{T}}]^{-1}$，$\boldsymbol{K} = \mathrm{diag}\left(\begin{bmatrix} K_X \\ K_Y \\ K_Z \end{bmatrix}\right)$，$\boldsymbol{N}_G = \begin{bmatrix} N_X \\ N_Y \\ N_Z \end{bmatrix}$，$\boldsymbol{\varepsilon}^b = (\boldsymbol{C}_b^g)^{\mathrm{T}}\boldsymbol{\varepsilon}^g$，$\boldsymbol{\varepsilon}^g = \begin{bmatrix} \varepsilon_X \\ \varepsilon_Y \\ \varepsilon_Z \end{bmatrix}$。

如果陀螺的输入输出模型比较复杂，如含非线性因素或动态误差等，亦可仿照前述加速度计标定模型的推导方法，不再赘述。

10.3　SIMU 的实验室标定方法

SIMU 标定一般是在实验室中进行的，标定的主要设备是测试转台，辅助设备还可能包括水平仪、北向基准、六面体框架和安装过渡板等。标定的目的是为了确定标定模型参数，如加速度计的标定模型参数 $\boldsymbol{K}_A$、∇^b 和陀螺的标定模型参数 $\boldsymbol{K}_G$、$\boldsymbol{\varepsilon}^b$ 等。在实验室 $1g$ 重力场环境下，可提供的比力激励不够高，加速度计的二阶非线性系数测试精度较低，因此，一般需假设加速度计已经在离心机上做过单表测试，二阶非线性系数已知或者该系数很小可以忽略不计。事实上，在 10.2 节介绍的几种加速度计标定模型中，应用得最多和最方便的还是线性标定模型，但是如果加速度计存在明显的非线性项，可先对单表进行非线性补偿处理，使之转化为线性测量模型，再应用线性标定模型。

至于加速度计的安装杆臂矢量，也应假设为已知量，否则不能通过本节的多位置标定法准确确定。然而，如果实际应用中忽视了杆臂的标定和补偿，当杆臂长度为厘米量级时，在高强度的角运动环境下会造成严重的导航速度误差，须引起重视。

10.3.1　SIMU 的安装

一般在设计和制造 SIMU 的外壳体时，都会加工出一个基准面，比如底面，并且还在侧面加工出另一基准面或基准线，如图 10.3－1 所示。对两基准面有较高的平面度和垂直度要求，应用时将以它们作为测量基准确定 SIMU 的本体坐标系（b 系），但坐标系原点一般无需精确指定，可大致定义为 SIMU 壳体的几何中心，除非在导航定位精度异常高的情况下（厘米级），需要进行更精确的确定。在使用 SIMU 进行导航时，底面基准面是运载体水平姿态测量的参考基准，而侧面基准面或基准线是方位测量的参考基准。

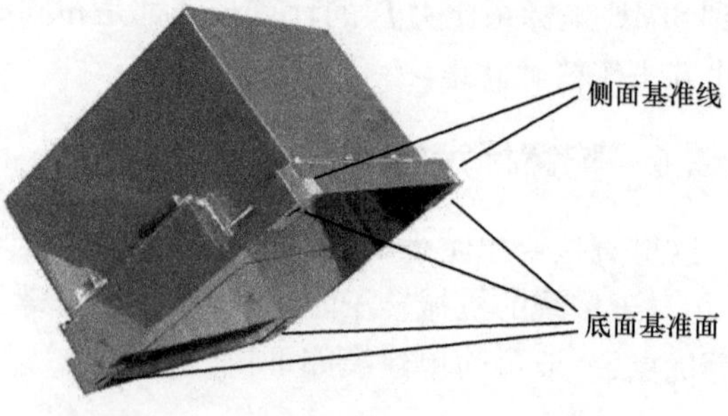

图 10.3－1　SIMU 底面基准面与侧面基准线

以双轴转台进行 SIMU 标定为例，安装步骤大致如下：

(1) 将 SIMU 底面紧贴转台台面，安装至转台台面上，有时 SIMU 与转台台面之间需要通过过渡板连接，对过渡板上下平面之间的平行度具有一定的精度要求。

(2) 使用水平仪检测和调节转台台面水平，如图 10.3-2 所示。

(3) 将转台绕耳轴转动 90°，锁定耳轴。

(4) 转动转台主轴，将水平仪放置于 SIMU 侧面基准面，调节水平，如图 10.3-3 所示。

(5) 将转台绕耳轴转动 -90°，恢复台面水平。完成安装，记该位置为标定的初始角位置(或称为 0 位置)。

图 10.3-2 转台台面调平

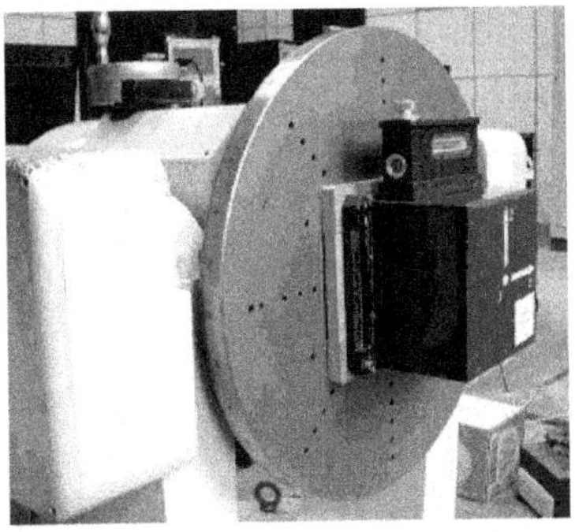

图 10.3-3 SIMU 侧面基准调平

不难理解，如果在导航应用中不以 SIMU 外壳体作为姿态参考基准，则在转台上的安装方向可以任意，只要保证标定过程中 SIMU 相对转台台面始终固定不动即可。但是，如果 SIMU 的惯性元件安装基座内支架与外壳体之间通过减振器连接，当转台转动至不同的角位置使受力方向改变时，内支架与外壳体(即转台台面)之间可能会产生相对角位移，致使转台给出的角位置基准不能代表基座支架的实际角位置，将会引起标定误差，因此必须保证 SIMU 的减振器具有足够的角位移刚性。

当安装 0 位置确定之后，就相当于在转台台面上建立了一个虚拟的 SIMU 本体坐标系，陀螺和加速度计的标定就是将惯性元件测量统一变换到该虚拟坐标系下。在 0 位置时定义转台主轴向上为 OZ_b，沿耳轴方向为 OY_b，OX_b 与前两者构成右手直角坐标系，此即 b 系。

10.3.2 标定与数据处理

1. 加速度计标定

在加速度计标定模型中，记 N_A 为加速度计的采样输出，而 $\boldsymbol{f}^b$ 为重力场提供的比力输入矢量。在初始 0 位置基础上转台转动一定的角位置，由重力矢量 $\boldsymbol{g}^n=[0\quad 0\quad -g]^{\mathrm{T}}$ 可精确计算得到 $\boldsymbol{f}^b$。易知，0 位置的比力输入为

$$\boldsymbol{f}_0^b=-\boldsymbol{g}^n=[0\quad 0\quad g]^{\mathrm{T}} \tag{10.3-1}$$

以 0 位置为起点，转台先绕耳轴转过 γ_k 角再绕主轴转过 ψ_k 角(称为一组转动)，至角位置 k，在该位置下由重力引起的加速度计比力输入为

$$\boldsymbol{f}_k^b = -\boldsymbol{C}_k\boldsymbol{g}^n = \boldsymbol{C}_k\boldsymbol{f}_0^b \tag{10.3-2}$$

其中：$\boldsymbol{C}_k = \boldsymbol{C}_{\psi k}\boldsymbol{C}_{\gamma k}$，$\boldsymbol{C}_{\psi k} = \begin{bmatrix} \cos\psi_k & \sin\psi_k & 0 \\ -\sin\psi_k & \cos\psi_k & 0 \\ 0 & 0 & 1 \end{bmatrix}$，$C_{\gamma k} = \begin{bmatrix} \cos\gamma_k & 0 & -\sin\gamma_k \\ 0 & 1 & 0 \\ \sin\gamma_k & 0 & \cos\gamma_k \end{bmatrix}$。

不妨以最简单的线性标定模型式(10.2-6)为例，其参数 $\boldsymbol{K}_A$，∇^b 中共有 12 个未知量，在每个位置 k 下采样可建立 3 个方程，写成分量形式即

$$\begin{cases} f_{Xk}^b = \boldsymbol{K}_A(1,:)\boldsymbol{N}_{Ak} - \nabla_X^b \\ f_{Yk}^b = \boldsymbol{K}_A(2,:)\boldsymbol{N}_{Ak} - \nabla_Y^b \\ f_{Zk}^b = \boldsymbol{K}_A(3,:)\boldsymbol{N}_{Ak} - \nabla_Z^b \end{cases} \tag{10.3-3}$$

这 3 个分量方程在形式上完全相同，标定参数的求解方法也完全一样。仅以 X 轴为例，经过 n 次角位置试验之后，可得一组方程

$$Y_k = \boldsymbol{H}_k\boldsymbol{X} \qquad (k=1,2,\cdots,n) \tag{10.3-4}$$

其中：$Y_k = f_{Xk}^b$，$\boldsymbol{H}_k = [\boldsymbol{N}_{Ak}^{\mathrm{T}} \quad -1]$，$\boldsymbol{X} = [\boldsymbol{K}_A(1,:) \quad \nabla_X^b]^{\mathrm{T}}$。这里 $\boldsymbol{X}$ 是待求的 4 维未知参数向量，因此，至少需要 4 组不相关的角位置试验才能求解出该参数向量。当角位置试验 $n>4$ 时，可采用最小二乘法求解 $\boldsymbol{X}$，即若设

$$\boldsymbol{Y} = \boldsymbol{H}\boldsymbol{X} \tag{10.3-5}$$

其中 $\boldsymbol{Y} = \begin{bmatrix} Y_1 \\ Y_2 \\ \vdots \\ Y_n \end{bmatrix}$，$\boldsymbol{H} = \begin{bmatrix} \boldsymbol{H}_1 \\ \boldsymbol{H}_2 \\ \vdots \\ \boldsymbol{H}_n \end{bmatrix}$，则参数向量 $\boldsymbol{X}$ 的最小二乘解为

$$\hat{\boldsymbol{X}} = (\boldsymbol{H}^{\mathrm{T}}\boldsymbol{H})^{-1}\boldsymbol{H}^{\mathrm{T}}\boldsymbol{Y} \tag{10.3-6}$$

如果需进一步考虑二阶非线性系数，假设加速度计的标定模型为式(10.2-18)并且 $\boldsymbol{K}_2$ 已知，则标定参数的求解步骤如下：

(1) 暂且忽略 $\boldsymbol{K}_2$ 的影响，即令 $\boldsymbol{K}_2 = \boldsymbol{0}$，按线性标定模型计算 $\boldsymbol{K}_A$ 的粗略值，记为 $\tilde{\boldsymbol{K}}_A$。

(2) 由 $\tilde{\boldsymbol{K}}_A$ 计算 $\boldsymbol{A}_1$。

(3) 考虑 $\boldsymbol{K}_2$，将标定模型改写为

$$\tilde{\boldsymbol{f}}^b = \boldsymbol{K}_A\boldsymbol{N}_A - \nabla^b \tag{10.3-7}$$

其中：$\tilde{\boldsymbol{f}}^b = \boldsymbol{f}^b + (\boldsymbol{A}_1^{-1}\boldsymbol{K}_2)(\boldsymbol{A}_1\boldsymbol{f}^b)^{(2)}$，这相当于添加了二阶非线性项用以修正比力。

(4) 以 $\tilde{\boldsymbol{f}}^b$ 当作等效比力输入，利用模型式(10.3-7)重新求解精确参数 $\boldsymbol{K}_A$，∇^b。

2. 陀螺标定

1) 刻度系数矩阵标定

在加速度计的标定过程中，当地重力加速度矢量 $\boldsymbol{g}^n$ 准确已知，可作为精确的比力激励基准使用，并通过已知给定的转台转动角位置将重力矢量变换至 SIMU 坐标系，获得精确的 b 系比力输入 $\boldsymbol{f}^b$。

虽然地球自转角速度 $\boldsymbol{\omega}_{ie}$ 也是准确已知的，但是该角速度量级太小，不宜当作标定陀螺的角速度激励源使用，必须借助于转台的转动提供更大的角速度激励。然而，转台转动

时给出的是转台台面相对于静止地面的角速度或转角，记“东—北—天”地面坐标系为 n 系，转台基座坐标系记为 p 系，显然，初始 0 位置时 p 系与 b 系的对应坐标轴相互平行。不难知道，转台台面相对于惯性空间的角速度 $\boldsymbol{\omega}_{ib}^{b}$（即陀螺的实际角速度激励）可分解为

$$\boldsymbol{\omega}_{ib}^{b}=\boldsymbol{\omega}_{ie}^{b}+\boldsymbol{\omega}_{ep}^{b}+\boldsymbol{\omega}_{pb}^{b}=\boldsymbol{C}_{p}^{b}\boldsymbol{C}_{n}^{p}\boldsymbol{\omega}_{ie}^{n}+\boldsymbol{\omega}_{pb}^{b} \tag{10.3-8}$$

式中：$\boldsymbol{\omega}_{ie}^{b}$为地球自转角速度；$\boldsymbol{\omega}_{ep}^{b}$为转台基座相对于地面的转动角速度，由于两者之间相对静止，因此恒为 0；$\boldsymbol{\omega}_{pb}^{b}$为转台台面相对于基座的角速度，可由转台读数给出；$\boldsymbol{C}_{p}^{b}$表示转台基座至台面的变换矩阵，也可通过转台相对于初始 0 位置的转角求得；$\boldsymbol{C}_{n}^{p}$为 n 系至基座的变换矩阵，0 位置时转台已调平，如果还已知基座与当地地理北向的夹角（或称转台已定向），则亦可求得该变换矩阵；变换 $\boldsymbol{C}_{p}^{b}\boldsymbol{C}_{n}^{p}\boldsymbol{\omega}_{ie}^{n}$是将地球自转角速度投影至 SIMU 坐标系。

如果转台基座不能精确定向，就难以计算出地球自转角速度在 b 系上的投影，也就无法精确获得 b 系相对于惯性空间的角速度，若简单地以 $\boldsymbol{\omega}_{pb}^{b}$代替 $\boldsymbol{\omega}_{ib}^{b}$则必然存在误差，从而给陀螺标定参考激励的计算带来误差。假设转台角速率大小 $\omega_{pb}=10(°)/s$，由地球自转角速率 $\omega_{ie}=15(°)/h$，估计可能引起的角速率相对误差为 $\eta=\omega_{ie}/\omega_{pb}\approx 4\times10^{-4}$；而当仅存在小角度的定向误差时（记为 $\delta\psi$），角速率相对误差的最大值可用下式估计：

$$\eta=\sin(\delta\psi)\times\frac{\omega_{ie}}{\omega_{pb}}\approx\delta\psi\times\frac{\omega_{ie}}{\omega_{pb}} \tag{10.3-9}$$

例如，取 $\delta\psi=0.5°$，求得 $\eta\approx3.6\times10^{-6}$，该误差在惯性级 SIMU 标定中一般可以忽略不计。因此，以转台转动作为陀螺标定的激励时，需要考虑到地球自转的负面影响，换句话说，地球自转常常是陀螺标定的干扰因素，必须通过数据处理或试验设计予以补偿和消除。

如果直接以角速度模型式（10.2－26）作为标定模型，使用速率转台角速率作为激励输入，速率转台的瞬时速率相对精度一般为 0.1%～1%，不能满足作为高精度速率基准的要求。解决该问题办法是将式（10.2－26）在一定时间段内进行数值积分，得

$$\boldsymbol{\Omega}^{b}=\boldsymbol{K}_{G}\boldsymbol{N}_{\Sigma G}-\boldsymbol{\Theta}^{b} \tag{10.3-10}$$

其中：$\boldsymbol{\Omega}^{b}=\sum\boldsymbol{\omega}_{ib}^{b}T_{s}$，$\boldsymbol{N}_{\Sigma G}=\sum\boldsymbol{N}_{G}T_{s}$，$\boldsymbol{\Theta}^{b}=\sum\boldsymbol{\varepsilon}^{b}T_{s}$；$T_{s}$ 为采样周期。若将式（10.3－10）的两边同时除以 T_{s}则表示对数据求和处理，若再除以采样数据的组数即为作平均处理。容易看出，利用积分、求和与平均三种处理方法求解的标定结果完全相同。

为了省去实时计算地球自转角速度在 SIMU 坐标轴上投影 $\boldsymbol{\omega}_{ie}^{b}=\boldsymbol{C}_{p}^{b}\boldsymbol{C}_{n}^{p}\boldsymbol{\omega}_{ie}^{n}$的麻烦，根据转台角速率精度和角位置精度的不同，提出以下两种改进的试验方案。

第一种是角速率法，转台绕某一框轴以给定的角速率转动，在转速平稳后截取适当时间段的采样数据，通常是选取该时段内对应转过整数周的角度。例如当转台以角速率 10(°)/s 转动时，转动一周 360°需要 36s，则选取 36s 的采样数据。利用整数周的采样数据进行积分，即使转台基座存在定向误差，地球自转角速度在非转动轴（或正交于转动轴）上的影响恰好能够被积分对称抵消，这是速率法的优点。但速率法中仍然需考虑地球自转在转台转动轴上的投影影响，不过两者之间夹角始终不变，投影是一常量，无需实时解算补偿。以 3KTD－565 型三轴速率转台为例，其 360°间隔平均角速率的精度为 5×10^{-5}，它可能导致陀螺标定中标度因数的相对误差亦为 5×10^{-5}，若从积分的角度上看，转台转

动 360°可能引起 $360° \times 5 \times 10^{-5} = 0.018° \approx 65''$的角度误差,该精度离高精度陀螺标定还有一定的差距。当然,增加连续转动的圈数会在一定程度上提高转台的平均角速率精度。

第二种试验方案是角位置法,即转台在给定角速率下旋转指定的角度,一般也应为整数周,但是在转台启动和停止阶段必然存在角速率的加速或减速过渡过程,因而不能充分对消地球自转角速度在非转动轴上的影响。比如启停阶段各为 2s 且某一非转动轴恰好停留在水平北向时,若未考虑地球自转在该非转动轴上的投影,则可能引起最大误差角约为 $15(°)/\mathrm{h} \times \cos L \times 4\mathrm{s} \approx 52''$(取 $L = 30°$),它远大于高精度转台的位置精度($2'' \sim 3''$)。当然,如果启停时地球自转在非转动轴上的投影分量很小,比如非转动轴近似于水平东向时,则引起的误差会小许多。角位置法的优点是不需要高精密的速率转台,但对转台的角位置精度要求相对较高,这与角速率法的要求正好相反,即角速率法对转台的角速率精度要求高而对角位置精度要求较低。

作为进一步的改进措施,如果采取正反转试验手段,还可不必计算地球自转在转台转动轴上的投影,彻底消除转动轴定向误差的影响。以角速率法为例,在绕 SIMU 坐标系某轴正向转动试验后,相应增加一次绕该轴的同角速率大小的反向转动,将正反转试验数据进行求差处理,当作一次试验数据看待,则求差后的数据便完全消除了地球自转的影响,但是,正反转速率法不能消除转台速率精度误差并且转台的正反转角速率精度还有可能不完全相同。对于正反转试验的改进角位置法,无论非转动轴处于何方向,当正转与反转的启停阶段角位置指向相同时,地球自转对启停阶段的影响都将被求差处理所消除。因此,正反转角位置法是一种比较理想的陀螺标定方法,只要正转与反转的数据截取长度相同且启停阶段的角位置也相同,不论是在转动轴还是非转动轴上,它都能较好地消除地球自转的影响,这时式(10.3-10)中的 $\boldsymbol{\Omega}^b$ 可看作是纯粹的转台角速度积分,即 $\boldsymbol{\Omega}^b = \sum \boldsymbol{\omega}_{pb}^b T_s$。

不论是角速率法还是角位置法,由于试验时间很短,陀螺漂移的累积效应一般很小。假设陀螺漂移为 0.1(°)/h,在 36s 转台转动时间内累积的角度为 $0.1(°)/\mathrm{h} \times 36\mathrm{s} = 3.6''$,这与高精度转台的角位置精度相近。因此,陀螺漂移极易淹没在转台测量和陀螺采样噪声中,使得通过转动试验获得的陀螺漂移 $\boldsymbol{\varepsilon}^b$ 标定精度不高。实用的处理方法是,暂且先忽略陀螺漂移影响,将标定模型近似为

$$\boldsymbol{\Omega}^b = \boldsymbol{K}_G \boldsymbol{N}_{\Sigma G} \tag{10.3-11}$$

该方程的 $\boldsymbol{K}_G$ 中只有 9 个未知参数,每次转动试验可构造一组 3 个方程,因此最少只需 3 次转轴不相关的试验,比如绕 SIMU 每个坐标轴各转动一次,即可求解出 $\boldsymbol{K}_G$。

2) 陀螺漂移标定

在完成刻度系数矩阵 $\boldsymbol{K}_G$ 标定之后,采用双位置测漂法标定陀螺漂移。假设在 0 位置下 SIMU 的方位角为 ψ_0,则地球自转角速度 $\boldsymbol{\omega}_{ie}^n$ 在 SIMU 坐标轴上的投影为

$$\boldsymbol{\omega}_0^b = \boldsymbol{C}_{\psi 0} \boldsymbol{\omega}_{ie}^n = \begin{bmatrix} \cos\psi_0 & \sin\psi_0 & 0 \\ -\sin\psi_0 & \cos\psi_0 & 0 \\ 0 & 0 & 1 \end{bmatrix} \begin{bmatrix} 0 \\ \omega_{ie}\cos L \\ \omega_{ie}\sin L \end{bmatrix} = \omega_{ie} \begin{bmatrix} \cos L\sin\psi_0 \\ \cos L\cos\psi_0 \\ \sin L \end{bmatrix} \tag{10.3-12}$$

接下来,将转台绕主轴转动 180°,方位角变为 $\psi_{180} = \psi_0 + 180°$,称为 π 位置,此时地球自转角速度 $\boldsymbol{\omega}_{ie}^n$ 在 SIMU 坐标轴上的投影为

$$\boldsymbol{\omega}_{180}^{b}=\boldsymbol{C}_{\psi180}\boldsymbol{\omega}_{ie}^{n}=\begin{bmatrix}\cos\psi_{180} & \sin\psi_{180} & 0\\ -\sin\psi_{180} & \cos\psi_{180} & 0\\ 0 & 0 & 1\end{bmatrix}\begin{bmatrix}0\\ \omega_{ie}\cos L\\ \omega_{ie}\sin L\end{bmatrix}=\omega_{ie}\begin{bmatrix}-\cos L\sin\psi_0\\ -\cos L\cos\psi_0\\ \sin L\end{bmatrix}$$

(10.3－13)

转动前后方位角相差180°的两个角位置即称为双位置。在双位置下，将理论角速率输入和陀螺采样输出代入陀螺标定模型，得

$$\boldsymbol{\omega}_0^b=\boldsymbol{K}_G\overline{\boldsymbol{N}}_{G0}-\boldsymbol{\varepsilon}^b \tag{10.3－14}$$

$$\boldsymbol{\omega}_{180}^b=\boldsymbol{K}_G\overline{\boldsymbol{N}}_{G180}-\boldsymbol{\varepsilon}^b \tag{10.3－15}$$

式中：$\overline{\boldsymbol{N}}_{G0}$，$\overline{\boldsymbol{N}}_{G180}$分别是0位置和π位置时陀螺采样输出的平均角速度值。若将上述两式相加并考虑式（10.3－12）和式（10.3－13），可解得

$$\boldsymbol{\varepsilon}^b=\frac{1}{2}\boldsymbol{K}_G(\overline{\boldsymbol{N}}_{G0}+\overline{\boldsymbol{N}}_{G180})-[0\quad 0\quad \omega_{ie}\sin L]^{\mathrm{T}} \tag{10.3－16}$$

例如，对于0.1(°)/h的陀螺漂移，选取采样时间30min，在该时间段内陀螺漂移累积的角度达0.1(°)/h×30min＝180″，远大于测量噪声，因此，双位置法可获得很高的陀螺漂移标定精度。

最后，在完成陀螺漂移标定之后，如果发现漂移数值较大，还可对刻度系数矩阵$\boldsymbol{K}_G$重新计算。将标定模型式（10.3－10）改写为

$$\tilde{\boldsymbol{\Omega}}^b=\boldsymbol{K}_G\boldsymbol{N}_{\Sigma G} \tag{10.3－17}$$

式中：$\tilde{\boldsymbol{\Omega}}^b=\boldsymbol{\Omega}^b+\boldsymbol{\Theta}^b$视为经过陀螺漂移修正后的转动激励，再次利用已有的转动试验数据重新计算，获得更加精确的$\boldsymbol{K}_G$。

对于惯性级SIMU，未标定时惯性元件输入轴与正交SIMU坐标系对应坐标轴之间的失准角可达角分级甚至几十角分。由于实际标定模型参数不可知，所以只能通过多次标定进行标定参数的重复性检验，一般应达到以下重复性指标：陀螺标度因数的相对误差为10^{-5}，安装矩阵元素的绝对误差10^{-5}，漂移的绝对误差0.01(°)/h；加速度计标度因数的相对误差为5×10^{-5}，安装矩阵元素的绝对误差5×10^{-5}，偏值的绝对误差$5\times10^{-5}g$。

10.3.3 标定举例

某惯性级激光陀螺SIMU，陀螺采样输出为角增量，加速度计输出为速度增量，采样频率100Hz，由于该SIMU中加速度计和陀螺模型的非线性系数都比较小并且主要应用于小比力情况下的车载导航场合（<2g），均可视为线性标定模型。已知实验室地理纬度L＝34.246048°，海拔高度h＝380 m。SIMU在三轴速率转台上安装调整好，启动预热准备60 min稳定后进行如下标定试验。

（1）加速度计标定采用十二位置法，即SIMU每个坐标轴分别竖直朝天向和地向各一次，在每种朝向基础上转台又绕竖直框轴转动180°，转动前后均进行静止位置上的加速度计数据采集，转动180°的最主要目的是为了消除转台调平误差的影响。十二位置示意图如图10.3－4所示，在每个位置上转台静止2 min，SIMU的每秒平均采样数据见表10.3－1，其中单位P表示计数值——脉冲数。

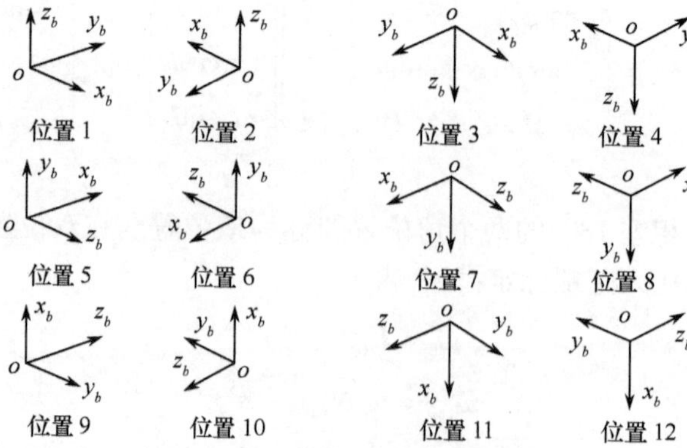

图 10.3－4　加速度计标定的十二位置

表 10.3－1　加速度计标定采样

位置 k	加速度计平均每秒采样 $\boldsymbol{N}_A$/P			SIMU 各轴理想比力 $\boldsymbol{f}^b/g$	标定误差 $\delta f/\mu g$
	X	Y	Z		
1	－32.604	21.762	9990.421	(0;0;1)	(－25;26;－5)
2	－32.616	21.272	9990.464		(－26;－23;0)
3	－25.436	0.502	－10031.447	(0;0;－1)	(－26;－23;－2)
4	－25.431	1.004	－10031.454		(－26;26;－2)
5	－33.860	10017.538	－28.156	(0;1;0)	(48;19;5)
6	－34.354	10017.509	－28.151		(－1;16;5)
7	－23.175	－9994.914	－12.691	(0;－1;0)	(1;19;5)
8	－22.723	－9994.933	－12.685		(46;17;6)
9	9969.802	14.938	－19.102	(1;0;0)	(3;－21;22)
10	9969.787	14.960	－19.614		(1;－18;－28)
11	－10027.294	6.902	－21.903	(－1;0;0)	(0;－19;－27)
12	－10027.271	6.892	－21.411		(3;－20;21)

采用最小二乘法处理数据，结果见表 10.3－2，同时还根据 $\boldsymbol{K}_A$ 计算了各加速度计的标度因数 K_{i1}（$i=X,Y,Z$）和安装矩阵 $\boldsymbol{C}_a^b$，从 $\boldsymbol{C}_a^b$ 非对角线元素最大值 $C_a^b(3,2)=0.001037$ 可以估算加速度计输入轴与 SIMU 坐标系轴的最大失准角约为 3.6′。此外，计算标定残差 $\delta\boldsymbol{f}$ 见表 10.3－1 的最后一列，其计算方法是利用标定结果对每秒采样 $\boldsymbol{N}_A$ 进行处理，再减去 SIMU 各轴的理想比力 $\boldsymbol{f}^b$，即

$$\delta\boldsymbol{f}=(\boldsymbol{K}_A\boldsymbol{N}_A-\nabla^b)-\boldsymbol{f}^b \tag{10.3-18}$$

表 10.3－2　加速度计标定结果

$\boldsymbol{K}_A$ /($\times10^{-4}$ g/P)	1.000145	0.000557	0.000358
	－0.000402	0.999376	－0.001036
	－0.000114	0.000771	0.998904
∇^b/mg	－2.877	1.114	－2.044
$\boldsymbol{K}_{i1}$/(P/g)	9998.541	10006.230	10010.949
$\boldsymbol{C}_a^b$	0.9999998	0.000402	0.000115
	－0.000557	0.9999994	－0.000772
	－0.000359	0.001037	0.9999997

(2) 陀螺刻度系数矩阵的标定采用角位置法，SIMU 每个坐标轴分别朝天向正反转各一次，其中设置转台转动角速率 10(°)/s 且加减角速率大小均为 10(°)/s^2，转动角度为一整周。对每次转动过程(包含转台启动之前和停止之后的一小段静止过程)的采样数据进行累加，再将正反转数据求差当作一次测试数据看待。测试结果见表 10.3－3，试验中每次转动数据时间均截取为 40s。

表 10.3－3　陀螺刻度矩阵标定采样

转动轴		陀螺采样总和 $\boldsymbol{N}_{\Sigma G}$/P			转角 $\boldsymbol{\Omega}^b$/(°)
		X	Y	Z	
X	正转	1386833	4367	－1141	(360;0;0)
	反转	－1385835	－3689	1102	(－360;0;0)
	求差	2772668	8056	－2243	(720;0;0)
Y	正转	－4341	1391830	4161	(0;360;0)
	反转	4942	－1390827	－4151	(0;－360;0)
	求差	－9283	2782657	8312	(0;720;0)
Z	正转	862	－1921	1390047	(0;0;360)
	反转	－852	2589	－1389042	(0;0;－360)
	求差	1714	－4510	2779089	(0;0;720)

对陀螺标定数据处理得到标定结果如表 10.3－4，同样，表中也给出了各陀螺的标度因数 $K_i(i=X,Y,Z)$ 和安装矩阵 $\boldsymbol{C}_g^b$。

表 10.3－4　陀螺刻度矩阵和漂移的标定结果

$\boldsymbol{K}_G$ /((″)/P)	0.934830	－0.002705	0.000762
	0.003120	0.931470	－0.002783
	－0.000571	0.001513	0.932674
K_i/(P/(″))	1.069707	1.073567	1.072181
$\boldsymbol{C}_g^b$	0.999995	－0.003335	0.000617
	0.002905	0.999990	－0.001623
	－0.000809	0.002987	0.999998
$\boldsymbol{\varepsilon}^b$/((°)/h)	0.136	－0.096	－0.114

(3) 陀螺漂移标定采用双位置法，在每个位置采样 30 min，采样数据见表 10.3－5，按式(10.3－16)处理，漂移标定结果见表 10.3－4 的最后一行。

表 10.3－5　陀螺漂移标定采样

位　置	陀螺每秒平均采样 $\boldsymbol{N}_G$/P		
	X	Y	Z
0	－0.076	13.937	8.947
π	0.352	－14.092	8.959

10.4 利用低精度转台实现 SIMU 的精确标定

借助于高精度转台容易实现 SIMU 的标定，但是高精度转台一般价格昂贵，此外，当 SIMU 的惯性元件安装支架与壳体之间存在容易产生角变形的减振器时，将抵消转台角位置测量精度，难以发挥高精度转台的优势。本节介绍一种利用低精度转台进行 SIMU 精确标定的方法，不受减振器角变形的影响。

为了顺利实现标定和叙述方便，提出以下要求或假设。

（1）在 SIMU 中加速度计和陀螺的单表输入输出模型是线性的，因而标定模型也是线性的，所以在标定之前一般先要经过充分的单表测试验证和补偿（当然，若模型中含有二阶非线性项，本方法须经适当修正，亦可适用）。

（2）在低精度转台上安装 SIMU 后，至少保证每个坐标轴能够近似在铅直面内及水平面内作 360°转动，并具备 0°、90°、180°和 270°等角位置的定位能力，角位置误差 $<1°$，转台北向定向误差 $<3°$。

（3）不妨假设陀螺为角速率输出，可补偿常值漂移为 0.1(°)/h 量级，加速度计为比力输出，可补偿常值偏值为 1 mg 量级。

10.4.1 粗略标定及标定误差模型

不论 SIMU 中的三只陀螺（或加速度计）的敏感轴之间为近似正交配置，还是斜置安装，通过粗略标定获得粗略的标定参数及其误差模型，将作为后续利用低精度转台进行精确标定的基础。

1. 粗略标定

为了描述方便，简记当地地理坐标系的理想指向“东—南—西—北—天—地”分别为“E,S,W,N,U,D”，但是由于低精度转台的指向误差，难以将 SIMU 各轴旋转至理想的地理指向，记相应的粗略地理指向分别为 $\tilde{E}$，$\tilde{S}$，$\tilde{W}$，$\tilde{N}$，$\tilde{U}$，$\tilde{D}$。

首先，将 SIMU 的 x_b 轴调整至指向 $\tilde{U}$（可简记为 $x_b \to \tilde{U}$），进行静态数据采集，记加速度计的平均采样输出 $\boldsymbol{N}_A(X\tilde{U}) = [E_X(X\tilde{U}) \quad E_Y(X\tilde{U}) \quad E_Z(X\tilde{U})]^{\mathrm{T}}$，此时重力场中比力激励输入近似为 $\boldsymbol{g}^b(X\tilde{U}) \approx [g \quad 0 \quad 0]^{\mathrm{T}}$，由于加速度计的标定模型是线性的并且常值偏值不大，近似得

$$\boldsymbol{g}^b(X\tilde{U}) \approx \boldsymbol{K}_A \boldsymbol{N}_A(X\tilde{U})$$

同理，若分别将 y_b 轴和 z_b 轴调整至 $\tilde{U}$，可得

$$\boldsymbol{g}^b(Y\tilde{U}) \approx \boldsymbol{K}_A \boldsymbol{N}_A(Y\tilde{U}) \quad 和 \quad \boldsymbol{g}^b(Z\tilde{U}) \approx \boldsymbol{K}_A \boldsymbol{N}_A(Z\tilde{U})$$

其中

$$\boldsymbol{g}^b(Y\tilde{U}) \approx [0 \quad g \quad 0]^{\mathrm{T}}、\boldsymbol{N}_A(Y\tilde{U}) = [E_X(Y\tilde{U}) \quad E_Y(Y\tilde{U}) \quad E_Z(Y\tilde{U})]^{\mathrm{T}}$$

$$\boldsymbol{g}^b(Z\tilde{U}) \approx [0\quad 0\quad g]^{\mathrm{T}}、\boldsymbol{N}_A(Z\tilde{U}) = [E_X(Z\tilde{U})\quad E_Y(Z\tilde{U})\quad E_Z(Z\tilde{U})]^{\mathrm{T}}$$

将上述三组测量式子合并在一起，写成矩阵的形式为

$$[\boldsymbol{g}^b(X\tilde{U})\quad \boldsymbol{g}^b(Y\tilde{U})\quad \boldsymbol{g}^b(Z\tilde{U})] = g\boldsymbol{I} \approx \boldsymbol{K}_A[\boldsymbol{N}_A(X\tilde{U})\quad \boldsymbol{N}_A(Y\tilde{U})\quad \boldsymbol{N}_A(Z\tilde{U})] \tag{10.4-1}$$

由式(10.4-1)移项，立即求得加速度计刻度系数矩阵 $\boldsymbol{K}_A$ 的粗略标定值，即

$$\tilde{\boldsymbol{K}}_A = g\cdot[\boldsymbol{N}_A(X\tilde{U})\quad \boldsymbol{N}_A(Y\tilde{U})\quad \boldsymbol{N}_A(Z\tilde{U})]^{-1} \tag{10.4-2}$$

类似于加速度计标定测量方程式(10.4-1)，针对陀螺的粗略标定，若绕 SIMU 的三个轴分别转动 360°，则可获得

$$2\pi\boldsymbol{I} \approx \boldsymbol{K}_G[\boldsymbol{N}_G(X)\quad \boldsymbol{N}_G(Y)\quad \boldsymbol{N}_G(Z)] \tag{10.4-3}$$

式中：$\boldsymbol{N}_G(X) = [N_X(X)\quad N_Y(X)\quad N_Z(X)]^{\mathrm{T}}$、$\boldsymbol{N}_G(Y) = [N_X(Y)\quad N_Y(Y)\quad N_Z(Y)]^{\mathrm{T}}$、$\boldsymbol{N}_G(Z) = [N_X(Z)\quad N_Y(Z)\quad N_Z(Z)]^{\mathrm{T}}$ 分别为绕 x_b, y_b, z_b 轴转动 360°时的陀螺累积采样输出。根据式(10.4-3)求得陀螺刻度系数矩阵 $\boldsymbol{K}_G$ 的粗略标定值为

$$\tilde{\boldsymbol{K}}_G \approx 2\pi\cdot[\boldsymbol{N}_G(X)\quad \boldsymbol{N}_G(Y)\quad \boldsymbol{N}_G(Z)]^{-1} \tag{10.4-4}$$

至此，给出加速度计和陀螺的粗略标定模型分别为

$$\tilde{\boldsymbol{f}}^b = \tilde{\boldsymbol{K}}_A\boldsymbol{N}_A - \tilde{\nabla}^b \tag{10.4-5}$$

$$\tilde{\boldsymbol{\omega}}_{ib}^b = \tilde{\boldsymbol{K}}_G\boldsymbol{N}_G - \tilde{\boldsymbol{\varepsilon}}^b \tag{10.4-6}$$

式中：$\tilde{\nabla}^b$ 和 $\tilde{\boldsymbol{\varepsilon}}^b$ 未知，均可暂且假定为 $\boldsymbol{0}$。

2. 粗标定的模型误差

式(10.4-5)给出了加速度计的粗略标定模型，然而理想标定模型应为 $\boldsymbol{f}^b = \boldsymbol{K}_A\boldsymbol{N}_A - \nabla^b$，现定义比力标定误差 $\delta\boldsymbol{f}^b = \tilde{\boldsymbol{f}}^b - \boldsymbol{f}^b$，则有

$$\begin{aligned}
\delta\boldsymbol{f}^b &= \tilde{\boldsymbol{f}}^b - \boldsymbol{f}^b = (\tilde{\boldsymbol{K}}_A - \boldsymbol{K}_A)\boldsymbol{N}_A - (\tilde{\nabla}^b - \nabla^b) \\
&= (\boldsymbol{I} - \boldsymbol{K}_A\tilde{\boldsymbol{K}}_A^{-1})\tilde{\boldsymbol{K}}_A\boldsymbol{N}_A - (\tilde{\nabla}^b - \nabla^b) = \delta\boldsymbol{K}_A(\tilde{\boldsymbol{f}}^b + \tilde{\nabla}^b) - (\tilde{\nabla}^b - \nabla^b) \\
&= \delta\boldsymbol{K}_A\tilde{\boldsymbol{f}}^b - [(\boldsymbol{I} - \delta\boldsymbol{K}_A)\tilde{\nabla}^b - \nabla^b] = \delta\boldsymbol{K}_A\tilde{\boldsymbol{f}}^b - \delta\nabla^b
\end{aligned} \tag{10.4-7}$$

式中：记 $\delta\boldsymbol{K}_A = \boldsymbol{I} - \boldsymbol{K}_A\tilde{\boldsymbol{K}}_A^{-1}$、$\delta\nabla^b = (\boldsymbol{I} - \delta\boldsymbol{K}_A)\tilde{\nabla}^b - \nabla^b \approx \tilde{\nabla}^b - \nabla^b$，分别称为加速度计标定模型的刻度系数误差矩阵和偏值误差。

若分别记 $\delta\boldsymbol{K}_A = \begin{bmatrix} \delta k_{axx} & \delta k_{axy} & \delta k_{axz} \\ \delta k_{ayx} & \delta k_{ayy} & \delta k_{ayz} \\ \delta k_{azx} & \delta k_{azy} & \delta k_{azz} \end{bmatrix}$、$\delta\nabla^b = \begin{bmatrix} \delta\nabla_x^b \\ \delta\nabla_y^b \\ \delta\nabla_z^b \end{bmatrix}$、$\tilde{\boldsymbol{f}}^b = \begin{bmatrix} \tilde{f}_x^b \\ \tilde{f}_y^b \\ \tilde{f}_z^b \end{bmatrix}$ 和 $\boldsymbol{X}_A = \begin{bmatrix} \delta\boldsymbol{K}_A(:,1) \\ \delta\boldsymbol{K}_A(:,2) \\ \delta\boldsymbol{K}_A(:,3) \\ \delta\nabla^b \end{bmatrix}$、

$\boldsymbol{H}_A = [\tilde{f}_x^b\boldsymbol{I}\quad \tilde{f}_y^b\boldsymbol{I}\quad \tilde{f}_z^b\boldsymbol{I}\quad -\boldsymbol{I}]$，则式(10.4-7)还可表示为

$$\delta \boldsymbol{f}^b = \tilde{f}_x^b \delta \boldsymbol{K}_A(:,1) + \tilde{f}_y^b \delta \boldsymbol{K}_A(:,2) + \tilde{f}_z^b \delta \boldsymbol{K}_A(:,3) - \delta \nabla^b = \boldsymbol{H}_A \boldsymbol{X}_A \tag{10.4-8}$$

同理，对于陀螺的粗略标定模型而言，若定义角速度标定误差 $\delta \boldsymbol{\omega}_{ib}^b = \tilde{\boldsymbol{\omega}}_{ib}^b - \boldsymbol{\omega}_{ib}^b$，则有

$$\delta \boldsymbol{\omega}_{ib}^b = \delta \boldsymbol{K}_G \tilde{\boldsymbol{\omega}}_{ib}^b - \delta \boldsymbol{\varepsilon}^b = \boldsymbol{H}_G \boldsymbol{X}_G \tag{10.4-9}$$

这里 $\delta \boldsymbol{K}_G = \boldsymbol{I} - \boldsymbol{K}_G \tilde{\boldsymbol{K}}_G^{-1}$，$\delta \boldsymbol{\varepsilon}^b = (\boldsymbol{I} - \delta \boldsymbol{K}_G) \tilde{\boldsymbol{\varepsilon}}^b - \boldsymbol{\varepsilon}^b \approx \tilde{\boldsymbol{\varepsilon}}^b - \boldsymbol{\varepsilon}^b$ 分别为陀螺标定模型的刻度系数误差矩阵和漂移误差，并且记 $\delta \boldsymbol{K}_G = \begin{bmatrix} \delta k_{gxx} & \delta k_{gxy} & \delta k_{gxz} \\ \delta k_{gyx} & \delta k_{gyy} & \delta k_{gyz} \\ \delta k_{gzx} & \delta k_{gzy} & \delta k_{gzz} \end{bmatrix}$、$\delta \boldsymbol{\varepsilon}^b = \begin{bmatrix} \delta \varepsilon_x^b \\ \delta \varepsilon_y^b \\ \delta \varepsilon_z^b \end{bmatrix}$、$\tilde{\boldsymbol{\omega}}_{ib}^b = \begin{bmatrix} \tilde{\omega}_{ibx}^b \\ \tilde{\omega}_{iby}^b \\ \tilde{\omega}_{ibz}^b \end{bmatrix}$ 和 $\boldsymbol{X}_G = \begin{bmatrix} \delta \boldsymbol{K}_G(:,1) \\ \delta \boldsymbol{K}_G(:,2) \\ \delta \boldsymbol{K}_G(:,3) \\ \delta \boldsymbol{\varepsilon}^b \end{bmatrix}$、$\boldsymbol{H}_G = [\tilde{\omega}_{ibx}^b \boldsymbol{I} \quad \tilde{\omega}_{iby}^b \boldsymbol{I} \quad \tilde{\omega}_{ibz}^b \boldsymbol{I} \quad -\boldsymbol{I}]$。

如果通过某种方法求出了标定模型误差，对粗略标定模型进行修正即可获得更加精确的标定模型，修正算法如下：

$$\boldsymbol{K}_A = (\boldsymbol{I} - \delta \boldsymbol{K}_A) \tilde{\boldsymbol{K}}_A, \quad \nabla^b = \tilde{\nabla}^b - \delta \nabla^b \tag{10.4-10}$$

$$\boldsymbol{K}_G = (\boldsymbol{I} - \delta \boldsymbol{K}_G) \tilde{\boldsymbol{K}}_G, \quad \boldsymbol{\varepsilon}^b = \tilde{\boldsymbol{\varepsilon}}^b - \delta \boldsymbol{\varepsilon}^b \tag{10.4-11}$$

需要说明的是，在不以 SIMU 壳体作为姿态参考基准使用的情况下，若某矩阵 $\boldsymbol{K}_A$ 是加速度计的刻度系数标定矩阵，再设 $\boldsymbol{C}_b^{b'}$ 为小角度正交旋转变换矩阵，则经过旋转变换 $\boldsymbol{K}_A' = \boldsymbol{C}_b^{b'} \boldsymbol{K}_A$ 之后，$\boldsymbol{K}_A'$ 也可作为标定矩阵。结合式(10.4-10)发现 $\boldsymbol{C}_b^{b'}(\boldsymbol{I} - \delta \boldsymbol{K}_A)$ 也可构成标定误差矩阵。因此，为了确保精标定时 $\boldsymbol{K}_A$ 的唯一可解性，可将乘积 $\boldsymbol{C}_b^{b'}(\boldsymbol{I} - \delta \boldsymbol{K}_A)$ 约束为上三角矩阵且对角线元素均取正值(由矩阵的 QR 分解理论知该约束总是可行且唯一的)，最简单的做法是取 $\boldsymbol{C}_b^{b'}$ 为单位阵且 $\delta \boldsymbol{K}_A$ 为上三角矩阵。显然，由 $\boldsymbol{K}_A \approx \tilde{\boldsymbol{K}}_A$ 和 $\delta \boldsymbol{K}_A = \boldsymbol{I} - \boldsymbol{K}_A \tilde{\boldsymbol{K}}_A^{-1}$ 还可知 $\delta \boldsymbol{K}_A$ 的所有元素都是小量。值得注意，在 $\delta \boldsymbol{K}_A$ 存在约束的情况下，陀螺的刻度系数误差矩阵 $\delta \boldsymbol{K}_G$ 不能再限定为三角矩阵，但易知 $\delta \boldsymbol{K}_G$ 的每个元素也都是小量。

10.4.2 标定误差量测模型

1. 简化导航算法及误差方程

由"东/E—北/N—天/U"导航坐标系(n 系)依次经过方位角 ψ(绕 Z 轴)、俯仰角 θ(绕 X 轴)和横滚角 γ(绕 Y 轴)三次旋转后，可得 SIMU 坐标系(b 系)，即

$$\boldsymbol{C}_n^b = \boldsymbol{C}(\gamma,\theta,\psi) = \boldsymbol{C}(\gamma)\boldsymbol{C}(\theta)\boldsymbol{C}(\psi) = \begin{bmatrix} c\gamma & 0 & -s\gamma \\ 0 & 1 & 0 \\ s\gamma & 0 & c\gamma \end{bmatrix} \begin{bmatrix} 1 & 0 & 0 \\ 0 & c\theta & s\theta \\ 0 & -s\theta & c\theta \end{bmatrix} \begin{bmatrix} c\psi & s\psi & 0 \\ -s\psi & c\psi & 0 \\ 0 & 0 & 1 \end{bmatrix}$$

捷联惯导的姿态矩阵定义为

$$\boldsymbol{C}_b^n = (\boldsymbol{C}_n^b)^{\mathrm{T}} \triangleq \boldsymbol{C}^{\mathrm{T}}(\gamma,\theta,\psi) \tag{10.4-12}$$

式中：简写符号 $s\alpha, c\alpha(\alpha=\gamma,\theta,\psi)$ 分别表示三角函数 $\sin\alpha, \cos\alpha$。

不考虑 SIMU 相对于试验地点的实际速度和位置变化，用于标定的捷联惯导姿态矩阵和速度更新算法可简化为

$$\dot{\boldsymbol{C}}_b^n = \boldsymbol{C}_b^n(\boldsymbol{\omega}_{nb}^b \times) \tag{10.4-13}$$

$$\dot{\boldsymbol{v}}^n = \boldsymbol{C}_b^n \boldsymbol{f}^b + \boldsymbol{g}^n \tag{10.4-14}$$

式中：$\boldsymbol{\omega}_{nb}^b = \boldsymbol{\omega}_{ib}^b - (\boldsymbol{C}_b^n)^{\mathrm{T}} \boldsymbol{\omega}_{ie}^n$，$\boldsymbol{g}^n = [0 \quad 0 \quad -g]^{\mathrm{T}}$，$\boldsymbol{\omega}_{ie}^n = [0 \quad \omega_N \quad \omega_U]^{\mathrm{T}}$，$\omega_N = \omega_{ie}\cos L$，$\omega_U = \omega_{ie}\sin L$。研究表明，与式(10.4-13)和式(10.4-14)相对应的数学平台失准角 $\boldsymbol{\varphi}$ 和速度误差 $\delta\boldsymbol{v}^n$ 微分方程分别为

$$\dot{\boldsymbol{\varphi}} = -\boldsymbol{\omega}_{ie}^n \times \boldsymbol{\varphi} - \boldsymbol{C}_b^n \delta\boldsymbol{\omega}_{ib}^b \tag{10.4-15}$$

$$\delta\dot{\boldsymbol{v}}^n = (\boldsymbol{C}_b^n \boldsymbol{f}^b) \times \boldsymbol{\varphi} + \boldsymbol{C}_b^n \delta\boldsymbol{f}^b \tag{10.4-16}$$

由于在短时间内 $\boldsymbol{\omega}_{ie}^n \times \boldsymbol{\varphi}$ 对平台误差角变化率的贡献微小，并且在忽略线运动的静基座下，当地重力加速度矢量为 $\boldsymbol{g}^n = -\boldsymbol{C}_b^n \boldsymbol{f}^b$，进一步考虑式(10.4-8)和式(10.4-9)后，式(10.4-15)和式(10.4-16)改写为

$$\dot{\boldsymbol{\varphi}} = -\boldsymbol{C}_b^n \boldsymbol{H}_G \boldsymbol{X}_G \tag{10.4-17}$$

$$\delta\dot{\boldsymbol{v}}^n = -\boldsymbol{g}^n \times \boldsymbol{\varphi} + \boldsymbol{C}_b^n \boldsymbol{H}_A \boldsymbol{X}_A \tag{10.4-18}$$

2. 量测方程

根据简化的导航误差方程，如果在导航过程中取两个不同时刻 0 和 T，可得失准角变化量 $\Delta\boldsymbol{\varphi} = \boldsymbol{\varphi}(T) - \boldsymbol{\varphi}(0)$，以及速度误差的变化率 $\delta\dot{\boldsymbol{v}}^n(0)$ 和 $\delta\dot{\boldsymbol{v}}^n(T)$ 如下：

$$\boldsymbol{\varphi}(T) - \boldsymbol{\varphi}(0) = -\int_0^T \boldsymbol{C}_b^n(t) \boldsymbol{H}_G(t)\,\mathrm{d}t \cdot \boldsymbol{X}_G \tag{10.4-19}$$

$$\delta\dot{\boldsymbol{v}}^n(0) = -\boldsymbol{g}^n \times \boldsymbol{\varphi}(0) + \boldsymbol{C}_b^n(0)\boldsymbol{H}_A(0)\boldsymbol{X}_A \tag{10.4-20}$$

$$\delta\dot{\boldsymbol{v}}^n(T) = -\boldsymbol{g}^n \times \boldsymbol{\varphi}(T) + \boldsymbol{C}_b^n(T)\boldsymbol{H}_A(T)\boldsymbol{X}_A \tag{10.4-21}$$

将式(10.4-21)减去式(10.4-20)，并将式(10.4-19)代入，再记 $\Delta\dot{\boldsymbol{V}} = \delta\dot{\boldsymbol{v}}^n(T) - \delta\dot{\boldsymbol{v}}^n(0)$，则可得

$$\Delta\dot{\boldsymbol{V}} = (\boldsymbol{g}^n \times)\int_0^T \boldsymbol{C}_b^n(t)\boldsymbol{H}_G(t)\,\mathrm{d}t \cdot \boldsymbol{X}_G + [\boldsymbol{C}_b^n(T)\boldsymbol{H}_A(T) - \boldsymbol{C}_b^n(0)\boldsymbol{H}_A(0)] \cdot \boldsymbol{X}_A \triangleq \boldsymbol{H}_\Delta \boldsymbol{X} \tag{10.4-22}$$

其中：$\boldsymbol{H}_\Delta = \left[(\boldsymbol{g}^n \times)\int_0^T \boldsymbol{C}_b^n(t)\boldsymbol{H}_G(t)\,\mathrm{d}t \quad \boldsymbol{C}_b^n(T)\boldsymbol{H}_A(T) - \boldsymbol{C}_b^n(0)\boldsymbol{H}_A(0)\right]$，$\boldsymbol{X} = [\boldsymbol{X}_G^{\mathrm{T}} \quad \boldsymbol{X}_A^{\mathrm{T}}]^{\mathrm{T}}$。

考虑到重力矢量 $\boldsymbol{g}^n$ 中仅有第三个分量(天向分量)不为零，将式(10.4-20)与式(10.4-21)相加并且只取第三分量，再记 $\Sigma\dot{\boldsymbol{V}} = \delta\dot{\boldsymbol{v}}^n(T) + \delta\dot{\boldsymbol{v}}^n(0)$，则可得

$$\Sigma\dot{V}_U = [\boldsymbol{C}_b^n(T)\boldsymbol{H}_A(T) + \boldsymbol{C}_b^n(0)\boldsymbol{H}_A(0)]_{(3,:)} \cdot \boldsymbol{X}_A \triangleq \boldsymbol{H}_\Sigma \boldsymbol{X} \tag{10.4-23}$$

式中：$[\cdot]_{(3,:)}$ 表示取矩阵的第三行元素构成行向量；$\boldsymbol{H}_\Sigma = [\boldsymbol{0}_{1\times 12} \quad [\boldsymbol{C}_b^n(T)\boldsymbol{H}_A(T) + \boldsymbol{C}_b^n(0)\boldsymbol{H}_A(0)]_{(3,:)}]$。

至此，建立起了量测(即速度误差变化率 $\Delta\dot{\boldsymbol{V}}$ 或 $\Sigma\dot{V}_U$)与状态(24 维标定模型误差向

量 $\boldsymbol{X}$)之间的关系,$\boldsymbol{H}_{\Delta}$和 $\boldsymbol{H}_{\Sigma}$为量测矩阵。由于量测的维数远小于状态的维数,因而必须通过改变量测矩阵元素的取值分布和利用多组量测值才可能完全求解出所有的状态。也正因为状态和量测矩阵的维数较高,一般不容易发现关于如何构造量测矩阵的普遍规律。然而,通过观察矩阵 $\boldsymbol{H}_A$和 $\boldsymbol{H}_G$会发现,当 0 和 T 时刻转台处于特殊的角位置(如某个坐标轴沿垂线方向),并且进行定轴转动(如仅绕某个坐标轴转动)时,量测矩阵将包含很少的非零元素,只需进行简单的运算就有可能分离出各项标定误差。

10.4.3 标定误差分离过程

对标定误差量测方程式(10.4-22)的分析可知,误差分离过程应当包括一系列的"对准—导航 1—转动—导航 2"操作,各操作含义大致叙述如下:

① 在"对准"中,即在初始 0 时刻位置,利用粗略标定结果 $\tilde{\boldsymbol{\omega}}_{ib}^{b}$和 $\tilde{\boldsymbol{f}}^{b}$计算姿态角和方位角(或直接使用转台的定向值),构造姿态矩阵 $\tilde{\boldsymbol{C}}_{b}^{n}(0)$。

② 在"导航 1"中,利用式(10.4-13)和式(10.4-14)进行姿态矩阵和速度的更新解算(如果该阶段能确保转台不动则可不必作姿态矩阵更新解算),一小段时间后从速度误差输出中估计速度误差的变化率,记为 $\delta\dot{\boldsymbol{v}}^{n}(0)$。

③ "转动"时,进行姿态矩阵更新(这时可不必作速度更新解算),绕转台某一坐标轴作单轴转动,从 0 位置转动至 T 位置,转动结束后记姿态矩阵为 $\tilde{\boldsymbol{C}}_{b}^{n}(T)$。

④ 在"导航 2"中,与"导航 1"一样进行姿态矩阵和速度的更新解算,并估计速度误差的变化率 $\delta\dot{\boldsymbol{v}}^{n}(T)$。

为了充分分离所有标定误差,这里设计了三组完全相同的操作过程(Ⅰ、Ⅱ、Ⅲ),每组操作又包括三次子操作(1、2、3)。以下仅以第Ⅰ组中三次操作为例,详细叙述操作过程和如何建立量测方程。

(1) 操作Ⅰ-1。如图 10.4-1 所示,在 0 时刻 SIMU 的位置为 $x_b\to\tilde{E}$,$y_b\to\tilde{N}$,$z_b\to\tilde{U}$,绕 y_b轴转动 180°,T 时刻各轴的位置为 $x_b\to\tilde{W}$,$y_b\to\tilde{N}$,$z_b\to\tilde{D}$,即相当于 SIMU 的横滚角 γ 从 0 变化到 π,近似有

$$\boldsymbol{C}_b^n(t)\approx\begin{bmatrix} c\gamma & 0 & s\gamma \\ 0 & 1 & 0 \\ -s\gamma & 0 & c\gamma \end{bmatrix},\boldsymbol{C}_b^n(0)\approx\begin{bmatrix} 1 & 0 & 0 \\ 0 & 1 & 0 \\ 0 & 0 & 1 \end{bmatrix},\boldsymbol{C}_b^n(T)\approx\begin{bmatrix} -1 & 0 & 0 \\ 0 & 1 & 0 \\ 0 & 0 & -1 \end{bmatrix},$$

$$\boldsymbol{H}_A(0)\approx[\boldsymbol{0}\quad\boldsymbol{0}\quad g\boldsymbol{I}\quad -\boldsymbol{I}],\boldsymbol{H}_A(T)\approx[\boldsymbol{0}\quad\boldsymbol{0}\quad -g\boldsymbol{I}\quad -\boldsymbol{I}],\boldsymbol{H}_G(t)\approx[\boldsymbol{0}\quad \tilde{\omega}_{iby}^{b}\boldsymbol{I}\quad \boldsymbol{0}\quad -\boldsymbol{I}]$$

首先,估计一下陀螺漂移对标定的影响。由于转动时间很短(如在 10s 以内),在积分 $\int_0^T\boldsymbol{C}_b^n(t)\boldsymbol{H}_G(t)\mathrm{d}t\cdot\boldsymbol{X}_G$ 中$\int_0^T\boldsymbol{C}_b^n(t)\mathrm{d}t\cdot\delta\boldsymbol{\varepsilon}^b$ 的大小量级可估计为 $T\cdot\delta\varepsilon$,假设取 $T=10\mathrm{s}$ 和 $\delta\varepsilon=0.1(°)/\mathrm{h}$,则 $T\cdot\delta\varepsilon=1''$。因此,在短时间内陀螺漂移对标定的影响完全可以忽略不计。

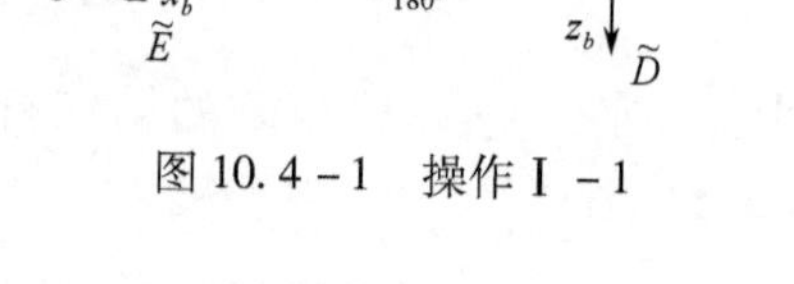

图 10.4-1 操作Ⅰ-1

其次，计算如下积分

$$\int_0^T \boldsymbol{C}_b^n(t)\,\tilde{\boldsymbol{\omega}}_{iby}^b \mathrm{d}t = \int_0^{\pi} \boldsymbol{C}^{\mathrm{T}}(\gamma,0,0)\mathrm{d}\gamma = \begin{bmatrix} 0 & 0 & 2 \\ 0 & \pi & 0 \\ -2 & 0 & 0 \end{bmatrix}$$

将这一结果代入式(10.4-22)和式(10.4-23)，分别得

$$\Delta\dot{\boldsymbol{V}}^{I1} = (\boldsymbol{g}^n\times)\begin{bmatrix} 0 & 0 & 2 \\ 0 & \pi & 0 \\ -2 & 0 & 0 \end{bmatrix}\delta\boldsymbol{K}_G(:,2) + g\begin{bmatrix} 0 & 0 & 0 \\ 0 & -2 & 0 \\ 0 & 0 & 0 \end{bmatrix}\delta\boldsymbol{K}_A(:,3) + \begin{bmatrix} 2 & 0 & 0 \\ 0 & 0 & 0 \\ 0 & 0 & 2 \end{bmatrix}\delta\nabla^b$$

$$= \begin{bmatrix} g\pi\delta k_{gyy} + 2\delta\nabla_x^b \\ -2g\delta k_{gzy} - 2g\delta k_{ayz} \\ 2\delta\nabla_z^b \end{bmatrix} \tag{10.4-24}$$

$$\Sigma\dot{V}_U^{I1} = 2g\delta k_{azz} \tag{10.4-25}$$

在该步骤中，如果 SIMU 绕 y_b 轴多转动若干圈，即转动 $n\times360°+180°$，则有利于提高陀螺标度因数 δk_{gyy} 的标定精度。这时式(10.4-24)中的 $g\pi\delta k_{gyy}+2\delta\nabla_x^b$ 将变为 $g(2n+1)\pi\delta k_{gyy}+2\delta\nabla_x^b$，而 $\Delta\dot{V}^{I1}$ 的其他两个分量保持不变。

(2) 操作Ⅰ-2。如图10.4-2所示，在0时刻 SIMU 的位置为 $x_b\to\tilde{W}$，$y_b\to\tilde{N}$，$z_b\to\tilde{D}$，再绕 y_b 轴转动180°，T 时刻各轴的位置为 $x_b\to\tilde{E}$，$y_b\to\tilde{N}$，$z_b\to\tilde{U}$，即相当于横滚角 γ 从 π 变化到 2π，则有

$$\boldsymbol{C}_b^n(t)\approx\begin{bmatrix} c\gamma & 0 & s\gamma \\ 0 & 1 & 0 \\ -s\gamma & 0 & c\gamma \end{bmatrix},\ \boldsymbol{C}_b^n(0)\approx\begin{bmatrix} -1 & 0 & 0 \\ 0 & 1 & 0 \\ 0 & 0 & -1 \end{bmatrix},\ \boldsymbol{C}_b^n(T)\approx\begin{bmatrix} 1 & 0 & 0 \\ 0 & 1 & 0 \\ 0 & 0 & 1 \end{bmatrix},$$

$$\boldsymbol{H}_A(0)\approx[\boldsymbol{0}\quad\boldsymbol{0}\quad -g\boldsymbol{I}\quad -\boldsymbol{I}],\ \boldsymbol{H}_A(T)\approx[\boldsymbol{0}\quad\boldsymbol{0}\quad g\boldsymbol{I}\quad -\boldsymbol{I}],\ \boldsymbol{H}_G(t)\approx[\boldsymbol{0}\quad \tilde{\omega}_{iby}^b\boldsymbol{I}\quad \boldsymbol{0}\quad -\boldsymbol{I}]$$

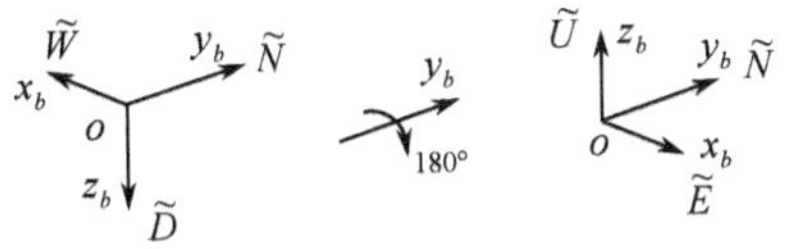

图10.4-2 操作Ⅰ-2

计算下式积分：

$$\int_0^T \boldsymbol{C}_b^n(t)\,\tilde{\boldsymbol{\omega}}_{iby}^b \mathrm{d}t = \int_{\pi}^{2\pi} \boldsymbol{C}^{\mathrm{T}}(\gamma,0,0)\mathrm{d}\gamma = \begin{bmatrix} 0 & 0 & -2 \\ 0 & \pi & 0 \\ 2 & 0 & 0 \end{bmatrix}$$

将上述结果代入式(10.4-22)和式(10.4-23)，分别得

$$\Delta\dot{\boldsymbol{V}}^{I2} = (\boldsymbol{g}^n\times)\begin{bmatrix} 0 & 0 & -2 \\ 0 & \pi & 0 \\ 2 & 0 & 0 \end{bmatrix}\delta\boldsymbol{K}_G(:,2) + g\begin{bmatrix} 0 & 0 & 0 \\ 0 & 2 & 0 \\ 0 & 0 & 0 \end{bmatrix}\delta\boldsymbol{K}_A(:,3) + \begin{bmatrix} -2 & 0 & 0 \\ 0 & 0 & 0 \\ 0 & 0 & -2 \end{bmatrix}\delta\nabla^b$$

$$
= \begin{bmatrix} g\pi\delta k_{gyy} - 2\delta\nabla_x^b \\ 2g\delta k_{gzy} + 2g\delta k_{ayz} \\ -2\delta\nabla_z^b \end{bmatrix} \tag{10.4-26}
$$

$$
\Sigma\dot{V}_U^{I2} = 2g\delta k_{azz} \tag{10.4-27}
$$

(3) 操作Ⅰ-3。如图10.4-3所示,在0时刻SIMU的位置为$x_b \to \tilde{E}$,$y_b \to \tilde{N}$,$z_b \to \tilde{U}$,绕z_b轴转动180°,T时刻各轴的位置为$x_b \to \tilde{W}$,$y_b \to \tilde{N}$,$z_b \to \tilde{S}$,即相当于方位角ψ从0变化到π,则有

$$
\boldsymbol{C}_b^n(t) \approx \begin{bmatrix} c\psi & -s\psi & 0 \\ s\psi & c\psi & 0 \\ 0 & 0 & 1 \end{bmatrix},\ \boldsymbol{C}_b^n(0) \approx \begin{bmatrix} 1 & 0 & 0 \\ 0 & 1 & 0 \\ 0 & 0 & 1 \end{bmatrix},\ \boldsymbol{C}_b^n(T) \approx \begin{bmatrix} -1 & 0 & 0 \\ 0 & -1 & 0 \\ 0 & 0 & 1 \end{bmatrix}
$$

$$
\boldsymbol{H}_A(0) \approx [\boldsymbol{0}\quad \boldsymbol{0}\quad g\boldsymbol{I}\quad -\boldsymbol{I}],\ \boldsymbol{H}_A(T) \approx [\boldsymbol{0}\quad \boldsymbol{0}\quad g\boldsymbol{I}\quad -\boldsymbol{I}]
$$

$$
\boldsymbol{H}_G(t) \approx [\boldsymbol{0}\quad \boldsymbol{0}\quad \tilde{\omega}_{ibz}^b\boldsymbol{I}\quad -\boldsymbol{I}]
$$

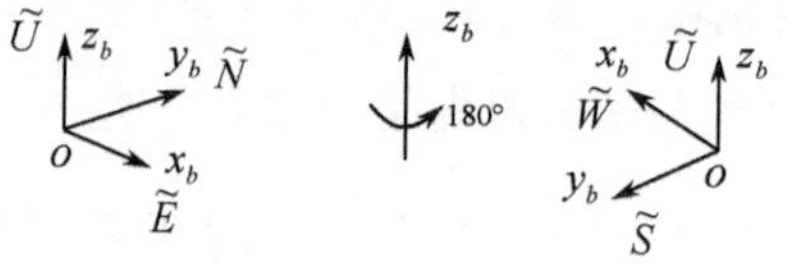

图10.4-3 操作Ⅰ-3

先计算积分:

$$
\int_0^T \boldsymbol{C}_b^n(t)\,\tilde{\omega}_{ibz}^b \mathrm{d}t = \int_0^\pi \boldsymbol{C}^{\mathrm{T}}(0,0,\psi)\,\mathrm{d}\psi = \begin{bmatrix} 0 & -2 & 0 \\ 2 & 0 & 0 \\ 0 & 0 & \pi \end{bmatrix}
$$

将上述结果代入式(10.4-22)和式(10.4-23),分别得

$$
\Delta\dot{\boldsymbol{V}}^{I3} = (\boldsymbol{g}^n \times)\begin{bmatrix} 0 & -2 & 0 \\ 2 & 0 & 0 \\ 0 & 0 & \pi \end{bmatrix}\delta\boldsymbol{K}_G(:,3) + g\begin{bmatrix} -2 & 0 & 0 \\ 0 & -2 & 0 \\ 0 & 0 & 0 \end{bmatrix}\delta\boldsymbol{K}_A(:,3) + \begin{bmatrix} 2 & 0 & 0 \\ 0 & 2 & 0 \\ 0 & 0 & 0 \end{bmatrix}\delta\nabla^b
$$

$$
= \begin{bmatrix} 2g\delta k_{gxz} - 2g\delta k_{axz} + 2\delta\nabla_x^b \\ 2g\delta k_{gyz} - 2g\delta k_{ayz} + 2\delta\nabla_y^b \\ 0 \end{bmatrix} \tag{10.4-28}
$$

$$
\Sigma\dot{V}_U^{I3} = 2g\delta k_{azz} - 2\delta\nabla_z^b \tag{10.4-29}
$$

到这里就完成了第Ⅰ组的三次操作。事实上,只要进行简单的坐标轴符号置换:$x_b \to z_b$,$y_b \to x_b$,$z_b \to y_b$,便可获得第Ⅱ组的量测方程;而进行坐标轴符号置换$x_b \to y_b$,$y_b \to z_b$,$z_b \to x_b$后,可获得第Ⅲ组的量测方程。现将所有操作和量测方程统一列于表10.4-1,但表中仅列出了能够求解出所有标定误差参数的最少的量测方程。注意到,所有的子操作2都是冗余的,如有必要也可以作为加权平均使用,提高数据处理精度。

表 10.4-1　标定误差分离的操作过程和量测方程

组别		操作过程 对准-导航1　　转动　　导航2	量测方程
I	1	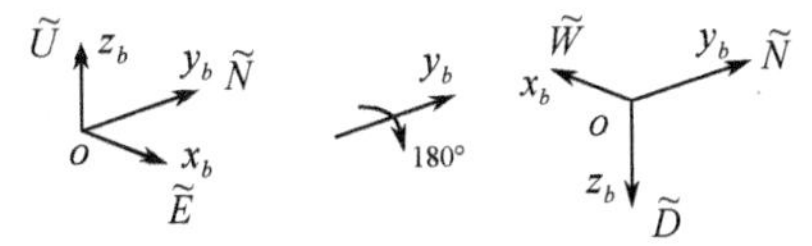	$\Delta\dot{V}_E^{I1}=g\pi\delta k_{gyy}+2\delta\nabla_x^b$ $\Delta\dot{V}_N^{I1}=-2g\delta k_{gzy}-2g\delta k_{ayz}$ $\Delta\dot{V}_U^{I1}=2\delta\nabla_z^b$ $\Sigma\dot{V}_U^{I1}=2g\delta k_{azz}$
	2	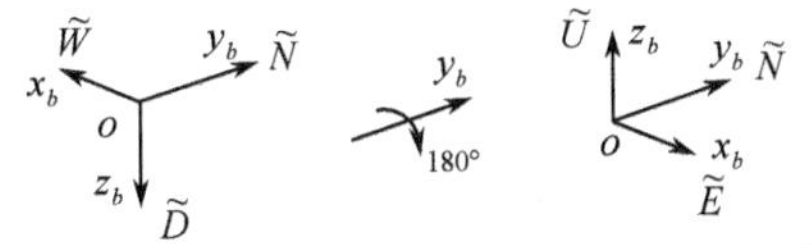	—
	3	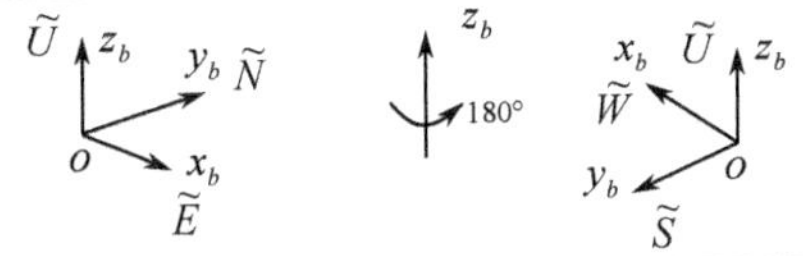	$\Delta\dot{V}_E^{I3}=2g\delta k_{gxz}-2g\delta k_{axz}+2\delta\nabla_x^b$ $\Delta\dot{V}_N^{I3}=2g\delta k_{gyz}-2g\delta k_{ayz}+2\delta\nabla_y^b$
II	1	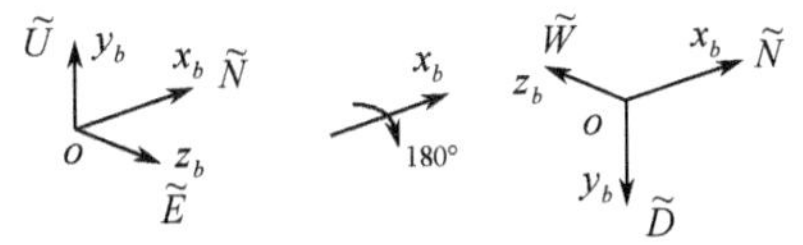	$\Delta\dot{V}_E^{II1}=g\pi\delta k_{gxx}+2\delta\nabla_z^b$ $\Delta\dot{V}_N^{II1}=-2g\delta k_{gyx}-2g\delta k_{axy}$ $\Delta\dot{V}_U^{II1}=2\delta\nabla_y^b$ $\Sigma\dot{V}_U^{II1}=2g\delta k_{ayy}$
	2	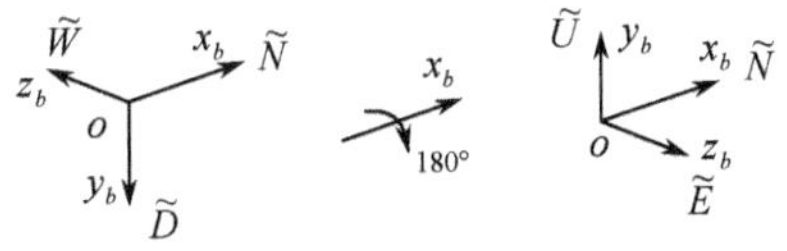	—
	3	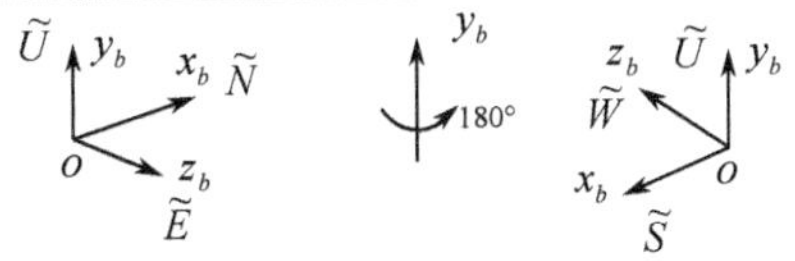	$\Delta\dot{V}_E^{II3}=2g\delta k_{gzy}-2g\delta k_{azy}+2\delta\nabla_z^b$ $\Delta\dot{V}_N^{II3}=2g\delta k_{gxy}-2g\delta k_{axy}+2\delta\nabla_x^b$
III	1	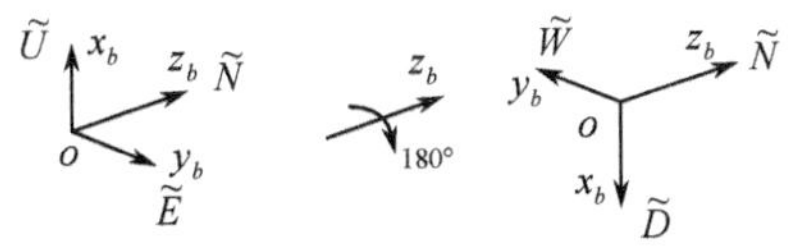	$\Delta\dot{V}_E^{III1}=g\pi\delta k_{gzz}+2\delta\nabla_y^b$ $\Delta\dot{V}_N^{III1}=-2g\delta k_{gxz}-2g\delta k_{azx}$ $\Delta\dot{V}_U^{III1}=2\delta\nabla_x^b$ $\Sigma\dot{V}_U^{III1}=2g\delta k_{axx}$
	2	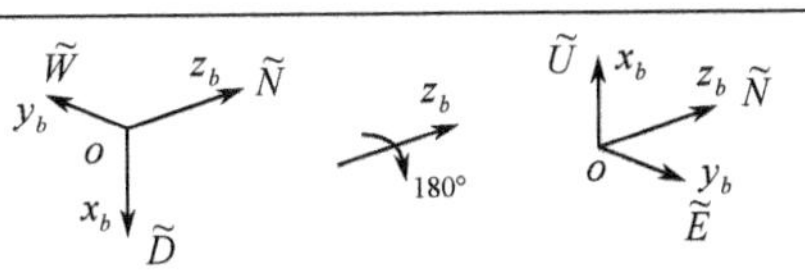	—
	3	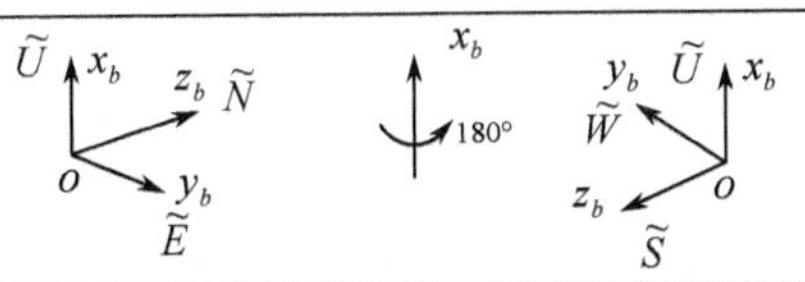	$\Delta\dot{V}_E^{III3}=2g\delta k_{gyx}-2g\delta k_{ayx}+2\delta\nabla_y^b$ $\Delta\dot{V}_N^{III3}=2g\delta k_{gzx}-2g\delta k_{azx}+2\delta\nabla_z^b$

根据表 10.4-1 中的 18 个量测方程,通过直接观察,可按以下顺序分离出各标定误差参数:

① 由 $\Delta\dot{V}_U^{I1},\Delta\dot{V}_U^{II1},\Delta\dot{V}_U^{III1}$ 直接求解：

$$\delta\nabla_z^b=\frac{\Delta\dot{V}_U^{I1}}{2},\ \delta\nabla_y^b=\frac{\Delta\dot{V}_U^{II1}}{2},\ \delta\nabla_x^b=\frac{\Delta\dot{V}_U^{III1}}{2}$$

② 由 $\Sigma\dot{V}_U^{I1},\Sigma\dot{V}_U^{II1},\Sigma\dot{V}_U^{III1}$ 直接求解：

$$\delta k_{azz}=\frac{\Sigma\dot{V}_U^{I1}}{2g},\delta k_{ayy}=\frac{\Sigma\dot{V}_U^{II1}}{2g},\ \delta k_{axx}=\frac{\Sigma\dot{V}_U^{III1}}{2g}$$

③ 由 $\Delta\dot{V}_E^{I1},\Delta\dot{V}_E^{II1},\Delta\dot{V}_E^{III1}$ 求解：

$$\delta k_{gyy}=\frac{\Delta\dot{V}_E^{I1}-2\delta\nabla_x^b}{g\pi},\ \delta k_{gxx}=\frac{\Delta\dot{V}_E^{II1}-2\delta\nabla_z^b}{g\pi},\ \delta k_{gzz}=\frac{\Delta\dot{V}_E^{III1}-2\delta\nabla_y^b}{g\pi}$$

④ 给定加速度计的刻度系数矩阵约束条件：

$$\delta k_{ayx}=\delta k_{azx}=\delta k_{azy}=0$$

⑤ 由 $\Delta\dot{V}_E^{II3},\Delta\dot{V}_N^{III1},\Delta\dot{V}_E^{III3},\Delta\dot{V}_N^{III3}$ 和约束条件求解：

$$\delta k_{gzy}=\frac{\Delta\dot{V}_E^{II3}-2\delta\nabla_z^b}{2g},\ \delta k_{gxz}=-\frac{\Delta\dot{V}_N^{III1}}{2g},\ \delta k_{gyx}=\frac{\Delta\dot{V}_E^{III3}-2\delta\nabla_y^b}{2g},\ \delta k_{gzx}=\frac{\Delta\dot{V}_N^{III3}-2\delta\nabla_z^b}{2g}$$

⑥ 由 $\Delta\dot{V}_N^{I1},\Delta\dot{V}_E^{I3},\Delta\dot{V}_N^{II1}$ 求解：

$$\delta k_{ayz}=-\delta k_{gzy}-\frac{\Delta\dot{V}_N^{I1}}{2g},\ \delta k_{axz}=\delta k_{gxz}+\frac{2\delta\nabla_x^b-\Delta\dot{V}_E^{I3}}{2g},\ \delta k_{axy}=-\delta k_{gyx}-\frac{\Delta\dot{V}_N^{II1}}{2g}$$

⑦ 由 $\Delta\dot{V}_N^{I3},\Delta\dot{V}_N^{II3}$ 求解：

$$\delta k_{gyz}=\delta k_{ayz}+\frac{\Delta\dot{V}_N^{I3}-2\delta\nabla_y^b}{2g},\ \delta k_{gxy}=\delta k_{axy}+\frac{\Delta\dot{V}_N^{II3}-2\delta\nabla_x^b}{2g}$$

至此，求得了包括约束条件在内的 21 个标定误差参数。从上述误差分离公式中还可以看出，大多数标定误差参数都受加速度计偏值误差的影响，因此加速度计的偏值稳定性在该标定方法中起着非常重要的作用。针对陀螺漂移误差的标定将在下面专门介绍。

10.4.4 陀螺常值漂移的精确标定

前述标定误差分离过程可分离除陀螺常值漂移外的其他所有误差项，而陀螺常值漂移误差标定一般需在 $\delta\boldsymbol{K}_G,\delta\boldsymbol{K}_A,\delta\nabla^b$ 标定补偿之后再进行，因此，这里在假设已经获得了准确的标定结果 $\boldsymbol{K}_G,\boldsymbol{K}_A,\ \nabla^b$ 的条件下，介绍一种无需精确转位 180°的双位置陀螺测漂方法。

转台操作过程同Ⅰ-3，但在 0 位置和 T 位置测试时必须确保转台不动，并且由于陀螺漂移效应一般比较微弱，测试时间需足够长。具体试验和数据处理过程如下：

(1) 将 SIMU 放置于 $x_b\to\tilde{E},y_b\to\tilde{N},z_b\to\tilde{U}$ 方向（记 0 位置），静止较长时间（比如 30min），记陀螺的平均角速度输出为 $\tilde{\boldsymbol{\omega}}_0^b$，进行初始对准，记姿态矩阵为 $\tilde{\boldsymbol{C}}_b^n(0)$，由于加速度计已经经过了准确的标定，这时 $\tilde{\boldsymbol{C}}_b^n(0)$ 包含的水平失准角很小，其误差可忽略不计，则平台失准角近似为 $\boldsymbol{\varphi}=[0\quad 0\quad \phi_U]^{\mathrm{T}}$，其中 ϕ_U 为方位失准角，主要由陀螺漂移误差引起。

(2) 绕天向 z_b 轴转 180°，至 $x_b \to \widetilde{W}$，$y_b \to \widetilde{S}$，$z_b \to \widetilde{U}$（记为 π 位置），转动过程中进行实时姿态更新，记转动结束时的姿态矩阵为 $\tilde{\boldsymbol{C}}_b^n(\pi)$，由于陀螺的刻度系数矩阵也已经经过了准确的标定，转动前后的失准角变化应该很小，即 $\Delta\boldsymbol{\varphi} \approx \boldsymbol{0}$，因此 $\tilde{\boldsymbol{C}}_b^n(\pi)$ 包含的失准角亦近似为 $\boldsymbol{\varphi} = [0 \quad 0 \quad \phi_U]^{\mathrm{T}}$。

(3) 再静止 30min，记陀螺在 T 位置的平均角速度输出为 $\tilde{\boldsymbol{\omega}}_\pi^b$。

假设 0 位置和 T 位置的真实姿态阵分别为 $\boldsymbol{C}_b^n(0)$ 和 $\boldsymbol{C}_b^n(\pi)$，则有如下关系式成立：

$$\boldsymbol{C}_b^n(0) = (\boldsymbol{I} + \boldsymbol{\varphi}\times)\tilde{\boldsymbol{C}}_b^n(0),\ \boldsymbol{C}_b^n(\pi) = (\boldsymbol{I} + \boldsymbol{\varphi}\times)\tilde{\boldsymbol{C}}_b^n(\pi) \tag{10.4-30}$$

因为静基座下陀螺测量的是地球自转角速度在 b 系的投影，有 $\boldsymbol{\omega}_{ib}^b = (\boldsymbol{C}_b^n)^{\mathrm{T}}\boldsymbol{\omega}_{ie}^n$，考虑陀螺漂移误差 $\delta\boldsymbol{\varepsilon}^b$ 后，将实测陀螺输出值代入该式，可得

$$\begin{cases} \tilde{\boldsymbol{\omega}}_0^b - \delta\boldsymbol{\varepsilon}^b = [(\boldsymbol{I} + \boldsymbol{\varphi}\times)\tilde{\boldsymbol{C}}_b^n(0)]^{\mathrm{T}}\boldsymbol{\omega}_{ie}^n \\ \tilde{\boldsymbol{\omega}}_\pi^b - \delta\boldsymbol{\varepsilon}^b = [(\boldsymbol{I} + \boldsymbol{\varphi}\times)\tilde{\boldsymbol{C}}_b^n(\pi)]^{\mathrm{T}}\boldsymbol{\omega}_{ie}^n \end{cases} \tag{10.4-31}$$

将式(10.4-31)中的两式相减，得

$$\tilde{\boldsymbol{\omega}}_\pi^b - \tilde{\boldsymbol{\omega}}_0^b = \{(\boldsymbol{I} + \boldsymbol{\varphi}\times)[\tilde{\boldsymbol{C}}_b^n(\pi) - \tilde{\boldsymbol{C}}_b^n(0)]\}^{\mathrm{T}}\boldsymbol{\omega}_{ie}^n$$

令 $\Delta\boldsymbol{\omega} = \tilde{\boldsymbol{\omega}}_\pi^b - \tilde{\boldsymbol{\omega}}_0^b$，$\Delta\boldsymbol{C} = [\tilde{\boldsymbol{C}}_b^n(\pi) - \tilde{\boldsymbol{C}}_b^n(0)]^{\mathrm{T}}$，整理得

$$\Delta\boldsymbol{\omega} = \Delta\boldsymbol{C}(\boldsymbol{I} - \boldsymbol{\varphi}\times)\boldsymbol{\omega}_{ie}^n$$

再展开上式并取 x 轴分量，得

$$\Delta\omega_x = \Delta C(1,1)\omega_N\phi_U + \Delta C(1,2)\omega_N + \Delta C(1,3)\omega_U$$

不难解得

$$\phi_U = \frac{\Delta\omega_x - \Delta C(1,2)\omega_N - \Delta C(1,3)\omega_U}{\Delta C(1,1)\omega_N} \tag{10.4-32}$$

在求出 ϕ_U 之后，再将式(10.4-31)中的两式相加并移项整理，得精确计算陀螺漂移误差的公式为

$$\delta\boldsymbol{\varepsilon}^b = \frac{1}{2}\{(\tilde{\boldsymbol{\omega}}_0^b + \tilde{\boldsymbol{\omega}}_\pi^b) - [\tilde{\boldsymbol{C}}_b^n(0) + \tilde{\boldsymbol{C}}_b^n(\pi)]^{\mathrm{T}}(\boldsymbol{I} - \boldsymbol{\varphi}\times)\boldsymbol{\omega}_{ie}^n\} \tag{10.4-33}$$

容易看出，当 $\tilde{\boldsymbol{C}}_b^n(0)$ 和 $\tilde{\boldsymbol{C}}_b^n(\pi)$ 中的水平姿态角均为 0 且两者的方位角又正好相差 180°时，上式的测漂计算将退化成与式(10.3-16)的测漂方法完全相同。

10.4.5 几点补充说明

(1) 常将 10.3 节的标定方法称为器件级分立标定法，它的主要特征是通过直接比较惯性器件的采样输出与转台给定的已知准确输入来计算标定参数，比如加速度计标定采用十二位置法和陀螺标定采用速率法，标定精度往往取决于测试转台的精度，对设备要求高。而本节的标定方法习惯上称为系统级标定方法，它的思想来源于平台式惯导系统的自对准自标定技术，系统级标定方法利用转台模拟平台惯导系统的平台框架作角运动，通过设计转动方案和捷联惯导算法，从导航速度误差中估计 SIMU 标定模型误差（而不是直

接以标定模型参数作为标定对象)，再逐步校正标定模型参数，减小和消除标定误差。系统级标定方法的突出优点是对转台的精度要求不高。

(2) 本节标定方法是在单表满足线性模型条件时的一种有效标定方法。通过建立标定模型误差和一系列的"对准—导航 1—转动—导航 2"操作，从导航速度误差中辨识出标定误差。其实质是，SIMU 坐标轴与水平面之间的小角度失准角由加速度计测量确定，而转动过程中的大转角由陀螺跟踪，通过加速度计和陀螺的相互配合或约束条件分离出标定误差参数，标定精度只取决于惯性器件自身的精度，其中最主要的性能指标是重复性和稳定性，而与转台的精度关系不大。

(3) 若粗标定中模型误差比较大，通过一次精标定误差分离过程可能还达不到足够高的标定精度，这时一般无需重复试验操作而只需使用已有的原始采样数据，进行多次迭代误差分离，有利于提高标定的计算精度。

(4) 本节标定建立的是虚拟 SIMU 标定坐标系(b 系)，如果在导航等应用场合需以壳体基准面作为运载体角位置参考使用，则须再增加一个标定模型的坐标系转换环节。方法如下：系统级标定完毕之后，将 SIMU 底面基准面放置于已经过调平的水平台面上，利用加速度计输出计算虚拟 b 系与水平之间的失准角(例如假设 x_b 与水平夹角 α_θ，y_b 与水平夹角 α_γ)，再将侧面基准面放置于水平台面上求得失准角(例如假设 y_b 与水平夹角 α_ψ)，最后将 $\alpha_\gamma,\alpha_\theta,\alpha_\psi$ 视作一组欧拉角，使用姿态变换矩阵 $\boldsymbol{C}^{\mathrm{T}}(\alpha_\gamma,\alpha_\theta,\alpha_\psi)$ 分别左乘 $\boldsymbol{K}_G$，$\boldsymbol{\varepsilon}^b$，$\boldsymbol{K}_A$，$\nabla^b$ 得新的标定模型，实现从虚拟标定坐标系到壳体基准面的转换。

(5) 表 10.4-1 列出的误差分离操作为构造量测矩阵提供了思路：对于三个坐标轴而言，三组操作是对称的；0 位置和 T 位置时有两个坐标轴处于水平状态(或近似水平)而第三个坐标轴沿竖直方向；如果转动过程中定轴转动性不好，需采用数值积分的办法求解 $\boldsymbol{H}_\Delta$。因此，在非特殊角位置和非定轴转动等更一般的试验条件下，譬如不使用转台而直接采用手动翻转时，每次操作的量测方程中许多状态之间存在相互耦合关系，难以根据直接观察进行误差系数的简单分离，但总可以通过建立高维方程组进行统一求解或利用 Kalman 滤波进行标定误差参数估计。利用 Kalman 滤波时，一般以"导航 1"阶段和"导航 2"阶段的速度误差变化率(而不宜直接以速度误差)作为量测，并且还不使用转动过程中的速度量测信息，否则加速度计的杆臂效应误差、陀螺和加速度计之间的数据不同步误差、惯性器件的动态误差都可能会影响滤波估计效果。

10.5 平台惯导系统的自标定

平台惯导系统由实际的物理台体和若干框架组成，台体可绕框架轴转动，在空间具有一定的角运动自由度。不需要额外的转台等测试设备，平台惯导系统仅依靠自身的框架转动并通过设计合适的转动方案就能实现自我标定。

10.5.1 平台惯导基本导航算法及静基座误差模型

在指北方位平台惯导系统中，为了使理想平台坐标系(T 系)跟踪东—北—天地理坐标系(n 系)，需给平台施加跟踪指令角速度，即

$$\boldsymbol{\omega}_{iT}=\boldsymbol{\omega}_{ie}^{n}+\boldsymbol{\omega}_{en}^{n}=\begin{bmatrix}0\\ \omega_N\\ \omega_U\end{bmatrix}+\begin{bmatrix}-v_N/R_M\\ v_E/R_N\\ v_E\tan L/R_N\end{bmatrix} \tag{10.5-1}$$

其中：$\omega_N=\omega_{ie}\cos L,\omega_U=\omega_{ie}\sin L$，$L$ 为当地纬度。若不考虑天向速度的影响，对水平加速度计积分并补偿有害加速度后可直接得惯导的东向和北向速度，即存在如下关系式：

$$\begin{cases}\dot v_E=f_E+\left(2\omega_U+\dfrac{v_E}{R_N}\tan L\right)v_N\\ \dot v_N=f_N-\left(2\omega_U+\dfrac{v_E}{R_N}\tan L\right)v_E\end{cases} \tag{10.5-2}$$

实际平台惯导系统中，物理台体坐标系（P 系）与理想平台坐标系 T 系之间难以保证完全重合，存在平台失准角（或称为姿态误差角），假设为 $\boldsymbol{\varphi}=[\phi_x\quad\phi_y\quad\phi_z]^{\mathrm{T}}$。由于 $\boldsymbol{\varphi}$ 未知，若仍然按理想的角速度式（10.5－1）给平台施加跟踪指令，会导致平台失准角随时间不断变化。不考虑导航位置误差，经仔细推导（从略），当水平失准角 ϕ_x 和 ϕ_y 较小而方位失准角 ϕ_z 任意时，它们的变化满足如下微分方程组：

$$\begin{cases}\dot\phi_x=-\dfrac{\delta v_y}{R}-\omega_N\sin\phi_z+\omega_U\phi_y+\varepsilon_x\\ \dot\phi_y=\dfrac{\delta v_x}{R}+\omega_N(1-\cos\phi_z)-\omega_U\phi_x+\varepsilon_y\\ \dot\phi_z=\omega_N\phi_x\cos\phi_z+\varepsilon_z\end{cases} \tag{10.5-3}$$

式中：将 R_M，R_N 近似为平均地球半径 R。

在实验室静态环境下，平台惯导的计算速度相对于静止真实零速度而言即为速度误差，惯导速度误差主要由重力加速度通过水平失准角耦合引起，即

$$\begin{cases}\delta\dot v_x=-g\phi_y+\nabla_x\\ \delta\dot v_y=g\phi_x+\nabla_y\end{cases} \tag{10.5-4}$$

在式（10.5－3）和式（10.5－4）中，还考虑了陀螺的常值漂移误差 ε 和加速度计的偏值误差 ∇ 的影响。

10.5.2 平台调平原理与方位误差角估计

当平台惯导的台体近似水平，即水平姿态误差角 ϕ_x 和 ϕ_y 很小（如小于 $1'$）时，可进一步忽略式（10.5－3）中 $\omega_U\phi_y$、$\omega_U\phi_x$ 和 $\omega_N\phi_x\cos\phi_z$ 等项的影响，将其简化为

$$\begin{cases}\dot\phi_x=-\dfrac{\delta v_y}{R}-\omega_N\sin\phi_z+\varepsilon_x\\ \dot\phi_y=\dfrac{\delta v_x}{R}+\omega_N(1-\cos\phi_z)+\varepsilon_y\end{cases} \tag{10.5-5}$$

综合式（10.5－4）和式（10.5－5）可以看出，惯导误差被解耦为两个主要部分，即水平 x 通道（由 δv_x、ϕ_y 组成）和水平 y 通道（由 δv_y、ϕ_x 组成）。而惯导方位误差比较简单，近似有 $\dot\phi_z\approx\varepsilon_z\approx0$，在短时间内可将 ϕ_z 看作常值。

1. 水平 x 通道

水平 x 通道由以下两个方程组成：

$$\begin{cases}\dot{\phi}_y = \dfrac{\delta v_x}{R} + \omega_N(1-\cos\phi_z) + \varepsilon_y \\ \delta\dot{v}_x = -g\phi_y + \nabla_x\end{cases} \tag{10.5-6}$$

根据这两个方程，绘制出传递函数框图如图 10.5－1 中实线部分所示。

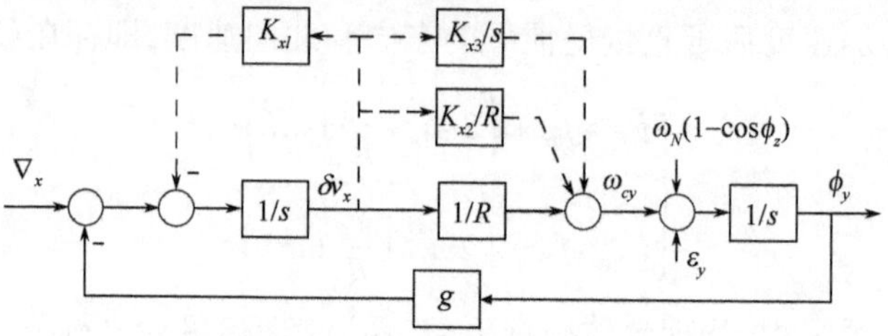

图 10.5－1　水平 x 通道

假设误差 $\nabla_x,\phi_z,\varepsilon_y$ 均为常值，则与该传递函数框图对应的是一个包含二阶无阻尼振荡回路（休拉回路）的系统：

$$\phi_y(s) = \frac{\varepsilon_y + \omega_N(1-\cos\phi_z) + \nabla_x/(sR)}{s^2+\omega_s^2} \tag{10.5-7}$$

式中：$\omega_s^2 = g/R$ 为休拉角频率。对于休拉回路，如果存在初始平台失准角 $\phi_y(0)$，它将不随时间收敛。为了使初始平台失准角收敛，在图 10.5－1 中引入局部反馈和顺馈控制律，如虚线所示，其中 K_{x1},K_{x2},K_{x3} 是预设的控制参数，根据图得传递函数

$$\phi_y(s) = \frac{(s+K_{x1})[\varepsilon_y + \omega_N(1-\cos\phi_z)] + \nabla_x\left(\dfrac{1+K_{x2}}{R} + \dfrac{K_{x3}}{s}\right)}{s^3 + s^2K_{x1} + s(1+K_{x2})\omega_s^2 + gK_{x3}} \tag{10.5-8}$$

这时 ϕ_y 的稳态值为

$$\phi_y(\infty) = \lim_{s\to 0} s\phi_y(s) = \frac{\nabla_x}{g} \tag{10.5-9}$$

由于 ϕ_y 稳态时为常值，因而有 $\dot{\phi}_y(\infty)\to 0$，即在稳态时存在如下指令角速率平衡关系：

$$\varepsilon_y + \omega_{cy} + \omega_N(1-\cos\phi_z) = \dot{\phi}_y = 0 \tag{10.5-10}$$

通常情况下 ε_y 未知且为小量，不妨将其忽略，则从式（10.5－10）可解得平台方位误差角的余弦值为

$$\cos\phi_z \approx 1 + \omega_{cy}/\omega_N \tag{10.5-11}$$

2. 水平 y 通道

水平 y 通道由以下两个方程组成：

$$\begin{cases}\dot{\phi}_x = -\dfrac{\delta v_y}{R} - \omega_N\sin\phi_z + \varepsilon_x \\ \delta\dot{v}_y = g\phi_x + \nabla_y\end{cases} \tag{10.5-12}$$

类似于 x 通道，y 通道的传递函数框图见图 10.5－2 中实线部分，并且图中还给出了使 ϕ_x 收敛的控制律，如虚线所示。

根据图得传递函数为

$$\phi_x(s)=\frac{(s+K_{y1})(\varepsilon_x-\omega_N\sin\phi_z)-\nabla_y\left(\frac{1+K_{y2}}{R}+\frac{K_{y3}}{s}\right)}{s^3+s^2K_{y1}+s(1+K_{y2})\omega_s^2+gK_{y3}} \tag{10.5-13}$$

其稳态值为

$$\phi_x(\infty)=\lim_{s\to 0}s\phi_x(s)=-\frac{\nabla_y}{g} \tag{10.5-14}$$

同理,由稳态指令角速率平衡关系 $\varepsilon_x-\omega_{cx}-\omega_N\sin\phi_z=0$,可近似解得平台方位误差角的正弦值为

$$\sin\phi_z\approx-\omega_{cx}/\omega_N \tag{10.5-15}$$

至此,从式(10.5-15)可求得的主值 $\phi_{z(主)}=\arcsin(-\omega_{cx}/\omega_N)$,再结合式(10.5-11)便可在 $(-\pi,\pi]$ 范围内确定出平台方位误差角。

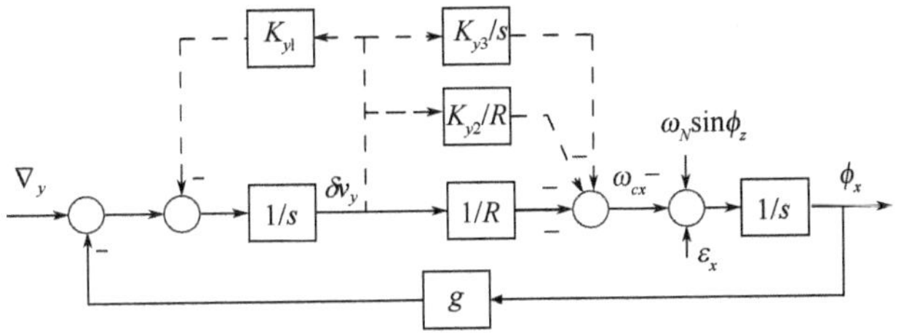

图 10.5-2　水平 y 通道

另外指出,在引入控制律后,相当于将静态平台惯导算法修改为

(1) 速度:

$$\begin{cases}\delta v_x=\dfrac{1}{s+K_{x1}}f_x\\[2ex]\delta v_y=\dfrac{1}{s+K_{y1}}f_y\end{cases} \tag{10.5-16}$$

(2) 指令角速度:

$$\tilde{\boldsymbol{\omega}}_{iT}=\boldsymbol{\omega}_{ie}^n+\boldsymbol{\omega}_c=\begin{bmatrix}0\\ \omega_N\\ \omega_U\end{bmatrix}+\begin{bmatrix}\omega_{cx}\\ \omega_{cy}\\ 0\end{bmatrix} \tag{10.5-17}$$

其中

$$\omega_{cx}=-\delta v_y\left(\frac{1+K_{y2}}{R}+\frac{K_{y3}}{s}\right),\omega_{cy}=\delta v_x\left(\frac{1+K_{x2}}{R}+\frac{K_{x3}}{s}\right) \tag{10.5-18}$$

在平台方位失准角不确定(可能比较大)的情况下,由于平台的 x 轴(或 y 轴)不一定恰好指向东向(或北向),因此式(10.5-16)中的水平加速度计输出用 f_x 和 f_y 表示(而不写成 f_E,f_N),速度误差用 $\delta v_x,\delta v_y$ 表示(而不写成 $\delta v_E,\delta v_N$)。

10.5.3　平台惯导系统的自标定方法

针对具体的运载体对象,如车辆、舰船、战斗机和运载火箭等,不同的平台惯导系统之间其平台框架结构存在一些差异,如有三环三轴平台或四环三轴平台等结构。这里以三环三轴平台为例,并且外框是俯仰环、中框是滚动环、内框为方位环(台体),三个框架轴

分别记为 x 轴、y 轴和 z 轴，如图 10.5－3 所示。各框架轴上安装有伺服电机和测角设备，但是为了降低复杂性和成本，通常俯仰轴和滚动轴的测角设备精度较低，比如只有角分级；然而，为了方便实现自标定和导航应用时的平台方位测漂，仅在方位轴配置了精度较高的测角设备，可达角秒级。

在平台惯导系统中往往对机械加工和安装精度有很高的要求，比如内框轴与中框轴（或中框轴与外框轴）之间的不垂直误差小于10″；并且当三个框轴均处于中立位置时，各陀螺和加速度计的敏感轴与对应框架轴之间的不平行误差小于1′。再假设所有惯性器件都已经经过了单表级的测试和误差补偿，安装至平台惯导系统上时，陀螺和加速度计的标度因数粗略已知，以下主要讨论利用平台惯导自身框架结构对陀螺的标度因数、漂移和加速度计的标度因数、偏值等参数进行自标定的方法。

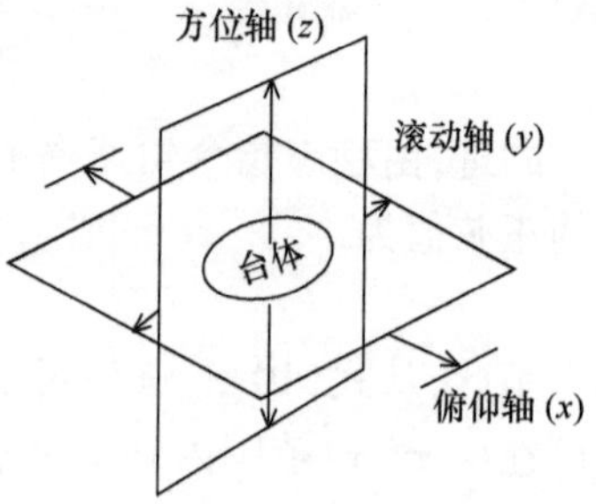

图 10.5－3　某平台惯导框架结构示意图

1. 准备阶段

准备阶段具体包含如下四个步骤。

（1）将平台惯导系统放置在水平台面上（允许存在一定的不水平误差），上电后快速将台体扶正至俯仰框轴和滚动框轴处于中立位置，等待惯性器件数据输出稳定。

（2）按图 10.5－1 和图 10.5－2 进行水平调平并估计方位失准角。

（3）根据方位失准角估计值给方位轴施加指令角速率，将台体进动至其 y 轴指北。

（4）在水平台面上转动惯导壳体至惯导航向角输出为零，即台体 y 轴与壳体航向基准线一致。

如有必要可重复步骤（2）～（4）。准备阶段完成后，平台台体坐标系与地理坐标系之间的失准角均为小角度，这时台体的 x 轴、y 轴和 z 轴分别近似指向东—北—天方向，记为标定初始角位置。

2. 加速度计标定

保持平台惯导的壳体不动，将三框架按表 10.5－1 所列的顺序实施转动，每次转动之后进行相同的测试：即先利用处于水平上的两只加速度计进行调平，再采集第三只沿铅直方向上的加速度计的输出。

表 10.5－1　惯导的框架转动顺序

位置序号	框架角位置/(°)			台体指向	理想比力 / g		
	x	y	z		x	y	z
1	0	0	0	$E-N-U$	0	0	1
2	0	90	0	$D-N-E$	−1	0	0
3	0	180	0	$W-N-D$	0	0	−1
4	0	270	0	$U-N-W$	1	0	0
5	0	270	90	$N-D-W$	0	−1	0
6	0	270	270	$S-U-W$	0	1	0

比如以标定 x 轴加速度计为例，在位置 2 上 y 和 z 轴加速度计处于水平，这时利用 y 加速度计和 z 陀螺、z 加速度计和 y 陀螺构成两条调平回路进行调平。考虑到调平误差、框架轴之间的不垂直度误差、加速度计的安装误差和粗略参数误差等因素，x 轴加速度计的不铅直误差角设为 ξ，则根据加速度计的线性模型得如下关系：

$$E_x^- = K_{x1}(K_{x0} + a_i) = K_{x1}(K_{x0} - \cos\xi) \tag{10.5-19}$$

再使用泰勒级数展开 $\cos\xi$ 至二阶项，得

$$E_x^- = K_{x1}[(K_{x0} + \xi^2/2) - 1] \tag{10.5-20}$$

从中可以看出，不铅直误差角的存在可等效于引入偏值 K_{x0} 的误差，如果 $\xi < 3'$，则 $\xi^2/2 \approx 5\times10^{-7}(g)$，这在惯性级导航系统中完全可以忽略不计，因而可近似为

$$E_x^- = K_{x1}(K_{x0} - 1) \tag{10.5-21}$$

同理，在位置 4 上调平后，x 轴加速度计的输出近似为

$$E_x^+ = K_{x1}(K_{x0} + 1) \tag{10.5-22}$$

联合式(10.5-21)和式(10.5-22)，可求解得加速度计的标度因数和偏值为

$$K_{x1} = \frac{E_x^+ - E_x^-}{2}, \qquad K_{x0} = \frac{E_x^- + E_x^+}{2K_{x1}} \tag{10.5-23}$$

3. 陀螺标定

1) 标度因数(进动系数)标定

在标定初始位置的基础上，断开调平回路使平台工作于指令跟踪状态，给方位轴 z 陀螺(或平台方位轴)施加进动电流 i_z 且持续时间 t_z，进动完毕后，方位角传感器测得进动前后角度变化 $\delta\psi$，则容易求得 z 陀螺的进动系数为

$$\eta_z = \frac{\delta\psi + \omega_U t_z}{i_z t_z} = \frac{(\delta\psi/t_z)}{i_z} + \frac{\omega_U}{i_z} \tag{10.5-24}$$

同样，从标定初始位置开始，使平台工作于指令跟踪状态，若给滚动轴 y 陀螺施加进动电流 i_y 且持续时间 t_y，进动一小角度(如 3°)，进动完毕后，由于滚动轴角度传感器的测量精度较低，这时需借助于 x 轴加速度计作滚动角测量。假设加速度计输出为 E_x，滚动角为 $\delta\gamma$，则有

$$E_x = K_{x1}(K_{x0} + \sin\delta\gamma) \tag{10.5-25}$$

从中计算得滚动角为

$$\delta\gamma = \arcsin(E_x/K_{x1} - K_{x0}) \tag{10.5-26}$$

由此容易求得 y 陀螺的进动系数为

$$\eta_y = \frac{\delta\gamma + \omega_N t_y}{i_y t_y} = \frac{(\delta\gamma/t_y)}{i_y} + \frac{\omega_N}{i_y} \tag{10.5-27}$$

需要说明的是，由于在进动系数标定过程中平台不再工作于指北状态，为了减小跟踪误差，补偿地球自转的指令角速度须作适当调整。假设平台台体 T 系相对于地理坐标系的实时姿态角矩阵为 $\boldsymbol{C}_n^{\mathrm{T}}(\gamma,\theta,\psi)$，则容易计算得实时补偿角速度 $\boldsymbol{\omega}_{iT} = \boldsymbol{C}_n^{\mathrm{T}}\boldsymbol{\omega}_{ie}^n$。

显然，x 陀螺进动系数的测试方法与 y 陀螺类似，无需再述。但是，由于在指北方位平台惯导系统中，x 陀螺始终朝东，如果运载体北向速度 v_N 不大，施加在 x 陀螺上的指令角速率很小，进动系数误差对平台跟踪精度影响小，因此对 x 陀螺进动系数标定的精度要求不高。而对于 y 陀螺或 z 陀螺，指令角速率最大值为 15(°)/h，如果进动系数存在

0.1% 的相对误差，最多将等效于 0.015(°)/h 的陀螺漂移误差，所以在惯性级惯导系统中对陀螺进动系数标定精度的要求一般高于 0.1% 即可，若能优于 0.03% 更佳。

2）陀螺常值漂移标定

陀螺漂移的标定采用双位置法。由前面分析可知，在标定初始角位置调平稳定后，存在指令角速率平衡关系

$$\begin{cases}\varepsilon_y+\omega_{cy}^0+\omega_N(1-\cos\phi_z)=0\\ \varepsilon_x-\omega_{cx}^0-\omega_N\sin\phi_z=0\end{cases} \tag{10.5-28}$$

接着，如果绕平台方位轴精确转动 180°，重新进行调平，则存在新的指令角速率平衡关系，即

$$\begin{cases}\varepsilon_y+\omega_{cy}^{\pi}+\omega_N[1-\cos(\phi_z+\pi)]=0\\ \varepsilon_x-\omega_{cx}^{\pi}-\omega_N\sin(\phi_z+\pi)=0\end{cases} \tag{10.5-29}$$

考虑到在标定初始角位置中失准角 ϕ_z 是小量，有 $\cos\phi_z\approx1$，$\sin\phi_z\approx\phi_z$，联合式(10.5-28)和式(10.5-29)可解得

$$\varepsilon_x=\frac{\omega_{cx}^0+\omega_{cx}^{\pi}}{2},\qquad \varepsilon_y=-\frac{\omega_{cy}^0+\omega_{cy}^{\pi}}{2} \tag{10.5-30}$$

再根据式(10.5-3)中的第三式，近似有 $\dot{\phi}_z=\omega_N\phi_x\cos\phi_z+\varepsilon_z\approx\varepsilon_z$。因此，当惯导平台工作于方位锁定状态时，从方位陀螺的力反馈电流中可直接获得 z 轴陀螺的漂移大小；或者当方位开环时，利用方位测角设备的角度变化值除以测试时间亦可得 ε_z。

由以上分析可以看出，水平陀螺测漂靠加速度计的调平来实现，这就要求在测试期间加速度计的偏值稳定性要好，而方位陀螺测漂必须依赖于精密的方位测角设备。

4. 航向效应标定

平台惯导系统的工作性能在很大程度上取决于陀螺的性能，且最主要受陀螺漂移的影响，经常将陀螺测漂直接等效为平台测漂。

在前述陀螺常值漂移（平台常值漂移）标定中，假设平台漂移与方位无关，但实际系统中平台漂移（特别是对于由液浮陀螺或挠性陀螺等机电陀螺构成的平台）还可能与平台台体处于不同的角位置有关，即存在所谓的航向效应。航向效应是指：当惯导台体相对于壳体处于不同的方位时，由于温度场、电磁场、振动场、伺服回路和框架轴干扰力矩等原因，使平台的常值漂移发生变化，简言之，平台漂移应当是方位的函数。航向效应标定的最简单和直观方法是将平台台体相对于壳体转动不同的角度，逐一测试平台漂移的大小。产生相对角位置的方法有两种：一是台体不动，转动壳体；二是壳体不动，转动台体。第一种方法与实际中平台的使用情况相吻合，针对性强，下面主要以它来说明航向效应的测试和标定。

在标定初始角位置的基础上，若惯导壳体绕方位轴转动 ψ 角度，再进行调平和方位锁定，待稳定后根据控制律信号 $\omega_{cx}(\psi)$、$\omega_{cy}(\psi)$ 和方位测角设备容易计算得平台的航向效应漂移为

$$\begin{cases}\varepsilon_{hx}(\psi)=\omega_{cx}(\psi)+\omega_N\phi_z\\ \varepsilon_{hy}(\psi)=-\omega_{cy}(\psi)\\ \varepsilon_{hz}(\psi)=\dot{\phi}_z\end{cases} \tag{10.5-31}$$

由于 ϕ_z 为未知小量，因此在式(10.5 - 31)中 $\omega_N\phi_z$ 将影响航向效应东向陀螺的绝对测试精度，但该项始终为常值，并不影响航向效应漂移相对大小规律的表现。

通常在整周范围内对方位转动角 ψ 作均匀取值，比如取 $\psi = 0°$、$30°$、$60°$、…、$330°$、$360°$等值，完成所有漂移测试后，在导航应用过程中再按实时方位角进行变陀螺漂移补偿，而对于非测试方位点上的漂移补偿可采取插值办法。

以上在平台水平姿态角为零而航向角变化的条件下分析了平台漂移(航向效应)的标定方法，然而现实中，当俯仰角或滚动角变化时，平台的漂移值也会发生变化，所以平台漂移是俯仰角、滚动角和航向角的三元函数，若要进行全面完整的标定，工作量势必急剧增加。考虑到车船等运载体航行时水平姿态角往往处于零附近变化，因此一般情况下只需进行方位变化条件下的平台漂移标定和补偿，但是，对于运载火箭上的平台惯导系统而言，它在飞行过程中主要存在俯仰角的变化，其重点就变成了在俯仰方向上的平台漂移标定和补偿。

就平台惯导系统的标定，最后再给出以下几点讨论。

(1) 平台惯导系统标定通常需要一个反复迭代修正的过程，经过前述步骤标定和误差补偿之后，若再重复标定一次，有利于提高标定精度。

(2) 陀螺(或加速度计)之间的安装误差角对导航应用有一定的影响。对于指北方位平台惯导系统而言，东向陀螺 1mrad 的安装误差最大可等效于 0.015(°)/h 的陀螺漂移，但这一影响可能会被初始对准误差所抵消；当然，对于相对惯性空间稳定的平台而言，由于不必施加指令角速率，陀螺安装误差没有任何不利的影响。加速度计安装误差的影响在高速运载体中特别明显，例如，若惯导系统沿 y 轴从 0 加速到 1000m/s，则 x 轴加速度计 1mrad 的安装误差将直接引起 x 轴 1m/s 的速度耦合误差。

(3) 若将平台惯导系统各框架轴在中立位置锁定，则相当于惯导台体与壳体固联，这时与捷联惯导系统标定方法一样，利用精密转台可实现陀螺(或加速度计)之间安装误差角的标定，但应当注意的是平台惯导系统中的传统机电陀螺一般角速率范围都比较小且大角速率下标度因数的线性度也不太理想。

(4) 与捷联惯导系统相比，平台惯导系统的标定对各参数(除陀螺漂移外)的误差容忍度更强，这主要得益于平台的角运动隔离作用。

附录A　谐波分析法

1. 预备知识

容易看出,以下一系列(共 n 个)三角函数的积化和差公式成立:

$$2\sin\frac{\theta}{2}\cos(0\cdot\theta)=\sin\frac{1}{2}\theta+\sin\frac{1}{2}\theta$$

$$2\sin\frac{\theta}{2}\cos(1\cdot\theta)=\sin\frac{3}{2}\theta-\sin\frac{1}{2}\theta$$

$$2\sin\frac{\theta}{2}\cos(2\cdot\theta)=\sin\frac{5}{2}\theta-\sin\frac{3}{2}\theta$$

$$\vdots$$

$$2\sin\frac{\theta}{2}\cos[(n-1)\cdot\theta]=\sin\frac{2n-1}{2}\theta-\sin\frac{2n-3}{2}\theta$$

将上述各式两端分别相加,有

$$2\sin\frac{\theta}{2}\sum_{k=0}^{n-1}\cos k\theta=\sin\frac{2n-1}{2}\theta+\sin\frac{1}{2}\theta=2\sin\frac{n}{2}\theta\cdot\cos\frac{n-1}{2}\theta \tag{A-1}$$

若限定 θ 仅取离散值 $\theta=\frac{2l\pi}{n}$,其中 $l=0,1,2,\cdots,n-1$,则可得以下结果。

首先,当 $l=0$ 时,显然有

$$\sum_{k=0}^{n-1}\cos k\theta=n\ ,\ l=0 \tag{A-2}$$

而当 $l=1,2,\cdots,n-1$ 时,有 $\sin\frac{\theta}{2}=\sin\frac{l\pi}{n}\neq0$ 和 $\sin\frac{n}{2}\theta=\sin l\pi=0$,代入式(A-1),可得

$$\sum_{k=0}^{n-1}\cos k\theta=0\ ,\ l=1,2,\cdots,n-1 \tag{A-3}$$

综合式(A-2)和式(A-3),写为

$$\sum_{k=0}^{n-1}\cos k\frac{2l\pi}{n}=\begin{cases}0, & l=1,2,\cdots,n-1\\ n, & l=0\end{cases} \tag{A-4}$$

同理,不难得到

$$\sum_{k=0}^{n-1}\sin k\frac{2l\pi}{n}=0,\quad l=0,1,2,\cdots,n-1 \tag{A-5}$$

式(A-4)和式(A-5)作为预备知识,将在后面推导谐波分析法中用到。

2. 谐波分析法

假设某一问题的数学模型可表示成有限项傅里叶级数(谐波)的形式:

$$u=B_0+S_1\sin\theta+C_1\cos\theta+S_2\sin2\theta+C_2\cos2\theta+\cdots+S_p\sin p\theta+C_p\cos p\theta \tag{A-6}$$

式中:$B_0,S_1,C_1,S_2,C_2,\cdots,S_p,C_p$ 为 $2p+1$ 个未知的待定系数;p 为最高谐波次数;S_p 和 C_p 不同时为零。

现有一组（n 个）测量数据（θ_k, u_k），写成如下方程组的形式：

$$\begin{cases} u_0 = B_0 + S_1\sin\theta_0 + C_1\cos\theta_0 + S_2\sin2\theta_0 + C_2\cos2\theta_0 + \cdots + S_p\sin p\theta_0 + C_p\cos p\theta_0 \\ u_1 = B_0 + S_1\sin\theta_1 + C_1\cos\theta_1 + S_2\sin2\theta_1 + C_2\cos2\theta_1 + \cdots + S_p\sin p\theta_1 + C_p\cos p\theta_1 \\ u_2 = B_0 + S_1\sin\theta_2 + C_1\cos\theta_2 + S_2\sin2\theta_2 + C_2\cos2\theta_2 + \cdots + S_p\sin p\theta_2 + C_p\cos p\theta_2 \\ \vdots \\ u_{n-1} = B_0 + S_1\sin\theta_{n-1} + C_1\cos\theta_{n-1} + S_2\sin2\theta_{n-1} + C_2\cos2\theta_{n-1} + \cdots + S_p\sin p\theta_{n-1} + C_p\cos p\theta_{n-1} \end{cases} \tag{A-7}$$

式中：$\theta_k = k\dfrac{2\pi}{n}(k=0,1,2,\cdots,n-1)$，即 θ_k将圆周均匀划分为 n 等分；并且 $n \geqslant 2p+1$，即要求方程个数多于最高谐波次数的 2 倍。

先将方程组（A－7）的第 k 个方程的两边同时乘以 $\sin k\dfrac{2m\pi}{n}(m=1,2,\cdots,p)$，再将所有 n 个方程相加，得

$$\begin{aligned} \sum_{k=0}^{n-1} u_k \sin k\frac{2m\pi}{n} &= B_0 \sum_{k=0}^{n-1} \sin k\frac{2m\pi}{n} \\ &+ S_1\sum_{k=0}^{n-1}\sin k\frac{2\pi}{n}\sin k\frac{2m\pi}{n} + C_1\sum_{k=0}^{n-1}\cos k\frac{2\pi}{n}\sin k\frac{2m\pi}{n} \\ &+ S_2\sum_{k=0}^{n-1}\sin 2k\frac{2\pi}{n}\sin k\frac{2m\pi}{n} + C_2\sum_{k=0}^{n-1}\cos 2k\frac{2\pi}{n}\sin k\frac{2m\pi}{n} \\ &+ \cdots \\ &+ S_p\sum_{k=0}^{n-1}\sin pk\frac{2\pi}{n}\sin k\frac{2m\pi}{n} + C_p\sum_{k=0}^{n-1}\cos pk\frac{2\pi}{n}\sin k\frac{2m\pi}{n} \end{aligned} \tag{A-8}$$

利用式（A－4）和式（A－5），当 $q=1,2,\cdots,p$ 时，在式（A－8）右端，有

$$\sum_{k=0}^{n-1}\sin k\frac{2m\pi}{n} = 0$$

$$\begin{aligned} \sum_{k=0}^{n-1}\sin qk\frac{2\pi}{n}\sin k\frac{2m\pi}{n} &= \frac{1}{2}\sum_{k=0}^{n-1}\cos k\frac{2(q-m)\pi}{n} - \cos k\frac{2(q+m)\pi}{n} \\ &= \begin{cases} 0, & q \neq m \\ n/2, & q = m \end{cases} \end{aligned}$$

$$\sum_{k=0}^{n-1}\cos qk\frac{2\pi}{n}\sin k\frac{2m\pi}{n} = \frac{1}{2}\sum_{k=0}^{n-1}\sin k\frac{2(q+m)\pi}{n} - \sin k\frac{2(q-m)\pi}{n} = 0$$

所以式（A－8）可简化为

$$\sum_{k=0}^{n-1}u_k\sin k\frac{2m\pi}{n} = \frac{n}{2}S_m$$

即

$$S_m = \frac{2}{n}\sum_{k=0}^{n-1}u_k\sin k\frac{2m\pi}{n} \tag{A-9}$$

使用类似的方法，将方程组（A－7）的第 k 个方程两边同时乘以 $\cos k\dfrac{2r\pi}{n}(r=0,1,2,\cdots,p)$，再将所有方程相加，得

$$
\begin{aligned}
\sum_{k=0}^{n-1} u_k \cos k\frac{2r\pi}{n} &= B_0 \sum_{k=0}^{n-1} \cos k\frac{2r\pi}{n} \\
&+ S_1 \sum_{k=0}^{n-1} \sin k\frac{2\pi}{n}\cos k\frac{2r\pi}{n} + C_1 \sum_{k=0}^{n-1} \cos k\frac{2\pi}{n}\cos k\frac{2r\pi}{n} \\
&+ S_2 \sum_{k=0}^{n-1} \sin 2k\frac{2\pi}{n}\cos k\frac{2r\pi}{n} + C_2 \sum_{k=0}^{n-1} \cos 2k\frac{2\pi}{n}\cos k\frac{2r\pi}{n} \\
&+ \cdots \\
&+ S_p \sum_{k=0}^{n-1} \sin pk\frac{2\pi}{n}\cos k\frac{2r\pi}{n} + C_p \sum_{k=0}^{n-1} \cos pk\frac{2\pi}{n}\cos k\frac{2r\pi}{n}
\end{aligned}
\tag{A-10}
$$

在式(A－10)右端,易知

$$
\sum_{k=0}^{n-1} \cos k\frac{2r\pi}{n} = \begin{cases} n, & r = 0 \\ 0, & r = 1,2,\cdots,p \end{cases}
$$

$$
\sum_{k=0}^{n-1} \sin qk\frac{2\pi}{n}\cos k\frac{2r\pi}{n} = 0
$$

$$
\begin{aligned}
\sum_{k=0}^{n-1} \cos qk\frac{2\pi}{n}\cos k\frac{2r\pi}{n} &= \frac{1}{2}\sum_{k=0}^{n-1} \cos k\frac{2(q+r)\pi}{n} + \cos k\frac{2(q-r)\pi}{n} \\
&= \begin{cases} n/2, & r = q \\ 0, & r \neq q \end{cases}
\end{aligned}
$$

因此式(A－10)可简化为

$$
\sum_{k=0}^{n-1} u_k \cos k\frac{2r\pi}{n} = \begin{cases} nB_0, & r = 0 \\ \dfrac{n}{2}C_r, & r = 1,2,\cdots,p \end{cases}
$$

解得

$$
\begin{cases} B_0 = \dfrac{1}{n}\sum_{k=0}^{n-1} u_k \\ C_r = \dfrac{2}{n}\sum_{k=0}^{n-1} u_k \cos k\dfrac{2r\pi}{n} \end{cases}
\tag{A-11}
$$

综合式(A－9)和式(A－11)的结果,得有限项傅里叶级数的谐波系数计算公式:

$$
\begin{cases} B_0 = \dfrac{1}{n}\sum_{k=0}^{n-1} u_k \\ S_m = \dfrac{2}{n}\sum_{k=0}^{n-1} u_k \sin k\dfrac{2m\pi}{n}, \quad m = 1,2,\cdots,p \\ C_m = \dfrac{2}{n}\sum_{k=0}^{n-1} u_k \cos k\dfrac{2m\pi}{n} \end{cases}
\tag{A-12}
$$

实际上,对于圆周上的任何 n 个等间隔测量数据(θ_k, u_k),总能够计算出不大于 $[(n-1)/2]$ 次谐波系数的估计值(这里运算符[·]表示取整),但是只有与数学模型中相对应的谐波系数估计值才有意义。若某谐波系数在理论模型中恒等于零,原则上其谐波分析的估计值也应接近于零,否则,应当考查建模是否正确和完善,或者试验误差是否太大。

最后指出,谐波分析与离散傅里叶变换(DFT)之间有着密切的联系。从 DFT 角度看,若将 $u_0, u_1, u_2, \cdots, u_{n-1}$ 当作一组离散序列,则谐波系数 B_0 代表该序列的直流分量,而 C_m, S_m 分别是复数频谱实部和虚部的 2 倍(或单边物理频谱的实部和虚部)。有关 DFT 的内容在第 7 章中有比较详细的介绍。

附录B　*F* 分布临界值表

F 分布临界值表($\alpha=0.05$)

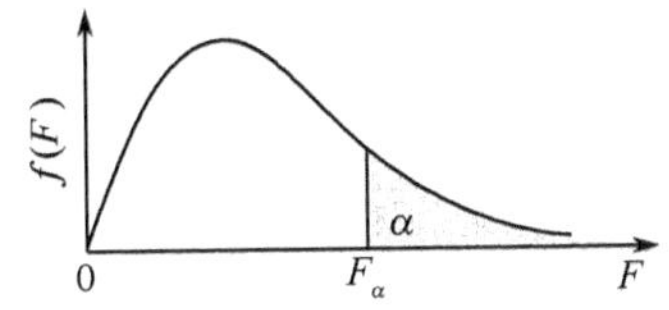

N_2 \ N_1	1	2	3	4	5	6	8	10	15
1	161.4	199.5	215.7	224.6	230.2	234.0	238.9	241.9	245.9
2	18.51	19.00	19.16	19.25	19.30	19.33	19.37	19.40	19.43
3	10.13	9.55	9.28	9.12	9.01	8.94	8.85	8.79	8.70
4	7.71	6.94	6.59	6.39	6.26	6.16	6.04	5.96	5.86
5	6.61	5.79	5.41	5.19	5.05	4.95	4.82	4.74	4.62
6	5.99	5.14	4.76	4.53	4.39	4.28	4.15	4.06	3.94
7	5.59	4.74	4.35	4.12	3.97	3.87	3.73	3.64	3.51
8	5.32	4.46	4.07	3.84	3.69	3.58	3.44	3.35	3.22
9	5.12	4.26	3.86	3.63	3.48	3.37	3.23	3.14	3.01
10	4.96	4.10	3.71	3.48	3.33	3.22	3.07	2.98	2.85
11	4.84	3.98	3.59	3.36	3.20	3.09	2.95	2.85	2.72
12	4.75	3.89	3.49	3.26	3.11	3.00	2.85	2.75	2.62
13	4.67	3.81	3.41	3.18	3.03	2.92	2.77	2.67	2.53
14	4.60	3.74	3.34	3.11	2.96	2.85	2.70	2.60	2.46
15	4.54	3.68	3.29	3.06	2.90	2.79	2.64	2.54	2.40
16	4.49	3.63	3.24	3.01	2.85	2.74	2.59	2.49	2.35
17	4.45	3.59	3.20	2.96	2.81	2.70	2.55	2.45	2.31
18	4.41	3.55	3.16	2.93	2.77	2.66	2.51	2.41	2.27
19	4.38	3.52	3.13	2.90	2.74	2.63	2.48	2.38	2.23
20	4.35	3.49	3.10	2.87	2.71	2.60	2.45	2.35	2.20
21	4.32	3.47	3.07	2.84	2.68	2.57	2.42	2.32	2.18
22	4.30	3.44	3.05	2.82	2.66	2.55	2.40	2.30	2.15
23	4.28	3.42	3.03	2.80	2.64	2.53	2.37	2.27	2.13
24	4.26	3.40	3.01	2.78	2.62	2.51	2.36	2.25	2.11
25	4.24	3.39	2.99	2.76	2.60	2.49	2.34	2.24	2.09

（续）

N_2 \ N_1	1	2	3	4	5	6	8	10	15
26	4.23	3.37	2.98	2.74	2.59	2.47	2.32	2.22	2.07
27	4.21	3.35	2.96	2.73	2.57	2.46	2.31	2.20	2.06
28	4.20	3.34	2.95	2.71	2.56	2.45	2.29	2.19	2.04
29	4.18	3.33	2.93	2.70	2.55	2.43	2.28	2.18	2.03
30	4.17	3.32	2.92	2.69	2.53	2.42	2.27	2.16	2.01
40	4.08	3.23	2.84	2.61	2.45	2.34	2.18	2.08	1.92
50	4.03	3.18	2.79	2.56	2.40	2.29	2.13	2.03	1.87
60	4.00	3.15	2.76	2.53	2.37	2.25	2.10	1.99	1.84
70	3.98	3.13	2.74	2.50	2.35	2.23	2.07	1.97	1.81
80	3.96	3.11	2.72	2.49	2.33	2.21	2.06	1.95	1.79
90	3.95	3.10	2.71	2.47	2.32	2.20	2.04	1.94	1.78
100	3.94	3.09	2.70	2.46	2.31	2.19	2.03	1.93	1.77
125	3.92	3.07	2.68	2.44	2.29	2.17	2.01	1.91	1.75
150	3.90	3.06	2.66	2.43	2.27	2.16	2.00	1.89	1.73
200	3.89	3.04	2.65	2.42	2.26	2.14	1.98	1.88	1.72
	3.84	3.00	2.60	2.37	2.21	2.10	1.94	1.83	1.67

F 分布临界值表($\alpha=0.01$)

N_2 \ N_1	1	2	3	4	5	6	8	10	15
1	4052	4999	5403	5625	5764	5859	5981	6065	6157
2	98.50	99.00	99.17	99.25	99.30	99.33	99.37	99.40	99.43
3	34.12	30.82	29.46	28.71	28.24	27.91	27.49	27.23	26.87
4	21.20	18.00	16.69	15.98	15.52	15.21	14.80	14.55	14.20
5	16.26	13.27	12.06	11.39	10.97	10.67	10.29	10.05	9.72
6	13.75	10.92	9.78	9.15	8.75	8.47	8.10	7.87	7.56
7	12.25	9.55	8.45	7.85	7.46	7.19	6.84	6.62	6.31
8	11.26	8.65	7.59	7.01	6.63	6.37	6.03	5.81	5.52
9	10.56	8.02	6.99	6.42	6.06	5.80	5.47	5.26	4.96
10	10.04	7.56	6.55	5.99	5.64	5.39	5.06	4.85	4.56
11	9.65	7.21	6.22	5.67	5.32	5.07	4.74	4.54	4.25
12	9.33	6.93	5.95	5.41	5.06	4.82	4.50	4.30	4.01
13	9.07	6.70	5.74	5.21	4.86	4.62	4.30	4.10	3.82
14	8.86	6.51	5.56	5.04	4.69	4.46	4.14	3.94	3.66
15	8.86	6.36	5.42	4.89	4.56	4.32	4.00	3.80	3.52
16	8.53	6.23	5.29	4.77	4.44	4.20	3.89	3.69	3.41
17	8.40	6.11	5.19	4.67	4.34	4.10	3.79	3.59	3.31

（续）

N_1 / N_2	1	2	3	4	5	6	8	10	15
18	8. 29	6. 01	5. 09	4. 58	4. 25	4. 01	3. 71	3. 51	3. 23
19	8. 18	5. 93	5. 01	4. 50	4. 17	3. 94	3. 63	3. 43	3. 15
20	8. 10	5. 85	4. 94	4. 43	4. 10	3. 87	3. 56	3. 37	3. 09
21	8. 02	5. 78	4. 87	4. 37	4. 04	3. 81	3. 51	3. 31	3. 03
22	7. 95	5. 72	4. 82	4. 31	3. 99	3. 76	3. 45	3. 26	2. 98
23	7. 88	5. 66	4. 76	4. 26	3. 94	3. 71	3. 41	3. 21	2. 93
24	7. 82	5. 61	4. 72	4. 22	3. 90	3. 67	3. 36	3. 17	2. 89
25	7. 77	5. 57	4. 68	4. 18	3. 85	3. 63	3. 32	3. 13	2. 85
26	7. 72	5. 53	4. 64	1. 14	3. 82	3. 59	3. 29	3. 09	2. 81
27	7. 68	5. 49	4. 60	4. 11	3. 78	3. 56	3. 26	3. 06	2. 78
28	7. 64	5. 45	4. 57	4. 07	3. 75	3. 53	3. 23	3. 03	2. 75
29	7. 60	5. 42	4. 54	4. 04	3. 73	3. 50	3. 20	3. 00	2. 73
30	7. 56	5. 39	4. 51	4. 02	3. 70	3. 47	3. 17	2. 98	2. 70
40	7. 31	5. 18	4. 31	3. 83	3. 51	3. 29	2. 99	2. 80	2. 52
50	7. 17	5. 06	4. 20	3. 72	3. 41	3. 19	2. 89	2. 70	2. 42
60	7. 08	4. 98	4. 13	3. 65	3. 34	3. 12	2. 82	2. 63	2. 35
70	7. 01	4. 92	4. 07	3. 60	3. 29	3. 07	2. 78	2. 59	2. 31
80	6. 96	4. 88	4. 04	3. 56	3. 26	3. 04	2. 74	2. 55	2. 27
90	6. 93	4. 85	4. 01	3. 53	3. 23	3. 01	2. 72	2. 52	2. 42
100	6. 90	4. 82	3. 98	3. 51	3. 21	2. 99	2. 69	2. 50	2. 22
125	6. 84	4. 78	3. 94	3. 47	3. 17	2. 95	2. 66	2. 47	2. 19
150	6. 81	4. 75	3. 91	3. 45	3. 14	2. 92	2. 63	2. 44	2. 16
200	6. 76	4. 71	3. 88	3. 41	3. 11	2. 89	2. 60	2. 41	2. 13
	6. 63	4. 61	3. 78	3. 32	3. 02	2. 80	2. 51	2. 23	2. 04

附录 C　静基座下指北方位惯导系统的误差分析

在实验室静基座条件下,分析指北方位惯导系统的姿态、速度和位置误差,这些误差特性对于了解惯导系统的基本误差传播规律、进行实验室标定测试、甚至在初始对准和组合导航中都具有重要的意义。

1. 误差传播方程

无外界信息辅助的纯惯导系统的高度通道是发散的,惯导系统不能长时间单独使用。若在惯导解算中忽略高度通道,静基座条件下指北方位平台惯导系统的姿态、速度、纬度和经度误差的线性化微分方程为

$$\begin{cases} \dot{\phi}_E = \omega_U \phi_N - \omega_N \phi_U - \delta v_N / R + \varepsilon_E \\ \dot{\phi}_N = -\omega_U \phi_E + \delta v_E / R - \omega_U \delta L + \varepsilon_N \\ \dot{\phi}_U = \omega_N \phi_E + \delta v_E \tan L / R + \omega_N \delta L + \varepsilon_U \\ \delta \dot{v}_E = -g \phi_N + 2\omega_U \delta v_N + \nabla_E \\ \delta \dot{v}_N = g \phi_E - 2\omega_U \delta v_E + \nabla_N \\ \delta \dot{L} = \delta v_N / R \\ \delta \dot{\lambda} = \delta v_E \sec L / R \end{cases} \tag{C-1}$$

式中:ϕ_E,ϕ_N,ϕ_U为东向、北向和天向平台失准角(姿态误差角);$\delta v_E,\delta v_N$为东向和北向速度误差;$\delta\lambda,\delta L$ 为经度和纬度误差; ∇_E, ∇_N为东向和北向加速度计偏值误差;$\varepsilon_E,\varepsilon_N,\varepsilon_U$为东向、北向和天向陀螺漂移误差;$\omega_N=\omega_{ie}\cos L,\omega_U=\omega_{ie}\sin L$;$R,g,L,\omega_{ie}$分别为地球平均半径、当地重力加速度大小、地理纬度和地球自转角速率。

显然,经度误差 $\delta\lambda$ 的传播是一个相对独立的过程,它仅仅是东向速度误差 δv_E的简单一次积分,$\delta\lambda$ 与其他误差之间没有直接交联关系。若分别设置如下状态向量、输入向量和系统矩阵:

$$\boldsymbol{X} = [\phi_E \quad \phi_N \quad \phi_U \quad \delta v_E \quad \delta v_N \quad \delta L]^{\mathrm{T}}$$

$$\boldsymbol{U} = [\varepsilon_E \quad \varepsilon_N \quad \varepsilon_U \quad \nabla_E \quad \nabla_N \quad 0]^{\mathrm{T}}$$

$$\boldsymbol{F} = \begin{bmatrix} 0 & \omega_U & -\omega_N & 0 & -1/R & 0 \\ -\omega_U & 0 & 0 & 1/R & 0 & -\omega_U \\ \omega_N & 0 & 0 & \tan L/R & 0 & \omega_N \\ 0 & -g & 0 & 0 & 2\omega_U & 0 \\ g & 0 & 0 & -2\omega_U & 0 & 0 \\ 0 & 0 & 0 & 0 & 1/R & 0 \end{bmatrix}$$

则式(C-1)可简写为

$$\begin{cases}\dot{\boldsymbol{X}} = \boldsymbol{F}\boldsymbol{X} + \boldsymbol{U} \\ \delta\dot{\lambda} = \dfrac{\delta v_E}{R}\sec L\end{cases} \tag{C-2}$$

式(C-2)是定常系统,对其取拉普拉斯变换,得

$$\begin{cases}\boldsymbol{X}(s) = (s\boldsymbol{I} - \boldsymbol{F})^{-1}[\boldsymbol{X}_0 + \boldsymbol{U}(s)] \\ \delta\lambda(s) = \dfrac{1}{s}\left[\dfrac{\delta v_E(s)}{R}\sec L + \delta\lambda_0\right]\end{cases} \tag{C-3}$$

其中:状态向量 $\boldsymbol{X}$ 的初值记为 $\boldsymbol{X}_0 = [\phi_{E0} \quad \phi_{N0} \quad \phi_{U0} \quad \delta v_{E0} \quad \delta v_{N0} \quad \delta L_0]^{\mathrm{T}}$,$\delta\lambda$ 的初值记为 $\delta\lambda_0$。

以下主要针对式(C-3)中的第一个向量方程作分析。根据矩阵求逆公式,可得

$$(s\boldsymbol{I} - \boldsymbol{F})^{-1} = \frac{\boldsymbol{N}(s)}{|s\boldsymbol{I} - \boldsymbol{F}|} \tag{C-4}$$

式中:$\boldsymbol{N}(s)$ 为 $(s\boldsymbol{I} - \boldsymbol{F})$ 的伴随矩阵,其矩阵元素的详细展开式非常复杂,但是通过展开和仔细整理,不难获得式(C-4)的分母特征多项式:

$$\Delta(s) = |s\boldsymbol{I} - \boldsymbol{F}| = (s^2 + \omega_{ie}^2)[(s^2 + \omega_s^2)^2 + 4s^2\omega_f^2] \tag{C-5}$$

式中:$\omega_s = \sqrt{g/R}$ 为休拉角频率;$\omega_f = \omega_{ie}\sin L$ 为傅科角频率(即 $\omega_f = \omega_U$),且 $\omega_s \gg \omega_f$。容易解得 $\Delta(s) = 0$ 的所有特征根为

$$\begin{cases}s_{1,2} = \pm \mathrm{j}\omega_{ie} \\ s_{3,4} = \pm \mathrm{j}(\sqrt{\omega_s^2 + \omega_f^2} + \omega_f) \approx \pm \mathrm{j}(\omega_s + \omega_f) \\ s_{5,6} = \pm \mathrm{j}(\sqrt{\omega_s^2 + \omega_f^2} - \omega_f) \approx \pm \mathrm{j}(\omega_s - \omega_f)\end{cases} \tag{C-6}$$

可见,除 $\delta\lambda$ 外惯导系统误差式(C-1)的六个特征根全部为虚根,该误差系统为无阻尼振荡系统,它包含地球、休拉和傅科三种周期振荡。

由于 $\boldsymbol{N}(s)$ 的展开过于复杂,欲利用反拉氏变换法精确求出状态 $\boldsymbol{X}$ 的时域表达式更加困难。表 C-1 给出了一组精度较好的近似解析解,它全面包括了陀螺常值漂移误差、加速度计常值偏值误差、初始平台失准角误差、初始速度误差、初始经纬度误差等 12 种误差源的影响,验证程序见附录 D,可供应用时参考。为了简化书写,注意表 C-1 中使用了如下一些记号:$s_L = \sin(L)$、$c_L = \cos(L)$、$t_L = \tan(L)$、$e_L = \sec(L)$、$s_s = \sin(\omega_s t)$、$c_s = \cos(\omega_s t)$、$s_f = \sin(\omega_f t)$、$c_f = \cos(\omega_f t)$、$s_e = \sin(\omega_{ie} t)$、$c_e = \cos(\omega_{ie} t)$、$V_I = \sqrt{gR}$。另外,表中最后三行还给出了状态组合 $\phi_E + \delta L$、$\phi_N - \delta\lambda c_L$ 和 $\phi_U - \delta\lambda s_L$ 的解,且各式中"≈"符号右端表示导航起始阶段(比如 <2h 时成立)的误差近似值。为了后续叙述方便,表中第 i 行 j 列元素将简写为 $c(i,j)$,它表示在第 i 个状态中受第 j 项误差源影响的表达式。

2. 误差特性分析

根据表 C-1 进行分析,静基座下惯导系统的误差具有以下特点。

(1)误差中包含常值、时间的一次项和周期项,其中周期项有休拉周期、傅科周期和地球周期三种(又可细分为正弦和余弦形式),休拉周期总是伴随傅科周期的调制;时间一次项只体现在由 ε_N,ε_U 造成的 $\delta\lambda$ 误差。所以,误差模态共计 8 种,即 $1, t, s_s, c_s, s_f, c_f, s_e, c_e$ 8 种模态。

表 C－1　惯导系统误差传递关系

误差源(列 j) 状态(行 i)	∇_E (1)	∇_N (2)	δL_0(3)	ϕ_{E0}(4)	ϕ_{N0}(5)	ϕ_{U0}(6)
ϕ_E(1)	$-\frac{\nabla_E}{g}c_s s_f$	$-\frac{\nabla_N}{g}(1-c_s c_f)$	$-\delta L_0\frac{\omega_{ie}}{\omega_s}s_L s_s s_f$	$\phi_{E0}c_s c_f$	$\phi_{N0}c_s s_f$	$-\phi_{U0}\frac{\omega_{ie}}{\omega_s}c_L s_s c_f$
ϕ_N(2)	$\frac{\nabla_E}{g}(1-c_s c_f)$	$-\frac{\nabla_N}{g}c_s s_f$	$-\delta L_0\frac{\omega_{ie}}{\omega_s}s_L s_s c_f$	$-\phi_{E0}c_s s_f$	$\phi_{N0}c_s c_f$	$\phi_{U0}\frac{\omega_{ie}}{\omega_s}c_L s_s s_f$
ϕ_U(3)	$\frac{\nabla_E}{g}t_L(1-c_s c_f)$	$-\frac{\nabla_N}{g}t_L c_s s_f$	$\delta L_0 e_L\left(s_e-\frac{\omega_{ie}}{\omega_s}s_L^2 s_s c_f\right)$	$\phi_{E0}e_L(s_e-s_L c_s s_f)$	$\phi_{N0}t_L(c_s c_f-c_e)$	$\phi_{U0}\left(c_e+\frac{\omega_{ie}}{\omega_s}s_L s_s s_f\right)$
δv_E(4)	$\frac{\nabla_E}{g}V_I s_s c_f$	$\frac{\nabla_N}{g}V_I s_s s_f$	$\delta L_0 R\omega_U(c_e-c_s c_f)$	$\phi_{E0}V_I s_s s_f$	$-\phi_{N0}V_I s_s c_f$	$\phi_{U0}R\omega_N(c_s s_f-s_L s_e)$
δv_N(5)	$-\frac{\nabla_E}{g}V_I s_s s_f$	$\frac{\nabla_N}{g}V_I s_s c_f$	$\delta L_0 R\omega_{ie}(s_L c_s s_f-s_e)$	$\phi_{E0}V_I s_s c_f$	$\phi_{N0}V_I s_s s_f$	$\phi_{U0}R\omega_N(c_s c_f-c_e)$
δL (6)	$\frac{\nabla_E}{g}c_s s_f$	$\frac{\nabla_N}{g}(1-c_s c_f)$	$\delta L_0\left(c_e+\frac{\omega_{ie}}{\omega_s}s_L s_s s_f\right)$	$\phi_{E0}(c_e-c_s c_f)$	$\phi_{N0}(s_L s_e-c_s s_f)$	$-\phi_{U0}c_L(s_e-\frac{\omega_{ie}}{\omega_s}s_s c_f)$
$\delta\lambda$ (7)	$\frac{\nabla_E}{g}e_L(1-c_s c_f)$	$-\frac{\nabla_N}{g}e_L c_s s_f$	$\delta L_0 t_L\left(s_e-\frac{\omega_{ie}}{\omega_s}s_s c_f\right)$	$\phi_{E0}e_L(s_L s_e-c_s s_f)$	$\phi_{N0}e_L(c_s c_f-c_L^2-s_L^2 c_e)$	$-\phi_{U0}\left[s_L(1-c_e)-\frac{\omega_{ie}}{\omega_s}s_s s_f\right]$
$\phi_E+\delta L$ (8)	0	0	$\delta L_0 c_e\approx\delta L_0$	$\phi_{E0}c_e\approx\phi_{E0}$	$\phi_{N0}s_L s_e\approx-\phi_{N0}s_L\omega_{ie}t$	$-\phi_{U0}c_L s_e\approx-\phi_{U0}c_L\omega_{ie}t$
$\phi_N-\delta\lambda c_L$(9)	0	0	$-\delta L_0 s_L s_e\approx-\delta L_0 s_L\omega_{ie}t$	$-\phi_{E0}s_L s_e\approx-\phi_{E0}s_L\omega_{ie}t$	$\phi_{N0}(c_L^2+s_L^2 c_e)\approx\phi_{N0}$	$\phi_{U0}s_L c_L(1-c_e)\approx 0$
$\phi_U-\delta\lambda s_L$(10)	0	0	$\delta L_0 c_L s_e\approx\delta L_0 c_L\omega_{ie}t$	$\phi_{E0}c_L s_e\approx\phi_{E0}c_L\omega_{ie}t$	$\phi_{N0}s_L c_L(1-c_e)\approx 0$	$\phi_{U0}(s_L^2+c_L^2 c_e)\approx\phi_{U0}$

（续）

误差源(列 j) 状态(行 i)	$\varepsilon_E(7)$	$\varepsilon_N(8)$	$\varepsilon_U(9)$	$\delta v_{E0}(10)$	$\delta v_{N0}(11)$	$\delta\lambda_0(12)$
$\phi_E(1)$	$\frac{\varepsilon_E}{\omega_s}s_s c_f$	$\frac{\varepsilon_N}{\omega_s}s_s s_f$	0	$\frac{\delta v_{E0}}{V_I}s_s s_f$	$-\frac{\delta v_{N0}}{V_I}s_s c_f$	0
$\phi_N(2)$	$-\frac{\varepsilon_E}{\omega_s}s_s s_f$	$\frac{\varepsilon_N}{\omega_s}s_s c_f$	0	$\frac{\delta v_{E0}}{V_I}s_s c_f$	$\frac{\delta v_{N0}}{V_I}s_s s_f$	0
$\phi_U(3)$	$\varepsilon_E e_L\left(\frac{1-c_e}{\omega_{ie}}-\frac{s_L s_s s_f}{\omega_s}\right)$	$-\varepsilon_N t_L\left(\frac{s_e}{\omega_{ie}}-\frac{s_s c_f}{\omega_s}\right)$	$\frac{\varepsilon_U}{\omega_{ie}}s_e$	$\frac{\delta v_{E0}}{V_I}t_L s_s c_f$	$\frac{\delta v_{N0}}{V_I}t_L s_s s_f$	0
$\delta v_E(4)$	$\varepsilon_E R(s_L s_e - c_s s_f)$	$\varepsilon_N R(c_s c_f - c_L^2 - s_L^2 c_e)$	$-\varepsilon_U R c_L\left[s_L(1-c_e)-\frac{\omega_{ie}}{\omega_s}s_s s_f\right]$	$\delta v_{E0}c_s c_f$	$\delta v_{N0}c_s s_f$	0
$\delta v_N(5)$	$\varepsilon_E R(c_e - c_s c_f)$	$\varepsilon_N R(s_L s_e - c_s s_f)$	$-\varepsilon_U R c_L\left(s_e-\frac{\omega_{ie}}{\omega_s}s_s c_f\right)$	$-\delta v_{E0}c_s s_f$	$\delta v_{N0}c_s c_f$	0
$\delta L\ (6)$	$\varepsilon_E\left(\frac{s_e}{\omega_{ie}}-\frac{s_s c_f}{\omega_s}\right)$	$\varepsilon_N\left[\frac{s_L}{\omega_{ie}}(1-c_e)-\frac{s_s s_f}{\omega_s}\right]$	$-\frac{\varepsilon_U}{\omega_{ie}}c_L(1-c_e)$	$-\frac{\delta v_{E0}}{V_I}s_s s_f$	$\frac{\delta v_{N0}}{V_I}s_s c_f$	0
$\delta\lambda\ (7)$	$\varepsilon_E e_L\left[\frac{s_L}{\omega_{ie}}(1-c_e)-\frac{s_s s_f}{\omega_s}\right]$	$-\varepsilon_N\left(c_L t+\frac{s_L t_L}{\omega_{ie}}s_e-\frac{e_L}{\omega_s}s_s c_f\right)$	$-\varepsilon_U s_L\left(t-\frac{1}{\omega_{ie}}s_e\right)$	$\frac{\delta v_{E0}e_L}{V_I}s_s c_f$	$\frac{\delta v_{N0}e_L}{V_I}s_s s_f$	$\delta\lambda_0$
$\phi_E+\delta L\ (8)$	$\frac{\varepsilon_E}{\omega_{ie}}s_e\approx\varepsilon_E t$	$\frac{\varepsilon_N}{\omega_{ie}}s_L(1-c_e)\approx 0$	$-\frac{\varepsilon_U}{\omega_{ie}}c_L(1-c_e)\approx 0$	0	0	0
$\phi_N-\delta\lambda c_L(9)$	$-\frac{\varepsilon_E}{\omega_{ie}}s_L(1-c_e)\approx 0$	$\varepsilon_N\left(c_L^2 t+\frac{s_L^2}{\omega_{ie}}s_e\right)\approx\varepsilon_N t$	$\varepsilon_U s_L c_L\left(t-\frac{1}{\omega_{ie}}s_e\right)\approx 0$	0	0	$-\delta\lambda_0 c_L$
$\phi_U-\delta\lambda s_L(10)$	$\frac{\varepsilon_E}{\omega_{ie}}c_L(1-c_e)\approx 0$	$\varepsilon_N s_L c_L\left(t-\frac{1}{\omega_{ie}}s_e\right)\approx 0$	$\varepsilon_U\left(s_L^2 t+\frac{c_L^2}{\omega_{ie}}s_e\right)\approx\varepsilon_U t$	0	0	$-\delta\lambda_0 s_L$

注：在惯导误差估算时，可能用到这些近似值：$V_I=\sqrt{gR}=R\omega_s\approx 7900\text{m/s}$（即第一宇宙速度），$R\omega_{ie}\approx 470\text{m/s}$，$\omega_{ie}/\omega_s\approx 0.06$；当加速度计偏值 $\nabla=5\times10^{-5}g$ 时有 $\nabla/g\approx 10''$；当陀螺漂移 $\varepsilon=0.01(°)/\text{h}$ 时有 $\varepsilon R\approx 0.3\text{m/s}$、$\varepsilon/\omega_{ie}\approx 2.3'$ 和 $\varepsilon/\omega_s\approx 8''$

(2)在惯导系统静基座初始对准中，等效水平加速度计常值偏值和东向陀螺常值漂移决定了平台失准角的极限精度，令

$$\phi_{E0} = -\frac{\nabla_N}{g}, \phi_{N0} = \frac{\nabla_E}{g}, \ \phi_{U0} = \frac{\varepsilon_E}{\omega_N} \tag{C-7}$$

若仅考虑加速度计偏值和初始失准角误差源，由表 C-1 中的 $c(1,1) + c(1,2) + c(1,4) + c(1,5)$ 得东向失准角为

$$\phi_E = -\frac{\nabla_E}{g}c_s s_f - \frac{\nabla_N}{g}(1 - c_s c_f) + \phi_{E0} c_s c_f + \phi_{N0} c_s s_f = -\frac{\nabla_N}{g}$$

同理，若将表 C-1 中各行的 1、2、4、5 列相加，或将 6、7 列相加，结果见表 C-2。

表 C-2　加速度计偏值、陀螺漂移和初始对准失准角引起的导航误差

误差源 / 状态(行 i)	$c(i,1)+c(i,2)+c(i,4)+c(i,5)$	$c(i,6)+c(i,7)$
$\phi_E(1)$	$-\frac{\nabla_N}{g}$	0
$\phi_N(2)$	$\frac{\nabla_E}{g}$	0
$\phi_U(3)$	$\frac{\nabla_E}{g}t_L(1-c_e) - \frac{\nabla_N}{g}e_L s_e$	ϕ_{U0}
$\delta v_E(4)$	0	0
$\delta v_N(5)$	0	0
δL (6)	$\frac{\nabla_E}{g}s_L s_e + \frac{\nabla_N}{g}(1-c_e)$	0
$\delta\lambda$ (7)	$\frac{\nabla_E}{g}s_L t_L(1-c_e) - \frac{\nabla_N}{g}t_L s_e$	0

由表 C-2 中第 2 列可见，当初始自对准之后进入纯惯导导航，水平平台失准角 ϕ_E 和 ϕ_N 由加速度计常值偏值决定且保持不变，导航速度误差 δv_E 和 δv_N 始终为 0，误差 ϕ_U、δL 和 $\delta\lambda$ 的振荡周期为地球周期(不再含休拉和傅科周期)且振幅仅与加速度计的常值偏值有关。表 C-2 中第 3 列显示，东向陀螺漂移与初始方位失准角的作用恰好抵消，不会造成任何导航误差。除此之外，从表 C-1 的第 8 列和第 9 列可以看出，自对准条件下的导航误差还受 ε_N 和 ε_U 的影响，但在短时间内 ε_N 和 ε_U 引起的平台失准角误差都很小。

(3)若将惯性器件随机常值误差 $\varepsilon_E, \varepsilon_N, \varepsilon_U, \nabla_E, \nabla_N$ 扩充为状态，即令

$$\boldsymbol{X}_1 = [\phi_E \quad \phi_N \quad \phi_U \quad \delta v_E \quad \delta v_N \quad \delta L \quad \delta\lambda \quad \varepsilon_E \quad \varepsilon_N \quad \varepsilon_U \quad \nabla_E \quad \nabla_N]^{\mathrm{T}}$$

则有惯导误差状态方程

$$\dot{\boldsymbol{X}}_1 = \boldsymbol{F}_1 \boldsymbol{X}_1 \tag{C-8}$$

其中

$$\boldsymbol{F}_1 = \begin{bmatrix} \boldsymbol{F} & \boldsymbol{0}_{6\times1} & \boldsymbol{I}^* \\ \boldsymbol{0}_{1\times3} & \sec L/R & \boldsymbol{0}_{1\times8} \\ & \boldsymbol{0}_{5\times12} & \end{bmatrix}, \boldsymbol{I}^* = \begin{bmatrix} \boldsymbol{I}_{5\times5} \\ \boldsymbol{0}_{1\times5} \end{bmatrix}$$

① 当使用外辅助位置参考时，比如 INS/GPS 组合导航，观测方程为

$$\boldsymbol{Z}_1=\boldsymbol{H}_1\boldsymbol{X}_1 \tag{C-9}$$

其中

$$\boldsymbol{H}_1=[\boldsymbol{0}_{2\times5}\quad \boldsymbol{I}_{2\times2}\quad \boldsymbol{0}_{2\times5}]$$

经计算,由式(C-8)和式(C-9)组成的系统,其可观测性矩阵的秩为

$$\text{rank}\left(\begin{bmatrix}\boldsymbol{H}_1\\ \boldsymbol{H}_1\boldsymbol{F}_1\\ \boldsymbol{H}_1\boldsymbol{F}_1^2\\ \vdots\\ \boldsymbol{H}_1\boldsymbol{F}_1^{11}\end{bmatrix}\right)=9$$

因此,该静基座组合导航系统有 3 个状态(或状态组合)不可观,通常认为 ε_E, ∇_E, ∇_N不可观。

② 当使用外辅助角位置参考时,比如 INS/CCD 星敏感器组合导航,观测方程为

$$\boldsymbol{Z}_2=\boldsymbol{\varphi}+\delta\boldsymbol{P}=\begin{bmatrix}\phi_E+\delta L\\ \phi_N-\delta\lambda c_L\\ \phi_U-\delta\lambda s_L\end{bmatrix}=\boldsymbol{H}_2\boldsymbol{X}_1 \tag{C-10}$$

式中:$\boldsymbol{\varphi}=[\phi_E\quad \phi_N\quad \phi_U]^{\mathrm{T}}$,$\delta\boldsymbol{P}=[\delta L\quad -\delta\lambda c_L\quad -\delta\lambda s_L]^{\mathrm{T}}$,且由 $\boldsymbol{Z}_2$ 构成的反对称阵满足方程:

$$\begin{aligned}(\boldsymbol{Z}_2\times)&=\boldsymbol{I}-\boldsymbol{C}_{b,INS}^{n'}\boldsymbol{C}_{i,CCD}^{b}\boldsymbol{C}_e^i\boldsymbol{C}_{n',INS}^e\\ &=\boldsymbol{I}-(\boldsymbol{I}-\boldsymbol{\varphi}\times)\boldsymbol{C}_{b,INS}^{n}\boldsymbol{C}_{i,CCD}^{b}\boldsymbol{C}_e^i\boldsymbol{C}_{n,INS}^e(\boldsymbol{I}-\delta\boldsymbol{P}\times)=(\boldsymbol{\varphi}+\delta\boldsymbol{P})\times\end{aligned}$$

其中:$\boldsymbol{C}_{b,INS}^{n'}$,$\boldsymbol{C}_{n',INS}^{e}$分别为惯导解算的姿态矩阵和位置矩阵;$\boldsymbol{C}_{i,CCD}^{b}$为恒星敏感器的姿态输出矩阵。易知观测矩阵 $\boldsymbol{H}_2$可写为

$$\boldsymbol{H}_2=\begin{bmatrix}\boldsymbol{I}_{3\times3} & \boldsymbol{0}_{3\times2} & \begin{matrix}1 & 0\\ 0 & -c_L\\ 0 & -s_L\end{matrix} & \boldsymbol{0}_{3\times5}\end{bmatrix}$$

经计算,由式(C-8)和式(C-10)组成的系统,其可观测性矩阵的秩为

$$\text{rank}\left(\begin{bmatrix}\boldsymbol{H}_2\\ \boldsymbol{H}_2\boldsymbol{F}_1\\ \boldsymbol{H}_2\boldsymbol{F}_1^2\\ \vdots\\ \boldsymbol{H}_2\boldsymbol{F}_1^{11}\end{bmatrix}\right)=6$$

因此,该组合导航系统有 6 个状态(或状态组合)不可观,一般认为 ∇_E, ∇_N,ϕ_E,ϕ_N,δv_E,δv_N不可观。对于不可观的状态,需要最大限度降低误差或依靠纯惯导系统保持高精度,否则可能影响其他可观测状态的估计精度。例如状态组合 $\phi_E+\delta L$ 可观,但由于 ϕ_E不可观,所以 δL 的估计精度直接受 ϕ_E影响,或者说误差 ϕ_E将直接传递给 δL。因此,由式(C-10)知 δL 和 $\delta\lambda$ 的估计误差分别为 $-\phi_E$ 和 ϕ_N/c_L,而 ϕ_U 的估计误差为 $\delta\lambda s_L$,即 $\phi_N t_L$。

从表 C-1 的第 8 行~第 10 行中还容易看出,观测 $\boldsymbol{Z}_2$ 中不包含休拉和傅科振荡周

期，并且观测 $\mathbf{Z}_2$ 不受加速度计常值偏值 ∇_E、∇_N 和惯导初始速度误差 δv_{E0}、δv_{N0} 的直接影响。如果给定的初始速度和位置比较准确，比如 δv_{E0}、$\delta v_{N0} < 0.04\text{m/s}$ 和 δL_0、$\delta\lambda_0 < 1''$，其影响可忽略不计。当以导航定位精度作为 INS/CCD 组合导航的主要考核目标时，ϕ_E、ϕ_N 是影响定位精度的主要因素，而在初始自对准条件下 ϕ_{E0}、ϕ_{N0} 又受限于 ∇_E、∇_N。因此，∇_E、∇_N 将是影响 INS/CCD 组合导航定位精度的最终原因，在初始对准中或导航起始阶段对 ∇_E、∇_N 进行估计和补偿是提高导航定位精度的最有效措施。

在导航初始阶段若将表 C-1 中第 8 行 ~ 第 10 行所有误差源相加，得

$$\begin{cases}\phi_E + \delta L = (\delta L_0 + \phi_{E0}) + (\phi_{N0} s_L \omega_{ie} - \phi_{U0} c_L \omega_{ie} + \varepsilon_E) t \\ \qquad\qquad = (\delta L_0 + \phi_{E0}) + [(\phi_{N0} - \delta\lambda_0 c_L) s_L \omega_{ie} - (\phi_{U0} - \delta\lambda_0 s_L) c_L \omega_{ie} + \varepsilon_E] t \\ \phi_N - \delta\lambda c_L = (\phi_{N0} - \delta\lambda_0 c_L) + [-(\delta L_0 + \phi_{E0}) s_L \omega_{ie} + \varepsilon_N] t \\ \phi_U - \delta\lambda s_L = (\phi_{U0} - \delta\lambda_0 s_L) + [(\delta L_0 + \phi_{E0}) c_L \omega_{ie} + \varepsilon_U] t\end{cases} \tag{C-11}$$

不难看出，如果持续提供量测 $\phi_E + \delta L$，$\phi_N - \delta\lambda c_L$ 和 $\phi_U - \delta\lambda s_L$，式（C-11）右端关于时间的常值项和一次项系数均是可辨识的，再从一次项中可以分离出三个方向上的陀螺常值漂移，这说明了陀螺漂移是完全可观且容易估计的。所以，在 INS/CCD 组合导航中对陀螺逐次启动漂移稳定性的要求不是很高。

综上所述，抑制任何造成 ϕ_E、ϕ_N 误差的深层次误差源，从而降低纯惯导解算的 ϕ_E，ϕ_N 误差，是理论上提高 INS/CCD 组合导航定位精度的重要途径。

附录 D Matlab 仿真程序

D.1 偏自相关系数函数的计算函数

```
function phi = pacf(rho)
% 计算 ARMA 过程的偏自相关系数函数(Levinson-Durbin recursion)
% 输入 rho      - - - 自相关系数函数(列向量,不含 rho(0) =1)
% 输出 phi_kk - - - 偏自相关系数函数(列向量,不含 phi_00 =1)
% 作者: Yan Gong - min, 2012 - 08 - 22
% example:
%     N = 1000;  k = floor(sqrt(N));
%     z1 = 0.9; z2 = -0.8; a1 = z1 + z2; a2 = - z1 * z2;
%     xn = filter(1, [1; - a1; - a2], randn(N,1)); % AR(2)
%     rho = xcorr(xn,'coeff'); rho = rho(N+1:N+k);
%     phi = pacf(rho(1:k));
%     subplot(211), plot(xn), grid
%     subplot(212), hold off, parcorr(xn,k), hold on
%     plot([0:k],[1,1;rho(1:k),phi(1:k)]); % 根据 acf 容易误判周期项
    N = length(rho);
    phi(1) = rho(1); phi_kj = rho(1); % 初值
    for k=1:N-1
        phi_kj(k+1,1) = (rho(k+1) - rho(k: -1:1)' * phi_kj)...
            / (1 - rho(1:k)' * phi_kj);
        phi_kj(1:k) = phi_kj(1:k) - phi_kj(end) * phi_kj(end-1: -1:1);
        phi(k+1,1) = phi_kj(end); % 仅需保存最后一个值
    end
```

D.2 【例 7.4 -2】功率谱估计仿真

```
% 《惯性仪器测试与数据分析》功率谱仿真, Yan Gongmin, 2012 - 08 - 22
% 信号仿真
fs = 200; % 采样频率
N = 1024; % 采样点数
t = [0:N-1] * 1/fs;
% 直流 + 周期信号 + 白噪声
xn = 1 + 5 * sin(2 * pi * 20 * t) + 3 * sin(2 * pi * 25 * t) + 0.1 * randn(1,N);
```

```
subplot(121), plot(t,xn); grid, xlabel('t / s'); ylabel('x(t)');
% 直接法求功率谱(周期图法)
Xk = fft(xn,N);
S1 = abs(Xk).^2/N/fs;  S1(2:end) = S1(2:end)*2; % 计算单边功率谱
subplot(122), hold off,
N2 = floor(N/2);
semilogy([0:N2-1]*fs/N, S1(1:N2)); grid, xlabel('f / Hz'); ylabel('PSD');
% 间接法求功率谱(相关函数法)
Rx = xcorr(xn,'biased'); S2 = xn;
for k = 1:N
    S2(k) = Rx(N) + 2*Rx(N+1:end)*cos((k-1)*2*pi/N*[1:N-1])';
end
S2 = S2/fs; S2(2:end) = S2(2:end)*2;
hold on, semilogy([0:N2-1]*fs/N, S2(1:N2),'r');
% Matlab中自带的psd()函数求功率谱(Welch改进周期图法)
S3 = psd(xn,N)/fs;  S3(2:end) = S3(2:end)*2;
hold on, semilogy([0:N2-1]*fs/N, S3(1:N2),'m');
```

D.3 Allan方差估计的计算函数

```
function [sigma, tau, Err] = avar(y0, tau0)
% 计算Allan方差
% 输入:y -- 数据(一行或一列向量), tau0 -- 采样周期
% 输出:sigma -- Allan方差(量纲单位与输入y保持一致), tau -- 取样时间,
%      Err -- 百分比估计误差
% 作者:Yan Gong-min, 2012-08-22
% example:
%     y = randn(100000,1) + 0.00001*[1:100000]';
%     [sigma, tau, Err] = avar(y, 0.1);
    N = length(y0);
    y = y0; NL = N;
    for k = 1:inf
        sigma(k,1) = sqrt(1/(2*(NL-1))*sum([y(2:NL)-y(1:NL-1)].^2));
        tau(k,1) = 2^(k-1)*tau0;
        Err(k,1) = 1/sqrt(2*(NL-1));
        NL = floor(NL/2);
        if NL<3
            break;
        end
        y = 1/2*(y(1:2:2*NL) + y(2:2:2*NL));  % 分组长度加倍(数据长度减半)
    end
    subplot(211), plot(tau0*[1:N], y0); grid
```

```
xlabel('\itt \rm/ s'); ylabel('\ity');
subplot(212),
loglog(tau, sigma, '-+',...
    tau, [sigma.*(1+Err),sigma.*(1-Err)], 'r--'); grid
xlabel('\itt \rm/ s'); ylabel('\it\sigma_A\rm( \tau )');
```

D.4 【例9.2-1】陀螺随机漂移误差仿真

```
% 《惯性仪器测试与数据分析》陀螺漂移仿真, Yan Gongmin, 2012-08-22
arcdeg = pi/180; hur = 3600; dph = arcdeg/hur; Hz = 1; % 需用到的单位
eb = 0.1*dph*randn(1,1); % 常值漂移
tauG = 50; beta = 1/tauG; R0 = 0.01*dph^2; % 一阶马尔可夫过程的相关时间与方差
q = 2*beta*R0; % sqrt(q)为角速率随机游走系数,根据式(9.1-16)
N2 = 0.0001*dph^2/Hz; fB = 400*Hz; % 观测噪声的功率谱与带宽
fs = 10; Ts = 1/fs; % 采样频率,周期
t = 600;  len = floor(t/Ts); % 仿真时间长度
er = zeros(len,1); er(1) = sqrt(R0)*randn(1,1);
Phi = 1-beta*Ts; sQkr = sqrt(q*Ts); % 一阶马尔可夫过程离散化
for k=2:len
    er(k) = Phi*er(k-1) + sQkr * randn(1,1);
end
sQkg = sqrt(N2*fB); % 观测噪声均方差
wg = sQkg*randn(len,1);
subplot(121), plot([1:len]*Ts, [eb+er+wg,eb+er]/dph); grid on % 序列图
xlabel('\itt \rm/ s'); ylabel('\it\epsilon \rm/ (\circ)/h');
p1 = psd((er+wg)/dph,1024);    p2 = psd(er/dph,1024);
subplot(122), semilogy([0:512]*fs/1024, [p1/fs,p2/fs]), grid on % 功率谱
xlabel('\itf \rm/ Hz'); ylabel('\itS\epsilon \rm/ ((\circ)/h)^2/Hz');
```

D.5 【例9.3-1】Kalman滤波仿真

```
function test_kf
% 《惯性仪器测试与数据分析》Kalman滤波仿真, Yan Gongmin, 2012-08-22
    Phik = 0.95;  Bk = 1.0;  Hk = 1.0;  % 系统结构参数
    q = 1; r = 3; Qk = q^2; Rk = r^2;  % 噪声参数
    len = 100; % 仿真步数
    % 随机误差模拟
    w = q*randn(len,1); v = r*randn(len,1);
    xk = zeros(len,1); yk = zeros(len,1);
    xk(1) = r*randn(1,1);
    for k=2:len
        xk(k) = Phik*xk(k-1) + Bk*w(k);
```

```
    yk(k) = Hk*xk(k) + v(k);
end
% Kalman 滤波估计
Xk = 0; Pxk = 100*Rk/(Hk^2*Phik^2);
for k=1:len
    [Xk, Pxk, Kk] = kalman(Phik, Bk, Qk, Xk, Pxk, Hk, Rk, yk(k));
    res(k,:) = [Xk,Pxk,Kk];
end
% 稳态滤波
ss = [Hk^2*Phik^2  Hk^2*Bk^2*Qk+Rk-Phik^2*Rk  -Bk^2*Qk*Rk];
Px = (-ss(2) + sqrt(ss(2)^2-4*ss(1)*ss(3))) / (2*ss(1));
K = Hk*(Phik^2*Px+Bk^2*Qk)/(Hk^2*(Phik^2*Px+Bk^2*Qk)+Rk);
G = (1-K*Hk)*Phik;
Xk_IIR = filter(K, [1 -G], yk);
% 作图
subplot(121), hold off, plot(sqrt(res(:,2)),'-'),
    hold on, plot(res(:,3),'r:'); grid
    xlabel('\itk'); ylabel('\it\surd P_x_k , K_k');
subplot(122), hold off, plot(yk,'x'),
    hold on, plot(xk,'m:'); plot(res(:,1),'k'); plot(Xk_IIR,'r-.'); grid
    xlabel('\itk'); ylabel('\ity_k, x_k, x^\^_k, x^\^_k_,_I_I_R');

function [Xk, Pxk, Kk] = kalman(Phikk_1, Bk, Qk, Xk_1, Pxk_1, Hk, Rk, Yk)
    Xkk_1 = Phikk_1*Xk_1;
    Pxkk_1 = Phikk_1*Pxk_1*Phikk_1' + Bk*Qk*Bk';
    Pxykk_1 = Pxkk_1*Hk';
    Pykk_1 = Hk*Pxykk_1 + Rk;
    Kk = Pxykk_1*Pykk_1^-1;
    Xk = Xkk_1 + Kk*(Yk-Hk*Xkk_1);
    Pxk = Pxkk_1 - Kk*Pykk_1*Kk';
```

D.6 【例 9.4-1】自适应 Kalman 滤波仿真

```
function test_akf
% 《惯性仪器测试与数据分析》自适应 Kalman 滤波仿真, Yan Gongmin, 2012-08-22
    % 数据生成仿真,模型: xk = phi*xk_1 + wk, yk = h*xk + vk
    N = 1000;
    lq = 500; q0 = [-.5*ones(lq,1); .5*ones(N-lq,1)];  % 时变噪声参数
    lQ = 700; Q0 = [5*ones(lQ,1); 1*ones(N-lQ,1)].^2;
    lr = 600; r0 = [2*ones(lr,1); 0.2*ones(N-lr,1)];
    lR = 300; R0 = [5*ones(lR,1); 30*ones(N-lR,1)].^2;
    phi = .99; h = 1;
```

```
x = 0; y = 0;
for k=2:N
    x(k,1) = phi*x(k-1,1) + (q0(k-1)+sqrt(Q0(k-1))*randn(1));
    y(k,1) = h*x(k,1) + (r0(k)+sqrt(R0(k))*randn(1));
end
% Sage-Husa 自适应 Kalman 滤波
xk = 0; Pk = 10; qk = 0; Qk = 0; rk = 0; Rk = 100; RA = 100;
b = 0.98; beta = 1;
for k=2:N
    beta = beta/(beta+b);
    [xk, Pk, qk, Qk, rk, Rk] = ...
        akf(xk, Pk, phi, h, y(k), qk, Qk, rk, Rk, beta);
%       qk = q0(k);  % 注释了则表示进行自适应
    Qk = Q0(k);
    rk = r0(k);
%       Rk = R0(k);
    RA = (1-beta)*RA + beta/2*(y(k)-y(k-1))^2; % 量测 Allan 方差
    Rk = RA;
    res(k,:) = [xk, qk, Qk, rk, Rk];
end
yy = [x, y, res(:,1)];
subplot(311), plot(1:5:N, yy(1:5:end,:));
    xlabel('\itk'); ylabel('\ity_k , x_k , x^\^_k'); grid
subplot(323), plot([q0, res(:,2)]);
    xlabel('\itk'); ylabel('\itq_k'); grid
subplot(324), plot([R0, res(:,5)]);
    xlabel('\itk'); ylabel('\itR_k'); grid
subplot(325), plot([Q0, res(:,3)]);
    xlabel('\itk'); ylabel('\itQ_k'); grid
subplot(326), plot([r0, res(:,4)]);
    xlabel('\itk'); ylabel('\itr_k'); grid

function [xk, Pk, qk, Qk, rk, Rk] = ...
    akf(xk_1, Pk_1, phi, h, yk, qk, Qk, rk, Rk, beta)
    Pxkk_1 = phi*Pk_1*phi'+Qk;
        Pxykk_1 =Pxkk_1*h';
        Pykk_1 = h*Pxykk_1+Rk;
    Kk = Pxykk_1*Pykk_1^-1;
    xkk_1 = phi*xk_1+qk; ykk_1 = h*xkk_1+rk;
    eykk_1 = yk-ykk_1;  xk = xkk_1 + Kk*eykk_1;
    Pk = Pxkk_1 - Kk*Pykk_1*Kk';
    rk = (1-beta)*rk + beta*(yk-h*xkk_1);  % 噪声自适应
    Rk = (1-beta)*Rk + beta*(eykk_1*eykk_1'-h*Pxykk_1);
```

```
    qk = (1 - beta) * qk + beta * (xk - phi * xk_1);
    Qk = (1 - beta) * Qk + ...
        beta * (Kk * eykk_1 * eykk_1' * Kk' + Pk - phi * Pk_1 * phi');
```

D.7 【例 9.5 - 1】EKF 滤波仿真

```
function test_ekf
% 《惯性仪器测试与数据分析》EKF 滤波仿真, Yan Gongmin, 2012 - 08 - 22
    Ts = 0.2; % 采样周期
    t = 10; % 仿真时间
    len = floor(t/Ts); % 仿真步数
    g = 9.8; rho = 0.05; % 重力,阻尼系数
    % 真实轨迹模拟
    dax = 0.15; day = 0.1;  % 系统噪声
    dr = 10; dafa = 0.01; % 量测噪声
    X = zeros(len,4); X(1,:) = [0, 30, 200, 0]; % 状态模拟的初值
    Y(1,:) = hhh(X(1,:)')' + [dr, dafa].* randn(1,2);
    for k=2:len
        X(k,:) = fff(X(k-1,:)', rho, g, Ts)' + ...
            [0, dax * randn(1), 0, day * randn(1)];
        Y(k,:) = hhh(X(k,:)')' + [dr, dafa].* randn(1,2);
    end
    % EKF 滤波
    Qk = diag([0; dax; 0; day])^2; Rk = diag([dr; dafa])^2;
    Xk = X(1,:)'; Pk = 100 * eye(4);
    for k=1:len
        [fX, Fk] = fff(Xk, rho, g, Ts);
        [hX, Hk] = hhh(fX);
        [Xk, Pk, Kk] = ekf(Fk, Qk, Pk, Hk, Rk, Y(k,:)', fX, hX);
        X_est(k,:) = Xk';
    end
    plot(X(:,1),X(:,3),'-b', Y(:,1).* sin(Y(:,2)), ...
        Y(:,1).* cos(Y(:,2)),'*', X_est(:,1),X_est(:,3),'+r')
    xlabel('\itx'); ylabel('\ity');
    legend('real', 'measurement', 'EKF estimated'); grid on

function [fX, JF] = fff(X, rho, g, Ts) % 系统状态非线性函数
    x = X(1); vx = X(2); y = X(3); vy = X(4);
    fX = X+[vx; -rho * vx^2; vy; rho * vy^2 - g] * Ts;
    JF = diag([1, 1 - 2 * rho * vx * Ts, 1, 1 + 2 * rho * vy * Ts]);
    JF(1,2) = Ts; JF(3,4) = Ts;
```

```
function [hX, JH] = hhh(X) % 量测非线性函数
    x = X(1); y = X(3);
    r2 = x^2 +y^2; r = sqrt(r2);
    hX = [r; atan(x/y)];
    JH = [x/r, 0, y/r, 0;   y/r2, 0, -x/r2, 0];

function [Xk, Pk, Kk] = ekf(Phi, Qk, Pk_1, Hk, Rk, Yk, fX, hX) % EKF 滤波函数
    Pkk_1 = Phi * Pk_1 * Phi' + Qk;     Pxy = Pkk_1 * Hk';     Pyy = Hk * Pxy + Rk;
    Kk = Pxy * Pyy^ -1;
    Xk = fX + Kk * (Yk - hX);
    Pk = Pkk_1 - Kk * Pyy * Kk';
```

D.8 【例 9.6 -3】蒙特卡洛概率传播与 UT 变换演示

```
function test_UT_demo
% 《惯性仪器测试与数据分析》二维 UT 变换作图演示, by Yan Gongmin 2012 -08 -22
    % 参数设置
    mu = [0; 0];  % 均值
    P11 = 1; P22 = 2; r = 0.42;   % r 为相关系数 |r|< =1
    P12 = r * sqrt(P11 * P22); P21 = P12;
    P0 = [P11,P12; P21,P22]; % 方差阵
    subplot(121), hold off,plot(mu(1),mu(2), 'mx'); axis equal,
    hold on, ezplot(ezstring(mu,P0)); % 方差椭圆
    % 蒙特卡洛粒子变换
    x = mvnrnd(mu, P0, 500);  % 生成蒙特卡洛粒子
    plot(x(:,1), x(:,2), '.g'); grid on
    [mui, Pi] = parstat(x);
    plot(mui(1),mui(2), 'm* '); ezplot(ezstring(mui, Pi)); % 粒子方差椭圆
    y = fx(x')';
    subplot(122), hold off, plot(y(:,1), y(:,2), '.g'); axis equal, grid on
    [muo, Po] = parstat(y);
    hold on, plot(muo(1),muo(2), 'm* ');
    ezplot(ezstring(muo, Po)); % 粒子方差椭圆
    % 推广线性 UT 变换
    [y1, Pyy1, Pxy1, X1, Y1] = ut(mu, P0, @ fx, 1, 0, 0);
    subplot(121), plot(X1(1,:),X1(2,:), 'ro');
    subplot(122), plot(Y1(1,:),Y1(2,:), 'ro');
    plot(y1(1),y1(2), 'rx'); ezplot(ezstring(y1, Pyy1));
    % 改进非线性 UT 变换
    [y2, Pyy2, Pxy2, X2, Y2] = ut(mu, P0, @ fx, 1e-3, 2, 0);
    subplot(121), plot(X2(1,:),X2(2,:), 'b^');
    subplot(122), plot(Y2(1,:),Y2(2,:), 'b^');
```

```
    plot(y2(1),y2(2), 'b+'); ezplot(ezstring(y2, Pyy2));

function z = fx(x)   % 自定义非线性变换
    z = [(x(1,:)-1).*(x(2,:)-0.2); -(x(1,:)-1).^2];

function [mu, P] = parstat(x) % 二维粒子特性(均值,方差)统计
    mu = mean(x,1);  % 均值
    x = [x(:,1)-mu(1), x(:,2)-mu(2)];
    P = [x(:,1)'*x(:,1),x(:,1)'*x(:,2);...
        x(:,2)'*x(:,1),x(:,2)'*x(:,2)]/length(x);

function ss = ezstring(mu, P) % 构造 ezplot 字符串
    pp = P^-1;
    ss = sprintf('%.2f*(x-%.2f)^2 + %.2f*(x-%.2f)*(y-%.2f) + %.2f*(y
        -%.2f)^2 - 1', ...
       pp(1,1), mu(1), 2*pp(1,2), mu(1), mu(2), pp(2,2), mu(2));

function [y, Pyy, Pxy, X, Y] = ut(x, Pxx, hfx, alpha, beta, kappa) % UT 变换
    n = length(x);
    lambda = alpha^2*(n+kappa) - n;
    gamma = sqrt(n+lambda);
    Wm = [lambda/gamma^2; repmat(1/(2*gamma^2),2*n,1)];
    Wc = [Wm(1)+(1-alpha^2+beta); Wm(2:end)];
    sPxx = gamma*chol(Pxx)';    % Choleskey 三角分解
    xn = repmat(x,1,n);
    X = [x, xn+sPxx, xn-sPxx];
    Y(:,1) = feval(hfx, X(:,1)); m=length(Y);
    y = Wm(1)*Y(:,1); Y = repmat(Y,1,2*n+1);
    for k=2:1:2*n+1      % 非线性变换及输出均值
        Y(:,k) = feval(hfx, X(:,k));
        y = y + Wm(k)*Y(:,k);
    end
    Pyy = zeros(m); Pxy = zeros(n,m);
    for k=1:1:2*n+1
        yerr = Y(:,k)-y;
        Pyy = Pyy + Wc(k)*yerr*yerr';  % 输出方差阵
        xerr = X(:,k)-x;
        Pxy = Pxy + Wc(k)*xerr*yerr';  % 输入输出协方差阵
    end
```

D.9 【例 9.6-4】UKF 滤波仿真

```
function test_ukf
```

```
% 《惯性仪器测试与数据分析》UKF 滤波仿真, by Yan Gongmin 2012-08-22
  % 数据模拟
  len = 100;
  q = 0.1; r = .3; Pw = q^2; Pv = r^2;
  x = q*randn(1); y = x+r*randn(1);
  for k=2:len
     x(k,1) = fx(x(k-1)) + q*randn(1);
     y(k,1) = hx(x(k)) + r*randn(1);
  end
  % UKF 滤波
  Xk = 0;     Pk = 10.0;
  for k=1:len
     [Xk,Pk] = ukf(Xk, Pk, Pw, Pv, y(k));
     Xkk(k,1) = Xk;
  end
  plot([y, x, Xkk]); grid on, legend('量测', '状态真值', '状态估值')
  xlabel('\itk'); ylabel('\ity_k , x_k , x^\^_k');

function y = fx(x)     % 状态方程
   y = sin(x);

function y = hx(x)    % 量测方程
   if x>0
      y = x;
   else
      y = 2*x;
   end

function [Xk, Pk] = ukf(Xk_1, Pk_1, Pw, Pv, Yk)
   [Xkk_1, Pxx] = ut(Xk_1, Pk_1, @fx, 1e-3,2,0); % 状态 UT 变换
   Pxx = Pxx + Pw;
   [Ykk_1, Pyy, Pxy] = ut(Xkk_1, Pxx, @hx, 1e-3,2,0); % 量测 UT 变换
   Pyy = Pyy + Pv;
   Kk = Pxy*Pyy^-1; % 滤波
   Xk = Xkk_1+Kk*(Yk-Ykk_1);
   Pk = Pxx-Kk*Pyy*Kk';

function [y, Pyy, Pxy, X, Y] = ut(x, Pxx, hfx, alpha, beta, kappa) % UT 变换
   % 同附录 D.8
```

D.10 附录表 C-1 惯导误差近似解析解验证

```
% 《惯性仪器测试与数据分析》惯导误差近似解析解的验证, by Yan Gongmin 2012-08-22
```

```
clear all
R = 6378137; g = 9.8; ug = 1e-6*g;
arcdeg = pi/180; arcmin = arcdeg/60; hur =3600; dph = arcdeg/hur;
wie = 15.041067*dph;
L = 30*arcdeg;
Ts = 10;  T = 24*hur; t = [Ts:Ts:T]';
en = [1; 2; 3]*0.01*dph; Dn = [50; 100]*ug;
fi0 = [0;0;0]*arcmin; dv0 = [0; 0]; dLti0 = 0*arcmin; dLgi0 = 0*arcmin;
% fi0 = [-Dn(2)/g; Dn(1)/g; en(1)/(wie*cos(L))]; % 采用自对准
X0 = [fi0; dv0; dLti0; dLgi0]; U = [en; Dn; 0; 0];
% 解析解
fE0 =X0(1); fN0 =X0(2); fU0 =X0(3); dvE0 =X0(4); dvN0 =X0(5);
dLti0 =X0(6); dLgi0 =X0(7);
eE =U(1); eN =U(2); eU =U(3); DE =U(4); DN =U(5);
sL = sin(L); cL = cos(L); tL = tan(L); eL = sec(L); sL2 = sL^2; cL2 = cL^2;
wN = wie*cL; wU = wie*sL; wf = wie*sL;
ws = sqrt(g/R); ws = sqrt(ws^2 +wf^2); V1 = R*ws;
ss = sin(ws*t); cs = cos(ws*t); se = sin(wie*t); ce = cos(wie*t);
sf = sin(wf*t); cf = cos(wf*t);
c11 = -DE/g*cs.*sf; c12 = -DN/g*(1-cs.*cf);
   c13 = -dLti0*wie/ws*sL*ss.*sf;  % fE
   c14 =fE0*cs.*cf; c15 =fN0*cs.*sf; c16 = -fU0*wie/ws*cL*ss.*cf;
   c17 =eE/ws*ss.*cf; c18 =eN/ws*ss.*sf; c19 =0;
   c110 =dvE0/V1*ss.*sf; c111 = -dvN0/V1*ss.*cf;
c21 =DE/g*(1-cs.*cf); c22 = -DN/g*cs.*sf;
   c23 = -dLti0*wie/ws*sL*ss.*cf;  % fN
   c24 = -fE0*cs.*sf; c25 =fN0*cs.*cf; c26 =fU0*wie/ws*cL*ss.*sf;
   c27 = -eE/ws*ss.*sf; c28 =eN/ws*ss.*cf; c29 =0;
   c210 =dvE0/V1*ss.*cf; c211 =dvN0/V1*ss.*sf;
c31 =DE/g*tL*(1-cs.*cf); c32 = -DN/g*tL*cs.*sf;
   c33 =dLti0*eL*(se-wie/ws*sL2*ss.*cf);  % fU
   c34 =fE0*eL*(se-sL*cs.*sf); c35 =fN0*tL*(cs.*cf-ce);
   c36 =fU0*(ce+wie/ws*sL*ss.*sf);
   c37 =eE*eL*((1-ce)/wie-sL/ws*ss.*sf);
   c38 = -eN*tL*(se/wie-ss.*cf/ws); c39 =eU/wie*se;
   c310 =dvE0/V1*tL*ss.*cf; c311 =dvN0/V1*tL*ss.*sf;
c41 =DE/g*V1*ss.*cf; c42 =DN/g*V1*ss.*sf;
   c43 =dLti0*R*wU*(ce-cs.*cf);  % dvE
   c44 =fE0*V1*ss.*sf; c45 = -fN0*V1*ss.*cf;
   c46 =fU0*R*wN*(cs.*sf-sL*se);
   c47 =eE*R*(sL*se-cs.*sf); c48 =eN*R*(cs.*cf-cL2-sL2*ce);
   c49 = -eU*R*cL*(sL*(1-ce)-wie/ws*ss.*sf);
   c410 =dvE0*cs.*cf; c411 =dvN0*cs.*sf;
```

```
c51 = - DE/g * V1 * ss. * sf; c52 = DN/g * V1 * ss. * cf;
   c53 = dLti0 * R * wie * (sL * cs. * sf - se);  % dvN
   c54 = fE0 * V1 * ss. * cf; c55 = fN0 * V1 * ss. * sf;
   c56 = fU0 * R * wN * (cs. * cf - ce);
   c57 = eE * R * (ce - cs. * cf); c58 = eN * R * (sL * se - cs. * sf);
   c59 = - eU * R * cL * (se - wie/ws * ss. * cf);
   c510 = - dvE0 * cs. * sf; c511 = dvN0 * cs. * cf;
c61 = DE/g * cs. * sf; c62 = DN/g * (1 - cs. * cf);
   c63 = dLti0 * (ce + wie/ws * sL * ss. * sf);  % dLti
   c64 = fE0 * (ce - cs. * cf); c65 = fN0 * (sL * se - cs. * sf);
   c66 = - fU0 * cL * (se - wie/ws * ss. * cf);
   c67 = eE * (se/wie - ss. * cf/ws); c68 = eN * (sL/wie * (1 - ce) - ss. * sf/ws);
   c69 = - eU/wie * cL * (1 - ce);
   c610 = - dvE0/V1 * ss. * sf; c611 = dvN0/V1 * ss. * cf;
c71 = DE/g * eL * (1 - cs. * cf); c72 = - DN/g * eL * cs. * sf;
   c73 = dLti0 * tL * (se - wie/ws * ss. * cf);  % dLgi
   c74 = fE0 * eL * (sL * se - cs. * sf); c75 = fN0 * eL * (cs. * cf - cL2 - sL2 * ce);
   c76 = - fU0 * (sL * (1 - ce) - wie/ws * ss. * sf);
   c77 = eE * eL * (sL/wie * (1 - ce) - ss. * sf/ws);
   c78 = - eN * (cL * t + sL * tL/wie * se - eL/ws * ss. * cf);
   c79 = - eU * sL * (t - se/wie);
   c710 = dvE0 * eL/V1 * ss. * cf; c711 = dvN0 * eL/V1 * ss. * sf; c712 = dLgi0;
 fE  = c11 + c12 + c13  + c14 + c15 + c16  + c17 + c18 + c19  + c110 + c111;
 fN  = c21 + c22 + c23  + c24 + c25 + c26  + c27 + c28 + c29  + c210 + c211;
 fU  = c31 + c32 + c33  + c34 + c35 + c36  + c37 + c38 + c39  + c310 + c311;
dvE  = c41 + c42 + c43  + c44 + c45 + c46  + c47 + c48 + c49  + c410 + c411;
dvN  = c51 + c52 + c53  + c54 + c55 + c56  + c57 + c58 + c59  + c510 + c511;
dLti = c61 + c62 + c63  + c64 + c65 + c66  + c67 + c68 + c69  + c610 + c611;
dLgi = c71 + c72 + c73  + c74 + c75 + c76  + c77 + c78 + c79  + c710 + c711 + c712;
X = [fE, fN, fU, dvE, dvN, dLti, dLgi];
% 数值解
F = [    0     wU    - wN      0       - 1/R     0    0
       - wU     0      0      1/R        0     - wU   0
        wN      0      0      tL/R       0      wN    0
         0    - g      0       0       2 * wU    0    0
         g      0      0    - 2 * wU     0       0    0
         0      0      0       0        1/R      0    0
         0      0      0      eL/R       0       0    0
[Fk, Bk] = c2d(F, eye(size(F)), Ts); Uk = Bk * U;  % 离散化
Xk = X0; XX = X;
for k = 1:length(t)
    Xk = Fk * Xk + Uk;
    XX(k,:) = Xk';
```

```
end
figure(1)
subplot(411), plot(t/3600,[X(:,1:2),XX(:,1:2)]/arcmin);
   ylabel('\it\phi_E ,\phi_N / \prime'); grid
subplot(412), plot(t/3600,[X(:,3),XX(:,3)]/arcmin);
   ylabel('\it\phi_U / \prime'); grid
subplot(413), plot(t/3600,[X(:,4:5),XX(:,4:5)]);
   ylabel('\it\deltav_E ,\deltav_N / m/s'); grid
subplot(414), plot(t/3600,[X(:,6:7),XX(:,6:7)]/arcmin);
   ylabel('\it\deltaL ,\delta\lambda / \prime'); grid
xlabel('\itt \rm/ hur');
```

附录E 练 习 题

一、填空题

1. 惯性器件(陀螺仪和加速度计)是相对惯性空间运动测量的传感器,其中陀螺仪测量输出的是________;加速度计测量输出的是________。

2. 请列举出几种常见的陀螺仪:________。

3. 请列举出几种常见的加速度计:________ 。

4. 惯性导航定位中常涉及到海里的概念,它的定义是:________,国际上规定1海里 =________米。

5. 常将水平定位误差________ 的惯性导航系统称为惯性级导航系统,该级别系统对惯性器件的基本要求是:陀螺精度________,加速度计精度________ 。

6. 密位(mil)是测量角度的单位,如果把一个圆周(360°)分为6000等份,那么每个等份是一密位,由此可以计算 1 mil =________(′)。

7. 惯性器件误差的数学模型通常可以分为以下三类:________。

8. 惯性器件的静态误差模型是指:________。

9. 惯性器件的动态误差模型是指:________ 。

10. 惯性导航系统按平台构成方式常分为两类:________ ,两者间的主要区别是:________ 。

11. 由向量 $\boldsymbol{V}=[0 \quad -1.5 \quad 2]^{\mathrm{T}}$ 构成的反对称矩阵($\boldsymbol{V}\times$) =________。

12. 已知坐标系 $o_1x_1y_1z_1$ 绕 z 轴转动30°得坐标系 $o_2x_2y_2z_2$,并且已知某向量 $\boldsymbol{R}$ 在坐标系 $o_1x_1y_1z_1$ 的投影为 $\boldsymbol{R}^1=[1 \quad 1 \quad 2]^{\mathrm{T}}$,求该向量 $\boldsymbol{R}$ 在坐标系 $o_2x_2y_2z_2$ 的投影 $\boldsymbol{R}^2=$________。

13. 某试验人员使用电梯从高楼层往一楼实验室搬运惯导系统,假设恰好有一只加速度计测量方向竖直向下,在电梯以速度1m/s和加速度0.5m/s^2 接近一楼瞬间,则该加速度计的比力输出应为________(注:定义竖直向上为正方向并取当地重力加速度大小$g=9.8$m/s^2)。

14. 某均匀材质的细长刚体质量为 m、长度为 L,如图E.1-1建立坐标系 $oxyz$ 且坐标原点 o 在刚体中点处,求该刚体的惯性张量矩阵:$[I]=$________。

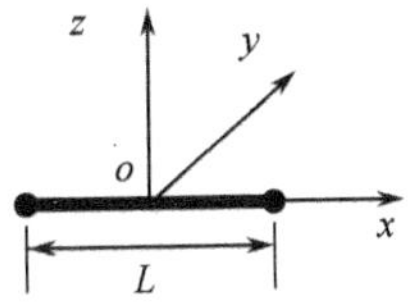

图E.1-1 刚体及坐标系定义

15. 使用动静法写出单自由度机械转子陀螺仪沿输出轴的动力学方程,并说明各力矩项的含义:________ 。

16. 在静态漂移误差模型中,引起单自由度机械转子陀螺漂移的干扰力矩通常包含三项,它们分别是:________。

17. 根据单自由度机械转子陀螺仪静态漂移误差物理模型分析，若某陀螺的转子质量 $m = 0.1\text{kg}$，角动量 $H = 0.05\ \text{kg}\cdot\text{m}^2/\text{s}$，假设转子存在50nm 的加工工艺质量偏心误差，则由此可能造成的陀螺静态漂移误差约为________(°)/h。

18. 消除和减小激光陀螺闭锁效应影响的方法主要有哪些：________ 。

19. 某正三角形腔体激光陀螺，已知腔长 30cm、激光波长 0.6328μm、静态锁区 0.4(°)/s、抖动偏频幅值5′和频率400Hz，试估计该陀螺的随机游走系数：________ 。

20. 已知某光纤陀螺的光纤长度 $L = 1000\text{m}$，线圈半径 $R = 5\text{cm}$，光源波长 $\lambda = 1.3\mu\text{m}$，谱线宽度 $\Delta\lambda = 35\text{nm}$，仅从光源的相干长度角度考虑（提示：相干长度公式 $\Delta c = \lambda^2/\Delta\lambda$），该光纤陀螺理论上能够测量的最大角速率为________(°)/s。

21. 在光纤陀螺最小互易性结构中主要包含哪些部件：________。

22. 造成光纤陀螺 Shupe 温度漂移误差的主要原因是：________ 。

23. 惯性仪器测试中天然存在的两个重要参考基准量是：________ 。

24. 在陀螺仪静态测试翻滚试验中，根据陀螺仪相对重力矢量之间的关系不同，常用的两种翻滚方法是：________ 。

25. 在北纬30°的某实验室，进行单自由度机械转子陀螺仪伺服转台试验且陀螺仪输入轴指向极轴北，测试至1h 时，顺着极轴看转台相对地面基座转动了15°3′，则这段时间内平均陀螺漂移大小为________ (°)/h。

26. 某激光陀螺输出角增量脉冲，脉冲当量是0.932(″)/脉冲。现对该陀螺进行静态采样，每间隔100s 记录一次百秒累积脉冲增量，共测试600s 获得6个脉冲增量数据：810、812、814、806、809、811，则根据这组数据计算得该陀螺的随机漂移稳定性为______(°)/h。

27. 某光纤陀螺输出角速率脉冲，脉冲当量是0.0303((°)/h)/脉冲。现对该陀螺进行静态采样，每间隔10s 记录一次十秒平均脉冲，共测试100s 获得10个平均脉冲数据：265、261、268、264、268、267、261、260、264、263，则根据这组数据计算得该陀螺的随机漂移稳定性为________(°)/h

28. 使用校准好的0.02mm/m 规格的合像水平仪测试某水平测试台的倾斜角，当水平仪的微调刻度调整读数为2时气泡重合指示水平，则该测试台与理想水平面之间夹角为________(″)。

29. 按材质分，常用的测试平板可分为两大类，它们是：________ 。

30. 有一尺寸 630mm × 400mm 的 0 级平板，经计算其平面度最大允许误差为________ μm。

31. 在加速度计重力场翻滚试验中，多齿分度台与高精度光学分度头相比，虽然前者精度一般较高，但是它的主要缺点是：________ 。

32. 速率转台的主要技术指标有：________ 。

33. 惯性仪器测试中六面体夹具的主要作用是：________ 。

34. 在加速度计测试中，离心机的主要作用是：________ 。

35. 线振动台的三种主要运动形式是：________ 。

36. 线振动台正弦振动的主要性能指标有：________ 。

37. 现测得某线振动台的正弦振动幅值输出波形为 $A(t) = 0.25\sin(6t) - 0.001\cos(12t)$（单位 mm），则该波形的失真度为________ %。

38. 在进行某加速度计随机振动试验时，功率谱设置如下：20Hz ~ 100Hz，+6dB/Oct；100 Hz ~ 1000 Hz，0.068 g^2/Hz；1000 Hz ~ 2000 Hz，-6 dB/Oct。则在频率 25Hz 处，该振动的功率谱密度大小为________。

39. 针对某两变量 $x \leftrightarrow y$ 之间的关系，现有 100 组测试数据，经计算得样本相关函数 $r = 0.4$，若取显著性水平 $\alpha = 5\%$，则对 $x \leftrightarrow y$ 之间相关关系的判断结论是：________。

40. 在对某测试数据作一元线性回归时，计算得总平方和 $S_T = 100$、回归平方和 $U = 95$，则剩余平方和 $Q =$ ________，判定系数 $R^2 =$ ________。

41. 已知二元函数 $f(x_1, x_2) = 2x_1 + x_2^2$ 和向量 $\boldsymbol{x} = [x_1 \quad x_2]^{\mathrm{T}}$，求偏导数 $\dfrac{\partial f}{\partial \boldsymbol{x}} =$ ________。

42. 时间序列为宽平稳的两个基本条件是：________。

43. 平稳随机过程为各态遍历的条件是：________。

44. 已知 MA(2) 模型 $x(n) = w(n) + w(n-1) - \dfrac{1}{2}w(n-2)$，其中白噪声 $w(n) \sim WN(0, \sigma^2)$，则该模型的自相关系数函数为：________。

45. 已知 AR(2) 模型 $x(n) = \dfrac{3}{2}x(n-1) - \dfrac{1}{2}x(n-2) + w(n)$，其中白噪声 $w(n) \sim WN(0, \sigma^2)$，则该模型的偏自相关系数函数为：________。

46. 已知 AR(1) 模型 $x(n) = 0.95x(n-1) + w(n)$，其中 $w(n) \sim WN(0, \sigma^2)$，则该模型的自相关系数函数为________，偏自相关系数函数为________。

47. 对某连续时间信号进行采样且采样频率 $f_s = 10\text{Hz}$，假设采样序列可建模成 $x(n) = 0.99x(n-1) + w(n)$，其中 $w(n) \sim WN(0,1)$，则该连续时间信号的相关时间为________，方差为________。

48. 有一随机游走过程 $x(n) = x(n-1) + w(n)$，$w(n) \sim WN(0, \sigma^2)$，假设 $x(0) = 2$，则该过程在 n 时刻的均值为________，方差为________。

49. 已知白噪声 $w(n) \sim WN(0, \sigma^2)$ 通过某线性离散系统，图 E.1-2 为 $N = 100$ 点输出样本序列的偏自相关系数函数曲线，试给出该线性系统的模型估计（或输出样本序列的（ARMA）模型估计）：________。

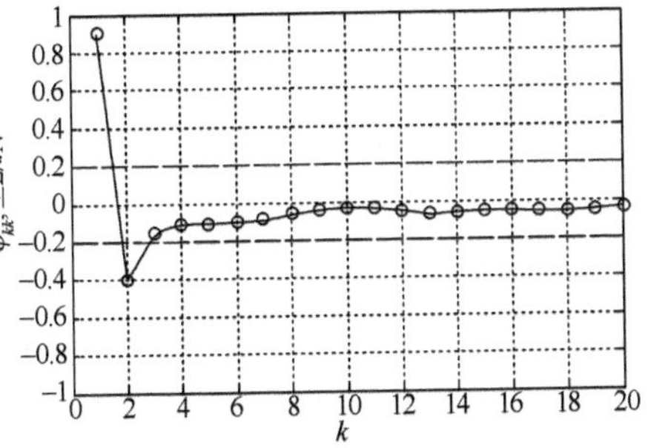

图 E.1-2　偏自相关系数函数

50. 如果函数集 $\{1, \sin\dfrac{1}{2}t, \cos\dfrac{1}{2}t, \sin\dfrac{2}{2}t, \cos\dfrac{2}{2}t, \sin\dfrac{3}{2}t, \cos\dfrac{3}{2}t, \cdots, \sin\dfrac{n}{2}t, \cos\dfrac{n}{2}t, \cdots\}$ 是区间 $[t_1, t_2]$ 上的完备正交函数集，请给出一组符合要求的参数 t_1 和 t_2 的数

值:________ 。

51. 图 E.1-3 是某一连续时间周期方波信号的幅频特性,从图中可以看出该方波的占空比为________,幅值为________ 。

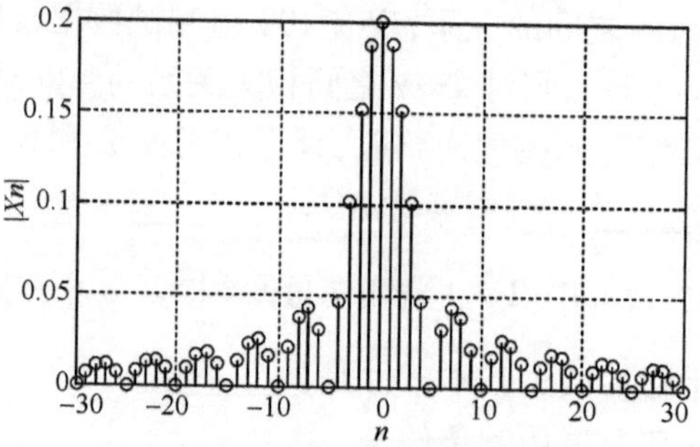

图 E.1-3 方波信号的幅频特性

52. 对某电压信号采样,采样频率 100Hz,获得一组电压序列{0,1,0,0,0}(单位 V),据此计算该电压序列的能谱密度为________ $V^2 \cdot s/Hz$。

53. 某光纤陀螺角速率信号采样频率 100Hz,对 1000 点采样数据 $x(n)$ 作频谱分析得幅频特性 $k-|X(k)|$图,发现在序号 $k=100$ 处有一明显峰值,则该峰值对应的实际陀螺信号频率为________ Hz。

54. 在某 5 点实信号 $x(n)$ 的 DFT 变换中,若已知频谱 $X(2)=1+j$,则 $X(3)=$________。

55. 已知某电压高斯白噪声序列 $w(n) \sim WN(0,\sigma^2)$,$\sigma=0.1V$,且采样频率 $f_s=10Hz$,则该电压白噪声的功率谱为________ V^2/Hz。

56. 假设有一理想白噪声电压,其功率谱密度为 $10V^2/Hz$,若使用取样时间 $\tau=2s$ 进行 Allan 方差计算,则该电压的 Allan 方差为________ 。

57. 若对随机游走过程的有限采样序列进行功率谱分析并画出频率 f—功率谱 S 双对数图,则图中曲线对应的斜率为________。

58. 使用 10 位(bit)"四舍五入"型 A/D 转换器进行电压采样,已知采样电压范围为 0~5V 且采样频率为 100Hz,则该 A/D 输出的量化噪声功率谱密度约为________ V^2/Hz。

59. 某加速度计的说明书中指出:噪声密度 $100\mu g/\sqrt{Hz}$,等效带宽 400Hz。若以 100Hz 对该加速度计进行 A/D 采样(忽略量化误差),则采样噪声的 1σ 均方差大小是________ mg。

60. 某角增量输出型激光陀螺,已知角度随机游走系数为 $0.01(°)/\sqrt{h}$,若利用它作姿态跟踪,则在 10min 时由角度随机游走引起的姿态角误差(1σ)为________(′)。

61. 在惯导系统初始对准中,方位对准误差 ϕ_U 主要由陀螺漂移误差 ε 决定,即 $\phi_U=\varepsilon/(\omega_{ie}\cos L)$,其中 ω_{ie} 是地球自转角速率,L 是当地地理纬度。对于某激光陀螺,主要考虑它的角度随机游走误差,假设角度随机游走系数 $N=0.01(°)/\sqrt{h}$,对准时间 $T=300s$,取地理纬度 $L=30°$,试求方位对准误差(1σ)________(′)。

62. 某角速率输出型光纤陀螺,已知角速率白噪声的功率谱密度为 $0.001((°)/h)^2/Hz$,等效带宽 1000Hz,若选择采样频率 200Hz 并用作姿态跟踪,则 10min 后由陀螺白噪声造成的姿态角误差(1σ)为________($'$)。

63. 加速度计的速度随机游走噪声系数单位可以使用 $\mathrm{m/s/\sqrt{h}}$ 或 $\mu g/\sqrt{\mathrm{Hz}}$ 来描述，这两者之间的数值转换关系是 $1\ \mathrm{m/s/\sqrt{h}}$ = ________ $\mu g/\sqrt{\mathrm{Hz}}$。

64. 连续时间角速率白噪声 $w(t)$ 通过积分系统后的输出是角度随机游走过程，记为 $N(t)$。若 $w(t)$ 的功率谱大小是 $0.036((°)/\mathrm{h})^2/\mathrm{Hz}$，则 $N(t)$ 的角度随机游走系数等于________ $(°)/\sqrt{\mathrm{h}}$。

65. 在某连续时间一阶马尔可夫陀螺随机漂移模型中，已知其方差 $R(0)=0.01((°)/\mathrm{h})^2$ 和相关时间 $\tau_G=100\ \mathrm{s}$，若对其进行离散化仿真，离散周期取 $T_s=0.1\ \mathrm{s}$，则仿真时激励白噪声序列的均方差强度应设置为________。

66. 已知飞机机翼挠曲变形角 θ 可用二阶马尔可夫过程进行建模，即 $\ddot{\theta}(t)=-2\beta\dot{\theta}(t)-\beta^2\theta(t)+w(t)$，且 $E[w(t)]=0$、$E[w(t)w^{\mathrm{T}}(\tau)]=q\delta(t-\tau)$。在进行数值仿真时，若取离散化周期 T_s，变形角可写成 AR(2)模型 $\theta_k=a_1\theta_{k-1}+a_2\theta_{k-2}+w_k$，则离散模型参数与连续模型参数之间的关系是：$a_1$ = ________、a_2 = ________、$E[w_k]$ = ________、$E[w_k w_j^{\mathrm{T}}]$ = ________。

67. 在铅直平面坐标系 oxy 内安装有 A_1,A_2,A_3,A_4 共4只加速度计，如图E.1－4所示，考虑重力和水平加速度，大小分别为 g 和 $a=0.5g$，试求各加速度计的输出（注意正负符号）：________。

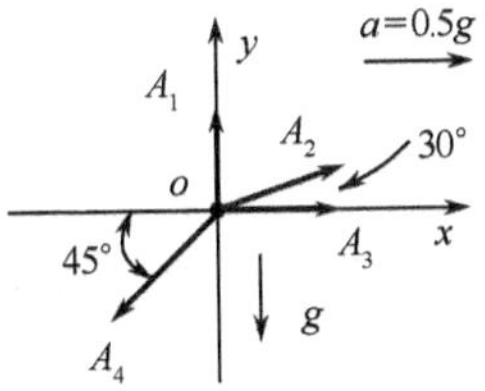

图E.1－4　加速度计输出

68. 在某纬度为30°的实验室进行指北方位平台惯导系统标定试验，当惯导系统调平稳定后，给天向轴陀螺以5mA的进动电流且作用时间为5s，测得方位角变化值2.2°，则可计算得平台方位轴的进动系数为________ $(('')/\mathrm{s})/\mathrm{mA}$。

二、解答题

1. 已知坐标系 $o_1x_1y_1z_1$ 绕 z 轴转动30°得坐标系 $o_2x_2y_2z_2$，并且坐标系 $o_2x_2y_2z_2$ 绕 x 轴转动－90°得坐标系 $o_3x_3y_3z_3$，若某向量 $\boldsymbol{R}$ 在坐标系 $o_1x_1y_1z_1$ 的投影为 $\boldsymbol{R}^1=[1\quad 1\quad 2]^{\mathrm{T}}$，求该向量 $\boldsymbol{R}$ 在坐标系 $o_3x_3y_3z_3$ 的投影 $\boldsymbol{R}^3$。

2. 飞机以匀速度 v 在等高度上盘旋，盘旋圆周半径为 r，有一个捷联惯组(SIMU)的三个轴 x,y,z 分别沿飞机的横轴、纵轴和方位轴安装，如图E.2－1所示，试求该SIMU各轴向的陀螺角速率输出和加速度计比力输出（当地重力加速度大小为 g，不考虑地球自转的影响并且在局部范围内将地球表面视为平面）。

3. 列写出单自由度机械转子陀螺仪的动态漂移误差物理模型，并说明各项误差系数的含义。

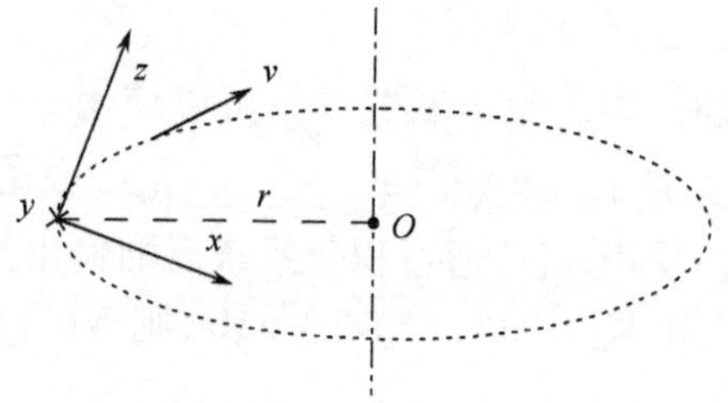

图 E.2－1　飞机盘旋示意图

4. 在平台惯导系统与捷联惯导系统中,对惯性器件的测试主要有哪些区别?

5. 给出 GJB 2504—95 中加速度计静态模型方程与各系数的含义,以及它的两个简化模型,并说明三种模型的适用场合。

6. 在单自由度机械转子陀螺仪静态测试的极轴翻滚试验中,试通过作图并分析当陀螺仪输出轴指向极轴南时陀螺仪各轴的受力情况。

7. 有一批测试数据(组数 $N=3$)如表 E.2－1 所列,回答下列问题:(1)试画出散点图并计算样本相关系数 r;(2)利用最小二乘法求解回归方程;(3)求解判定系数及拟合优度;(4)使用 F 检验法判断回归方程的显著性(取显著性水平 $\alpha=0.05$)。

表 E.2－1　测试数据列表

序号 i	x	y
1	1.0	2.0
2	2.0	1.0
3	3.0	3.0

8. 对某陀螺仪的随机漂移误差进行测试,现给出一个采样序列的自相关函数 $R(k)$,如图 E.2－2 中"o"点所示,但图中只给出了 $k=0\sim10$ 共十一个点,又知图中实线为指数函数曲线 $y=1+e^{-x/5}$,试对该测试序列进行建模分析(包括模型类型和参数)。

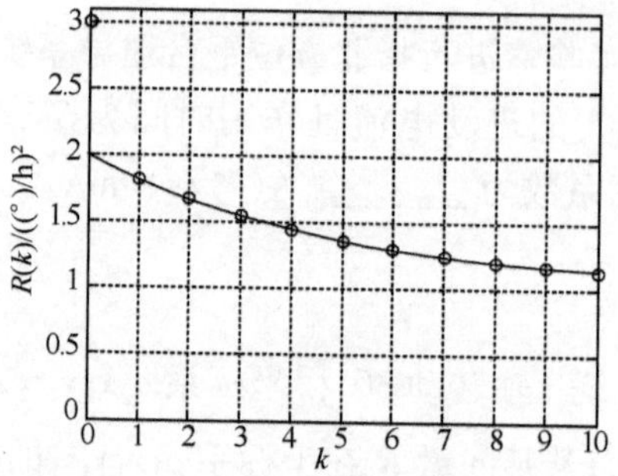

图 E.2－2　随机序列的自相关函数

9. 针对序列 $x(n)=\{0,1,0,1\}$,$(n=0,1,2,3)$,回答以下问题:(1)求该序列的 DTFT 变换 $X(e^{j\omega})$,并验证帕斯瓦尔定理;(2)求该序列的 DFT 变换 $X(k)$;(3)在同一图上作出 $\omega-|X(e^{j\omega})|$ 和 $k\dfrac{2\pi}{N}-|X(k)|$ 曲线。

10. 试对四点电压信号 $x(n)=\{1,0,-1,2\}$(单位 V)进行功率谱分析,假设信号采样频率 $f_s=10\text{Hz}$,绘制出功率谱图并标识出主要的坐标参数。

11. 某激光陀螺的采样频率 $f_s=100\text{Hz}$,等效角速率信号的 1024 点单边 PSD 如图 E.2-3所示。(1)大约在 25Hz 处有一最大幅值 $10((°)/h)^2/\text{Hz}$,求该周期信号的角速率半波峰值;(2)在 0 ~ 50Hz 之间可以近似看作包含一段较为平坦的功率谱约 $0.01((°)/h)^2/\text{Hz}$,求与之对应的高斯白噪声的均方差强度。

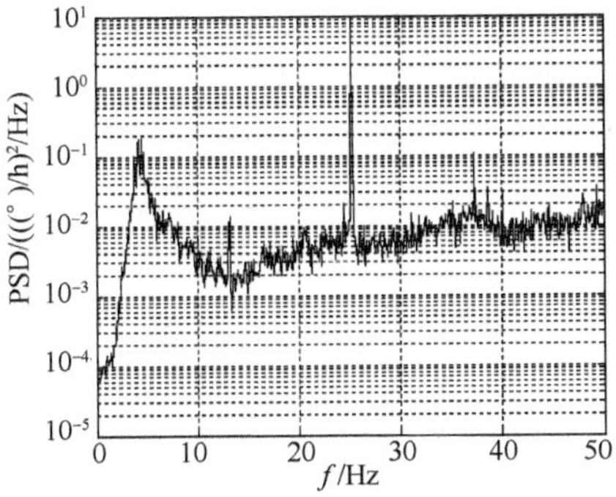

图 E.2-3 激光陀螺的功率谱

12. 试比较时域测量经典方差法和 Allan 方差法的区别,并说明 Allan 方差分析法的优点。

13. 试分析 N 点序列的 Allan 方差分析的乘法计算量大小,并与 FFT 的计算量作比较。

14. 某陀螺在静基座下的等效角速率输出的 Allan 方差曲线如图 E.2-4 所示,试对该陀螺的随机漂移误差进行分析(包括漂移误差的种类和参数估计)。

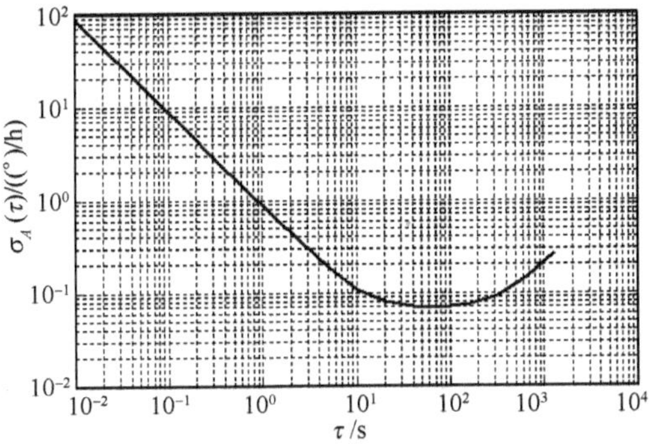

图 E.2-4 某陀螺的随机漂移 Allan 方差

15. 已知某角速率输出型陀螺的角速率白噪声功率谱密度为 $0.001((°)/h)^2/\text{Hz}$ 且等效带宽为 1000Hz,再假设该陀螺存在 $0.01(°)/h$ 的常值漂移误差和 $0.01(°)/h^2$ 的角加速率斜坡误差,现有三种采样输出方式:(1)以 1000Hz 采样直接输出;(2)以 10Hz 采样直接输出;(3)先以 1000Hz 采样再通过通频带为 10Hz 的低通数字滤波器输出。回答以下问题:(1)在上述三种采样方式下绘制出陀螺漂移误差的 Allan 方差草图,并在图上标注出关键参数;(2)若将该陀螺应用于姿态跟踪系统,跟踪时间分别为 10s 和 1h,试比较三种采样方式下的姿态跟踪误差。

16. 在车载发动机怠速状态下的准静基座 Kalman 滤波初始对准中,已知捷联惯导数学平台失准角 $\boldsymbol{\varphi}$ 和速度误差 $\delta\boldsymbol{v}^n$ 的微分方程分别为

$$\dot{\boldsymbol{\varphi}} = -\boldsymbol{\omega}_{ie}^n \times \boldsymbol{\varphi} - \boldsymbol{C}_b^n \delta\boldsymbol{\omega}_{ib}^b$$
$$\delta\dot{\boldsymbol{v}}^n = (\boldsymbol{C}_b^n \boldsymbol{f}^b) \times \boldsymbol{\varphi} + \boldsymbol{C}_b^n \delta\boldsymbol{f}^b$$

并且已知以导航速度误差作为量测的量测方程为

$$\boldsymbol{y} = \delta\boldsymbol{v}^n + \boldsymbol{v}$$

式中：$\boldsymbol{\omega}_{ie}^n$、$\boldsymbol{C}_b^n$和$\boldsymbol{f}^b$均是已知参数；$\delta\boldsymbol{\omega}_{ib}^b$、$\delta\boldsymbol{f}^b$分别是陀螺和加速度计的随机误差；$\boldsymbol{v}$ 是速度量测噪声。表 E.2-2 给出了陀螺和加速度计的性能参数，并假设发动机怠速引起的惯导系统振动加速度噪声为白噪声。

表 E.2-2　误差项及性能参数

误差项		数值大小
陀螺（A/D 采样，角速率输出）	随机常值，(°)/h	0.03
	角速率白噪声均方差，(°)/h	1（等效带宽 1000Hz）
加速度计（I/F 积分采样，速度增量输出）	随机常值，μg	100
	速度随机游走系数，$\mu g/\sqrt{\mathrm{Hz}}$	10
怠速振动	加速度白噪声 PSD，$(\mathrm{mg})^2/\mathrm{Hz}$	30（等效带宽 30Hz）

假设惯性器件采样频率和导航解算频率均为 100Hz，Kalman 滤波时间更新频率为 100Hz、量测更新的频率为 1Hz，试建立离散化 Kalman 滤波状态方程和量测方程，并特别指出状态噪声和量测噪声的大小设置。

17. （$\alpha-\beta$ 滤波问题）宇宙飞船的返回舱再入大气层在离地约 10km 时打开降落伞，很快空气阻力与重力基本达到平衡，但由于受气动干扰的影响存在加速度波动，返回舱沿竖直方向下降，其上安装的无线电高度表可测得即时高度。试直接利用离散化模型对该问题建模，并进行运动模拟和 Kalman 滤波仿真，估计返回舱的速度和高度（建议参数设置：采样周期 $T_s = 0.1\mathrm{s}$；返回舱数据模拟初始速度 50m/s、初始高度 10km；气动干扰加速度白噪声的均值为 0、均方差为 $1\mathrm{m/s^2}$；无线电高度表量测白噪声均值为 0、均方差为 1m）。

18. 已知随机动态系统为

$$\begin{cases} \boldsymbol{x}_k = \boldsymbol{\Phi}_{k/k-1}\boldsymbol{x}_{k-1} + \boldsymbol{B}_{k-1}\boldsymbol{w}_{k-1} \\ \boldsymbol{y}_k = \boldsymbol{H}_k\boldsymbol{x}_k + \boldsymbol{v}_k \end{cases}$$

若给定遗忘滤波的噪声模型假设：$E[\boldsymbol{w}_j\boldsymbol{w}_k^{\mathrm{T}}] = s^{N-k+2}\boldsymbol{Q}_k\delta_{jk}$，$E[\boldsymbol{v}_j\boldsymbol{v}_k^{\mathrm{T}}] = s^{N-k}\boldsymbol{R}_k\delta_{jk}$，试推导该系统的遗忘滤波公式（主要结论：$\boldsymbol{P}_{x,k/k-1}^* = s(\boldsymbol{\Phi}_{k/k-1}\boldsymbol{P}_{x,k-1}^*\boldsymbol{\Phi}_{k/k-1}^{\mathrm{T}} + \boldsymbol{B}_{k-1}\boldsymbol{Q}_{k-1}\boldsymbol{B}_{k-1}^{\mathrm{T}})$）。

19. 假设定常的量测模型 $y_k = Hx_0 + v_k$ 且量测噪声 $v_k \sim WN(0,R)$，若采用遗忘因子为 s 的 RLS 进行递推滤波估计，试求稳态滤波增益（结论：$K_\infty = (s-1)/[H(2s-1)]$）。

20. 试给出如下随机动态系统的 Kalman 滤波公式：

$$\begin{cases} \boldsymbol{x}_k = \boldsymbol{\Phi}_{k/k-1}\boldsymbol{x}_{k-1} + \boldsymbol{C}_{k-1}\boldsymbol{u}_{k-1} + \boldsymbol{B}_{k-1}\boldsymbol{w}_{k-1} \\ \boldsymbol{y}_k = \boldsymbol{H}_k\boldsymbol{x}_k + \boldsymbol{D}_k\boldsymbol{u}_k + \boldsymbol{v}_k \end{cases}$$

式中：$\boldsymbol{u}_k$ 是已知的确定性控制输入序列；$\boldsymbol{C}_k$，$\boldsymbol{D}_k$ 是相应维数的系数矩阵（提示：可令 $\boldsymbol{f}(\boldsymbol{x}_{k-1}) = \boldsymbol{\Phi}_{k/k-1}\boldsymbol{x}_{k-1} + \boldsymbol{C}_{k-1}\boldsymbol{u}_{k-1}$，$\boldsymbol{h}(\boldsymbol{x}_k) = \boldsymbol{H}_k\boldsymbol{x}_k + \boldsymbol{D}_k\boldsymbol{u}_k$，参考 EKF 滤波公式）。

21. 已知椭球在 $oxyz$ 笛卡儿坐标系中的方程为$\left(\frac{x}{a}\right)^2 + \left(\frac{y}{b}\right)^2 + \left(\frac{z}{c}\right)^2 = 1$，当 $a = 1$，

$b=2, c=3$ 时，试通过蒙特卡洛仿真估计椭球的体积(椭球体积的理论公式是 $V=\frac{4}{3}\pi abc$，可供参考)。

22. 利用 UKF 滤波，编写 Matlab 程序对【例 9.5－1】进行仿真，并给出仿真结果。

23. 在某技术文档中给出捷联惯组的加速度计标定模型如下：

$$\begin{bmatrix} N_{Ax} \\ N_{Ay} \\ N_{Az} \end{bmatrix} = \begin{bmatrix} K_{1x} \\ K_{1y} \\ K_{1z} \end{bmatrix} \otimes \left(\begin{bmatrix} K_{0x} \\ K_{0y} \\ K_{0z} \end{bmatrix} T_s + \begin{bmatrix} 1 & K_{yx} & K_{zx} \\ K_{xy} & 1 & K_{zy} \\ K_{xz} & K_{yz} & 1 \end{bmatrix} \begin{bmatrix} \Delta V_x \\ \Delta V_y \\ \Delta V_z \end{bmatrix} + \begin{bmatrix} K_{2x} \\ K_{2y} \\ K_{2z} \end{bmatrix} \otimes \begin{bmatrix} \Delta V_x^2 \\ \Delta V_y^2 \\ \Delta V_z^2 \end{bmatrix} T_s^{-1} \right)$$

式中：运算符"⊗"表示两个向量的对应分量分别相乘；T_s 是采样时间间隔(s)；K_{0j} 是零位偏值(g，g 为标定实验室处重力加速度大小，$j=x,y,z$ 下同)；K_{1j} 是标度因数(P/($g \times s$)，P 为脉冲数)；K_{2j} 是二阶非线性系数(g/g^2)，$K_{yx}, K_{zx}, K_{xy}, K_{zy}, K_{xz}, K_{yz}$ 是不正交安装误差角(mrad—毫弧度)。若已知上述参数和采样获得脉冲数向量 $\boldsymbol{N}_A = [N_{Ax} \quad N_{Ay} \quad N_{Az}]^{\mathrm{T}}$(P)，试给出求解速度增量向量 $\Delta\boldsymbol{V} = [\Delta V_x \quad \Delta V_y \quad \Delta V_z]^{\mathrm{T}}$($g \times s$)的实用计算方法(提示：可采用迭代算法)。

参 考 文 献

[1] 梅硕基. 惯性仪器测试与数据分析[M]. 西安:西北工业大学出版社,1991.

[2] 秦永元. 惯性导航[M]. 北京:科学出版社,2006.

[3] 毛奔,林玉荣. 惯性器件测试与建模[M]. 哈尔滨:哈尔滨工程大学出版社,2007.

[4] 中国惯性技术学会. 惯性技术学科发展报告[M]. 北京:中国科学技术出版社,2010.

[5] W. G. 登哈德. 惯性元件试验[M].《惯性元件试验》翻译组译. 北京:国防工业出版社,1978.

[6] 田自耘. 陀螺仪漂移测试基础[M]. 北京:国防工业出版社,1988.

[7] 何铁春,周世勤. 惯性导航加速度计[M]. 北京:国防工业出版社,1983.

[8] 杨培根,龚智炳. 光电惯性技术[M]. 北京:兵器工业出版社,1999.

[9] 章燕申. 高精度导航系统[M]. 北京:中国宇航出版社,2005.

[10] 王可东,顾启泰. 环形激光陀螺仪机械抖动系统的进展[J]. 导航,2000,1: 17 - 24.

[11] 宋锐,汤建勋,周健,等. 抖动参数对机抖激光陀螺零偏稳定性与角随机游走的影响[J]. 光学学报,2010,30(8): 2290 - 2294.

[12] 张桂才. 光纤陀螺原理与技术[M]. 北京:国防工业出版社,2008.

[13] 何晓群. 实用回归分析[M]. 北京:高等教育出版社,2008.

[14] 张德存. 统计学[M]. 北京:科学出版社,2009.

[15] 王燕. 应用时间序列分析[M]. 第 2 版. 北京:中国人民大学出版社,2008.

[16] 何书元. 应用时间序列分析[M]. 第 4 版. 北京:北京大学出版社,2007.

[17] 威武雄, William W. S. Wei. 时间序列分析——单变量和多变量方法[M]. 北京:中国人民大学出版社,2009.

[18] 胡寿松. 自动控制原理[M]. 第 4 版. 北京:科学出版社,2001.

[19] 周雪琴,安锦文. 计算机控制系统[M]. 西安:西北工业大学出版社,1998.

[20] 刘卫东. 信号与系统分析基础[M]. 北京:清华大学出版社,2008.

[21] 胡广书. 数字信号处理——理论、算法与实现[M]. 第 2 版. 北京:清华大学出版社,2003.

[22] A. V. 奥本海姆. 离散时间信号处理[M]. 刘树棠,黄建国译. 第 2 版. 西安:西安交通大学出版社,2001.

[23] 马凤鸣. 时间频率计量[M]. 北京:中国计量出版社,2009.

[24] 肖明耀. 误差理论与应用[M]. 北京:计量出版社,1985.

[25] 俞建国,张钦宇,刘梅. 幂率谱噪声的离散仿真生成[J]. 现代电子技术,2008,21: 184 - 187.

[26] 郭海荣. 导航卫星原子钟时频特性分析理论与方法研究[D]. 解放军信息工程大学博士学位论文,2006.

[27] 韩军良. 光纤陀螺的误差分析、建模及滤波研究[D]. 哈尔滨工业大学博士学位论文,2008.

[28] GJB 2427—95. 激光陀螺仪测试方法[S]. 1995.

[29] GJB 2504—95. 石英挠性加速度计通用规范[S]. 1995.

[30] 秦永元,张洪钺,汪叔华. 卡尔曼滤波与组合导航原理[M]. 西安:西北工业大学出版社,1998.

[31] Sage A P, Husa G W. Adaptive Filtering with Unknown Prior Statistics [C]//Proceedings of Joint Automatic Control Conference. Boulder Colorado, 1969: 760 - 769.

[32] 邓自立. 自校正滤波理论及其应用——现代时间序列分析方法[M]. 哈尔滨:哈尔滨工业大学出版社, 2003.

[33] 孙枫,袁赣南,张晓红. 组合导航系统[M]. 哈尔滨:哈尔滨工程大学出版社,1996.

[34] Julier S J, Uhlmann J K, Durrant-Whyte H F. A New Approach for Filtering Nonlinear Systems[C]//Proc. Am. Contr. Conf.. Seattle,WA, 1995: 1628 - 1632.

[35] Julier S J, Uhlmann J K. Unscented Filtering and Nonlinear Estimation[J]. Proc. of the IEEE Aerospace and Electronic Systems, 2004, 92(3): 401 - 422.

[36] 严恭敏,严卫生,徐德民. 简化UKF滤波在SINS大失准角初始对准中的应用[J]. 中国惯性技术学报,2008,16(3):253-264.
[37] 严恭敏. 车载自主定位定向系统研究[D]. 西北工业大学博士学位论文,2006.
[38] 娄晓芳(译). 捷联惯性导航系统标定方法[J]. 导航与控制,2003,2(1):75-78.
[39] 陈永冰,钟斌. 惯性导航原理[M]. 北京:国防工业出版社,2007.
[40] Naser El-Sheimy, Hou Haiying, Niu Xiaoji. Analysis and Modeling of Inertial Sensors Using Allan Variance[J]. IEEE Transactions on Instrumentation and Measurement, 2008, 57(1):140-149.
[41] Christoper Jekeli. Inertial Navigation System with Geodetic Applications[M]. Berlin, New York: Walter de Gruyter, 2001.
[42] Rogers R M. Applied Mathematics in Integrated Navigation Systems[M]. 2nd. Reston, Virginia: American Institute of Aeronautics and Astronautics, Inc., 2003.